Ergebnisse der Mathematik
und ihrer Grenzgebiete

Band 46

Herausgegeben von
P. R. Halmos · P. J. Hilton · R. Remmert · B. Szőkefalvi-Nagy

Unter Mitwirkung von
L. V. Ahlfors · R. Baer · F. L. Bauer · R. Courant · A. Dold
J. L. Doob · S. Eilenberg · M. Kneser · G. H. Müller · M. M. Postnikov
H. Rademacher · B. Segre · E. Sperner

Geschäftsführender Herausgeber: P. J. Hilton

Wolfgang Krull

Idealtheorie

Zweite, ergänzte Auflage

Springer-Verlag Berlin Heidelberg GmbH 1968

Prof. Dr. Dr. h. c. W. Krull
Mathematisches Institut der Universität Bonn
Bonn, Wegelerstraße 10

ISBN 978-3-642-87034-7   ISBN 978-3-642-87033-0 (eBook)
DOI 10.1007/ 978-3-642-87033-0

Library of Congress Catalog Card Number 68 — 19087

Titel Nr. 4590

Vorwort zur 2. Auflage.

An dem Wortlaut des Berichtes von 1935 wurde, abgesehen von der Korrektur einiger unwesentlicher Druckfehler, nichts geändert. Andererseits habe ich drei neue Nummern 15a, 17a, 35a eingefügt. In ihnen behandle ich eigene Ergebnisse aus den Jahren 1936—1939, die eng mit den in 15, 16, 17, 34, 35 besprochenen Sätzen zusammenhängen und sie in wünschenswerter Weise abrunden. Die Ergänzung erschien mir auch deshalb angebracht, weil es sich um Dinge handelt, über die ich bald nach Abschluß des Berichts in der Neuauflage des 1. Bandes der Enzyklopädie referierte. (KRULL, WOLFGANG 11. Allgemeine Modul-Ring- und Idealtheorie. Enzyklopädie der Math. Wiss. I, 2. Aufl. Heft 5 (1939)). Die Darstellung in den neuen Nummern wurde möglichst dem Stil des ursprünglichen Berichts angepaßt, die Bezeichnungen wurden nicht geändert, auch dort, wo sie von den heute üblichen abweichen. Vor allem ging ich, um nicht den Rahmen zu sprengen, bei den Literaturangaben nirgends über meinen Enzyklopädieartikel hinaus. So werden z. B. in 15a ,,Vermutungen" ausgesprochen, die heute längst bewiesen sind. — Die nach Abschluß des Berichts erschienenen, in den Ergänzungsnummern benutzten Arbeiten, sind an deren Schluß unter ,,*Literatur*" angegeben. Das Literaturverzeichnis am Schluß des Berichts wurde nicht erweitert.

Bonn, im November 1967.

WOLFGANG KRULL.

Vorwort zur 1. Auflage.

Den Gegenstand des Berichts bildet die Entwicklung der modernen Idealtheorie als einer selbständigen Disziplin im Rahmen der allgemeinen Algebra und Arithmetik unter ausschließlicher Beschränkung auf den kommutativen Fall.

Die moderne Idealtheorie geht einerseits auf die DEDEKINDsche Behandlung der endlichen algebraischen Zahlkörper, andererseits auf die KRONECKER-LASKER-MACAULAYschen Untersuchungen über Polynommoduln zurück. Entscheidend war die 1919 von E. NOETHER gemachte Entdeckung, daß allein mit Hilfe des von DEDEKIND stammenden abstrakten „Teilerkettensatzes" die wichtigsten Zerlegungssätze von LASKER und MACAULAY in äußerst durchsichtiger Weise abgeleitet und weitgehend verallgemeinert werden können.

Ihrem doppelten Ursprung entsprechend hat die moderne Idealtheorie zwei grundsätzlich verschiedene Aufgaben: Auf der einen Seite (KRONECKER-LASKER-MACAULAY*sche Richtung*) handelt es sich darum, in einem Ringe $\mathfrak{R}$, der im allgemeinen auch mit Nullteilern behaftet sein darf, die Zerlegungen der einzelnen („ganzen") Ideale zu untersuchen, wobei diese Ideale als „$\mathfrak{R}$-Moduln", d. h. als additive ABELsche Gruppen mit $\mathfrak{R}$ als multiplikativem Operatorenbereich aufgefaßt werden. Auf der anderen Seite (DEDEKIND*sche Richtung*) geht man von einem Körper $\mathfrak{K}$ aus, in dem ein „ganz abgeschlossener" Integritätsbereich $\mathfrak{J}$ ausgezeichnet ist, und stellt sich die Aufgabe, durch Untersuchung der multiplikativen Gruppe aller in $\mathfrak{K}$ liegenden („ganzen" und „nichtganzen") „umkehrbaren" $\mathfrak{J}$-Ideale einen Einblick in die Teilbarkeitsverhältnisse der Elemente von $\mathfrak{K}$ hinsichtlich $\mathfrak{J}$ zu gewinnen. Um den Unterschied zwischen beiden Richtungen kurz zu charakterisieren, spreche ich von einer „*additiven*" und einer „*multiplikativen*" Idealtheorie. (Ausführliche Entwicklung der Grundlagen und Gegenüberstellung der charakteristischen Probleme beider Richtungen in § 1.)

Bei der additiven Idealtheorie sind schematisch zwei Hauptaufgaben zu unterscheiden: Entweder man wählt den zu untersuchenden Ring möglichst allgemein und fragt dann, inwieweit die von den klassischen Spezialfällen her bekannten Idealzerlegungssätze in Geltung bleiben; das klassische Beispiel ist hier die NOETHERsche Theorie der „Ringe mit Teilerkettensatz". (Besprechung der einschlägigen Probleme in § 2.) —

Oder man sucht mit Hilfe der abstrakten Methoden die Theorie konkret wichtiger spezieller Ringe begrifflich einfacher zu gestalten und weiter auszubauen. Hier ist in erster Linie auf die vor allem an die Namen von E. NOETHER und VAN DER WAERDEN geknüpfte Weiterentwicklung der Polynomidealtheorie zu verweisen. (Inhalt von § 3.) Ein anderes wichtiges Beispiel liefert die genauere Untersuchung der nicht ganz abgeschlossenen Unterringe eines endlichen algebraischen Zahlkörpers oder allgemeiner beliebiger „einartiger" Ringe und Integritätsbereiche. (Thema von § 4; verhältnismäßig starke Berührungspunkte mit der „multiplikativen" Idealtheorie.)

Die multiplikative Idealtheorie (§ 5 und § 6) gestattet einen viel geschlosseneren Aufbau als die in zahlreiche Einzeluntersuchungen zersplitterte additive. Um über eine bloße Axiomatisierung der klassischen DEDEKINDschen Sätze hinauszukommen, hat man entweder (nach VAN DER WAERDEN, ARTIN, PRÜFER) den DEDEKINDschen Idealbegriff in passender Weise abzuändern, oder man muß (anknüpfend an HENSELS p-adische Zahlen) die Hilfsmittel der Bewertungstheorie heranziehen. Daneben tritt ergänzend eine auf die Hauptsätze der GALOISschen Theorie gestützte weitgehende Verallgemeinerung der DEDEKIND-HILBERTschen „Verzweigungstheorie" der endlichen algebraischen Zahlkörper. — In den Rahmen der multiplikativen Idealtheorie gehören auch gewisse Sätze über die arithmetische Fassung des Divisorbegriffs in der mehrdimensionalen algebraischen Geometrie, insbesondere über die sog. „Divisoren zweiter Art".

In der Terminologie habe ich es für nötig gehalten, auf die klassischen DEDEKINDschen Bezeichnungen zu verzichten und mich dafür eng an die Ausdrucksweise der Mengen- und Gruppentheorie anzuschließen. (Statt „Idealteiler" und „Idealvielfaches" „Ober-" und „Unterideal" nach dem Vorbild von Ober- und Untermenge bzw. Ober- und Untergruppe usw.) Mein Grund war folgender: Die DEDEKINDsche Terminologie ist wesentlich auf die Bedürfnisse der algebraischen Zahlentheorie zugeschnitten, in der sie wohl auch immer ihre Geltung behaupten wird. Sie hat aber den, vor allem bei „additiven" Untersuchungen hervortretenden, schwerwiegenden Nachteil, daß sie der naiv mengentheoretischen Auffassung der Ideale widerspricht; dementsprechend ist sie auch in der allgemeinen Idealtheorie keineswegs überall starr beibehalten, sondern von verschiedenen Autoren in verschiedener Weise abgeändert worden. Eine Vereinheitlichung der Bezeichnungsweise erschien daher dringend geboten und es kam dabei nach meiner Überzeugung als maßgebender Gesichtspunkt nur die terminologische Einordnung der Idealtheorie in die allgemeine Gruppen- und Mengenlehre in Frage. (Im übrigen habe ich am Schlusse des Berichts für die wichtigsten Grundbegriffe die verschiedenen üblichen Bezeichnungen zusammengestellt.)

Inhaltlich war es natürlich unmöglich, die Beweise im einzelnen auszuführen. Ich habe mich aber bemüht, über all dort, wo ich nicht auf
Lehrbücher (insbesondere auf VAN DER WAERDENS „Moderne Algebra")
verweisen konnte, den wesentlichen Gedankengang zu skizzieren und
die hauptsächlichen Methoden herauszuarbeiten. Dieser Grundsatz
wurde auch bei solchen Dingen befolgt, die sich überhaupt oder doch
in der gewählten Form noch nicht in der bisherigen Literatur finden.
Um den Zusammenhang zwischen der durchlaufenden Darstellung des
Berichts und der Einzelliteratur herzustellen, habe ich am Schlusse
jeder Nummer kurze Literaturhinweise beigefügt.

Herzlichen Dank schulde ich Herrn HAUPT und vor allem Herrn
NÖBELING für die liebenswürdige Unterstützung bei der Korrektur.

Erlangen, im Januar 1935.

WOLFGANG KRULL.

Inhaltsverzeichnis.

	Seite
§ 1. Grundlagen und Ausgangspunkte	1
1. Gruppen mit Operatoren und Ideale.	1
2. Prim- und Primärideale. Polynomringe	4
3. Der Zerlegungssatz in abstrakten Ringen	7
4. Zahlentheoretische Grundlagen der Idealtheorie.	11
5. Ganz abgeschlossene Integritätsbereiche	14
§ 2. Abstrakte additive Idealtheorie	15
6. Isolierte Komponentenideale	15
7. Quotientenringe	17
8. Teilerfremde Ideale. Direkte Summen	20
9. Einartige Nullteilerringe	22
10. Einartige Integritätsbereiche	24
11. Operatorgruppen	27
12. Elementarteilergruppen	29
13. Primäre (Nullteiler-) Ringe	30
14. Additive Theorie der O-Ringe	34
15. Prim- und Primäridealketten in O-Ringen	36
§ 3. Polynomringe	38
16. Integritätsbereiche von endlichem Transzendenzgrad	38
17. Endliche Integritätsbereiche und Polynomringe. Ungemischtheitssätze	41
18. Allgemeine und spezielle Nullstellen eines Polynomideals	45
19. Nullstellentheorie der Potenzreihenideale	48
20. Das „Rechnen" mit Polynomidealen	50
21. Gruppentheorie der Polynomideale	52
22. Eliminationstheorie	55
23. Der Bézoutsche Satz und die Hentzeltschen Nullstellensätze	58
24. Hilberts Funktion	63
25. Das inverse System	66
26. Die Multiplizitätstheorie von van der Waerden	69
27. Der Grad einer Mannigfaltigkeit und der „allgemeine" Bézoutsche Satz	71
28. Zweifach projektive Räume	75
§ 4. Einartige Bereiche	79
29. Endliche algebraische Erweiterung primärer Ringe	79
30. Konstruktiver Aufbau primärer zerlegbarer Ringe	83
31. Die perfekten Hüllen der Integritätsbereiche mit Z.P.I.	86
32. Erweiterung eines einartigen Integritätsbereichs zum ganz abgeschlossenen Ring	90
33. Normensätze	92
34. Diskriminantensätze	96
35. Verallgemeinerter Diskriminantensatz. Endlichkeitsprobleme	98
§ 5. Bewertungstheorie	100
36. Bewertungsringe	100

		Seite
37.	Hauptordnungen	104
38.	Z.P.E.-Ringe	107
39.	Abschließung eines O-Rings	108
40.	Allgemeine Bewertungsringe	109
41.	Idealtheorie der Bewertungsringe	112
42.	Bewertungen endlicher Erweiterungskörper eines „Grundkörpers"	116

§ 6. **V-Ideale und A-Ideale. Verhalten der Primideale bei Ringerweiterungen** . . . 118

43.	V-Ideale	118
44.	Unendliche algebraische Zahlkörper	121
45.	Polynomringsätze und Permanenzsätze	124
46.	Multiplikationsringe und A-Ideale	126
47.	Einordnung des A-Prozesses in die Bewertungstheorie	128
48.	Der Permanenzsatz der Primideale	129
49.	Zusammenhang zwischen den Primidealen verschiedener Ringe mit gleichem Quotientenkörper	134
50.	Divisoren zweiter Art	136

Literaturverzeichnis . . . 141

Anhang: Bemerkungen zur Terminologie . . . 149

Ergänzungen zur 2. Auflage . . . 152

Sachverzeichnis . . . 159

§ 1. Grundlagen und Ausgangspunkte.

1. Gruppen mit Operatoren und Ideale. Der Begriff der kommutativen und nichtkommutativen **Gruppe** sowie der des **Körpers** wird als bekannt vorausgesetzt. Bei den Körpern handelt es sich stets um solche mit kommutativer Multiplikation. Unter einem „**Ring**" verstehen wir ein Elementsystem mit Addition und Multiplikation, das sich vom Körper nur dadurch unterscheidet, daß die Division durch von Null verschiedene Elemente im System nicht allgemein ausführbar ist, und daß „**Nullteiler**" auftreten dürfen, daß also ein Produkt $a \cdot b$ zu Null werden kann, ohne daß ein Faktor verschwindet [1].

Ein Ring ohne Nullteiler heißt **Integritätsbereich**. Zu jedem Integritätsbereich $\mathfrak{J}$ gibt es einen kleinsten ihn umfassenden Körper, den „**Quotientenkörper**" $\mathfrak{K}$, der aus $\mathfrak{J}$ durch Einführung von Brüchen genau so konstruiert werden kann wie insbesondere der Körper der rationalen aus dem Integritätsbereich der ganzen rationalen Zahlen. Ein Ring mit Nullteilern kann selbstverständlich nie in einen Körper eingebettet werden.

Da jeder Ring $\mathfrak{R}$ hinsichtlich der Addition eine Gruppe bildet, wird man zur näheren Untersuchung von $\mathfrak{R}$ vor allem die additiven Untergruppen heranziehen. Ist $\mathfrak{a}$ eine solche, so bildet wegen der Kommutativität der Addition das System $\mathfrak{R}/\mathfrak{a}$ der „**Restklassen**" (Nebenscharen, Nebengruppen) von $\mathfrak{R}$ nach $\mathfrak{a}$ immer selbst wieder eine Additionsgruppe, wenn die Addition zweier Restklassen durch die Addition beliebiger Repräsentanten erklärt wird. Kann man in entsprechender Weise auch die Multiplikation der Restklassen einführen und damit $\mathfrak{R}/\mathfrak{a}$ zu einem Ring machen, so heißt $\mathfrak{a}$ **Ideal**. Die Ideale spielen also bei den (kommutativen) Ringen eine ähnliche Rolle wie die invarianten Untergruppen bei den nichtkommutativen Gruppen (vgl. im Anhang — A. 2) — die Bemerkung über die hyperkomplexe Terminologie).

Eine additive Untergruppe $\mathfrak{a}$ von $\mathfrak{R}$ ist dann und nur dann Ideal, wenn $\mathfrak{a}$ gleichzeitig mit a stets auch $b \cdot a$ für beliebiges b aus $\mathfrak{R}$ enthält. („Klassische" Idealdefinition.)

In vielen und verschiedenartigen Anwendungen treten ABELsche Gruppen auf, bei denen neben der Gruppenoperation, die hier meistens als Addition bezeichnet wird, noch die Anwendung von gewissen „**Operatoren**" definiert ist („**Operatorgruppen**" oder „**Moduln**"). Bei einer Operatorgruppe $\mathfrak{G}$ ist jeder Operator ξ auf jedes Gruppenelement a

---

[1] Dagegen soll jeder Ring ein — mit 1 bezeichnetes — Einheitselement der Multiplikation enthalten.

anwendbar und liefert ein eindeutig bestimmtes Gruppenelement $\xi \cdot a = b$; außerdem gilt das distributive Gesetz: $\xi \cdot (a + b) = \xi \cdot a + \xi \cdot b$.

Ein Untersystem $\mathfrak{U}$ von $\mathfrak{G}$ zählt nur dann als Gruppe, wenn es nicht nur hinsichtlich der Addition Gruppeneigenschaft besitzt, sondern auch mit a stets $\xi \cdot a$ für jeden Operator ξ enthält. — Stellt ferner der Operatorenbereich einen Ring dar, so gelten in der Regel neben dem distributiven Gesetz noch die folgenden Formalgesetze:

$$(\xi \cdot \eta) \cdot a = \xi \cdot (\eta \cdot a); \qquad (\xi + \eta) \cdot a = \xi \cdot a + \eta \cdot a; \qquad 1 \cdot a = a.$$

Alle für allgemeine Operatorgruppen gültigen Sätze können unmittelbar auf die Idealtheorie übertragen werden, denn jedes Ideal $\mathfrak{a}$ stellt einen speziellen Modul dar, bei dem der Operatorenbereich nicht nur ein Ring, sondern gleichzeitig auch Obermenge von $\mathfrak{a}$ ist.

In Anbetracht des engen Zusammenhanges zwischen Ideal- und Gruppenbegriff halte ich es für zweckmäßig, bei der Einführung und Bezeichnung der einfachsten Idealoperationen ausschließlich gruppen- und mengentheoretische Gesichtspunkte zu berücksichtigen. Die so entstehende Terminologie ist meines Erachtens einfacher und natürlicher als die DEDEKINDsche, die zwar den arithmetischen Bedürfnissen besser angepaßt ist, aber erfahrungsgemäß jeden Neuling zunächst stark befremdet.

Sind im Ringe $\mathfrak{R}$ (in der Operatorgruppe $\mathfrak{G}$) $\mathfrak{a}$ und $\mathfrak{b}$ Ideale (Untergruppen) und ist $\mathfrak{a}$ Obermenge von $\mathfrak{b}$, so schreiben wir $\mathfrak{a} \supseteq \mathfrak{b}$, $\mathfrak{b} \subseteq \mathfrak{a}$ und nennen $\mathfrak{a}$ Oberideal (Obergruppe) von $\mathfrak{b}$ oder „größer als $\mathfrak{b}$", $\mathfrak{b}$ Unterideal (Untergruppe) von $\mathfrak{a}$ oder „kleiner als $\mathfrak{a}$". $a \subset \mathfrak{a}$ oder auch $a \equiv 0 \, (\mathfrak{a})$ bedeutet die Zugehörigkeit des Elementes a zum Ideal (zur Gruppe) $\mathfrak{a}$ [1].

Für den Durchschnitt von $\mathfrak{a}$ und $\mathfrak{b}$ benützen wir das in der Mengentheorie übliche Symbol $\mathfrak{a} \cap \mathfrak{b}$. $\mathfrak{a} \cap \mathfrak{b}$ ist selbst Ideal (Gruppe), und zwar größtes gemeinsames Unterideal (größte gemeinsame Untergruppe) von $\mathfrak{a}$ und $\mathfrak{b}$. Das kleinste gemeinschaftliche Oberideal (die kleinste gemeinschaftliche Obergruppe) oder die „Summe" $\mathfrak{a} + \mathfrak{b}$ von $\mathfrak{a}$ und $\mathfrak{b}$ besteht aus der Vereinigungsmenge $\mathfrak{v}$ von $\mathfrak{a}$ und $\mathfrak{b}$ und aus allen endlichen Summen, die sich aus Elementen von $\mathfrak{v}$ bilden lassen [2].

Summen- und Durchschnittsbildung können ohne weiteres auf den Fall von beliebig (endlich oder unendlich) vielen Komponenten ausgedehnt werden. Bei unendlich vielen Komponenten schreiben wir $\Sigma \mathfrak{a}_\tau$ und $\varDelta \mathfrak{a}_\tau$ [3].

---

[1] $\mathfrak{a} \subset \mathfrak{b}$, $\mathfrak{b} \supset \mathfrak{a}$ ohne Gleichheitszeichen kennzeichnet $\mathfrak{a}$ stets als echtes Unterideal (echte Untergruppe) von $\mathfrak{b}$!

[2] Die Symbole $\mathfrak{a} + \mathfrak{b}$, $\mathfrak{a} \cap \mathfrak{b}$ und $\mathfrak{a} \cdot \mathfrak{b}$ sind auch dann sinnvoll, wenn $\mathfrak{a}$ und $\mathfrak{b}$ irgendwelche additiven Untergruppen eines gemeinsamen Oberrings $\mathfrak{R}$ darstellen. — Wichtige Anwendungen für $\mathfrak{a} \cap \mathfrak{b}$ und $\mathfrak{a} \cdot \mathfrak{b}$ z. B. in 7.!

[3] Dabei braucht τ keine (finite oder transfinite) Ordnungszahl zu sein; es bedeutet einfach irgendein Symbol zur Unterscheidung der einzelnen Ideale.

Sind $\mathfrak{a}$ und $\mathfrak{b} \subseteq \mathfrak{a}$ Gruppen mit demselben Operatorenbereich O, so stellt das System $\mathfrak{a}/\mathfrak{b}$ der Restklassen (Nebenscharen, Nebengruppen) von $\mathfrak{a}$ nach $\mathfrak{b}$ selbst eine Gruppe mit dem Operatorenbereich O dar. Bildet man (für beliebiges $\mathfrak{a}$ und $\mathfrak{b}$) die Restklassengruppen $\mathfrak{a}/(\mathfrak{a} \cap \mathfrak{b})$ und $(\mathfrak{a} + \mathfrak{b})/\mathfrak{b}$, so sind diese Restklassengruppen (einstufig) isomorph, wobei sich die Isomorphie nicht nur auf die Addition, sondern auch auf die Anwendung der Operatoren aus O bezieht. („DEDEKIND-NOETHERscher Isomorphiesatz"; vgl. z. B. NOETHER [8] § 4, insbesondere auch Anm. 19.)

Zum Beweis hat man einfach immer solche Klassen aus $\mathfrak{a}/(\mathfrak{a} \cap \mathfrak{b})$ und $(\mathfrak{a} + \mathfrak{b})/\mathfrak{b}$ einander zuzuordnen, die ein- und dasselbe Element aus $\mathfrak{a}$ enthalten. Der DEDEKIND-NOETHERsche Isomorphiesatz läßt sich natürlich sofort auf den Spezialfall anwenden, daß $\mathfrak{a}$ und $\mathfrak{b}$ Ideale in $\mathfrak{R}$ sind, und daß für O entweder $\mathfrak{R}$ oder eine geeignete Untermenge von $\mathfrak{R}$ gewählt wird.

Im allgemeinen wird man bei der Betrachtung zweier Ideale $\mathfrak{a}$ und $\mathfrak{b} \subseteq \mathfrak{a}$ des Ringes $\mathfrak{R}$ das System $\mathfrak{a}/\mathfrak{b}$ als Gruppe mit dem Multiplikatorenbereich $\mathfrak{R}/\mathfrak{b}$, d. h. als Ideal im Restklassenring $\mathfrak{R}/\mathfrak{b}$ auffassen. Es ergibt sich dann: Läßt man (bei festem $\mathfrak{b}$) $\mathfrak{a}$ alle Oberideale von $\mathfrak{b}$ durchlaufen, so stellen die Systeme $\mathfrak{a}/\mathfrak{b}$ alle Ideale von $\mathfrak{R}/\mathfrak{b}$, und zwar jedes genau einmal dar. Die sämtlichen Ideale von $\mathfrak{R}/\mathfrak{b}$ lassen sich also den Oberidealen von $\mathfrak{b}$ in $\mathfrak{R}$ eindeutig umkehrbar zuordnen, und diese Zuordnung ist offenbar hinsichtlich der Summen- und Durchschnittsbildung sowie hinsichtlich der später einzuführenden Quotientenbildung ein Isomorphismus.

Es sei ferner $\mathfrak{R}_1$ Oberring von $\mathfrak{R}$, $\mathfrak{a}_1$ Ideal aus $\mathfrak{R}_1$, $\mathfrak{a} = \mathfrak{a}_1 \cap \mathfrak{R}$ das Durchschnittsideal von $\mathfrak{a}_1$ und $\mathfrak{R}$. Dann bildet im Restklassenring $\mathfrak{R}_1/\mathfrak{a}_1$ das System S aller der Klassen, die Elemente aus $\mathfrak{R}$ enthalten, einen zum Restklassenring $\mathfrak{R}/\mathfrak{a}$ isomorphen Ring, und man kann im allgemeinen unbedenklich geradezu S und $\mathfrak{R}/\mathfrak{a}$ identifizieren, *also $\mathfrak{R}_1/\mathfrak{a}_1$ als Oberring von $\mathfrak{R}/\mathfrak{a}$ auffassen.* Wir werden von dieser Möglichkeit sehr oft Gebrauch machen.

Sind $\mathfrak{a}$ und $\mathfrak{b}$ Gruppen mit demselben Operatorenbereich O, so möge $\mathfrak{a} : \mathfrak{b}$ die Menge aller der Operatoren ξ bedeuten, bei denen aus $b \subset \mathfrak{b}$ durchweg $\xi \cdot b \subset \mathfrak{a}$ folgt. Hat man es bei $\mathfrak{a}$ und $\mathfrak{b}$ mit Idealen im Ringe $\mathfrak{R}$ zu tun, so ist auch $\mathfrak{a} : \mathfrak{b}$ ein Ideal aus $\mathfrak{R}$ (und zwar ein Oberideal von $\mathfrak{a}$), das als „Quotient" von $\mathfrak{a}$ und $\mathfrak{b}$ bezeichnet wird.

Alle elementaren, im Kerne gruppentheoretischen Idealsätze können allein mit Hilfe von Summe, Durchschnitt und Quotient formuliert werden. Die wichtigsten Beziehungen, die zwischen diesen drei Begriffen bestehen, sind in zwei „distributiven Gesetzen" enthalten:

I. $\quad (\mathfrak{a}_1 \cap \cdots \cap \mathfrak{a}_n) : \mathfrak{b} = (\mathfrak{a}_1 : \mathfrak{b}) \cap \cdots \cap (\mathfrak{a}_n : \mathfrak{b}).$

II. $\quad \mathfrak{a} : (\mathfrak{b}_1 + \cdots + \mathfrak{b}_n) = (\mathfrak{a} : \mathfrak{b}_1) \cap \cdots \cap (\mathfrak{a} : \mathfrak{b}_n).$

Unter dem **Produkt** $\mathfrak{a} \cdot \mathfrak{b}$ zweier Ideale oder Moduln $\mathfrak{a}$ und $\mathfrak{b}$ versteht man die Menge aller endlichen Summen $a_1 \cdot b_1 + \cdots + a_n \cdot b_n$ $(a_1, \ldots a_n \subset \mathfrak{a};\ b_1, \ldots b_n \subset \mathfrak{b})$. Für Summe und Produkt gilt das wichtige „distributive Gesetz" $\mathfrak{a} \cdot (\mathfrak{b}_1 + \mathfrak{b}_2) = \mathfrak{a} \cdot \mathfrak{b}_1 + \mathfrak{a} \cdot \mathfrak{b}_2$. Außerdem ist bei Idealen stets $\mathfrak{a} \cdot \mathfrak{b} \subseteq \mathfrak{a} \cap \mathfrak{b}$, $\mathfrak{b} \cdot (\mathfrak{a} : \mathfrak{b}) \subseteq \mathfrak{a}$, $\mathfrak{a} : (\mathfrak{b}_1 \cdot \mathfrak{b}_2) = (\mathfrak{a} : \mathfrak{b}_1) : \mathfrak{b}_2$. — Im übrigen spielen die Beziehungen zwischen Produkt und Quotient keine große Rolle, weil man den Idealquotienten im allgemeinen nur bei solchen Untersuchungen braucht, bei denen man die Heranziehung des Idealproduktes fast völlig vermeiden kann.

Die Einordnung in die allgemeine Theorie der Operatorgruppen ist für die nichtkommutative Idealtheorie noch weit bedeutsamer als für die kommutative. Vgl. etwa NOETHER [13], VAN DER WAERDEN [15] Kap. 16 sowie auch NOETHER [15], eine Arbeit, die zwar im übrigen mit unserm Bericht kaum Berührungspunkte besitzt, in der aber der NOETHERsche Grundsatz, die gesamte Algebra soweit als möglich auf Isomorphiebetrachtungen aufzubauen, wohl seinen schärfsten Ausdruck gefunden hat.

Faßt man die Ringe als spezielle Operatorgruppen auf, sieht man also die Multiplikation der Addition gegenüber als zweitklassig an, so liegt es nahe, auf die Existenz der 1 zu verzichten. In der Tat gelten z. B. die Hauptsätze von NOETHER [4] und KRULL [15] auch für Ringe ohne Einheitselement der Multiplikation, und es wird insbesondere in der japanischen Literatur der Fall des Fehlens eines Einheitselements meistens berücksichtigt. Im ganzen spielen die Ringe ohne 1 im Kommutativen aber doch eine so untergeordnete Rolle, daß ich es für richtig hielt, sie von vornherein von der Betrachtung auszuschalten.

2. Prim- und Primärideale. Polynomringe. Nach 1. beruht die Bedeutung des Idealbegriffs vor allem auf der Möglichkeit der Restklassenringbildung. Man wird daher diejenigen Ideale auszeichnen, deren Restklassenring besonders einfach gebaut ist.

Ein Ideal $\mathfrak{p}$ im Ringe $\mathfrak{R}$ heißt **Primideal**, wenn $\mathfrak{R}/\mathfrak{p}$ nullteilerfrei, also Integritätsbereich ist. $\mathfrak{q}$ wird **Primärideal** genannt, wenn $\mathfrak{R}/\mathfrak{q}$ höchstens „nilpotente" Nullteiler enthält, d. h. solche Nullteiler, von denen eine Potenz dem Nullelement gleich wird.

Auch ohne Benutzung des Restklassenringes lassen sich Prim- und Primärideal leicht charakterisieren: $\mathfrak{p}$ ist Primideal, wenn ein Produkt $a \cdot b$ nur dann in $\mathfrak{p}$ liegt, wenn schon ein Faktor zu $\mathfrak{p}$ gehört. $\mathfrak{q}$ ist Primärideal, wenn in $\mathfrak{q}$ gleichzeitig mit einem Produkt $a \cdot b$ stets entweder ein Faktor oder eine endliche Potenz jedes Faktors enthalten ist.

Die Primideale sind spezielle Primärideale. Ist $\mathfrak{q}$ ein beliebiges Primärideal, so bildet die Menge $\mathfrak{p}$ aller der Ringelemente, von denen eine Potenz in $\mathfrak{q}$ liegt, ein Primideal. $\mathfrak{p}$ heißt das zu $\mathfrak{q}$ gehörige Primideal, während $\mathfrak{q}$ als ein zu $\mathfrak{p}$ gehöriges Primärideal bezeichnet werden kann. — Den besten Einblick in die praktische Bedeutung des Prim- und Primäridealbegriffs liefert die klassische Nullstellentheorie der Polynome mehrerer Veränderlicher.

Es sei $\mathfrak{P}$ der Ring aller Polynome in n Unbestimmten $x_1, \ldots x_n$ mit Koeffizienten aus einem festen Körper $\mathfrak{K}$. Der Anschaulichkeit halber wollen wir für $\mathfrak{K}$ den Körper aller komplexen Zahlen wählen, und $x_1, \ldots x_n$ als (kartesische oder affine) Koordinaten im n-dimensionalen Raume P deuten. Ein Punkt $(\alpha_1, \ldots \alpha_n)$ aus P heißt Nullstelle des Polynoms $p(x_1, \ldots x_n)$, wenn $p(\alpha_1, \ldots \alpha_n) = 0$. Er heißt Nullstelle des Polynomideals $\mathfrak{a}$, wenn $p(\alpha_1, \ldots \alpha_n) = 0$ für jedes $p(x) \subset \mathfrak{a}$. — Eine Punktmenge M wird üblicherweise als (irreduzible) algebraische Mannigfaltigkeit[1] bezeichnet, wenn sie durch algebraische Gleichungen zwischen den Koordinaten definiert ist, und wenn außerdem ein Produkt zweier Polynome nur dann sämtliche Punkte von M zu Nullstellen hat, wenn das gleiche für mindestens einen Faktor gilt. — Das heißt aber einfach: Die Menge $\mathfrak{p}$ aller der Polynome, die sämtliche Punkte von M zu Nullstellen haben, bildet in $\mathfrak{P}$ ein Primideal. Von entscheidender Bedeutung ist nun die Tatsache, daß dieser Satz umgekehrt werden kann:

Jedem Primideal $\mathfrak{p}$ aus $\mathfrak{P}$ entspricht eindeutig umkehrbar eine algebraische Mannigfaltigkeit M aus P; dabei besteht M aus allen Nullstellen von $\mathfrak{p}$, und es ist $\mathfrak{p}$ das größte Ideal, das sämtliche Punkte von M zu Nullstellen hat.

Der Beweis dieses Fundamentalsatzes wird erst in 18. besprochen werden. Hier zeigen wir nur, wie mit seiner Hilfe die Nullstellenmenge eines beliebigen Polynomideals $\mathfrak{a}$ in algebraische Mannigfaltigkeiten zerlegt werden kann.

Eine Nullstellenmannigfaltigkeit M von $\mathfrak{a}$ (also eine algebraische Mannigfaltigkeit, deren sämtliche Punkte Nullstellen von $\mathfrak{a}$ sind) heißt „eingebettet" oder „nichteingebettet", je nachdem, ob sie in einer anderen Nullstellenmannigfaltigkeit von $\mathfrak{a}$ als echte Untermenge enthalten ist oder nicht. Ein Primoberideal von $\mathfrak{a}$, das kein anderes Primoberideal von $\mathfrak{a}$ enthält, soll als „minimales" Primoberideal bezeichnet werden. Aus dem Fundamentalsatz folgt dann sofort: Die Nullstellenmannigfaltigkeiten von $\mathfrak{a}$ entsprechen eindeutig umkehrbar den Primoberidealen; insbesondere sind die nichteingebetteten Nullstellenmannigfaltigkeiten den minimalen Primoberidealen zugeordnet.

Danach bildet zunächst bei einem Primärideal $\mathfrak{q}$ die Menge aller Nullstellen die einzige nichteingebettete Mannigfaltigkeit; denn ein Primärideal hat offenbar genau dieselben Nullstellen wie sein zugehöriges Primideal. Ist aber $\mathfrak{a}$ ein beliebiges Ideal aus $\mathfrak{P}$, so gilt der grundlegende, auch als „LASKERsches Theorem" (LASKER [1] S. 51, MACAULAY [3] Nr. 39) bezeichnete

Zerlegungssatz: *In $\mathfrak{P}$ läßt sich jedes Ideal $\mathfrak{a}$ als Durchschnitt von endlich vielen Primäridealen darstellen:* $\mathfrak{a} = \mathfrak{q}_1 \cap \cdots \cap \mathfrak{q}_m$.

---

[1] In 2. und 3. bedeutet „Mannigfaltigkeit" schlechtweg soviel wie „irreduzible Mannigfaltigkeit". Auch später (in 23.—28.) wird der Zusatz „irreduzibel" weggelassen, sobald er im Zusammenhang entbehrlich erscheint.

Aus dem Zerlegungssatz, dessen abstrakter Beweis in 3. besprochen werden wird, folgt allein auf Grund der Definition von Prim- und Primärideal: Ein Primideal $\mathfrak{p}$ ist dann und nur dann Oberideal von $\mathfrak{a} = \mathfrak{q}_1 \cap \cdots \cap \mathfrak{q}_m$, wenn es für mindestens ein i Oberideal von $\mathfrak{q}_i$ und damit auch Oberideal des zu $\mathfrak{q}_i$ gehörigen Primideals $\mathfrak{p}_i$ ist. Um alle minimalen Primoberideale von $\mathfrak{a}$ zu erhalten, hat man nur aus der Reihe der $\mathfrak{p}_i$ diejenigen Primideale wegzulassen, die ein anderes Primideal dieser Reihe als echtes Unterideal enthalten.

Ein Polynomideal $\mathfrak{a}$ besitzt also immer nur endlich viele minimale Primoberideale, und es verteilen sich dementsprechend seine sämtlichen Nullstellen auf endlich viele nichteingebettete Mannigfaltigkeiten. — Bezeichnet man ferner allgemein als das „Radikal" $\mathfrak{r}$ des Ideals $\mathfrak{a}$ das Ideal aller der Ringelemente, von denen eine Potenz zu $\mathfrak{a}$ gehört, so folgt aus Zerlegungssatz und Primäridealdefinition:

Ein Polynom p gehört dann und nur dann zum Radikal $\mathfrak{r}$ von $\mathfrak{a}$, wenn es in allen minimalen Primoberidealen von $\mathfrak{a}$ enthalten ist. — Oder anders ausgedrückt: $\mathfrak{r}$ ist der Durchschnitt aller minimalen Primoberideale.

Verschwindet also das Polynom p für alle Nullstellen des Ideals $\mathfrak{a}$, so liegt eine Potenz von p in $\mathfrak{a}$ („HILBERTscher Nullstellensatz"). Will man nur die nichteingebetteten Nullstellenmannigfaltigkeiten von $\mathfrak{a}$ bestimmen, so hat man einfach das Radikal $\mathfrak{r}$ als Durchschnitt seiner minimalen Primoberideale darzustellen.

Sollen dagegen auch die eingebetteten Nullstellenmannigfaltigkeiten zu ihrem Recht kommen, so muß man $\mathfrak{a}$ selbst in Primärkomponenten zerlegen, und untersuchen, inwieweit diese Komponenten und ihre zugehörigen Primideale eindeutig bestimmt sind. Dazu braucht man zwei einfache, sofort aus der Definition von Primärideal und Idealquotient folgende Bemerkungen:

Ist $\mathfrak{p}$ ein Prim-, $\mathfrak{a}$ irgendein nicht in $\mathfrak{p}$ enthaltenes Ideal, so ist nicht nur $\mathfrak{p} : \mathfrak{a} = \mathfrak{p}$, sondern auch $\mathfrak{q} : \mathfrak{a} = \mathfrak{q}$ für jedes zu $\mathfrak{p}$ gehörige Primärideal $\mathfrak{q}$. Sind ferner $\mathfrak{q}_1$ und $\mathfrak{q}_2$ zu $\mathfrak{p}$ gehörige Primärideale, so sind es auch $\mathfrak{q}_1 \cap \mathfrak{q}_2$ und $\mathfrak{q}_1 : \mathfrak{q}_2$ (Ausnahme $\mathfrak{q}_2 \subseteq \mathfrak{q}_1$, $\mathfrak{q}_1 : \mathfrak{q}_2 = \mathfrak{P}$). — Eine Primäridealzerlegung $\mathfrak{a} = \mathfrak{q}_1 \cap \cdots \cap \mathfrak{q}_m$ möge „normiert" heißen, wenn erstens kein $\mathfrak{q}_i$ einfach weggelassen werden kann, und wenn zweitens die zu den $\mathfrak{q}_i$ gehörigen Primideale $\mathfrak{p}_i$ alle verschieden sind. Eine beliebige Primäridealzerlegung kann stets durch die Weglassung überflüssiger und durch die Zusammenfassung zum gleichen Primideal gehöriger Komponenten normiert werden; man darf sich daher auf die Betrachtung von normierten Zerlegungen beschränken und erhält dann den

Eindeutigkeitssatz: *Bei zwei normierten Zerlegungen* $\mathfrak{a} = \mathfrak{q}_1 \cap \cdots \cap \mathfrak{q}_m$ $= \mathfrak{q}_1' \cap \cdots \cap \mathfrak{q}_{m'}'$ *ist die Komponentenzahl dieselbe, und es gehören bei geeigneter Numerierung* $\mathfrak{q}_i$ *und* $\mathfrak{q}_i'$ *jeweils zum selben Primideal* $\mathfrak{p}_i = \mathfrak{p}_i'$. *Ist ferner* $\mathfrak{p}_i$ *minimales Primoberideal von* $\mathfrak{a}$, *so ist sogar stets* $\mathfrak{q}_i = \mathfrak{q}_i'$.

Aus der Normierungsvoraussetzung folgt, daß jedes $\mathfrak{p}_i$ unter den $\mathfrak{p}'_i$ und jedes $\mathfrak{p}'_i$ unter den $\mathfrak{p}_i$ mindestens ein Oberideal besitzen muß. Wäre nämlich etwa $\mathfrak{p}_m$ in keinem $\mathfrak{p}'_i$ enthalten, so wäre $\mathfrak{a} : \mathfrak{q}_m = (\mathfrak{q}_1 : \mathfrak{q}_m) \cap \cdots \cap (\mathfrak{q}_{m-1} : \mathfrak{q}_m) = (\mathfrak{q}'_1 : \mathfrak{q}_m) \cap \cdots \cap (\mathfrak{q}'_{m'} : \mathfrak{q}_m) = \mathfrak{q}'_1 \cap \cdots \cap \mathfrak{q}'_{m'} = \mathfrak{a} = \mathfrak{q}_1 \cap \cdots \cap \mathfrak{q}_{m-1}$, die Komponente $\mathfrak{q}_m$ wäre also bei der ersten Zerlegung überflüssig. — Ist daher $\mathfrak{p}_m$ so gewählt, daß kein einziges $\mathfrak{p}_i$ oder $\mathfrak{p}'_i$ echtes Oberideal von $\mathfrak{p}_m$ ist, so muß $\mathfrak{p}_m$ auch unter den $\mathfrak{p}'_i$ vorkommen, etwa $\mathfrak{p}_m = \mathfrak{p}'_{m'}$. Für $\mathfrak{q} = \mathfrak{q}_m \cap \mathfrak{q}'_{m'}$ wird dann $\mathfrak{a}_1 = \mathfrak{a} : \mathfrak{q} = (\mathfrak{q}_1 : \mathfrak{q}) \cap \cdots \cap (\mathfrak{q}_{m-1} : \mathfrak{q}) = \mathfrak{q}_1 \cap \cdots \cap \mathfrak{q}_{m-1} = (\mathfrak{q}'_1 : \mathfrak{q}) \cap \cdots \cap (\mathfrak{q}'_{m'-1} : \mathfrak{q}) = \mathfrak{q}'_1 \cap \cdots \cap \mathfrak{q}'_{m'-1}$. — Auf die beiden normierten Zerlegungen $\mathfrak{a}_1 = \mathfrak{q}_1 \cap \cdots \cap \mathfrak{q}_{m-1}$ und $\mathfrak{a}_1 = \mathfrak{q}'_1 \cap \cdots \cap \mathfrak{q}'_{m'-1}$ von $\mathfrak{a}_1$ darf man aber wegen der Erniedrigung der Komponentenzahl auf $m-1$ bzw. $m'-1$ nach den Grundsätzen des Induktionsschlusses den ersten Teil des Eindeutigkeitssatzes bereits anwenden. Daraus folgt dieser Teil aber auch für $\mathfrak{a}$ und somit allgemein.

Ist ferner etwa $\mathfrak{p}_1 = \mathfrak{p}'_1$ minimales Primoberideal von $\mathfrak{a}$, so wird für $\mathfrak{b} = \mathfrak{q}_2 \cap \cdots \cap \mathfrak{q}_m \cap \mathfrak{q}'_2 \cap \cdots \cap \mathfrak{q}'_{m'}$ sicher $\mathfrak{a} : \mathfrak{b} = \mathfrak{q}_1 : \mathfrak{b} = \mathfrak{q}_1 = \mathfrak{q}'_1 : \mathfrak{b} = \mathfrak{q}'_1$, zweiter Teil des Eindeutigkeitssatzes! Zur Ergänzung des zweiten Teiles ist noch zu bemerken, daß man leicht durch Beispiele zeigen kann, daß zwei entsprechende Primärideale $\mathfrak{q}_i$ und $\mathfrak{q}'_i$, deren zugehöriges Primideal $\mathfrak{p}_i = \mathfrak{p}'_i$ nicht minimal ist, keineswegs identisch sein müssen. Der Eindeutigkeitssatz kann also im wesentlichen nicht weiter verschärft werden. — Die Primideale $\mathfrak{p}_1, \ldots \mathfrak{p}_m$ des Eindeutigkeitssatzes bezeichnet man kurz als „die zu $\mathfrak{a}$ gehörigen Primideale". Die zu den minimalen Primoberidealen $\mathfrak{p}_i$ gehörigen Primärideale $\mathfrak{q}_i$ heißen die „isolierten Primärkomponenten".

Auf die Nullstellentheorie angewandt ergibt der Eindeutigkeitssatz: Unter den (im allgemeinen unendlich vielen) Nullstellenmannigfaltigkeiten von $\mathfrak{a}$ sind durch die zugehörigen Primideale endlich viele „wesentliche" ausgezeichnet, unter denen sich jedenfalls alle nichteingebetteten, unter Umständen aber auch einige eingebettete Mannigfaltigkeiten befinden. Jeder nichteingebetteten Mannigfaltigkeit entspricht nicht nur ein minimales Primoberideal, sondern auch eine zu diesem Primoberideal gehörige „isolierte Primärkomponente" von $\mathfrak{a}$. — Daß dieses Resultat unter gewissen Umständen es gestattet, jeder nichteingebetteten Nullstellenmannigfaltigkeit von $\mathfrak{a}$ eine bestimmte „Vielfachheit" zuzuordnen, wird sich erst in § 3 zeigen. Zunächst wenden wir uns allgemeinen abstrakten Fragestellungen zu.

3. Der Zerlegungssatz in abstrakten Ringen. Der in 2. skizzierte Beweis des „Eindeutigkeitssatzes" gilt offenbar in jedem Ringe für jedes Ideal, das überhaupt als Durchschnitt endlich vieler Primärideale dargestellt werden kann. Eine der großen Leistungen von E. Noether ist die Entdeckung, daß auch für den „Zerlegungssatz" ein abstrakter Beweis erbracht werden kann, der kein tieferes Eingehen auf die spezielle

Natur der Polynomringe erfordert, und der insbesondere nicht einmal von der Tatsache, daß jedes Polynom eindeutiges Produkt von endlich vielen irreduziblen Polynomen ist, Gebrauch macht. — Man sagt, das Ideal $\mathfrak{a}$ im Ringe $\mathfrak{R}$ habe die (endliche) Basis $a_1, \ldots a_m$, und schreibt $\mathfrak{a} = (a_1, \ldots a_m)$, wenn $\mathfrak{a}$ das kleinste $a_1, \ldots a_m$ enthaltende Ideal ist, d. h. wenn $\mathfrak{a}$ aus der Menge aller Summen $a = \alpha_1 a_1 + \cdots + \alpha_m a_m$ $(\alpha_1, \ldots \alpha_m \subset \mathfrak{R})$ besteht. HILBERT hat bereits 1890 (HILBERT [1], vgl. auch VAN DER WAERDEN [15] § 80, sowie den bemerkenswerten Beweis bei SPERNER [1] S. 159f.) gezeigt, daß in einem Polynomring $\mathfrak{P}$ jedes Ideal eine endliche Basis besitzt, daß also jede beliebige algebraische und insbesondere auch jede irreduzible algebraische Mannigfaltigkeit durch endlich viel Gleichungen definiert werden kann. E. NOETHER erkannte dann 1919 die Tragweite der Tatsache, daß die Gültigkeit des HILBERTschen Basissatzes für einen beliebigen Ring gleichwertig ist mit einem für abstrakte Existenzbeweise außerordentlich gut geeigneten, schon von DEDEKIND gelegentlich benutzten „Kettensatz".

In einem Ring $\mathfrak{R}$ (oder auch in einer Operatorgruppe $\mathfrak{G}$) verstehen wir unter einer O- bzw. U-Kette eine Ideal- (Gruppen-) Folge $\mathfrak{a}_1, \mathfrak{a}_2, \ldots$, bei der $\mathfrak{a}_{i+1}$ stets Obermenge bzw. Untermenge von $\mathfrak{a}_i$ ist. Gibt es in $\mathfrak{R}$ ($\mathfrak{G}$) keine O- bzw. U-Kette mit unendlich vielen verschiedenen Gliedern, so sagen wir, es gelte in $\mathfrak{R}$ ($\mathfrak{G}$) der O- bzw. U-Satz und bezeichnen $\mathfrak{R}$ ($\mathfrak{G}$) kurz als O- bzw. U-Ring (O- bzw. U-Gruppe)[1]. — Nach ARTIN kann man dem O- bzw. U-Satz auch die elegantere Form einer Maximal- bzw. Minimalbedingung geben: Der O- bzw. U-Ring ist dadurch charakterisiert, daß jede aus ihm entnommene Idealmenge ein größtes bzw. kleinstes Ideal enthalten muß, das von keinem anderen Ideal der Menge umfaßt wird, bzw. das seinerseits kein anderes Ideal der Menge umfaßt.

Gibt es in $\mathfrak{R}$ eine O-Kette $\mathfrak{a}_1, \mathfrak{a}_2, \ldots$ mit unendlich vielen verschiedenen Gliedern, so kann daselbst $\mathfrak{a} = \sum_i \mathfrak{a}_i$ keine endliche Basis haben; besitzt andererseits $\mathfrak{a}$ keine endliche Basis, so lassen sich aus $\mathfrak{a}$ unendlich viele Elemente $a_1, a_2, \ldots$ so auswählen, daß für $\mathfrak{a}_i = (a_1, \ldots a_i)$ die Glieder der O-Kette $\mathfrak{a}_1, \mathfrak{a}_2, \ldots$ alle verschieden sind. *O-Satz und* HILBERT*scher Basissatz sind also gleichwertig.* Diese NOETHERsche Erkenntnis ist deshalb so wichtig, weil einerseits die Gültigkeit des Basissatzes sehr oft leicht nachgewiesen, z. B. von einem beliebigen O-Ring $\mathfrak{R}$ sofort auf den Ring aller Polynome in beliebig vielen Variablen mit Koeffizienten aus $\mathfrak{R}$ übertragen werden kann, und weil andererseits der O-Satz die folgende Induktionsschlußweise gestattet:

Läßt sich in dem O-Ringe $\mathfrak{R}$ von einer bestimmten Eigenschaft A zeigen, daß aus „non-A für $\mathfrak{a}$" notwendig „non-A für ein echtes Oberideal von $\mathfrak{a}$" folgt, so besitzen alle Ideale von $\mathfrak{R}$ die Eigenschaft A.

---

[1] Der „O-Satz" ist der berühmte „NOETHERsche Teilerkettensatz".

Daraus folgt z. B. unmittelbar: Ist im O-Ring $\Re$ jedes nichtprimäre Ideal reduzibel, d. h. als Durchschnitt zweier echter Oberideale darstellbar, so ist in $\Re$ jedes Ideal Durchschnitt von endlich vielen Primäridealen. Um also den Zerlegungssatz von 2. für beliebige O-Ringe zu beweisen, hat man nur zu zeigen: In jedem O-Ring $\Re$ ist jedes nichtprimäre Ideal reduzibel.

Zu nichtprimärem $\mathfrak{a}$ existiert aber stets ein Element b, von dem keine Potenz in $\mathfrak{a}$ liegt, während andererseits $\mathfrak{a} : (b) = \mathfrak{a}_1$ ein echtes Oberideal von $\mathfrak{a}$ ist. Bildet man nun die Kette $\mathfrak{a}_1 = \mathfrak{a} : (b)$, $\mathfrak{a}_2 = \mathfrak{a} : (b^2)$, $\ldots$, so ist $\mathfrak{a}_{i+1} \supseteq \mathfrak{a}_i$, und wegen des O-Satzes wird $\mathfrak{a}_{n+1} = \mathfrak{a}_n$, d. h. $\mathfrak{a}_n : (b) = \mathfrak{a}_n$ für großes n. Unter diesen Umständen ist aber, wie leicht nachzurechnen, $\mathfrak{a} = \mathfrak{a}_n \cap (\mathfrak{a} + (b^n))$ eine Durchschnittsdarstellung von $\mathfrak{a}$ durch echte Oberideale.

Damit ist also gezeigt, daß der Zerlegungssatz von 2. ebenso wie der dortige Eindeutigkeitssatz nicht nur für Polynom-, sondern für beliebige O-Ringe gilt.

Doch ist ein Punkt hervorzuheben: Beim Beweis des Eindeutigkeitssatzes arbeitet man ausschließlich mit Idealen, insbesondere mit den formalen Eigenschaften des Idealquotienten. Beim Zerlegungssatz dagegen muß man auch mit einzelnen Ringelementen rechnen, denn man braucht beim Beweis der Gleichung $\mathfrak{a} = \mathfrak{a}_n \cap (\mathfrak{a} + (b^n))$ die Tatsache, daß jedes Element von $\mathfrak{a} + (b^n)$ die Gestalt $a + c \cdot b^n$ $(a \subset \mathfrak{a})$ besitzt.

Gilt in $\Re$ der O-Satz nicht, so braucht auch der Zerlegungssatz nicht zu gelten. Es gibt sogar Ringe, in denen manche Ideale (sogar solche mit endlicher Basis) auf keine Weise als Durchschnitt von endlich oder unendlich vielen Primäridealen dargestellt werden können (vgl. 41.). Indessen führt auch bei ganz allgemeinen Ringen das Vorbild der Polynom- und O-Ringe zu wichtigen Struktursätzen. Man kann nämlich alle in 2. über Radikal, minimale Primoberideale und isolierte Primärkomponenten aufgestellten Sätze auf beliebige Ringe übertragen, wenn man nur die Möglichkeit zuläßt, daß ein gegebenes Ideal unendlich viele minimale Primoberideale besitzt.

Struktursatz: *In jedem Ringe $\Re$ besitzt jedes Ideal $\mathfrak{a}$ minimale Primoberideale, und es enthält jedes Primoberideal von $\mathfrak{a}$ mindestens ein minimales. Der Durchschnitt aller minimalen Primoberideale ist das Radikal $\mathfrak{r}$ von $\mathfrak{a}$.*

Zu jedem minimalen Primoberideal $\mathfrak{p}$ gehört eine bestimmte „isolierte Primärkomponente" $\mathfrak{q}$, die charakterisiert werden kann als das kleinste zu $\mathfrak{p}$ gehörige Primärideal, das $\mathfrak{a}$ gerade noch enthält.

Der Beweis des Struktursatzes erfordert nur einfache Wohlordnungsschlüsse und den bisher noch nicht benützten Begriff des „multiplikativ abgeschlossenen Systems". Eine Untermenge S des Ringes $\Re$ heißt „multiplikativ abgeschlossen" (in Zukunft kurz „m. a."), wenn sie mit a und b stets auch das Produkt $a \cdot b$ enthält. — Aus dieser Definition ergibt sich u. a.:

$\mathfrak{p}$ ist in $\mathfrak{R}$ dann und nur dann Primideal, wenn das System $\mathfrak{R} - \mathfrak{p}$ der nicht zu $\mathfrak{p}$ gehörigen Ringelemente m.a. ist. Ist S m.a. System aus $\mathfrak{R}$, $\mathfrak{p}$ ein maximales zu S elementefremdes[1] Ideal, so ist $\mathfrak{p}$ Primideal.

Um nun zu gegebenem $\mathfrak{a}$ ein minimales Primoberideal zu finden, zeigt man zuerst durch Wohlordnungsschlüsse, daß zu jedem zu $\mathfrak{a}$ elementefremden m.a. System S (mindestens) ein maximales m.a. System S^* existiert, das zwar S, aber kein Element aus $\mathfrak{a}$ enthält. Ebenso ergibt sich dann weiter, daß es (mindestens) ein maximales zu S^* elementefremdes Oberideal $\mathfrak{p}^*$ von $\mathfrak{a}$ gibt, das angesichts seiner Konstruktion minimales Primoberideal von $\mathfrak{a}$ sein muß. Ist $\mathfrak{p}$ irgendein Primoberideal von $\mathfrak{a}$, so kann man für S das System $\mathfrak{R} - \mathfrak{p}$ wählen; $\mathfrak{p}$ erweist sich so als Oberideal eines minimalen Primoberideals $\mathfrak{p}^*$.

Ist andererseits a ein nicht zu dem Radikal $\mathfrak{r}$ gehöriges Element, und wählt man für S das System aller Potenzen von a, so ergibt sich, daß stets ein a nicht enthaltendes $\mathfrak{p}^*$ existiert, und daß somit der Durchschnitt aller $\mathfrak{p}^*$ nicht nur (wie selbstverständlich) Oberideal von $\mathfrak{r}$, sondern sogar gleich $\mathfrak{r}$ sein muß.

Es sei schließlich $\mathfrak{p}^*$ minimales Primoberideal von $\mathfrak{a}$ und $\mathfrak{q}^*$ das Ideal aller der Elemente, die durch Multiplikation mit geeigneten Faktoren aus $\mathfrak{R} - \mathfrak{p}^*$ in Elemente von $\mathfrak{a}$ verwandelt werden können; dann ist $\mathfrak{q}^*$ das kleinste $\mathfrak{a}$ umfassende, zu $\mathfrak{p}^*$ gehörige Primärideal.

(Zum Beweis ist vor allem zu zeigen, daß $\mathfrak{q}^*$ eine Potenz jedes Elementes p aus $\mathfrak{p}^*$ enthält. Das ergibt sich so: Ist S das kleinste, sowohl p als $\mathfrak{R} - \mathfrak{p}^*$ enthaltende m.a. System, so gibt es sicher kein zu S elementefremdes Primoberideal von $\mathfrak{a}$. Es muß also ein Element von S in $\mathfrak{a}$ und damit eine Potenz von p in $\mathfrak{q}^*$ liegen.)

Der Zerlegungssatz der O-Ringe und der allgemeine Struktursatz mit ihren äußerst einfachen und durchsichtigen abstrakten Beweisen legen den Gedanken nahe, die abstrakte Ringtheorie auf den gewonnenen Grundlagen systematisch auszubauen und dann nachträglich die gewonnenen Ergebnisse zu Anwendungen in konkreten Fällen, vor allem bei den Polynomringen zu benutzen. Die hierher gehörigen Untersuchungen, bei denen durchweg gruppentheoretische Gesichtspunkte im Vordergrund stehen, werden in § 2 und § 3 ausführlich behandelt werden. Ehe wir indessen zu ihrer Besprechung übergehen, wollen wir die Grundlagen der an DEDEKIND anknüpfenden „arithmetischen" Richtung der Idealtheorie kurz entwickeln.

Die Theorie der Polynomringe, die in 2. nur als Beispiel diente, wird in § 3 systematisch dargestellt werden. Zu den Zerlegungssätzen der O-Ringe

---

[1] Ein „maximales" Ideal $\mathfrak{a}$ mit einer Eigenschaft A ist dadurch ausgezeichnet, daß A zwar $\mathfrak{a}$, aber keinem echten Oberideal von $\mathfrak{a}$ zukommt; in entsprechender Weise ist der Ausdruck „minimales Ideal" aufzufassen.

(also der „Ringe mit Teilerkettensatz" in üblicher Bezeichnungsweise) vgl. die klassische Arbeit NOETHER [4] und die Darstellung bei VAN DER WAERDEN [15] Kap. 12. Der Struktursatz der Ringe ohne Endlichkeitsbedingung findet sich bei KRULL [15].

4. Zahlentheoretische Grundlagen der Idealtheorie. Bei den bisherigen Betrachtungen waren wir von einem Integritätsbereich, dem Polynomring, ausgegangen. Der Körperbegriff trat dementsprechend völlig in den Hintergrund. — Die arithmetische Idealtheorie dagegen diente bei ihrem Begründer DEDEKIND zur Gewinnung der in den endlichen algebraischen Zahlkörpern für die ganzen und nichtganzen Zahlen gültigen Teilbarkeitsgesetze. Infolgedessen ist es zweckmäßig, bei der Entwicklung einer abstrakten arithmetischen Idealtheorie durchweg einen Integritätsbereich $\mathfrak{J}$ in engstem Zusammenhang mit seinem Quotientenkörper $\mathfrak{K}$ zu betrachten.

Die Elemente von $\mathfrak{J}$ werden als ganz, die nicht zu $\mathfrak{J}$ gehörigen Elemente aus $\mathfrak{K}$ werden als nichtganz bezeichnet, das Nullelement und das nur aus dem Nullelement bestehende Nullideal werden von der Betrachtung ausgeschlossen. Das Element α aus $\mathfrak{K}$ heißt Teiler des Elementes β, und man schreibt $\beta \equiv 0\,(\alpha)$, wenn der Quotient $\beta \cdot \alpha^{-1}$ ganz ist. Ist auch $\alpha \cdot \beta^{-1}$ ganz, so nennt man α und β „assoziiert", im andern Fall heißt α „echter" Teiler von β. Ein ganzes Element ε, das Teiler der 1, für das also auch ε^{-1} ganz ist, heißt „Einheit".

Zwei Körperelemente α und β sind dann und nur dann assoziiert, wenn $\alpha \cdot \beta^{-1}$ Einheit ist. Jedes ganze Element besitzt als triviale Teiler die assoziierten Elemente und die Einheiten. Ein ganzes Element, das nur triviale Teiler hat, und das sich demgemäß nicht als Produkt echter Teiler darstellen läßt, möge „unzerlegbar" heißen. Dagegen soll ein ganzes Element p nur dann „Primelement" genannt werden, wenn in $\mathfrak{J}$ aus $a \cdot b \equiv 0\,(p)$, $b \not\equiv 0\,(p)$ stets $a \equiv 0\,(p)$ folgt, wenn also das Ideal (p) im Sinne von 2. und 3. Primideal ist. Jedes Primelement ist unzerlegbar, aber nicht jedes unzerlegbare Element muß Primelement sein.

Ist z. B. $\mathfrak{K}$ der Körper der rationalen, $\mathfrak{J}$ der Integritätsbereich der ganzen rationalen Zahlen, so läßt sich in $\mathfrak{J}$ jede Zahl als Produkt von wirklichen „Prim"zahlen darstellen, und diese Darstellung ist infolgedessen (bis auf Einheitsfaktoren) eindeutig bestimmt. Wählt man aber für $\mathfrak{K}$ irgendeinen endlichen algebraischen Zahlkörper, für $\mathfrak{J}$ den Ring aller ganzen algebraischen Zahlen aus $\mathfrak{K}$, so ist zwar immer noch jede Zahl von $\mathfrak{J}$ als Produkt von endlich vielen unzerlegbaren Zahlen darstellbar, aber die Darstellung braucht nicht mehr eindeutig zu sein, weil diesmal eine unzerlegbare Zahl unter Umständen keine Primzahl mehr ist.

Der Gedanke, diese Schwierigkeit mit Hilfe des Idealbegriffs zu überwinden, wird durch folgende Überlegung nahegelegt:

Auch wenn in $\mathfrak{J}$ die Begriffe „unzerlegbar" und „prim" zusammenfallen, ist mitunter die Tatsache lästig, daß die Zerlegung eines Elements aus $\mathfrak{J}$ in Primelemente nicht absolut, sondern nur bis auf Einheitsfaktoren eindeutig bestimmt ist. Betrachtet man aber durchweg an Stelle des Ringelements a die Menge aller durch a teilbaren Elemente, d. h. das „Hauptideal" (a), und definiert die Hauptidealmultiplikation durch die Regel $(a) \cdot (b) = (a \cdot b)$, so erhält man die Sätze: a und a' sind dann und nur dann assoziiert, wenn $(a) = (a')$. p ist dann und nur dann Primelement, wenn (p) Primideal ist. Der bis auf Einheitsfaktoren eindeutigen Zerlegung eines Elements a in Primelemente entspricht eine absolut eindeutige Zerlegung des Hauptideals (a) in Primhauptideale. — Ist ferner wieder $\mathfrak{J}$ speziell der Ring aller ganzen Zahlen eines endlichen algebraischen Zahlkörpers, so überzeugt man sich leicht, daß in $\mathfrak{J}$ dann und nur dann jede unzerlegbare Zahl prim ist, wenn alle Ideale Hauptideale sind. Gibt es also in $\mathfrak{J}$ unzerlegbare, aber nichtprime Elemente, so gibt es auch Ideale, die keine Hauptideale sind. Es liegt nun auf der Hand, daß man dann eben die Menge aller Ideale heranziehen muß, um einen befriedigenden Einblick in die Teilbarkeitsverhältnisse der Elemente von $\mathfrak{J}$ (und damit auch aller Elemente von $\mathfrak{K}$) zu gewinnen.

Will man dabei von der Idealtheorie nicht mehr Begriffe heranziehen als unbedingt nötig, so kann man folgendermaßen vorgehen: Zuerst zeigt man, daß in $\mathfrak{J}$ jedes Ideal eine endliche Basis hat, daß also der O-Satz gilt, und daß von zwei Primidealen niemals eines das andere umfaßt; daraus ergibt sich u. a., daß jedes Ideal nur endlich viele Primoberideale besitzt. Dann wird bewiesen, daß jedem Hauptideal (a) in bezug auf jedes Primideal $\mathfrak{p}$ eine nichtnegative ganze Zahl ϱ_a zugeordnet werden kann, die als „Vielfachheit von (a) hinsichtlich $\mathfrak{p}$" anzusehen und nur dann von Null verschieden ist, wenn $(a) \subseteq \mathfrak{p}$. — Schließlich gewinnt man den Hauptsatz:

In $\mathfrak{J}$ ist a dann und nur dann durch b teilbar, wenn für kein $\mathfrak{p}$ die Vielfachheit ϱ_a kleiner ist als die Vielfachheit ϱ_b.

Zur Durchführung dieses Beweisganges, bei dem das Teilbarkeitsproblem als solches dauernd im Vordergrund steht, braucht man nur die Begriffe der Idealsumme, des Durchschnitts, des Primideals, dagegen nicht die Begriffe des Idealquotienten, der Idealmultiplikation, des Primärideals. — Führt man dagegen die allgemeine Idealmultiplikation im Sinne von 1. von vornherein ein, so kommt man von selbst auf einen ganz anderen Weg.

Man beweist zuerst rein idealtheoretisch für den Integritätsbereich $\mathfrak{J}$ aller ganzen Zahlen eines endlichen Zahlkörpers den

Zerlegungssatz in Primideale („Z.P.I."): *In $\mathfrak{J}$ kann jedes Ideal eindeutig als Produkt von Potenzen endlich vieler Primideale dargestellt werden.*

Wendet man dann den Z.P.I. speziell auf Hauptideale an, so kommt man sofort zu dem früheren Teilbarkeitskriterium. —

Will man die Teilbarkeitstheorie nicht nur für die ganzen Elemente von $\mathfrak{J}$, sondern für alle Elemente von $\mathfrak{K}$ entwickeln, so kann man das bei den rationalen Zahlen einfach dadurch erreichen, daß man neben positiven auch negative Potenzen zuläßt und so jede beliebige rationale Zahl als Produkt von Primzahlpotenzen darstellt. Auch bei der idealtheoretischen Behandlung der endlichen algebraischen Zahlkörper ist ein entsprechendes Vorgehen möglich. Man hat nur neben den bisher allein betrachteten, im Ring $\mathfrak{J}$ aller ganzen Zahlen liegenden „ganzen" Idealen allgemeinere Ideale einzuführen, die auch nichtganze Elemente aus $\mathfrak{K}$ enthalten dürfen. Man definiert dementsprechend abstrakt:

Ist $\mathfrak{J}$ Integritätsbereich mit dem Quotientenkörper $\mathfrak{K}$, so soll unter einem $\mathfrak{J}$-Ideal (oder kurzweg „Ideal", wenn kein Mißverständnis zu befürchten) eine beliebige additive Untergruppe $\mathfrak{a}$ von $\mathfrak{K}$ verstanden werden, die gleichzeitig mit α stets auch $a \cdot \alpha$ für beliebiges a aus $\mathfrak{J}$ enthält und außerdem der Bedingung genügt, daß alle ihre Elemente durch Multiplikation mit einem festen Element $a^* \neq 0$ in ganze Elemente aus $\mathfrak{J}$ verwandelt werden können.

Diejenigen Ideale, die Untermengen von $\mathfrak{J}$ sind, heißen „ganz". Ist $\mathfrak{a}$ ein beliebiges Ideal, so bedeutet $\mathfrak{a}^{-1}$ das Ideal aller der Körperelemente, deren Produkte mit sämtlichen Elementen von $\mathfrak{a}$ ganz ausfallen; unter $\mathfrak{a}^{-i}$ versteht man $(\mathfrak{a}^{-1})^i$. $\mathfrak{a}$ heißt „umkehrbar", wenn $\mathfrak{a} \cdot \mathfrak{a}^{-1} = \mathfrak{J}$ (nicht nur wie selbstverständlich $\mathfrak{a} \cdot \mathfrak{a}^{-1} \subseteq \mathfrak{J}$).

Mit Hilfe dieser Definition kann man den Z.P.I. ohne weiteres von den ganzen auf beliebige Ideale ausdehnen, nur daß jetzt neben den positiven auch negative Primidealpotenzen auftreten. Der erweiterte Z.P.I. ermöglicht dann auch die Erweiterung des früher nur für ganze Elemente ausgesprochenen Teilbarkeitskriteriums auf beliebige Körperelemente, selbstverständlich unter Zulassung von negativen Vielfachheitszahlen.

Die wirkliche Tragweite der Einführung der nichtganzen Ideale zeigt indessen erst der

Gruppensatz: *In $\mathfrak{J}$ gilt dann und nur dann der Z.P.I., wenn die Menge aller $\mathfrak{J}$-Ideale hinsichtlich der Multiplikation eine Gruppe bildet.*

Das „dann" ist klar. Ist ferner die Gruppenbedingung erfüllt, so folgt im Bereich der ganzen $\mathfrak{J}$-Ideale aus $\mathfrak{a} \subset \mathfrak{b}$ stets eine Gleichung $\mathfrak{a} = \mathfrak{b} \cdot \mathfrak{c}$; außerdem gilt für die ganzen $\mathfrak{J}$-Ideale der O-Satz, denn alle $\mathfrak{J}$-Ideale sind umkehrbar, und ein umkehrbares Ideal besitzt, wie sehr leicht nachzurechnen, immer eine endliche Basis (vgl. KRULL [20]). Unter diesen Umständen macht aber der Beweis des Z.P.I. keinerlei Schwierigkeit. — Der Z.P.I. und der Gruppensatz in ihrer äußerst einfachen und befriedigenden Form bilden den Ausgangspunkt für die Entwicklung einer selbständigen arithmetischen Idealtheorie abstrakter Integritätsbereiche, bei der das ursprünglich zentrale Teilbarkeitsproblem der Elemente etwas in den Hintergrund tritt. Diese „multiplikative" Theorie ist von der in 1. bis 3. entwickelten „additiven" grundsätzlich verschieden. In der additiven Idealtheorie ist die Hauptaufgabe die Untersuchung eines einzelnen ganzen Ringideals, das dabei selbst als additive Operatorgruppe aufgefaßt wird. In der multiplikativen Idealtheorie handelt es sich um das Studium der multiplikativen Gruppe aller ganzen oder nichtganzen umkehrbaren Ideale eines geeigneten Integritätsbereiches. Bei den multiplikativen Untersuchungen wäre es an und für sich durchaus zweckmäßig, im Anschluß an die klassische DEDEKINDsche Bezeichnungsweise von „Teiler" und „Vielfachem" statt von „Ober-" und „Unterideal", sowie von „größtem gemeinschaftlichem Teiler" und „kleinstem gemeinschaftlichem Vielfachen" statt von „Summe" und „Durchschnitt" zu reden. Doch halte ich es für folgerichtiger, auch hier an der in 1. eingeführten, in allen Fällen gut brauchbaren Terminologie festzuhalten.

Die Begründung der Idealtheorie unter möglichster Vermeidung der Idealmultiplikation entspricht DEDEKIND [1]; die Hervorhebung des Gruppensatzes an Stelle des Z.P.I. geht auf DEDEKIND [3] zurück, wo der Begriff des „eigentlichen Moduls", d. h. des umkehrbaren Ideals, in den Vordergrund gestellt ist. — Im übrigen sei hinsichtlich der Begründung der Idealtheorie in den algebraischen Zahlkörpern noch auf einige neuere Arbeiten hingewiesen, die nicht an DEDEKIND, sondern an ZOLOTAREV anknüpfen: TSCHEBOTAREV [1], [2], ENGSTRÖM [1], vgl. auch GRAVÉ [1] und [2]. Die PRÜFERsche Begründung der Idealtheorie wird in 31. gewürdigt werden.

5. Ganz abgeschlossene Integritätsbereiche. Die erste Aufgabe der in 4. angekündigten multiplikativen Idealtheorie besteht in der axiomatischen Charakterisierung derjenigen Integritätsbereiche, für die der Z.P.I. und der Gruppensatz gilt. Die Lösung verdankt man E. NOETHER, die in einer richtungweisenden Arbeit (NOETHER [8]) fünf einfache, notwendige und hinreichende Axiome angegeben hat:

Axiom 1 und 2 fordern die Existenz der 1 und die Nichtexistenz von Nullteilern, sie besagen also, daß man es wirklich mit einem Integritätsbereich zu tun hat. Axiom 3 und 4 gehören in den Rahmen der additiven Idealtheorie. Sie verlangen die Gültigkeit des O-Satzes für die ganzen Ideale von $\mathfrak{J}$ und die Gültigkeit des U-Satzes für die ganzen Ideale jedes echten Restklassenrings $\mathfrak{J}/\mathfrak{a}$ („abgeschwächter" U-Satz). Aus dem O-Satz folgt, daß in $\mathfrak{J}$ jedes Ideal nur endlich viele minimale Primoberideale hat, aus dem abgeschwächten U-Satz schließt man, daß in $\mathfrak{J}$ ein Primideal kein echtes Oberideal außer $\mathfrak{J}$ besitzt. Daraus zusammen ergibt sich schließlich (vgl. 3.!), daß in $\mathfrak{J}$ jedes ganze Ideal als Durchschnitt, ja sogar als Produkt von endlich vielen, zu verschiedenen Primidealen gehörigen Primäridealen dargestellt werden kann, $\mathfrak{a} = \mathfrak{q}_1 \cdot \ldots \cdot \mathfrak{q}_m$.

Soll also für $\mathfrak{J}$ der Z.P.I. gelten, so muß nur noch jedes Primärideal Primidealpotenz sein. Das wird aber gesichert durch das fünfte Axiom, das eine abstrakte Formulierung derjenigen Eigenschaft darstellt, durch die in einem endlichen algebraischen Zahlkörper der Ring aller ganzen Zahlen vor seinen echten Unterringen ausgezeichnet ist. — Nach E. Noether nennt man ein Element α des Quotientenkörpers $\Re$ vom Integritätsbereich $\Im$ „ganz abhängig", wenn α einer Gleichung $\alpha^n + a_1 \alpha^{n-1} + \cdots + a_n = 0$ mit Koeffizienten aus $\Im$ genügt; sind alle von $\Im$ ganz abhängigen Elemente in $\Im$ selbst enthalten, so heißt $\Im$ „ganz abgeschlossen". Das entscheidende fünfte Axiom verlangt dann einfach, daß $\Im$ ganz abgeschlossen sein soll. — Das Endergebnis lautet also:

Im Integritätsbereich $\Im$ gilt dann und nur dann der Z.P.I., wenn die ganzen Ideale von $\Im$ dem O-Satz und dem abgeschwächten U-Satz genügen und wenn außerdem $\Im$ ganz abgeschlossen ist.

Mit der Weiterentwicklung der multiplikativen Idealtheorie über diesen Noetherschen Fundamentalsatz hinaus werden wir uns erst in § 5 systematisch beschäftigen. Erst dort werden wir auch im einzelnen die Methoden kennenlernen, mit denen man aus dem fünften Axiom die Gültigkeit des Z.P.I. herleitet. Der Z.P.I. als solcher wird bereits in § 4 eine beträchtliche Rolle spielen. Dagegen knüpfen wir bei den additiv-idealtheoretischen Untersuchungen von § 2 und § 3 fast ausschließlich an die Nummern 1. bis 3. an.

Als Vorläufer der grundlegenden Arbeit Noether [8] sind Sono [2] und [3] anzusehen. Sono hat bereits den O- und den abgeschwächten U-Satz, und zwar in der Fassung, daß für jedes Ideal $\mathfrak{a} \neq (0)$ die Existenz einer Jordanschen Kompositionsreihe von $\Re/\mathfrak{a}$ gefordert wird. (Vgl. 11. und 13.) An Stelle der Forderung, daß $\Re$ ganz abgeschlossen sein soll, tritt bei Sono die Bedingung, daß es bei keinem Primideal $\mathfrak{p}$ aus $\Re$ zwischen $\mathfrak{p}$ und $\mathfrak{p}^2$ ein echtes Zwischenideal geben darf. In [4] hat Sono seine Ergebnisse auf Ringe mit Nullteilern ausgedehnt. — Historisch bemerkenswert ist die Tatsache, daß der Begriff des ganz abgeschlossenen Integritätsbereichs — allerdings in ganz anderm Zusammenhange — bereits in Noether [2] eine wesentliche Rolle spielt.

§ 2. Abstrakte additive Idealtheorie.

6. Isolierte Komponentenideale. In 3. wurden im Anschluß an die Theorie der O-Ringe die einfachsten Grundlagen der additiven Idealtheorie in Ringen ohne Endlichkeitsbedingung besprochen. Die damaligen Ergebnisse können charakterisiert werden durch die Schlagworte „minimales Primoberideal", „Radikal", „isolierte Primärkomponente". Das Haupthilfsmittel bei den Beweisen bildete der Begriff des m.a. (multiplikativ abgeschlossenen) Elementsystems. Die m.a. Systeme ermöglichten insbesondere den Existenzbeweis für die isolierten Primärkomponenten. Die Verallgemeinerung der damaligen Überlegungen führt zu folgender von van der Waerden ([6] § 2) stammenden Definition:

Ist S irgendein m.a. System aus dem Ringe $\Re$, so soll unter dem (durch S erzeugten) „isolierten Komponentenideal" (in Zukunft kurz „i.K.I.") von $\mathfrak{a}$ das Ideal $\mathfrak{a}_S$ aller der Ringelemente verstanden werden, die durch Multiplikation mit geeigneten Faktoren aus S in Elemente von $\mathfrak{a}$ verwandelt werden können. — Besteht insbesondere $S = \Re - \mathfrak{p}$ aus der Menge aller der Elemente, die nicht zu einem gewissen Primideal $\mathfrak{p}$ gehören, so wird statt $\mathfrak{a}_{\Re-\mathfrak{p}}$ auch kurz $\mathfrak{a}_{\mathfrak{p}}$ geschrieben.

Jedes $\mathfrak{a}$ hat zwei „triviale" oder „uneigentliche" i.K.I., nämlich sich selbst und den (*allerdings im folgenden im allgemeinen nicht unter die Ideale mitgerechneten*) Gesamtring $\Re$. Das i.K.I. $\Re$ wird erzeugt durch jedes m.a. System, das mindestens ein Element aus $\mathfrak{a}$ enthält, das größte m.a. System, das das i.K.I. $\mathfrak{a}$ erzeugt, besteht aus der Menge aller der Elemente b, die „zu $\mathfrak{a}$ prim" sind, d. h. der Quotientengleichung $\mathfrak{a} : (b) = \mathfrak{a}$ genügen. Die einzigen Ideale ohne nichttriviale i.K.I. sind die Primärideale.

Ist $\mathfrak{p}^*$ minimales Primoberideal von $\mathfrak{a}$, so ist das i.K.I. $\mathfrak{a}_{\mathfrak{p}^*}$ gleich der zu $\mathfrak{p}^*$ gehörigen isolierten Primärkomponente $\mathfrak{q}^*$. Im mengentheoretischen Sinne sind die isolierten Primärkomponenten „maximale" i.K.I. von $\mathfrak{a}$.

Gewissermaßen ein Gegenstück zu den isolierten Primärkomponenten liefert die folgende Überlegung: Das Ideal b soll zum Ideal $\mathfrak{a}$ prim heißen, wenn b mindestens ein zu $\mathfrak{a}$ primes Element enthält. Gibt es dagegen in b kein solches Element, so wird b zu $\mathfrak{a}$ „nichtprim" genannt, selbst wenn die Gleichung $\mathfrak{a} : b = \mathfrak{a}$ gelten sollte. b heißt „maximales" zu $\mathfrak{a}$ nichtprimes Ideal, wenn zwar b selbst, aber kein echtes Oberideal von b zu $\mathfrak{a}$ nichtprim ist. — Ein maximales zu $\mathfrak{a}$ nichtprimes Ideal $b = \mathfrak{p}$ ist Obermenge von $\mathfrak{a}$ und muß Primideal sein, weil das Produkt zweier echter Oberideale von $\mathfrak{p}$ stets mindestens ein zu $\mathfrak{a}$ primes Element enthält. Durch leichte Wohlordnungsschlüsse zeigt man, daß jedes zu $\mathfrak{a}$ nichtprime b in mindestens einem maximalen zu $\mathfrak{a}$ nichtprimen Ideal $\mathfrak{p}$ liegt. Als „Hauptkomponenten" bezeichnen wir die zu den maximalen zu $\mathfrak{a}$ nichtprimen (Prim-) Idealen $\mathfrak{p}$ gehörigen i.K.I. $\mathfrak{a}_{\mathfrak{p}}$. Der Durchschnitt aller Hauptkomponenten $\mathfrak{a}_{\mathfrak{p}}$ ist gleich $\mathfrak{a}$ selbst, „Hauptdarstellung" von $\mathfrak{a}$. Hat $\mathfrak{a}$ mehrere Hauptkomponenten, so sind diese alle echte Oberideale von $\mathfrak{a}$. Die maximalen nichtprimen Ideale einer Hauptkomponente $\mathfrak{a}_{\mathfrak{p}}$ sind jedenfalls Unterideale von $\mathfrak{p}$. In allen bekannten Fällen ist sogar $\mathfrak{p}$ selbst das einzige maximale zu $\mathfrak{a}_{\mathfrak{p}}$ nichtprime Ideal, doch ist die Frage, ob das immer so sein muß, bis jetzt ein ungelöstes Problem. Im übrigen spielen die Hauptkomponenten im Gegensatz zu den isolierten Primärkomponenten praktisch nur eine sehr untergeordnete Rolle.

Versteht man unter $S_1 \cdot S_2$ das kleinste m.a. System, das die m.a. Systeme S_1 und S_2 enthält, so gilt die wichtige Gleichung $\mathfrak{a}_{S_1 \cdot S_2} = (\mathfrak{a}_{S_1})_{S_2} = (\mathfrak{a}_{S_2})_{S_1}$; das i.K.I. eines i.K.I.s ist also stets selbst wieder i.K.I. von $\mathfrak{a}$. — Zwei i.K.I. $\mathfrak{i}_1$ und $\mathfrak{i}_2$ sind identisch, wenn sie dieselben maximalen nichtprimen Primideale besitzen, denn sie werden beide erzeugt durch das m.a. System aller der Elemente, die zu keinem dieser Primideale gehören.

Genaue Aussagen über die Menge aller i.K.I. von $\mathfrak{a}$ kann man dann machen, wenn sich $\mathfrak{a}$ als Durchschnitt von endlich vielen Primäridealen darstellen läßt. Es sei $\mathfrak{a} = \mathfrak{q}_1 \cap \cdots \cap \mathfrak{q}_m$ eine normierte Darstellung im Sinne von 3., so daß die zu den $\mathfrak{q}_i$ gehörigen Primideale $\mathfrak{p}_i$ gerade die sämtlichen verschiedenen zu $\mathfrak{a}$ gehörigen Primideale sind; M^* sei die Menge aller $\mathfrak{p}_i$, eine Untermenge M von M^* heiße (in M^*) isoliert, wenn M gleichzeitig mit $\mathfrak{p}$ stets auch jedes in M^* liegende Unterideal von $\mathfrak{p}$ enthält. Dann gelten die Sätze:

Die i.K.I. von $\mathfrak{a}$ entsprechen eindeutig umkehrbar den isolierten Untermengen M von M^*. Das M zugeordnete i.K.I. $\mathfrak{i}$ ist der Durchschnitt aller der $\mathfrak{q}_i$, deren zugehörige Primideale $\mathfrak{p}_i$ in M liegen. Bedeutet a ein Element, das in allen und nur in den nicht in M enthaltenen $\mathfrak{p}_i$ vorkommt, S das m.a. System aller Potenzen von a, so ist $\mathfrak{i} = \mathfrak{a}_S$, und es gilt sogar für hinreichend großes r die Gleichung $\mathfrak{a} : (a^r) = \mathfrak{i}$.

Der Beweis erfordert nur solche Überlegungen, wie sie beim „Eindeutigkeitssatz" in 2. benutzt wurden. An wichtigen Folgerungen seien hervorgehoben: $\mathfrak{a} = \mathfrak{q}_1 \cap \cdots \cap \mathfrak{q}_m$ hat nur endlich viele i.K.I. Sind $\mathfrak{i}_1, \ldots \mathfrak{i}_s$ i.K.I. von $\mathfrak{a}$ mit den zugeordneten Mengen $\mathsf{M}_1, \ldots \mathsf{M}_s$, so ist auch $\mathfrak{i}_1 \cap \cdots \cap \mathfrak{i}_s$ i.K.I. von $\mathfrak{a}$, und zwar mit der zugeordneten Menge $\mathsf{M}_1 + \cdots + \mathsf{M}_s$.

In einem O-Ring ist nach 3. jedes Ideal Durchschnitt endlich vieler Primärideale. Frägt man nach einer axiomatischen Charakterisierung aller der Ringe $\mathfrak{R}$, die diese Eigenschaft besitzen, so kommt man auf folgende notwendige und hinreichende Bedingungen:

1. Zu jedem i.K.I. $\mathfrak{i}$ jedes Ideals $\mathfrak{a}$ von $\mathfrak{R}$ muß ein Element a existieren, für das $\mathfrak{a} : (a) = \mathfrak{i}$ wird.

2. Es darf in $\mathfrak{R}$ keine unendliche Kette $\mathfrak{i}_1 \supset \mathfrak{i}_2 \supset \mathfrak{i}_3 \supset \cdots$ geben, bei der alle Glieder i.K.I. eines festen Ideals $\mathfrak{a}$ sind („U-Satz für i.K.I.").

Der Beweis für die Notwendigkeit und das Ausreichen der Bedingungen 1 und 2 stellt eine einfache Anwendung der in 3. beim Beweis des Zerlegungssatzes für O-Ringe benutzten NOETHERschen Methoden dar. — Vgl. auch den Schluß von 10., wo alle die Ringe charakterisiert werden, in denen jedes Ideal eindeutiger Durchschnitt endlich vieler Primärideale ist.

Literatur: VAN DER WAERDEN [6] § 2 (i.K.I. bei O-Ringen); KRULL [15] (Hauptkomponenten); KRULL [17] (Kleindrucksatz vom Schluß der Nummer); KRULL [7] („formal axiomatisch", vgl. die Schlußbemerkung von 43.); MORI [1], [2], [4] (weitere Spezialuntersuchungen über Primärkomponenten). — E. NOETHER definierte ursprünglich ([4] § 7, vgl. auch VAN DER WAERDEN [15] § 84) die i.K.I. nur bei Idealen der Form $\mathfrak{a} = \mathfrak{q}_1 \cap \cdots \cap \mathfrak{q}_m$, und zwar direkt durch gruppenweise Zusammenfassung der Primärkomponenten, so daß die oben für diese Ideale formulierten Sätze Selbstverständlichkeiten wurden.

7. Quotientenringe. Anstatt im Ringe $\mathfrak{R}$ die i.K.I. eines bestimmten Ideals $\mathfrak{a}$ zu bilden, kann man auch das Verhalten von $\mathfrak{a}$ beim Übergang zu gewissen Oberringen von $\mathfrak{R}$ untersuchen. Als Grundlage braucht man dabei einige einfache Definitionen und Sätze über den Zusammenhang zwischen den Idealen eines Unterrings $\mathfrak{R}$ und eines Oberrings $\mathfrak{S}$.

$\mathfrak{a}_r$ bzw. $\mathfrak{a}_s$ bedeute ein Ideal aus $\mathfrak{R}$ bzw. $\mathfrak{S}$; dann gehört zu jedem $\mathfrak{a}_r$ in $\mathfrak{S}$ das „Erweiterungsideal" $\mathfrak{a}_r \cdot \mathfrak{S}$, zu jedem $\mathfrak{a}_s$ in $\mathfrak{R}$ das „Verengungsideal" $\mathfrak{a}_s \cap \mathfrak{R}$. Es ist $\mathfrak{a}_r \cdot \mathfrak{S}$ das kleinste Ideal aus $\mathfrak{S}$, das $\mathfrak{a}_r$ enthält, $\mathfrak{a}_s \cap \mathfrak{R}$ stellt das größte in $\mathfrak{a}_s$ enthaltene Ideal aus $\mathfrak{R}$ dar. Als „Zurückleitungsideal" von $\mathfrak{a}_r$ hinsichtlich $\mathfrak{S}$ bzw. von $\mathfrak{a}_s$ hinsichtlich $\mathfrak{R}$ bezeichnet man die Ideale $\mathfrak{b}_r = (\mathfrak{a}_r \cdot \mathfrak{S}) \cap \mathfrak{R}$ bzw. $\mathfrak{b}_s = (\mathfrak{a}_s \cap \mathfrak{R}) \cdot \mathfrak{S}$; offenbar ist $\mathfrak{b}_r \supseteq \mathfrak{a}_r$, $\mathfrak{b}_s \subseteq \mathfrak{a}_s$. Darüber hinaus gilt:

$\mathfrak{a}_r$ bzw. $\mathfrak{a}_s$ ist dann und nur dann gleich seinem Zurückleitungsideal hinsichtlich $\mathfrak{S}$ bzw. $\mathfrak{R}$, wenn $\mathfrak{a}_r$ Verengungsideal eines $\mathfrak{c}_s$ bzw. $\mathfrak{a}_s$ Erweiterungsideal eines $\mathfrak{c}_r$ ist. Bezeichnet man also mit $\varLambda_s$ bzw. $\varLambda_r$ die Menge der Erweiterungsideale aller $\mathfrak{c}_r$ in $\mathfrak{S}$ bzw. der Verengungsideale aller $\mathfrak{c}_s$ in $\mathfrak{R}$, so werden die Mengen $\varLambda_s$ und $\varLambda_r$ durch die Zuordnung von Erweiterungs- und Verengungsideal eindeutig umkehrbar aufeinander abgebildet. Diese Abbildung ist ein Isomorphismus hinsichtlich der Größenbeziehungen und hinsichtlich aller der Idealoperationen $(+, \cap, :, \cdot)$, die man in beiden Mengen $\varLambda_r$ und $\varLambda_s$ unbeschränkt ausführen kann.

Sind z. B. $\mathfrak{K}$ und $\mathfrak{L} \supset \mathfrak{K}$ endliche algebraische Zahlkörper und bedeutet $\mathfrak{R}$ bzw. $\mathfrak{S}$ den Ring aller ganzen Zahlen aus $\mathfrak{K}$ bzw. $\mathfrak{L}$, so besteht zunächst $\varLambda_r$ aus allen Idealen von $\mathfrak{R}$, es enthält also $\varLambda_r$ mit $\mathfrak{a}$ und $\mathfrak{b}$ stets auch $\mathfrak{a} + \mathfrak{b}$, $\mathfrak{a} \cap \mathfrak{b}$, $\mathfrak{a} : \mathfrak{b}$, $\mathfrak{a} \cdot \mathfrak{b}$. Aber auch $\varLambda_s$ besitzt diese Abgeschlossenheitseigenschaft. Die Zuordnung zwischen $\varLambda_r$ und $\varLambda_s$ ist also hier hinsichtlich aller elementaren Idealoperationen isomorph, und man kann deshalb beim Übergang von $\mathfrak{R}$ zu $\mathfrak{S}$ unbedenklich jedes Ideal aus $\mathfrak{R}$ mit seinem Erweiterungsideal in $\mathfrak{S}$ identifizieren. — Genau so einfach liegen die Dinge, wenn $\mathfrak{R}$ beliebig ist und $\mathfrak{S}$ aus der Menge aller Polynome in beliebig vielen Variablen mit Koeffizienten aus $\mathfrak{R}$ besteht.

Andere Verhältnisse treffen wir dagegen bei den (nach GRELL [1] § 6) sog. „Quotientenringen". Es sei $\mathfrak{R} = \mathfrak{J}$ Integritätsbereich mit dem Quotientenkörper $\mathfrak{K}$, S sei ein (die Null nicht enthaltendes) m.a. System aus $\mathfrak{J}$; dann versteht man unter dem Quotientenring $\mathfrak{J}_S$ die Menge aller der Körperelemente, die sich als Quotienten von Elementen aus $\mathfrak{J}$ mit zu S gehörigem Nenner darstellen lassen.

Ist $S = \mathfrak{R} - \mathfrak{p}$ das Restsystem eines Primideals $\mathfrak{p}$, so schreibt man statt $\mathfrak{J}_S$ auch $\mathfrak{J}_\mathfrak{p}$. — Der Zusammenhang zwischen den Idealen von $\mathfrak{R} = \mathfrak{J}$ und $\mathfrak{S} = \mathfrak{J}_S$ ist durch folgende, leicht aus den einschlägigen Definitionen ableitbare Sätze charakterisiert:

1. Jedes $\mathfrak{a}_s$ ist Erweiterungsideal eines $\mathfrak{a}_r$. $\varLambda_s$ umfaßt alle Ideale von $\mathfrak{S}$, ist also hinsichtlich aller Idealoperationen abgeschlossen.

2. Das Zurückleitungsideal $\mathfrak{b}_r$ eines $\mathfrak{a}_r$ hinsichtlich $\mathfrak{S}$ ist gleich dem durch S erzeugten i.K.I. von $\mathfrak{a}_r$. $\varLambda_r$ besteht also aus allen und nur den Idealen, zu denen sämtliche Elemente von S prim sind, und ist infolgedessen immer abgeschlossen hinsichtlich der Durchschnitts- und Quotientenbildung. Dagegen zeigt es sich bereits bei den Polynom-

ringen, daß Λ_r gleichzeitig mit $\mathfrak{a}_r$ und $\mathfrak{b}_r$ keineswegs immer $\mathfrak{a}_r + \mathfrak{b}_r$ und $\mathfrak{a}_r \cdot \mathfrak{b}_r$ enthält.

Es läßt sich also die Menge aller der Ideale von $\mathfrak{J}$, zu denen das System S (d. h. jedes Element von S) prim ist, eindeutig umkehrbar und hinsichtlich der Durchschnitts- und Quotientenbildung isomorph der Menge aller Ideale von $\mathfrak{J}_S$ zuordnen, dagegen besteht hinsichtlich der Summen- und Produktbildung im allgemeinen keine Isomorphie. — Will man eine eindeutig umkehrbare Abbildung des vollen Idealbereichs von $\mathfrak{J}$ auf den vollen Idealbereich von $\mathfrak{J}_S$ und Isomorphie für alle Idealoperationen erhalten, so hat man für die Ideale von $\mathfrak{J}$ eine neue Gleichheitsdefinition einzuführen, indem man zwei Ideale $\mathfrak{a}$ und $\mathfrak{b}$ dann und nur dann identifiziert, wenn die i.K.I. $\mathfrak{a}_S$ und $\mathfrak{b}_S$ im gewöhnlichen Sinne gleich sind.

Die letzte Bemerkung zeigt, daß tatsächlich das Arbeiten mit den i.K.I. in gewissem Umfang durch den Übergang zu geeigneten Quotientenringen ersetzt werden kann. Hat man insbesondere eine Durchschnittsdarstellung $\mathfrak{J} = \underset{\tau}{\mathcal{A}}\,\mathfrak{J}_{S_\tau}$ von $\mathfrak{J}$ durch beliebig viele Quotientenringe $\mathfrak{J}_{S_\tau}$, so erhält man aus ihr innerhalb $\mathfrak{J}$ für jedes $\mathfrak{a}$ eine Zerlegung in i.K.I.: $\mathfrak{a} = \underset{\tau}{\mathcal{A}}\,\mathfrak{a}_{S_\tau} \; (\mathfrak{a}_{S_\tau} = (\mathfrak{a} \cdot \mathfrak{J}_{S_\tau}) \cap \mathfrak{J})$.

Im übrigen verdienen noch folgende Tatsachen eine besondere Hervorhebung: Ist $\mathfrak{q}$ bzw. $\mathfrak{p}$ ein Primär- bzw. Primideal, zu dem das ganze System S prim ist, so ist auch $\mathfrak{q} \cdot \mathfrak{J}_S$ bzw. $\mathfrak{p} \cdot \mathfrak{J}_S$ in $\mathfrak{J}_S$ Primär- bzw. Primideal. Gleichzeitig mit $\mathfrak{J}$ ist stets auch $\mathfrak{J}_S$ ein O- bzw. U-Ring. Läßt sich in $\mathfrak{J}$ jedes Ideal als Durchschnitt von endlich vielen Primäridealen darstellen, so gilt dasselbe für $\mathfrak{J}_S$; der Übergang von $\mathfrak{J}$ zu $\mathfrak{J}_S$ äußert sich dann (ungenau, aber anschaulich ausgedrückt) einfach darin, daß man bei den Durchschnittsdarstellungen der Ideale von $\mathfrak{J}$ alle die Primärkomponenten wegläßt, die Elemente von S enthalten.

Es bleibt noch zu untersuchen, wie sich die Restklassenringe der Ideale von $\mathfrak{J}$ beim Übergang zu $\mathfrak{J}_S$ verändern. Dazu muß man zunächst die Theorie der Quotientenringe auf den Fall ausdehnen, daß nicht ein Integritätsbereich, sondern ein nullteilerbehafteter Ring $\mathfrak{R}$ vorgelegt ist. — Ist T die Menge aller Nichtnullteiler von $\mathfrak{R}$, bildet man die Menge aller formalen Quotienten $\dfrac{a}{n}$ $(a \subset \mathfrak{R},\, n \subset T)$ und definiert man für diese Quotienten Gleichheit, Addition, Multiplikation nach dem Vorbild der gewöhnlichen Bruchrechnung, so erhält man einen Ring $\mathfrak{Q}$, der sich als Oberring von $\mathfrak{R}$ auffassen läßt, bei nullteilerfreiem $\mathfrak{R}$ in den Quotientenkörper $\mathfrak{K}$ übergeht und der im übrigen eindeutig charakterisiert werden kann als der kleinste Oberring von $\mathfrak{R}$, in dem jeder Nichtnullteiler ein reziprokes Element besitzt, also Einheit ist. $\mathfrak{Q}$ möge kurz als „Gesamtquotientenring von $\mathfrak{R}$" bezeichnet werden. — Bedeutet S irgendein m.a. System von Nichtnullteilern aus $\mathfrak{R}$, so gehört zu S ein bestimmter Quotientenring $\mathfrak{R}_S$ zwischen $\mathfrak{R}$ und $\mathfrak{Q}$, und alle Sätze, die oben bei den Integritätsbereichen aufgestellt wurden, bleiben auch für die neuen Quotientenringe in Gültigkeit.

Wesentlich ist nur die Einschränkung, daß keine Nullteiler in den Nenner geworfen werden dürfen.

Es sei jetzt $\mathfrak{a}$ ein Ideal aus $\mathfrak{R}$, zu dem das ganze System S prim ist, und es werde der Kürze halber $\mathfrak{R}_S = \tilde{\mathfrak{R}}$, $\mathfrak{a} \cdot \mathfrak{R}_S = \tilde{\mathfrak{a}}$ gesetzt. Dann kann man nach 1. den Restklassenring $\tilde{\mathfrak{R}}/\tilde{\mathfrak{a}}$ als Oberring von $\mathfrak{R}/\mathfrak{a}$ auffassen, indem man jede Restklasse von $\tilde{\mathfrak{R}}/\tilde{\mathfrak{a}}$, die ein Element a aus $\mathfrak{R}$ enthält, mit der durch a erzeugten Restklasse von $\mathfrak{R}/\mathfrak{a}$ identifiziert. $\tilde{\mathfrak{R}}/\tilde{\mathfrak{a}}$ erscheint dann als Quotientenring von $\mathfrak{R}/\mathfrak{a}$, und zwar besteht das für $\tilde{\mathfrak{R}}/\tilde{\mathfrak{a}}$ charakteristische Nennersystem $S/\mathfrak{a}$ aus allen und nur den Restklassen von $\mathfrak{R}/\mathfrak{a}$, die ein Element aus S enthalten. Es besteht also gewissermaßen ein Vertauschbarkeitsgesetz für Restklassen- und Quotientenringbildung.

Praktisch sind vor allem zwei einfache Anwendungen bemerkenswert: Ist $S = \mathfrak{R} - \mathfrak{p}$, also $\mathfrak{R}_S = \mathfrak{R}_\mathfrak{p}$, so wird $\mathfrak{R}_v/(\mathfrak{p} \cdot \mathfrak{R}_\mathfrak{p})$ gleich dem Quotientenkörper des Integritätsbereichs $\mathfrak{R}/\mathfrak{p}$. — Enthält $\mathfrak{R}/\mathfrak{a}$ nur Nullteiler und Einheiten, ist also $\mathfrak{R}/\mathfrak{a}$ mit seinem eigenen Gesamtquotientenring identisch, so wird für ein System S, das nur zu $\mathfrak{a}$ prime Elemente enthält, immer $\mathfrak{R}/\mathfrak{a}$ gleich $\mathfrak{R}_S/(\mathfrak{a} \cdot \mathfrak{R}_S)$, es kann also jede Restklasse aus $\mathfrak{R}_S/(\mathfrak{a} \cdot \mathfrak{R}_S)$ stets durch ein Element aus $\mathfrak{R}$ repräsentiert werden. —

Die wirkliche Bedeutung der Methode der Quotientenringbildung zeigt sich erst bei den Anwendungen auf spezielle Probleme, vor allem auf die Theorie der Polynomringe (§ 3) und der einartigen Integritätsbereiche (§ 4).

Literatur: GRELL [1] (Allgemeine Theorie) sowie GRELL [2] § 2 und KRULL [11] § 2, § 3 (Quotientenringe bei einartigen Integritätsbereichen mit O-Satz). — Bei KRULL [11] ist der Quotientenringbegriff etwas allgemeiner gefaßt als bei GRELL und im Text; das ist dort nötig, um den Satz zu gewinnen, daß jeder Unterring eines endlichen algebraischen Zahlkörpers Quotientenring eines Integritätsbereichs aus ganzen algebraischen Zahlen ist. Vgl. hierzu auch SKOLEM [1].

8. Teilerfremde Ideale. Direkte Summen. Die Ideale $\mathfrak{a}$ und $\mathfrak{b}$ im Ringe $\mathfrak{R}$ heißen „teilerfremd", wenn ihr „größter gemeinschaftlicher Teiler", d. h. ihre Summe, die 1 enthält, also gleich dem nicht unter die Ideale mitgerechneten Gesamtring $\mathfrak{R}$ wird. Man beachte, daß zwei Ideale $\mathfrak{a}$ und $\mathfrak{b}$ keineswegs teilerfremd zu sein brauchen, wenn sie „faktorfremd" sind, d. h. wenn kein echtes Ideal $\mathfrak{c}$ existiert, für das zwei Gleichungen $\mathfrak{a} = \mathfrak{c} \cdot \mathfrak{a}_1$, $\mathfrak{b} = \mathfrak{c} \cdot \mathfrak{b}_1$ bestehen. — Für teilerfremde Ideale gelten einige allgemeine, elementare und wichtige Formeln und Sätze, nämlich:

1. Aus $\mathfrak{a} + \mathfrak{b}_1 = \mathfrak{a} + \mathfrak{b}_2 = \mathfrak{R}$ folgt $\mathfrak{a} + (\mathfrak{b}_1 \cap \mathfrak{b}_2) = \mathfrak{a} + (\mathfrak{b}_1 \cdot \mathfrak{b}_2) = \mathfrak{R}$.

2. Aus $\mathfrak{a} \cdot \mathfrak{b} \subseteq \mathfrak{c}$, $\mathfrak{a} + \mathfrak{c} = \mathfrak{R}$ folgt $\mathfrak{b} \subseteq \mathfrak{c}$.

3. Aus $\mathfrak{a} + \mathfrak{b} = \mathfrak{R}$ folgt $\mathfrak{a} \cap \mathfrak{b} = \mathfrak{a} \cdot \mathfrak{b}$.

4. Sind $\mathfrak{p}_1$, $\mathfrak{p}_2$ Primideale mit den zugehörigen Primäridealen $\mathfrak{q}_1$, $\mathfrak{q}_2$, so folgt aus $\mathfrak{p}_1 + \mathfrak{p}_2 = \mathfrak{R}$ stets $\mathfrak{q}_1 + \mathfrak{q}_2 = \mathfrak{R}$.

5. Sind $\mathfrak{r}_1$ und $\mathfrak{r}_2$ die Radikale von $\mathfrak{a}_1$ und $\mathfrak{a}_2$, so folgt aus $\mathfrak{r}_1 + \mathfrak{r}_2 = \mathfrak{R}$ stets $\mathfrak{a}_1 + \mathfrak{a}_2 = \mathfrak{R}$.

Die Beweise sind hier und im folgenden so einfach und bekannt, daß sie übergangen werden dürfen. Aus 5 folgt insbesondere: Haben die beiden Ideale $\mathfrak{a}_1$, $\mathfrak{a}_2$ nur endlich viele Primoberideale $\mathfrak{p}_{11}$, $\ldots$ $\mathfrak{p}_{1m_1}$; $\mathfrak{p}_{21}$, $\ldots$ $\mathfrak{p}_{2m_2}$, so ist $\mathfrak{a}_1 + \mathfrak{a}_2 = \mathfrak{R}$, falls $\mathfrak{p}_{1k_1} + \mathfrak{p}_{2k_2} = \mathfrak{R}$ für $1 \leqq k_1 \leqq m_1$; $1 \leqq k_2 \leqq m_2$. — $\mathfrak{a}$ möge „teilerfremd unzerlegbar" heißen, wenn $\mathfrak{a}$ nicht als Produkt von teilerfremden echten Teilern darstellbar ist. Dann gilt folgender Eindeutigkeitssatz:

Es seien $\mathfrak{a} = \mathfrak{a}_1 \cdot \ldots \cdot \mathfrak{a}_m = \mathfrak{a}_1' \cdot \ldots \cdot \mathfrak{a}_{m'}'$ *zwei Produktzerlegungen von* $\mathfrak{a}$ *in paarweise teilerfremde Faktoren, und es seien insbesondere die Faktoren* $\mathfrak{a}_i$ *teilerfremd unzerlegbar. Dann ist* $m' \leqq m$, *und für* $m' = m$ *wird bei geeigneter Numerierung* $\mathfrak{a}_i = \mathfrak{a}_i'$ $(i = 1, \ldots m)$.

Gibt es also eine Produktzerlegung von $\mathfrak{a}$ in endlich viele, paarweise teilerfremde, teilerfremd unzerlegbare Faktoren, so ist diese eindeutig.

Die Zerlegung existiert z. B. sicher dann, wenn $\mathfrak{a} = \mathfrak{q}_1 \cap \cdots \cap \mathfrak{q}_m$ Durchschnitt von endlich vielen Primäridealen ist; man erhält in diesem Falle die teilerfremd unzerlegbaren Faktoren $\mathfrak{a}_i$ dadurch, daß man die Primärkomponenten $\mathfrak{q}_i$ in geeigneter Weise in Gruppen zusammenfaßt.

Der Ring $\mathfrak{R}$ heißt „**direkte Summe**" der Unterringe $\mathfrak{R}_1, \ldots \mathfrak{R}_m$ (symbolisch $\mathfrak{R} = \mathfrak{R}_1 \dotplus \cdots \dotplus \mathfrak{R}_m$), wenn $\mathfrak{R}$ aus der Menge aller Elemente $a_1 + \cdots + a_m$ $(a_1 \subset \mathfrak{R}_1, \ldots a_m \subset \mathfrak{R}_m)$ besteht und die folgenden Rechenregeln gelten:

$$(1) \quad \sum_1^m a_i = \sum_1^m b_i \text{ dann und nur dann, wenn } a_i = b_i \quad (i = 1, \ldots m).$$

$$(2) \quad \sum_1^m a_i + \sum_1^m b_i = \sum_1^m (a_i + b_i); \quad \left(\sum_1^m a_i \right) \cdot \left(\sum_1^m b_i \right) = \sum_1^m (a_i \cdot b_i).$$

Ist in $\mathfrak{R}$ das Nullideal Produkt von paarweise teilerfremden Faktoren, $(0) = \mathfrak{q}_1 \cdot \ldots \cdot \mathfrak{q}_m$, und setzt man $\mathfrak{R}_i = \prod_{k \neq i} \mathfrak{q}_k$, so wird $(0) = \mathfrak{q}_i \cap \mathfrak{R}_i$ $(i = 1, \ldots m)$; $\mathfrak{R} = \mathfrak{R}_1 \dotplus \cdots \dotplus \mathfrak{R}_m$, und es erweist sich $\mathfrak{R}_i$ als isomorph zum Restklassenring $\mathfrak{R}/\mathfrak{q}_i$. — Ist umgekehrt $\mathfrak{R} = \mathfrak{R}_1 \dotplus \cdots \dotplus \mathfrak{R}_m$, und setzt man $\mathfrak{q}_i = \sum_{k \neq i} \mathfrak{R}_i$, so sind die $\mathfrak{q}_i$ paarweise teilerfremde Ideale, und es wird $(0) = \mathfrak{q}_1 \cdot \ldots \cdot \mathfrak{q}_m$, $\mathfrak{R}_i = \prod_{k \neq i} \mathfrak{q}_k$.

Direkte Summenzerlegung von $\mathfrak{R}$ *und Zerlegung von* (0) *in teilerfremde Faktoren entsprechen einander also umkehrbar eindeutig.*

Als einfache, aber praktisch wichtige Anwendung der direkten Summenzerlegung ist hervorzuheben: Sind die Ideale $\mathfrak{a}_1, \ldots \mathfrak{a}_m$ paarweise teilerfremd, so gibt es in $\mathfrak{R}$ bei beliebiger Vorgabe von $a_1, \ldots a_m$ stets ein Element a, das den m Kongruenzen $a \equiv a_1 (\mathfrak{a}_1), \ldots a \equiv a_m (\mathfrak{a}_m)$ genügt. (Beweis durch direkte Summenzerlegung von $\mathfrak{R}/(\mathfrak{a}_1 \cdot \ldots \cdot \mathfrak{a}_m)$.)

In gewissen Fällen benutzt man auch direkte Summen von unendlich vielen Komponentenringen. Man definiert dann: $\mathfrak{R}$ heißt direkte

Summe der wohlgeordneten[1] Ringmenge $\mathfrak{R}_1, \ldots \mathfrak{R}_\tau, \ldots$, wenn $\mathfrak{R}$ aus der Menge aller wohlgeordneten Summen $a_1 + \cdots + a_\tau + \cdots \ (a_\tau \subset \mathfrak{R}_\tau)$ besteht, und wenn im übrigen für Gleichheit, Addition, Multiplikation die früheren Regeln (1), (2) gelten.

Für die Möglichkeit dieser Definition ist es natürlich wesentlich, daß in $\mathfrak{R}$ gewisse unendliche Elementsummen entweder von vornherein definiert sind oder doch sinnvoll eingeführt werden können. Die gewöhnliche Idealdefinition ist dann dadurch zu verschärfen, daß man von einem Ideal verlangt, daß es gleichzeitig mit irgendeiner Elementmenge stets auch alle unendlichen Summen, die man aus ihr ableiten kann, enthält. Dieser Punkt ist bei den wenigen Anwendungen, die wir von der unendlichen direkten Summenzerlegung machen werden, sorgfältig zu beachten.

Zu den Sätzen von 8. vgl. etwa VAN DER WAERDEN [15] § 85. Zur Zerlegung in unendlich viele direkte Summanden vgl. die Bemerkung am Schlusse von 9.

9. Einartige Nullteilerringe. Die wichtigste Anwendung der in 8. eingeführten direkten Summenzerlegung bezieht sich auf die (im Anschluß an VAN DER WAERDEN [15] sogenannten, vgl. den Anhang) „einartigen" Ringe. $\mathfrak{R}$ heißt einartig, wenn in $\mathfrak{R}$ kein Primideal Oberideal eines anderen Primideals ist, d. h. wenn in $\mathfrak{R}$ zwei verschiedene Primideale stets teilerfremd sind.

In einem nullteilerfreien einartigen Ring muß das Nullideal das einzige Primideal sein, ein solcher Ring ist also stets ein Körper. — Ist ferner im einartigen Ringe $\mathfrak{R}$ jeder Nullteiler nilpotent, so bildet die Menge aller Nullteiler das einzige Ringprimideal. $\mathfrak{R} = \mathfrak{Q}$ soll dann als „primärer" Ring bezeichnet werden, die Körper sind als Entartungsfälle der primären Ringe anzusehen. — Allgemein ergibt sich ohne weiteres durch Anwendung der Struktursätze von 3.:

In einem einartigen Ringe $\mathfrak{R}$ ist jedes Primideal minimales Primoberideal von (0). In $\mathfrak{R}$ muß also jedes zu (0) prime Element, d. h. jeder Nichtnullteiler, Einheit sein, d. h. $\mathfrak{R}$ ist mit seinem Gesamtquotientenring identisch. Der Durchschnitt $\underset{\tau}{\varDelta}\,\mathfrak{p}_\tau$ aller Ringprimideale ist gleich dem Radikale von (0), also gleich dem Ideal aller nilpotenten Elemente. Zu jedem $\mathfrak{p}_\tau$ gehört eine isolierte Primärkomponente $\mathfrak{q}_\tau^*$ von (0), die gleichzeitig „Hauptkomponente" im Sinne von 6. ist, und es wird $(0) = \underset{\tau}{\varDelta}\,\mathfrak{q}_\tau^*$. — $\mathfrak{R}/\mathfrak{q}_\tau^*$ ist primärer Ring mit dem einzigen Primideal $\mathfrak{p}_\tau/\mathfrak{q}_\tau^*$.

---

[1] Die Annahme einer Wohlordnung ist hier und in ähnlichen Fällen nicht unbedingt nötig, vgl. z. B. KÖTHE [1] § 2. — Dagegen verhilft die Wohlordnung zu einer sehr bequemen Schreibweise; auch hat es meines Erachtens keinen Sinn, die Benützung des Wohlordnungssatzes allzu ängstlich zu vermeiden, da z. B. bereits bei ganz einfachen Anwendungen des O-Satzes genau besehen Wohlordnungsschlüsse nötig sind. (Vgl. NOETHER [8] § 6.)

Aus $(0) = \underset{\tau}{\varDelta}\mathfrak{q}_\tau^*$ folgt durch leichte Rechnung: In $\mathfrak{R}$ ist das Element a dann und nur dann durch das Element b teilbar, $a = b \cdot c$, wenn für jedes τ in $\overline{\mathfrak{R}}_\tau = \mathfrak{R}/\mathfrak{q}_\tau^*$ die durch a erzeugte Restklasse $\bar{a}_\tau$ durch die durch b erzeugte Restklasse $\bar{b}_\tau$ teilbar ist, $\bar{a}_\tau = \bar{b}_\tau \cdot \bar{c}_\tau$. Man kann also gewissermaßen die Untersuchung der Teilbarkeitsverhältnisse in $\mathfrak{R}$ auf die Untersuchung der Teilbarkeitsverhältnisse in den primären $\overline{\mathfrak{R}}_\tau$ zurückführen. — Ist dagegen für jedes τ eine bestimmte Restklasse $\bar{a}_\tau$ vorgegeben, so wird es, wenn $\mathfrak{R}$ unendlich viele Primideale enthält, im allgemeinen nicht möglich sein, in $\mathfrak{R}$ ein Element a anzugeben, das für jedes τ in der Restklasse $\bar{a}_\tau$ liegt. Das zeigt aber, daß man im allgemeinen die Struktur des Ringes $\mathfrak{R}$ allein aus der Struktur der Restklassenringe $\overline{\mathfrak{R}}_\tau$ heraus nicht vollkommen beherrschen kann.

Enthält allerdings $\mathfrak{R}$ nur endlich viele Primideale $\mathfrak{p}_1, \ldots \mathfrak{p}_m$, so wird (0) Produkt der teilerfremden Ideale $\mathfrak{q}_1^*, \ldots \mathfrak{q}_m^*$, es besitzt also $\mathfrak{R}$ nach 8. eine direkte Summenzerlegung $\mathfrak{R} = \mathfrak{O}_1 \dotplus \cdots \dotplus \mathfrak{O}_m$, bei der $\mathfrak{O}_i = \underset{k \neq i}{\varPi}\mathfrak{q}_k^*$ zu $\mathfrak{R}/\mathfrak{q}_i^* = \overline{\mathfrak{R}}_i$ isomorph und somit primär ist. Das Studium eines einartigen Ringes mit endlich vielen Primidealen — insbesondere das eines einartigen O-Ringes — läßt sich somit vollständig auf das Studium endlich vieler primärer Ringe zurückführen.

Bei einem einartigen Ring mit unendlich vielen Primidealen kann man für die im allgemeinen nicht mehr mögliche direkte Summendarstellung durch primäre Unterringe wenigstens einen gewissen Ersatz darin finden, daß man $\mathfrak{R}$ in eine bis auf Isomorphie eindeutig bestimmte „Hülle“ $\mathfrak{R}^*$ einbaut, die gleichfalls einartig ist und ihrerseits eine Zerlegung der gewünschten Art gestattet. — Wir nehmen der Einfachheit halber die Menge der Primideale von $\mathfrak{R}$ wohlgeordnet an, $\mathfrak{p}_1, \ldots \mathfrak{p}_\tau, \ldots$, und wählen als Elemente von $\mathfrak{R}^*$ alle wohlgeordneten Folgen $\{a_1, \ldots a_\tau, \ldots\}$, $a_\tau \subset \mathfrak{R}$. Gleichheit, Addition, Multiplikation definieren wir durch die Festsetzungen:

(1) $\{a_1, \ldots a_\tau, \ldots\} = \{b_1, \ldots b_\tau, \ldots\}$ dann und nur dann, wenn $a_\tau \equiv b_\tau \,(\mathfrak{q}_\tau^*)$ für jedes τ.

(2) $\{a_1, \ldots a_\tau, \ldots\} + \{b_1, \ldots b_\tau, \ldots\} = \{(a_1 + b_1), \ldots (a_\tau + b_\tau), \ldots\}$;
$\{a_1, \ldots a_\tau, \ldots\} \cdot \{b_1, \ldots b_\tau, \ldots\} = \{(a_1 \cdot b_1), \ldots (a_\tau \cdot b_\tau), \ldots\}$.

Die Menge $\mathfrak{R}^*$ wird so tatsächlich zu einem Ring, der nach Konstruktion durch $\mathfrak{R}$ allein eindeutig bestimmt ist. — Die Gesamtheit aller Folgen $\{a, a, \ldots a, \ldots\}$ mit lauter gleichen Gliedern bildet einen Unterring $\mathfrak{R}'$ von $\mathfrak{R}^*$, und durch die Zuordnung $a \leftrightarrow \{a, \ldots a, \ldots\}$ wird $\mathfrak{R}'$ isomorph auf den Restklassenring $\mathfrak{R}/(\underset{\tau}{\varDelta}\mathfrak{q}_\tau^*)$, d. h. wegen $\underset{\tau}{\varDelta}\mathfrak{q}_\tau^* = (0)$ isomorph auf $\mathfrak{R}$ selbst abgebildet. Man darf also unbedenklich $\mathfrak{R}'$ und $\mathfrak{R}$ identifizieren, und damit $\mathfrak{R}^*$ als Oberring von $\mathfrak{R}$ auffassen.

Die Menge aller Folgen $\{0, \ldots a_\tau, 0, \ldots\}$, bei denen höchstens das τ-te Glied von Null verschieden ist, bildet einen primären, zu $\mathfrak{R}/\mathfrak{q}_\tau^*$ isomorphen Unterring $\mathfrak{R}_\tau^*$ von $\mathfrak{R}^*$. — Es liegt nun auf der Hand, in $\mathfrak{R}^*$ spezielle unendliche Summen einzuführen durch die Festsetzung $\{a_1, 0, \ldots 0, \ldots\} + \{0, a_2, \ldots 0, \ldots\} + \cdots + \{0, 0, \ldots a_\tau, \ldots\} + \cdots = \{a_1, a_2, \ldots a_\tau, \ldots\}$ und dabei gleichzeitig die Idealdefinition in der am Schlusse von 8. angegebenen Weise zu verschärfen. $\mathfrak{R}^*$ wird dann die unendliche direkte Summe der primären $\mathfrak{R}_\tau^*$, und man überzeugt sich mühelos, daß die Primideale bzw. die isolierten Primärkomponenten des Nullideals in $\mathfrak{R}^*$ gerade die Erweiterungsideale der entsprechenden Ideale aus $\mathfrak{R}$ darstellen. Es ist also nicht nur der Bau von $\mathfrak{R}^*$ selbst, sondern auch der Zusammenhang zwischen $\mathfrak{R}^*$ und $\mathfrak{R}$ recht einfach.

Auf der andern Seite ist aber der Ausgangsring $\mathfrak{R}$ durch die Hülle $\mathfrak{R}^*$ keineswegs eindeutig bestimmt, und es scheint aussichtslos, die Menge aller $\mathfrak{R}$, die zu einer festen Hülle $\mathfrak{R}^*$ gehören, irgendwie zu klassifizieren.

Literatur: KRULL [15] § 3 (Einbau von $\mathfrak{R}$ in $\mathfrak{R}^*$ nur ganz kurz angedeutet), KÖTHE [1] § 2 (Durchführung des Einbaus von $\mathfrak{R}$ in $\mathfrak{R}^*$ im Rahmen weitergehender Untersuchungen, gleich für den nichtkommutativen Fall).

10. Einartige Integritätsbereiche. Die in 9. betrachteten Ringe enthalten (vom Körperspezialfall abgesehen) stets Nullteiler, weswegen wir sie auch als einartige Nullteilerringe bezeichnen werden. Wir definieren nun weiter:

Ein Integritätsbereich $\mathfrak{J}$ heißt einartig, wenn jeder echte Restklassenring $\mathfrak{J}/\mathfrak{a}$ im Sinne von 9. einartig ist, wenn also in $\mathfrak{J}$ zwei von (0) verschiedene Primideale stets teilerfremd sind. Schließen wir (0) von der Betrachtung aus, so ergibt sich analog wie in 9.:

Im einartigen $\mathfrak{J}$ ist jedes Primoberideal von $\mathfrak{a}$ minimal. Die isolierten Primärkomponenten $\mathfrak{q}_\tau$ sind gleichzeitig die Hauptkomponenten von $\mathfrak{a}$, und es ist $\mathfrak{a} = \underset{\tau}{\varDelta}\,\mathfrak{q}_\tau$. Hat $\mathfrak{a}$ nur endlich viele Primoberideale $\mathfrak{p}_1, \ldots \mathfrak{p}_m$, so wird $\mathfrak{a} = \mathfrak{q}_1 \cdot \ldots \cdot \mathfrak{q}_m$, da wegen der Teilerfremdheit der $\mathfrak{q}_i$ die Durchschnitts- durch die Produktdarstellung ersetzt werden darf.

Es sei ferner $\mathfrak{J}_\mathfrak{a}$ der durch das m.a. System aller zu $\mathfrak{a}$ primen Elemente erzeugte Quotientenring, $\varLambda_\mathfrak{a}$ sei das System aller der Ideale aus $\mathfrak{J}$, deren sämtliche Primoberideale auch Oberideale von $\mathfrak{a}$ sind. Dann ergibt sich als Anwendung der Sätze von 7.: Der Bereich aller Ideale von $\mathfrak{J}_\mathfrak{a}$ ist zum Idealbereich $\varLambda_\mathfrak{a}$ aus $\mathfrak{J}$ hinsichtlich aller Idealoperationen isomorph. Ist $\tilde{\mathfrak{b}}$ Ideal aus $\mathfrak{J}_\mathfrak{a}$ und $\mathfrak{b} = \tilde{\mathfrak{b}} \cap \mathfrak{J}$, so enthält jede Restklasse aus $\mathfrak{J}_\mathfrak{a}/\tilde{\mathfrak{b}}$ ein Element aus $\mathfrak{J}$, man kann also die Restklassenringe $\mathfrak{J}/\mathfrak{b}$ und $\mathfrak{J}_\mathfrak{a}/\tilde{\mathfrak{b}}$ identifizieren.

Hat $\mathfrak{a}$ nur endlich viele Primoberideale, so gibt es in $\mathfrak{J}_\mathfrak{a}$ nur endlich viele Primideale. Ist insbesondere $\mathfrak{a} = \mathfrak{p}$ Primideal (oder auch $\mathfrak{a} = \mathfrak{q}$ Primärideal), so wird $\mathfrak{J}_\mathfrak{a}$ ein „primärer Integritätsbereich", in dem alle Ideale zum einzigen Primideal $\tilde{\mathfrak{p}}$ gehörige Primärideale sind.

Läßt man $\mathfrak{p}_\tau$ alle Primideale von $\mathfrak{J}$ durchlaufen, so wird $\mathfrak{J} = \underset{\tau}{\varDelta}\, \mathfrak{J}_{\mathfrak{p}_\tau}$, eine Gleichung, die nach der Terminologie der Gruppentheorie als „direkte" Durchschnittsdarstellung von $\mathfrak{J}$ bezeichnet werden kann, weil für $\tau_1 \neq \tau_2$ das Produkt $\mathfrak{J}_{\mathfrak{p}_{\tau_1}} \cdot \mathfrak{J}_{\mathfrak{p}_{\tau_2}}$ stets gleich dem vollen Quotientenkörper $\mathfrak{K}$ von $\mathfrak{J}$ ist. Aus $\mathfrak{J} = \underset{\tau}{\varDelta}\, \mathfrak{J}_{\mathfrak{p}_\tau}$ folgt weiter $\mathfrak{a} = \underset{\tau}{\varDelta}(\mathfrak{J}_{\mathfrak{p}_\tau} \cdot \mathfrak{a})$ für beliebiges $\mathfrak{a}$ aus $\mathfrak{J}$, und diese Gleichung zeigt, daß man die Idealtheorie in $\mathfrak{J}$ beherrscht, wenn man die Idealtheorie der primären Quotientenringe $\mathfrak{J}_{\mathfrak{p}_\tau}$ kennt.

Die direkte Durchschnittsdarstellung bildet also bei den einartigen Integritätsbereichen ein Gegenstück zu der direkten Summenzerlegung der einartigen Nullteilerringe; allerdings kann man sie niemals zum konstruktiven Aufbau von $\mathfrak{J}$ aus den $\mathfrak{J}_\mathfrak{p}$ benutzen. Dafür hat sie den Vorteil, daß ihre Existenz an keinerlei Endlichkeitsvoraussetzung gebunden ist.

Eine ausführliche Theorie der einartigen Integritätsbereiche wird in § 4 entwickelt werden; doch wollen wir bereits jetzt einige allgemeine Sätze, die unmittelbar an die Betrachtungen von 5. anknüpfen, kurz besprechen.

Hauptidealsatz: *Enthält der einartige Integritätsbereich $\mathfrak{J}$ nur endlich viele Primideale, so sind alle (ganzen und damit auch alle nichtganzen) umkehrbaren $\mathfrak{J}$-Ideale Hauptideale. Gilt also insbesondere in $\mathfrak{J}$ der Z.P.I., so ist sogar jedes Ideal von $\mathfrak{J}$ Hauptideal.*

In der Tat, sind $\mathfrak{p}_1, \dots \mathfrak{p}_m$ die Primideale und ist $\mathfrak{u}$ ein (ganzes) umkehrbares Ideal von $\mathfrak{J}$, so ist $\mathfrak{u} \cdot \mathfrak{p}_i \subset \mathfrak{u}$ für $i = 1, \dots m$, und es läßt sich leicht ein Element a konstruieren, das zwar in $\mathfrak{u}$, aber in keinem der Produkte $\mathfrak{u} \cdot \mathfrak{p}_i$ enthalten ist. Wegen der Umkehrbarkeit von $\mathfrak{u}$ gilt nun in $\mathfrak{J}$ eine Gleichung $(a) = \mathfrak{u} \cdot \mathfrak{v}$, und es kann dabei das (ganze) Ideal $\mathfrak{v}$ kein einziges $\mathfrak{p}_i$ zum Oberideal haben. Daraus folgt aber $\mathfrak{v} = \mathfrak{J}$, $(a) = \mathfrak{u}$. (Vgl. Helms [1] § 1.)

Als Beispiel für die Verwendungsmöglichkeiten des Hauptidealsatzes diene ein einfacher Beweis für ein Steinitzsches Theorem über lineare inhomogene Gleichungssysteme in Z.P.I.-Ringen. (Vgl. Krull [26].)

Es sei zunächst $\mathfrak{J}$ beliebig einartig, $p_i(x)$ $(i = 1, \dots m)$ seien Polynome in $x_1, \dots x_n$ mit Koeffizienten aus $\mathfrak{J}$. Ist dann das Gleichungssystem $p_i(x) = 0$ $(i = 1, \dots m)$ in $\mathfrak{J}_\mathfrak{a}$ lösbar, so ist wegen der Identifizierbarkeit der Restklassenringe $\mathfrak{J}/\mathfrak{a}^r$ und $\mathfrak{J}_\mathfrak{a}/(\mathfrak{a}^r \cdot \mathfrak{J}_\mathfrak{a})$ in $\mathfrak{J}$ das Kongruenzensystem $p_i(x) \equiv 0\,(\mathfrak{a}^r)$ $(i = 1, \dots m)$ für jedes r lösbar. Sind also insbesondere die $p_i(x)$ inhomogene Linearformen, so ergibt sich aus elementaren Sätzen der linearen Algebra: Das Gleichungssystem

$$\sum_{k=1}^{n} a_{ik} x_k + a_{i0} = 0 \quad (i = 1, \dots m) \text{ ist in } \mathfrak{J} \text{ immer lösbar, wenn es}$$

in $\mathfrak{J}_{(d)}$ lösbar ist, falls d eine nichtverschwindende Unterdeterminante möglichst hohen Grades aus der Matrix $\|a_{ik}\|$ $(i=1, \dots m;\ k=1, \dots n)$

bedeutet. — Ist nun $\mathfrak{J}$ ein Ring mit Z.P.I., so sind in $\mathfrak{J}_{(d)}$ nach dem Hauptidealsatz alle Ideale Hauptideale, so daß man auf $\mathfrak{J}_{(d)}$ die von ganzrationalzahligen Gleichungssystemen her bekannten Sätze anwenden kann. So ergibt sich schließlich:

In einem Z.P.I.-Ring $\mathfrak{J}$ ist das Gleichungssystem $\sum\limits_{k=1}^{n} a_{ik}x_k + a_{i0} = 0$ $(i = 1, \ldots m)$ dann und nur dann lösbar, wenn bei der Matrix $\|a_{ik}\|$ $(i = 1, \ldots m;\ k = 1, \ldots n)$ durch Zufügung der Spalte $\|a_{i0}\|$ $(i = 1, \ldots m)$ weder am Rang noch am „höchsten Determinantenteiler" (d. h. an dem aus den nichtverschwindenden Unterdeterminanten größtmöglichen Grades abgeleiteten Ideal) etwas geändert wird. — Weitere Anwendungen des Hauptidealsatzes in § 4. Hier noch einige Bemerkungen über Kettensätze.

Ein Integritätsbereich $\mathfrak{J}$ ist immer einartig, wenn in ihm der „abgeschwächte U-Satz" gilt. (Vgl. NOETHER [8] bzw. 5. im Bericht!)

In der Tat, gleichwertig mit der Einartigkeit ist die Bedingung, daß für jedes Primideal $\mathfrak{p}$ der Ring $\mathfrak{J}/\mathfrak{p}$ ein Körper ist. Wäre nun $\mathfrak{J}/\mathfrak{p}$ für ein bestimmtes $\mathfrak{p}$ ein echter Integritätsbereich, so gäbe es in $\mathfrak{J}/\mathfrak{p}$ eine vom Nullelement verschiedene Nichteinheit $\bar{a}$, und es bildeten dann, wie leicht nachzurechnen, in $\mathfrak{J}/\mathfrak{p}$ die Ideale $(\bar{a}^r)$ $(r = 1, 2 \ldots)$ eine unendliche U-Kette mit lauter verschiedenen Gliedern.

Bei O-Ringen läßt sich das gewonnene Ergebnis umkehren:

Gilt in einem einartigen Integritätsbereich der O-Satz, so gilt auch der abgeschwächte U-Satz.

Auch für die Gültigkeit des O-Satzes kann man notwendige und hinreichende Kriterien aufstellen. Z. B.:

Ein einartiger Integritätsbereich $\mathfrak{J}$ ist dann und nur dann O-Ring, wenn in $\mathfrak{J}$ gleichzeitig a) jedes Ideal nur endlich viele Primoberideale hat, b) jedes Primärideal eine endliche Potenz seines Primideals enthält, c) jedes Ideal $\mathfrak{a}$ eine Darstellung $\mathfrak{a} = \mathfrak{c}_1 \cap \cdots \cap \mathfrak{c}_r$ besitzt, bei der kein $\mathfrak{c}_i$ als Durchschnitt echter Oberideale dargestellt werden kann.

Die Beweise der letzten Sätze ergeben sich aus einer genaueren Untersuchung der primären Nullteilerringe, die in 13. durchgeführt werden wird.

Es sei schließlich noch auf zwei Problemstellungen hingewiesen, die auf direkte Summen von einartigen Integritätsbereichen und Nullteilerringen führen:

a) Sucht man nach eindeutigen Primärkomponentenzerlegungen, so ergibt sich der Satz:

Im Ringe $\mathfrak{R}$ kann man dann und nur dann jedes Ideal eindeutig als Durchschnitt endlich vieler Primärideale darstellen, wenn $\mathfrak{R}$ eine direkte Summenzerlegung $\mathfrak{R} = \mathfrak{R}_1 \dotplus \cdots \dotplus \mathfrak{R}_p \dotplus \mathfrak{S}_1 \dotplus \cdots \dotplus \mathfrak{S}_q$ besitzt, bei der die $\mathfrak{R}_i$ primäre Nullteilerringe, die $\mathfrak{S}_i$ einartige Integritätsbereiche bedeuten, und wenn dabei in keinem $\mathfrak{S}_i$ ein Ideal $\mathfrak{a} \neq (0)$ mit unendlich vielen Primoberidealen existiert.

b) Bezeichnen wir (wesentlich spezieller als später in 40.) einen Ring $\mathfrak{R}$ als Multiplikationsring, wenn in $\mathfrak{R}$ aus $\mathfrak{a} \subset \mathfrak{b}$ stets die Gültigkeit einer Gleichung $\mathfrak{a} = \mathfrak{b} \cdot \mathfrak{c}$ folgt, so sind nach 5. die Z.P.I.-Ringe die einzigen nullteilerfreien Multiplikationsringe. Gilt ferner in einem nullteilerbehafteten Multiplikationsring $\mathfrak{M}$ der O-Satz, so besitzt $\mathfrak{M}$ eine direkte Summenzerlegung $\mathfrak{M} = \mathfrak{I}_1 \dotplus \cdots \dotplus \mathfrak{I}_p + \mathfrak{Z}_1 \dotplus \cdots \dotplus \mathfrak{Z}_q$, bei der die $\mathfrak{I}_i$ beliebige Z.P.I.-Ringe, die $\mathfrak{Z}_i$ primäre Nullteilerringe einfachster Art (nämlich „zerlegbare" Ringe im Sinne von 30.) darstellen. Ein Multiplikationsring $\mathfrak{M}$ ohne O-Satz schließlich läßt sich stets nach der gleichen Methode, wie sie in 9. auf die allgemeinsten einartigen Nullteilerringe angewandt wurde, in eine Hülle $\mathfrak{M}^*$ einbetten, die ihrerseits eine unendliche direkte Summenzerlegung in Z.P.I.-Ringe und primäre zerlegbare Ringe gestattet. Man kann also mit einem gewissen Recht sagen, es gebe nur zwei Grundtypen von Multiplikationsringen: die Z.P.I.-Ringe und die primären zerlegbaren Ringe.

Literatur: Außer den im Text bereits angeführten Arbeiten kommen vor allem noch solche zu den beiden zuletzt behandelten Aufgaben in Betracht, und zwar: Zu a) MORI [9] (wo auch Ringe ohne Einheitselement betrachtet sind und die für die Ringe $\mathfrak{S}_i$ notwendige Primidealbedingung durch einen gleichwertigen Kettensatz ersetzt ist). Zu b) KRULL [5], [6], MORI [8] (Multiplikationsringe mit O-Satz); MORI [12], [13] (allgemeinste Multiplikationsringe, auch solche ohne Einheitselement). — Der Satz von der Existenz der Hülle $\mathfrak{M}^*$ findet sich allerdings in MORI [12] noch nicht; dort werden vielmehr die Multiplikationsringe axiomatisch charakterisiert, und zwar durch das am Schlusse von 5. angegebene SONOsche „Ersatzaxiom für Ganzabgeschlossenheit" und zwei weitere Forderungen. — Zur Theorie der linearen Gleichungen, Matrizen und Moduln im Bereich eines Z.P.I.-Ringes, aus der wir oben ein Beispiel für die Anwendungsmöglichkeiten des Hauptidealsatzes entnommen haben, vgl. die grundlegenden Arbeiten STEINITZ [1], [2], sowie die vereinfachten Darstellungen bei KRULL [26], FRANZ [1], CHEVALLEY [2].

11. Operatorgruppen. Für die Entwicklung der additiven Idealtheorie von primären Ringen und O-Ringen braucht man einige Sätze über Operatorgruppen, die über die in 1. zusammengestellten einfachsten Grundlagen hinausgehen. — Wir betrachten Gruppen, die alle denselben, im übrigen nicht näher festgelegten Operatorbereich besitzen, und benutzen die Definitionen und Sätze von 1. — Sind die Gruppen $\mathfrak{A}$ und $\mathfrak{B}$ „elementefremd", d. h. ist ihr Durchschnitt gleich der nur aus dem Nullelement bestehenden „Nullgruppe" (0), so nennen wir die Summe $\mathfrak{A} + \mathfrak{B}$ „direkt" und schreiben zur Betonung dieser Tatsache $\mathfrak{A} \dotplus \mathfrak{B}$. Allgemeiner heißt $\mathfrak{C} = \mathfrak{A}_1 \dotplus \cdots \dotplus \mathfrak{A}_m$ direkte Summe von $\mathfrak{A}_1, \ldots \mathfrak{A}_m$, in Zeichen: $\mathfrak{C} = \mathfrak{A}_1 \dotplus \cdots \dotplus \mathfrak{A}_m$, wenn jede der Gruppen $\mathfrak{A}_i$ zur Summe der $m - 1$ übrigen elementefremd ist; oder anders ausgedrückt: $\mathfrak{C}$ ist direkte Summe von $\mathfrak{A}_1, \ldots \mathfrak{A}_m$, wenn jedes Element aus $\mathfrak{C}$ eindeutig in der Form $c = a_1 + \cdots + a_m$ $(a_i \subset \mathfrak{A}_i)$ dargestellt werden kann.

Eine Gruppe, die außer (0) keine echte Untergruppe besitzt, heißt **irreduzibel**. Eine Gruppe, die sich als direkte Summe endlich vieler irreduzibler Untergruppen darstellen läßt, wird „vollständig reduzibel" (kurz „v.red.") genannt.

Jede Summe endlich vieler irreduzibler Gruppen ist v.red. Außerdem gelten folgende Sätze:

Sind $\mathfrak{B} = \mathfrak{J}_1 + \cdots + \mathfrak{J}_m = \mathfrak{J}_1' + \cdots + \mathfrak{J}_{m'}'$ *zwei Zerlegungen der v.red. Gruppe $\mathfrak{B}$ in irreduzible direkte Summanden, so ist $m = m'$, und bei geeigneter Numerierung sind $\mathfrak{J}_k$ und $\mathfrak{J}_k'$ jeweils isomorph. Jede Untergruppe und jede Restklassengruppe einer v.red. Gruppe $\mathfrak{B}$ ist selbst v.red.* — Der Bau der v.red. Gruppen ist also in jeder Hinsicht denkbar einfach.

Eine Gruppe heißt „endlich", wenn für ihre Untergruppen sowohl der O- als auch der U-Satz gilt. Jede v.red. Gruppe und jede Gruppe mit nur endlich vielen verschiedenen Elementen ist endlich, aber nicht umgekehrt. Besteht allerdings der Operatorbereich aus den ganzen rationalen Zahlen, handelt es sich also um gewöhnliche ABELsche Gruppen, so bedeutet „endlich im Sinne der Kettensätze" ebensoviel wie „endlich im Sinne der Elementezahl".

Alle Unter- und alle Restklassengruppen einer endlichen Gruppe sind selbst endlich.

Ist $\mathfrak{B}_1$ eine Untergruppe von $\mathfrak{A}$, $\mathfrak{B}_2$ eine solche von $\mathfrak{A}_1 = \mathfrak{A}/\mathfrak{B}_1$, $\mathfrak{B}_3$ eine solche von $\mathfrak{A}_2 = \mathfrak{A}_1/\mathfrak{B}_2$, ..., $\mathfrak{B}_m$ eine solche von $\mathfrak{A}_{m-1} = \mathfrak{A}_{m-2}/\mathfrak{B}_{m-1}$, so nennt man $\mathfrak{B}_1, \ldots \mathfrak{B}_m$, $\mathfrak{B}_{m+1} = \mathfrak{A}_{m-1}/\mathfrak{B}_m$ die „Glieder" einer „Kompositionsreihe" von $\mathfrak{A}$.

Sind die Glieder $\mathfrak{B}_i$ alle irreduzibel, so spricht man von einer „JORDANschen Kompositionsreihe".

Eine Gruppe $\mathfrak{A}$ besitzt dann und nur dann eine JORDANsche Kompositionsreihe, wenn sie endlich ist. Alle JORDANschen Kompositionsreihen einer festen endlichen Gruppe $\mathfrak{A}$ haben dieselbe Gliederzahl j, die als „JORDANsche Invariante" oder „Länge" von $\mathfrak{A}$ bezeichnet wird. — Mit Rücksicht auf eine wichtige idealtheoretische Anwendung sei schließlich noch hervorgehoben:

Gilt für die Untergruppen von $\mathfrak{A}$ der O-Satz und enthält $\mathfrak{A}$ selbst sowie jede Restklassengruppe von $\mathfrak{A}$ mindestens eine irreduzible Untergruppe, so besitzt $\mathfrak{A}$ eine JORDANsche Kompositionsreihe, es ist also $\mathfrak{A}$ endlich.

Die Summe aller irreduziblen Untergruppen einer endlichen Gruppe $\mathfrak{A}$ bildet die größte v.red. Untergruppe $\mathfrak{B}$ von $\mathfrak{A}$. Die Länge l_v von $\mathfrak{B}$ heißt „vordere LOEWYsche Invariante" von $\mathfrak{A}$. — Greift man zuerst aus $\mathfrak{A}$ die größte v.red. Untergruppe $\mathfrak{B}$ heraus, alsdann aus $\mathfrak{A}/\mathfrak{B} = \mathfrak{A}_1$ die größte v.red. Untergruppe $\mathfrak{B}_1$ usw., so entsteht die (eindeutig bestimmte) „vordere LOEWYsche Kompositionsreihe", deren Gliederzahl l als die „LOEWYsche Invariante" von $\mathfrak{A}$ bezeichnet wird. Zwischen der LOEWYschen und der JORDANschen Invariante besteht offenbar die Ungleichung $l \leqq j$. — Neben die „vordere" kann noch eine „hintere" LOEWYsche Kompositionsreihe gestellt werden, die gleichfalls die Gliederzahl l besitzt und nicht aus größten v.red. Unter-, sondern aus größten v. red. Restklassengruppen aufgebaut ist; wir brauchen hier auf die Einzelheiten der Konstruktion dieser Reihe nicht näher einzugehen. — Die Längen der Glieder der vorderen und hinteren Loewy-schen Kompositionsreihe stellen Zahlinvarianten der Gruppe $\mathfrak{A}$ dar.

Man kann den Begriff der v. red. Gruppe noch dadurch verallgemeinern, daß man (ohne wesentliche Änderung der Definition der direkten Summe, insbesondere ohne Einführung von unendlichen Elementsummen) direkte Summen von unendlich vielen irreduziblen Gruppensummanden einführt. Es bleiben dann alle Struktursätze erhalten, insbesondere gilt nach wie vor der Satz, daß die Summe einer beliebigen Menge von irreduziblen Gruppen v. red. ist. Enthält also eine beliebige Gruppe $\mathfrak{A}$ überhaupt irreduzible Untergruppen, so bildet die Summe aller dieser die größte v. red. Untergruppe. Diese Tatsache gestattet, wie wir in 13. an einem ideal-theoretischen Beispiel sehen werden, unter Umständen auch bei solchen Gruppen, die keinem Kettensatz genügen, die Einführung der vorderen Loewyschen Kompositionsreihe.

Älter als der Begriff der irreduziblen und v. red. Gruppe ist der — allerdings eng verwandte — Begriff des irreduziblen und v. red. Matrizensystems, der bei der Untersuchung der Matrizendarstellungen von endlichen Gruppen oder allgemeiner von endlichen hyperkomplexen Systemen entstand. Auch die Definitionen der Loewyschen Kompositionsreihen sind ursprünglich aus den Sätzen über Matrizenkomplexe von Loewy [1] und [2] herauspräpariert. — Diesem Ursprung entsprechend spielen die irreduziblen und v. red. Gruppen in der nichtkommutativen Darstellungstheorie (vgl. etwa Noether [13], van der Waerden [15] Kap. 16) eine weit größere Rolle als in der kommutativen Idealtheorie. — Als grundlegend für die kommutativen Anwendungen seien genannt: Sono [1] (Jordansche Kompositionsreihe speziell bei Idealen); Noether [8] (Jordansche Kompositionsreihe und Ideallänge vom Standpunkt der allgemeinen Operatorgruppen); Krull [8] (Jordansche und Loewysche Kompositionsreihe); Krull [11] (v. red. Gruppen mit unendlich vielen Summanden). — Ferner sei noch auf die — im folgenden nicht behandelten — idealtheoretischen Anwendungen in den Arbeiten Sono [5], Mori [6], [7] hingewiesen. Der „Sonosche Ring", der kein Einheitselement zu enthalten braucht, ist dadurch ausgezeichnet, daß der Restklassenring jedes Ideals eine Gruppe mit Jordanscher Kompositionsreihe darstellt; die „primären Ideale" Sonos sind nicht immer „Primärideale" im Sinne des Textes. — Vgl. schließlich die Behandlung der Operatorgruppen in van der Waerdens Lehrbuch ([14] Kap. 6).

12. Elementarteilergruppen. Eine endliche Gruppe $\mathfrak{A}$ möge „Elementarteiler-" (kurz „E.T."-) Gruppe heißen, wenn ihr Operatorbereich einen „Hauptidealring" $\mathfrak{H}$ darstellt, also einen Integritätsbereich, in dem nicht nur der Z.P.I. gilt, sondern sogar jedes Ideal Hauptideal ist.

Besteht $\mathfrak{A} = \mathfrak{Z}$ aus der Menge aller Elemente $\xi \cdot a$ (a fest, $\xi \subset \mathfrak{H}$), so nennen wir $\mathfrak{Z}$ „zyklisch" und bezeichnen als „Ordnung" von $\mathfrak{Z}$ das Ideal $\mathfrak{h}$ aller der Elemente ξ von $\mathfrak{H}$, die der Gleichung $\xi \cdot a = 0$ und damit auch der Gleichung $\xi \cdot b = 0$ für jedes $b \subset \mathfrak{Z}$ genügen.

Zwei zyklische Gruppen mit derselben Ordnung sind isomorph. Eine zyklische Gruppe $\mathfrak{Z}$ ist dann und nur dann irreduzibel bzw. direkt unzerlegbar (d. h. nicht als direkte Summe echter Untergruppen darstellbar), wenn ihre (sicher vom Nullideal verschiedene) Ordnung ein Primideal bzw. eine Primidealpotenz in $\mathfrak{H}$ ist. — Für eine beliebige E.T.-Gruppe $\mathfrak{A}$ gilt der

Fundamentalsatz: $\mathfrak{A}$ *ist als direkte Summe endlich vieler direkt unzerlegbarer zyklischer Gruppen darstellbar. Sind* $\mathfrak{A} = \mathfrak{Z}_1 \dotplus \cdots \dotplus \mathfrak{Z}_m = \mathfrak{Z}'_1 \dotplus \cdots \dotplus \mathfrak{Z}'_{m'}$ *zwei derartige Darstellungen, so ist* $m = m'$, *und es sind* (bei geeigneter Numerierung) $\mathfrak{Z}_i$ *und* $\mathfrak{Z}'_i$ *jeweils isomorph, es besitzen also* $\mathfrak{Z}_i$ *und* $\mathfrak{Z}'_i$ *immer dieselbe Primidealpotenzordnung* $\mathfrak{p}_i^{r_i}$.

Die im Fundamentalsatz auftretenden Primidealpotenzen $\mathfrak{p}_i^{r_i}$ ($i = 1, \ldots m$) werden als die (Einzel-) „Elementarteiler" (kurz „E.T.") der Gruppe $\mathfrak{A}$ bezeichnet. Es ergibt sich dann sofort:

Zwei E.T.-Gruppen $\mathfrak{A}$ *und* $\mathfrak{B}$ *sind dann und nur dann isomorph, wenn sie dieselben E.T. besitzen.*

Der Durchschnitt (arithmetisch das „kleinste gemeinschaftliche Vielfache") (E) aller Einzelelementarteiler heißt „höchster" Elementarteiler von $\mathfrak{A}$. (E) ist offenbar gleich $(0):\mathfrak{A}$, also gleich dem Ideal aller der $\xi \subset \mathfrak{H}$, die der Gleichung $\xi \cdot a = 0$ für jedes $a \subset \mathfrak{A}$ genügen. Unter der Norm (N) versteht man das Produkt aller Einzelelementarteiler von $\mathfrak{A}$; die Anzahl der (gleichen oder verschiedenen) Primhauptidealfaktoren von (N) ist gleich der Länge von $\mathfrak{A}$.

Bei abstrakten E.T.-Gruppen ist es unbedingt zweckmäßig, die Elementarteiler so wie geschehen durch Ideale zu definieren. In konkreten Fällen (d. h. bei speziellem gegebenem $\mathfrak{H}$) wird man im allgemeinen von den Idealen zu Elementen übergehen, indem man in jedem Ideal von $\mathfrak{H}$ ein „normiertes" Basiselement auszeichnet.

Die Beweise unsrer E.T.-Gruppensätze gehören bereits der Lehrbuchliteratur an. Das gleiche gilt für die Anwendung der E.T.-Gruppen auf die Matrizentheorie und insbesondere für den Nachweis, daß die E.T. einer Matrix überall dort, wo man sie nach klassischem Vorbild durch Quotienten von Determinantenteilern einführt, auch als E.T. einer passend zugeordneten E.T.-Gruppe gedeutet werden können. Vgl. insbesondere HAUPT [1] Kap. 23 (13), sowie VAN DER WAERDEN [15] Kap. 15.

13. Primäre (Nullteiler-) Ringe. Ein Primärideal $\mathfrak{q}$ wird nach E. NOETHER [8] „stark" oder „schwach" genannt, je nachdem ob $\mathfrak{q}$ eine Potenz seines zugehörigen Primideals $\mathfrak{p}$ enthält oder nicht. Bei starkem $\mathfrak{q}$ wird die kleinste ganze Zahl ϱ, für die $\mathfrak{p}^\varrho \subseteqq \mathfrak{q}$ ist, als der „Exponent" von $\mathfrak{q}$ bezeichnet. — Hat $\mathfrak{p}$ eine endliche Basis, so sind alle zu $\mathfrak{p}$ gehörigen Primärideale stark; andererseits können leicht Beispiele von schwachen Primäridealen angegeben werden. — Ein primärer Nullteilerring $\mathfrak{Q}$ mit starkem bzw. schwachem Nullideal soll selbst stark bzw. schwach heißen; im starken Fall soll der Exponent des Nullideals auch als Exponent des Gesamtrings bezeichnet werden. Im folgenden beschränken wir uns auf die Betrachtung von starken Ringen, da nur sie einer befriedigenden gruppentheoretischen Behandlung fähig sind.

Es sei $\mathfrak{p}$ das Primideal, ϱ sei der Exponent des vorgelegten Ringes $\mathfrak{O}$. Dann sind die Ideale $\mathfrak{p}^0 = \mathfrak{O}$, $\mathfrak{p}$, $\mathfrak{p}^2$, $\ldots$ $\mathfrak{p}^\varrho = (0)$ und ebenso die Ideale $\mathfrak{q}^{(0)} = (0)$, $\mathfrak{q}^{(1)} = (0) : \mathfrak{p}$, $\mathfrak{q}^{(2)} = (0) : \mathfrak{p}^2$, $\ldots$ $\mathfrak{q}^{(\varrho)} = (0) : \mathfrak{p}^\varrho = \mathfrak{O}$ alle verschieden, während für $\varkappa > \varrho$ stets $\mathfrak{p}^\varkappa = \mathfrak{p}^\varrho = (0)$, $\mathfrak{q}^{(\varkappa)} = (0) : \mathfrak{p}^\varkappa = \mathfrak{q}^{(\varrho)} = \mathfrak{O}$ wird. Faßt man nun $\mathfrak{O}$ als Gruppe mit dem Operatorbereich $\mathfrak{O}$ auf, so ergibt sich zunächst mühelos:

Ein Ideal $\mathfrak{i}$ aus $\mathfrak{O}$ ist dann und nur dann als Gruppe irreduzibel, wenn es Unterideal von $\mathfrak{q}^{(1)}$ und Hauptideal ist, und zwar ist $\mathfrak{i}$ in diesem Falle als Gruppe zum Restklassenkörper $\mathfrak{O}/\mathfrak{p}$ isomorph.

$\mathfrak{q}^{(1)}$ ist die größte v.red. Untergruppe von $\mathfrak{O}$, $\mathfrak{q}^{(2)}/\mathfrak{q}^{(1)}$ diejenige von $\mathfrak{O}/\mathfrak{q}^{(1)}$, $\mathfrak{q}^{(3)}/\mathfrak{q}^{(2)}$ diejenige von $\mathfrak{O}/\mathfrak{q}^{(2)}$ usw. $\mathfrak{O}$ besitzt also (ohne notwendig endlich zu sein) eine vordere LOEWYsche Kompositionsreihe mit den Gliedern $\mathfrak{q}^{(i)}/\mathfrak{q}^{(i-1)}$ $(i = 1, \ldots \varrho)$. Die Gliederzahl dieser Reihe, die LOEWYsche Invariante l, ist gleich dem Exponenten ϱ des Ringes $\mathfrak{O}$; dieser an und für sich multiplikativ definierte Exponent kann also auch additiv-gruppentheoretisch gedeutet werden.

Ist $\mathfrak{O}/\mathfrak{a}$ ein Restklassenring von $\mathfrak{O}$, so ist natürlich $(\mathfrak{a}:\mathfrak{p})/\mathfrak{a}$ die größte v.red. Untergruppe von $\mathfrak{O}/\mathfrak{a}$, $(\mathfrak{a}:\mathfrak{p}^2)/(\mathfrak{a}:\mathfrak{p})$ diejenige von $\mathfrak{O}/(\mathfrak{a}:\mathfrak{p})$ usw. Es enthält also insbesondere jeder Restklassenring von $\mathfrak{O}$ mindestens eine irreduzible Untergruppe. Da ein O-Ring stets stark ist, ergibt sich daraus nach einer Bemerkung von 11.:

Gilt in einem primären Nullteilerring $\mathfrak{O}$ der O-Satz, so ist $\mathfrak{O}$ als Gruppe endlich, es gilt in $\mathfrak{O}$ also auch der U-Satz.

Dieses für die primären Nullteilerringe grundlegende Theorem ist um so bemerkenswerter, als man keineswegs umgekehrt aus der Gültigkeit des U-Satzes die des O-Satzes erschließen kann.

Ist $\mathfrak{O}$ ein O-Ring, so möge unter der „Länge" eines Ideals $\mathfrak{a}$ von $\mathfrak{O}$ die Länge der Restklassengruppe $\mathfrak{O}/\mathfrak{a}$ im Sinne von 11. verstanden werden. Aus der gruppentheoretischen Bedeutung der Länge ergeben sich dann ohne weiteres die Sätze:

$\mathfrak{a}$ hat dann und nur dann die Länge s, wenn eine O-Kette $\mathfrak{a} \subset \mathfrak{a}_1 \subset \cdots \subset \mathfrak{O}$, die nicht durch Einschaltung eines Zwischengliedes „verlängert" werden kann, immer genau die Gliederzahl $s + 1$ besitzt. Ist $\mathfrak{a}$ Unterideal von $\mathfrak{b}$, so ist die Länge von $\mathfrak{a}$ nicht kleiner und für $\mathfrak{b} \neq \mathfrak{a}$ sogar stets größer als die Länge von $\mathfrak{b}$.

Bei zwei Idealen, von denen keines im andern enthalten ist, lassen sich aus der Gleichheit der Längen keine weiteren Schlüsse ziehen.

Außer der Länge kann man einem Ideal $\mathfrak{a}$ des O-Ringes $\mathfrak{O}$ leicht noch weitere Zahlinvarianten gruppentheoretischer Art zuordnen. In Betracht kommen in erster Linie die Längen $\varrho_1, \varrho_2, \ldots$ der Gruppen $(\mathfrak{a}:\mathfrak{p})/\mathfrak{a}$, $(\mathfrak{a}:\mathfrak{p}^2)/(\mathfrak{a}:\mathfrak{p})$, usw., also die Längen der einzelnen Glieder der vorderen LOEWYschen Kompositionsreihe von $\mathfrak{O}/\mathfrak{a}$. In zweiter Linie die Längen $\bar\varrho_1, \bar\varrho_2, \ldots$ der Gruppen $\mathfrak{O}/\mathfrak{p} = (\mathfrak{O} + \mathfrak{a})/(\mathfrak{p} + \mathfrak{a})$, $(\mathfrak{p} + \mathfrak{a})/(\mathfrak{p}^2 + \mathfrak{a})$, $(\mathfrak{p}^2 + \mathfrak{a})/(\mathfrak{p}^3 + \mathfrak{a})$, $\ldots$, die als Glieder der „hinteren LOEWYschen Kompositionsreihe" von $\mathfrak{O}/\mathfrak{a}$ gedeutet werden können. Die Zahlen $\bar\varrho_1, \bar\varrho_2, \ldots$ treten gelegentlich in der Literatur unter dem (auf MACAULAY [2] zurückgehenden) Namen „HILBERTsche Zahlen" auf. (Vgl. SCHMEIDLER [2] § 1; NOETHER [11]).

Selbständige idealtheoretische Bedeutung hat allein $\varrho_1 = \lambda_v$, die „vordere LOEWYsche Invariante" von $\mathfrak{D}/\mathfrak{a}$, die auch erklärt werden kann als die Gliederzahl einer möglichst kurzen Basis von $(\mathfrak{a}:\mathfrak{p})/\mathfrak{a}$ in $\mathfrak{D}/\mathfrak{a}$. Nach E. NOETHER nennt man (von der oben benutzten gruppentheoretischen Terminologie abweichend) ein Ideal $\mathfrak{a}$ im Ringe $\mathfrak{R}$ *reduzibel* oder *irreduzibel*, je nachdem ob es sich als Durchschnitt echter Oberideale darstellen läßt oder nicht. Für einen primären Ring $\mathfrak{D}$ überlegt man sich dann verhältnismäßig leicht:

$\mathfrak{q}$ ist in $\mathfrak{D}$ dann und nur dann irreduzibel, wenn $\mathfrak{D}/\mathfrak{q}$ die vordere LOEWYsche Invariante 1 besitzt, wenn also $\mathfrak{q}:\mathfrak{p}$ modulo $\mathfrak{q}$ Hauptideal ist, d. h. $\mathfrak{q}:\mathfrak{p} = \mathfrak{q} + (\alpha)$. Gibt es für $\mathfrak{a}$ eine kürzeste Durchschnittsdarstellung durch m irreduzible Ideale, so hat $\mathfrak{D}/\mathfrak{a}$ die vordere LOEWYsche Invariante m und umgekehrt.

Beim Beweis braucht man nicht $\mathfrak{D}$ als O-Ring anzunehmen; es genügt vorauszusetzen, daß jede Untergruppe von $\mathfrak{D}/\mathfrak{a}$ mindestens eine irreduzible Untergruppe enthält, was bei starkem $\mathfrak{D}$ immer der Fall ist. Daraus kann man nach KRULL [11] § 5 schließen:

Ist in dem starken Ring $\mathfrak{D}$ jedes Ideal Durchschnitt von endlich vielen irreduziblen, so gilt in $\mathfrak{D}$ der O-Satz.

Aus den Voraussetzungen folgt nämlich, daß die Glieder der vorderen LOEWYschen Kompositionsreihe von $\mathfrak{D}$ alle endliche Längen haben müssen, so daß $\mathfrak{D}$ eine JORDANsche Kompositionsreihe besitzt. — Weit wichtiger als diese Bemerkung ist ein anderer Satz über irreduzible Ideale, dessen erster Beweis von E. NOETHER gefunden, aber wegen seiner Kompliziertheit nicht veröffentlicht wurde, während eine neue, einfache Darstellung von W. GRÖBNER kürzlich erschienen ist:

Ist $\mathfrak{a}$ in $\mathfrak{D}$ irreduzibel, so genügt jedes $\mathfrak{b} \supset \mathfrak{a}$ der Gleichung $\mathfrak{a}:(\mathfrak{a}:\mathfrak{b}) = \mathfrak{b}$, d. h. die Oberideale von $\mathfrak{a}$ lassen sich eindeutig zu Paaren von „reziproken Quotienten" $\mathfrak{b}$, $\mathfrak{c}$ zusammenfassen, die jeweils durch die Gleichungen $\mathfrak{a}:\mathfrak{b} = \mathfrak{c}$, $\mathfrak{a}:\mathfrak{c} = \mathfrak{b}$ gekoppelt sind.

Ist speziell das Nullideal irreduzibel und sind λ_b und λ_c die Längen von $\mathfrak{b}$ und $\mathfrak{c} = (0):\mathfrak{b}$, so folgt aus dem Quotientensatz sofort:

$\lambda_b + \lambda_c$ *ist gleich der Gesamtlänge λ von $\mathfrak{D}$.*

Zum Beweis bilde man eine $\lambda + 1$-gliedrige O-Kette $\mathfrak{b}_\lambda = (0) \subset \cdots \subset \mathfrak{b}_{\lambda_b} = \mathfrak{b} \subset \mathfrak{b}_{\lambda_b-1} \subset \cdots \subset \mathfrak{b}_0 = \mathfrak{D}$ und beachte, daß in der U-Kette $\mathfrak{c}_0 = (0):\mathfrak{b}_\lambda = \mathfrak{D} \supset \cdots \supset \mathfrak{c}_{\lambda-\lambda_b} = (0):\mathfrak{b}_{\lambda_b} = \mathfrak{c} \supset \cdots \supset \mathfrak{c}_\lambda = (0):\mathfrak{b}_0 = (0)$ alle Glieder verschieden sein müssen.

(Die GRÖBNERsche Beweisanordnung, auf deren Einzelheiten wir nicht näher eingehen wollen, ist in Wirklichkeit genau umgekehrt wie die Anordnung im Text: Zuerst wird für irreduzibles Nullideal die Gleichung $\lambda = \lambda_b + \lambda_c$ gewonnen und dann daraus der Satz über die reziproken Quotienten abgeleitet.) — Es sollen jetzt noch einige weitere

Folgerungen besprochen werden, die sich für einen primären Ring $\mathfrak{O}$ mit irreduziblem Nullideal aus dem Quotientensatz ziehen lassen:

Zunächst tritt neben die immer gültige Formel $(0) : (\mathfrak{a}_1 + \cdots + \mathfrak{a}_r) = ((0) : \mathfrak{a}_1) \cap \cdots \cap ((0) : \mathfrak{a}_r)$ dual die Formel $(0) : (\mathfrak{a}_1 \cap \cdots \cap \mathfrak{a}_r) = ((0) : \mathfrak{a}_1) + \cdots + ((0) : \mathfrak{a}_r)$. Daraus und aus dem Umstand, daß in jedem primären $\mathfrak{O}$ die Summe aller echten Unterideale eines Hauptideals (a) gleich $(a) \cdot \mathfrak{p} \neq (a)$ ist, ergibt sich weiter:

Ist $\mathfrak{b}$ in $\mathfrak{O}$ Hauptideal, so ist $\mathfrak{c} = (0) : \mathfrak{b}$ irreduzibel und umgekehrt.

Beweis: a) $\mathfrak{b}$ Hauptideal, $\mathfrak{c} = \mathfrak{c}_1 \cap \cdots \cap \mathfrak{c}_s$; dann $\mathfrak{b} = ((0) : \mathfrak{c}_1) + \cdots + ((0) : \mathfrak{c}_s)$, daraus $\mathfrak{b} = (0) : \mathfrak{c}_i$, $\mathfrak{c} = \mathfrak{c}_i$ für geeignetes i. b) $\mathfrak{c}$ irreduzibel, $\mathfrak{b} = (b_1, \ldots b_s)$; dann $\mathfrak{c} = ((0) : (b_1)) \cap \cdots \cap ((0) : (b_s))$, daraus $\mathfrak{c} = (0) : (b_i)$, $\mathfrak{b} = (b_i)$ für geeignetes i. — Als Verallgemeinerung ergibt sich sofort:

Hat $\mathfrak{b}$ eine kürzeste Basis von r Elementen, so besitzt $\mathfrak{c}$ eine kürzeste Durchschnittsdarstellung durch r irreduzible Oberideale und umgekehrt. Die Zuordnung $\mathfrak{b} \leftrightarrow (0) : \mathfrak{b}$ liefert eine Abbildung des Idealbereichs von $\mathfrak{O}$ auf sich selbst, bei der stets der Summe bzw. dem Durchschnitt auf der einen Seite der Durchschnitt bzw. die Summe auf der andern entspricht. — Darüber hinaus gilt schließlich noch:

Ist $\mathfrak{c} = (0) : \mathfrak{b}$, so ist $\mathfrak{c} \cdot \mathfrak{a} = (0) : (\mathfrak{b} : \mathfrak{a})$. „Reziprozität zwischen Quotienten- und Produktbildung."

(Leicht einzusehen, falls $\mathfrak{c} = (c)$; falls $\mathfrak{c} = (c_1, \ldots c_r)$, dann $\mathfrak{b} = (0) : \mathfrak{c} = \mathfrak{b}_1 \cap \cdots \cap \mathfrak{b}_r$, wobei $\mathfrak{b}_i = (0) : (c_i)$, $(c_i) = (0) : \mathfrak{b}_i$; weiter $\mathfrak{b} : \mathfrak{a} = (\mathfrak{b}_1 : \mathfrak{a}) \cap \cdots \cap (\mathfrak{b}_r : \mathfrak{a})$; $(0) : (\mathfrak{b} : \mathfrak{a}) = ((0) : (\mathfrak{b}_1 : \mathfrak{a})) + \cdots + ((0) : (\mathfrak{b}_r : \mathfrak{a})) = ((c_1) \cdot \mathfrak{a}) + \cdots + ((c_r) \cdot \mathfrak{a}) = \mathfrak{c} \cdot \mathfrak{a}$.)

Ist $\mathfrak{a}$ ein reduzibles Ideal aus dem primären Ring $\mathfrak{O}$, so gibt es stets ein $\mathfrak{b}$, für das $\mathfrak{a} \subset \mathfrak{b} \subset \mathfrak{a} : \mathfrak{p}$, und es wird $\mathfrak{a} : \mathfrak{b} = \mathfrak{p}$, $\mathfrak{a} : (\mathfrak{a} : \mathfrak{b}) = \mathfrak{a} : \mathfrak{p} \supset \mathfrak{b}$, der Fundamentalsatz über die Gleichung $\mathfrak{a} : (\mathfrak{a} : \mathfrak{b}) = \mathfrak{b}$ gilt also bei reduziblem $\mathfrak{a}$ nicht mehr. Dagegen läßt er sich bei irreduziblem $\mathfrak{a}$ sofort auf den Fall eines beliebigen O-Ringes ausdehnen:

Ist $\mathfrak{a}$ ein irreduzibles und damit primäres Ideal aus dem O-Ring $\mathfrak{R}$, und bedeutet $\mathfrak{b}$ ein Primäroberideal von $\mathfrak{a}$, das dasselbe zugehörige Primideal $\mathfrak{p}$ besitzt wie $\mathfrak{a}$ selbst, so gilt immer die Gleichung $\mathfrak{a} : (\mathfrak{a} : \mathfrak{b}) = \mathfrak{b}$.

(Man braucht nur zu beachten, daß mit $\mathfrak{a}$ und $\mathfrak{b}$ auch $\mathfrak{a} : \mathfrak{b}$ ein zu $\mathfrak{p}$ gehöriges Primärideal ist, und daß dementsprechend die Untersuchung von $\mathfrak{R}$ nach dem primären Gesamtquotientenring von $\mathfrak{R}/\mathfrak{q}$ verlegt werden kann.) — Als weitere Verallgemeinerung kann man schließlich noch in den O-Ringen von den irreduziblen zu solchen reduziblen Idealen übergehen, die sich als Durchschnitt von gegenseitig primen irreduziblen Idealen darstellen lassen („reguläre Ideale" in GRÖBNERscher Bezeichnungsweise).

Literatur: KRULL [8] § 4, VAN DER WAERDEN [5] Abschn. III (Gruppentheorie der O-Ringe); KRULL [2] § 8, [11] § 5 (bel. stark primäre Ringe);

Schmeidler [2] § 1, Krull [2] § 4 (Hilbertsche Zahlen); Gröbner [1] (Theorie der irreduziblen Ideale mit vielfachen Anwendungen).

14. Additive Theorie der O-Ringe. Der Einfachheit halber beschränken wir uns auf die Betrachtung eines Integritätsbereichs $\mathfrak{J}$, obwohl alle Sätze im wesentlichen unverändert auch für Nullteilerringe gelten. Der Grundgedanke der Untersuchung ist einfach: Jedem Ideal $\mathfrak{a}$ werden durch Quotienten- und Restklassenbildung endlich viele endliche Operatorgruppen zugeordnet, die sich nach der in 13. bei den primären Nullteilerringen benutzten Methode behandeln lassen.

Ist zunächst $\mathfrak{a} = \mathfrak{q}$ primär mit dem zugehörigen Primideal $\mathfrak{p}$, so bildet man (vgl. van der Waerden [5] § 24) den Quotientenring $\mathfrak{J}_\mathfrak{p}$ und den Restklassenring $\mathfrak{J}_\mathfrak{p}/(\mathfrak{q} \cdot \mathfrak{J}_\mathfrak{p}) = \bar{\mathfrak{O}}$. $\bar{\mathfrak{O}}$ ist primärer Nullteilerring mit dem Primideal $\bar{\mathfrak{p}} = (\mathfrak{p} \cdot \mathfrak{J}_\mathfrak{p})/(\mathfrak{q} \cdot \mathfrak{J}_\mathfrak{p})$ und stellt wegen des O-Satzes eine endliche Gruppe (mit dem Operatorbereich $\bar{\mathfrak{O}}$) dar. Die Länge bzw. die vordere Loewysche Invariante von $\bar{\mathfrak{O}}$ sollen als Länge bzw. vordere Loewysche Invariante von $\mathfrak{q}$ bezeichnet werden. Durch Anwendung der Ergebnisse von 13. beweist man dann leicht die Sätze:

Sind $\mathfrak{q}$ und $\mathfrak{q}' \supseteqq \mathfrak{q}$ zum selben Primideal $\mathfrak{p}$ gehörige Primärideale, so ist die Länge λ von $\mathfrak{q}$ nicht kleiner als die Länge λ' von $\mathfrak{q}'$, und es ist nur dann $\lambda = \lambda'$, wenn auch $\mathfrak{q} = \mathfrak{q}'$. — Bei jeder normierten Durchschnittsdarstellung von $\mathfrak{q}$ durch irreduzible Oberideale ist die Zahl der Komponenten gleich der vorderen Loewyschen Invariante λ_v von $\mathfrak{q}$, insbesondere ist $\mathfrak{q}$ dann und nur dann irreduzibel, wenn $\lambda_v = 1$.

Bei einem nichtprimären Ideal $\mathfrak{a}$ liegt der Gedanke nahe, jedem der endlich vielen, zu $\mathfrak{a}$ gehörigen Primideale eine „Teillänge" zuzuordnen. Das ist auch wirklich möglich, und zwar auf Grund der in 6. angegebenen Sätze über den Zusammenhang zwischen zugehörigen Primidealen und i.K.I.

Ist $\mathfrak{p}$ minimales Primoberideal von $\mathfrak{a}$, so definiert $\mathfrak{p}$ eine isolierte Primärkomponente $\mathfrak{q}$, deren Länge als „die zu $\mathfrak{p}$ gehörige Teillänge" von $\mathfrak{a}$ bezeichnet werden soll. — Gehört $\mathfrak{p}$ zu $\mathfrak{a}$, ohne minimal zu sein, so bestimmt $\mathfrak{p}$ zwei ausgezeichnete i.K.I. Zu dem einen, $\mathfrak{a}'(\mathfrak{p})$, gehören alle und nur die Primideale, die zu $\mathfrak{a}$ gehören und echte Unterideale von $\mathfrak{p}$ sind. Zu dem andern, $\mathfrak{a}(\mathfrak{p})$, gehört außerdem noch $\mathfrak{p}$ selbst. Wegen des O-Satzes wird für großes r sicher $\mathfrak{p}^r \cdot \mathfrak{a}'(\mathfrak{p}) \subseteqq \mathfrak{a}(\mathfrak{p})$.

Wir bilden nun nacheinander im Quotientenring $\mathfrak{J}_\mathfrak{p}$ die Ideale $\mathfrak{a}'_\mathfrak{p} = \mathfrak{a}'(\mathfrak{p}) \cdot \mathfrak{J}_\mathfrak{p}$, $\mathfrak{a}_\mathfrak{p} = \mathfrak{a}(\mathfrak{p}) \cdot \mathfrak{J}_\mathfrak{p} = \mathfrak{a} \cdot \mathfrak{J}_\mathfrak{p}$, $\mathfrak{p}_\mathfrak{p} = \mathfrak{p} \cdot \mathfrak{J}_\mathfrak{p}$ und im Restklassenring $\bar{\mathfrak{A}}_\mathfrak{p} = \mathfrak{J}_\mathfrak{p}/\mathfrak{a}_\mathfrak{p}$ die Ideale $(\bar{0}) = \mathfrak{a}_\mathfrak{p}/\mathfrak{a}_\mathfrak{p}$, $\bar{\mathfrak{a}}' = \mathfrak{a}'_\mathfrak{p}/\mathfrak{a}_\mathfrak{p}$, $\bar{\mathfrak{p}} = \mathfrak{p}_\mathfrak{p}/\mathfrak{a}_\mathfrak{p}$.

In $\bar{\mathfrak{A}}_\mathfrak{p}$ ist $\bar{\mathfrak{p}}$ das einzige maximale Primideal (d. h. das einzige Primideal ohne echtes Oberideal), und es gilt die Gleichung $\bar{\mathfrak{p}}^r \cdot \bar{\mathfrak{a}}' = (\bar{0})$. Faßt man daher $\bar{\mathfrak{a}}'$ als Gruppe mit dem Operatorbereich $\bar{\mathfrak{A}}_\mathfrak{p}$ (oder auch mit dem Operatorbereich $\mathfrak{J}_\mathfrak{p}$) auf, so erhält man ganz analog wie in 13. der Reihe nach die Sätze:

Ein Ideal $\bar{\mathfrak{b}}$ aus $\bar{\mathfrak{A}}_\mathfrak{p}$ ist dann und nur dann eine irreduzible Gruppe, wenn es in $(\bar{0}) : \bar{\mathfrak{p}}$ enthalten und Hauptideal ist. $\bar{\mathfrak{a}}'$ besitzt wegen

$\bar{\mathfrak{a}}' \cdot \bar{\mathfrak{p}}^r = (\bar{0})$ eine vordere LOEWYsche Kompositionsreihe. Jedes Glied dieser Reihe hat wegen des O-Satzes eine endliche Länge; $\bar{\mathfrak{a}}'$ ist also selbst eine endliche Gruppe. — Die Länge von $\bar{\mathfrak{a}}'$ soll als die zu $\mathfrak{p}$ gehörige Teillänge von $\mathfrak{a}$ bezeichnet werden. So ist jedem zu $\mathfrak{a}$ gehörigen Primideal eindeutig eine Teillänge zugeordnet, und man erhält den folgenden

Längensatz: $\mathfrak{a}$ *und* $\mathfrak{b} \supseteqq \mathfrak{a}$ *seien Ideale aus* $\mathfrak{J}$ *mit denselben zugehörigen Primidealen,* λ *bzw.* λ' *sei die Teillänge von* $\mathfrak{a}$ *bzw.* $\mathfrak{b}$, *die einem bestimmten Primideal* $\mathfrak{p}$ *zugeordnet ist. Ist dann* $\mathfrak{p}$ *minimales Primoberideal von* $\mathfrak{a}$ *und* $\mathfrak{b}$ *oder* $\mathfrak{a}'(\mathfrak{p}) = \mathfrak{b}'(\mathfrak{p})$, *so ist entweder* $\lambda > \lambda'$, $\mathfrak{a}(\mathfrak{p}) \subset \mathfrak{b}(\mathfrak{p})$ *oder* $\lambda = \lambda'$, $\mathfrak{a}(\mathfrak{p}) = \mathfrak{b}(\mathfrak{p})$. — *Sind also insbesondere alle Teillängen von* $\mathfrak{a}$ *gleich den entsprechenden von* $\mathfrak{b}$, *so ist* $\mathfrak{a} = \mathfrak{b}$.

In der Tat, unter der Voraussetzung des Längensatzes ist sicher $\mathfrak{a}(\mathfrak{p}) \subseteqq \mathfrak{b}(\mathfrak{p})$. Bedeutet daher $\bar{\mathfrak{a}}'$ bzw. $\bar{\mathfrak{b}}'$ die Gruppe, mit deren Hilfe die Teillänge λ bzw. λ' eingeführt wurde, so kann man $\bar{\mathfrak{b}}'$ als Restklassengruppe von $\bar{\mathfrak{a}}'$ auffassen, und daraus folgt sofort die zu beweisende Behauptung.

Außer der Teillänge λ kann man noch jedem zu $\mathfrak{a}$ gehörigen Primideal $\mathfrak{p}$ eine „vordere LOEWYsche Teilinvariante" λ_v zuordnen, und es gilt dann der Satz:

Bei jeder kürzesten Darstellung $\mathfrak{a} = \mathfrak{q}_1 \cap \cdots \cap \mathfrak{q}_m$ *von* $\mathfrak{a}$ *durch irreduzible Ideale* $\mathfrak{q}_i$ *hat die Anzahl* λ *derjenigen Komponenten, die zu einem festen Primideal* $\mathfrak{p}$ *gehören, denselben Wert, nämlich den der durch* $\mathfrak{p}$ *bestimmten vorderen* LOEWYSCHEN *Teilinvariante von* $\mathfrak{a}$.

Der Beweis (NOETHER [4] § 2 und § 3, beachte insbesondere Anm. 14 auf S. 34) gründet sich auf einfache gruppentheoretische Überlegungen und ist dadurch ausgezeichnet, daß er nur vom O-, nicht aber vom U-Satz Gebrauch macht. Dementsprechend findet sich in NOETHER [4] allerdings noch nicht die Deutung der invarianten Zahl λ durch die vordere LOEWYsche Teilinvariante, aber diese Deutung kann nachträglich leicht beigefügt werden.

Beim Längensatz ist es als Unvollkommenheit anzusehen, daß zwei Ideale $\mathfrak{a}$ und $\mathfrak{b} \supseteqq \mathfrak{a}$ nur dann vergleichbar sind, wenn sie dieselben zugehörigen Primideale besitzen. Formal kann man diesem Mißstand dadurch abhelfen, daß man, falls $\mathfrak{p}$ nicht zu $\mathfrak{a}$ gehört, $\mathfrak{a}(\mathfrak{p}) = \mathfrak{a}'(\mathfrak{p})$ setzt und $\mathfrak{a}$ hinsichtlich $\mathfrak{p}$ die Teillänge 0 zuordnet; im Längensatz ist dann unter $\mathfrak{p}$ ein beliebiges Primideal aus $\mathfrak{J}$ zu verstehen. — Eine wirklich befriedigende Überwindung der Schwierigkeit würde indessen eine gruppentheoretische Charakterisierung der zu $\mathfrak{a}$ gehörigen Primideale erfordern.

Eine derartige Charakterisierung ist zwar nur im Spezialfall der Polynomringe bekannt (vgl. 21.). Einige dort benutzte allgemeine Grundgedanken können indessen schon hier auseinandergesetzt werden. — Es sei $\mathfrak{g}$ die bisher mit $\bar{\mathfrak{a}}'$ bezeichnete Gruppe. Bei der Definition der zu $\mathfrak{p}$ gehörigen Teillänge λ wurde oben für $\mathfrak{g}$ der Operatorbereich $\mathfrak{J}_{\mathfrak{p}}$ benutzt, man ist aber keineswegs an gerade diesen Ring gebunden. Gibt es nun einen Hauptidealring $\mathfrak{H} \subseteqq \mathfrak{J}_{\mathfrak{p}}$ mit der Eigenschaft, daß bei der Wahl von $\mathfrak{H}$ zum

Operatorbereich $\mathfrak{g}$ endlich bleibt und damit zur E.T.-Gruppe wird, so kann man die Einzelelementarteiler, die Norm und den höchsten Elementarteiler von $\mathfrak{g}$ hinsichtlich $\mathfrak{H}$ bilden, und da diese neuen Invarianten nicht mehr reine Zahlen, sondern Hauptideale bzw. Elemente aus $\mathfrak{H}$ sind, besteht die Hoffnung, durch sie das Primideal $\mathfrak{p}$, dem die Gruppe $\mathfrak{g}$ zugeordnet ist, eindeutig festzulegen. Für den Nachweis, daß $\mathfrak{g}$ beim Übergang zum Operatorbereich $\mathfrak{H}$ endlich bleibt, ist dabei folgendes Kriterium nützlich:

Es sei $\mathfrak{H}$ Unterring von $\mathfrak{J}_\mathfrak{p}$, $\mathfrak{h} = \mathfrak{p} \cap \mathfrak{H}$, so daß der Integritätsbereich $\mathfrak{L} = \mathfrak{H}/\mathfrak{h}$ als Unterring des Körpers $\mathfrak{M} = \mathfrak{J}_\mathfrak{p}/(\mathfrak{p} \cdot \mathfrak{J}_\mathfrak{p})$ aufgefaßt werden kann; ist dann $\mathfrak{L}$ sogar Körper und $\mathfrak{M}$ über $\mathfrak{L}$ algebraisch vom Grade μ, so ist $\mathfrak{g}$ nicht nur für den Operatorbereich $\mathfrak{J}_\mathfrak{p}$, sondern auch für den Operatorbereich $\mathfrak{H}$ endlich, und für die Längen λ und ν, die den beiden Operatorbereichen entsprechen, gilt die Gleichung $\nu = \lambda \cdot \mu$.

Zum Beweis bedenke man: $\mathfrak{M}$ hat als Gruppe mit dem Operatorbereich $\mathfrak{L}$ die Länge μ. Ist $\mathfrak{i}$ eine bei Benutzung des Operatorbereichs $\mathfrak{J}_\mathfrak{p}$ irreduzible Untergruppe von $\mathfrak{g}$ oder von einer Restklassengruppe von $\mathfrak{g}$, so ist $\mathfrak{i}$ zu $\mathfrak{M}$ isomorph (vgl. 13.). Beim Übergang von $\mathfrak{J}_\mathfrak{p}$ zu $\mathfrak{H}$ verwandelt sich also die Länge 1 von $\mathfrak{i}$ in die Länge μ.

Die Theorie der Teilinvarianten beliebiger Ideale in allgemeinen O-Ringen findet sich meines Wissens noch nirgends in der Literatur. Die Einzelausführung der Beweise macht keine Schwierigkeit, wenn man sich nach dem Vorbild des primären Falles richtet.

15. Prim- und Primäridealketten in O-Ringen.

Wie in 14. bedeutet $\mathfrak{J}$ einen Integritätsbereich, in dem der O-Satz gilt.

Hilfssatz: *Gibt es in $\mathfrak{J}$ zu zwei Idealen $\mathfrak{a}$ und $\mathfrak{b}$ ein drittes Ideal $\mathfrak{c} \neq (0)$, für das $\mathfrak{a} \cdot \mathfrak{c} = \mathfrak{b} \cdot \mathfrak{c}$, so besitzen $\mathfrak{a}$ und $\mathfrak{b}$ dasselbe Radikal, es ist also wegen des O-Satzes eine Potenz von $\mathfrak{a}$ in $\mathfrak{b}$ enthalten und ebenso eine Potenz von $\mathfrak{b}$ in $\mathfrak{a}$.*

Anders ausgedrückt: *Ist keine Potenz von $\mathfrak{a}$ Unterideal von $\mathfrak{b}$, so folgt aus $\mathfrak{a} \cdot \mathfrak{c} = \mathfrak{b} \cdot \mathfrak{c}$ notwendig $\mathfrak{c} = (0)$.*

Es sei $\mathfrak{c} = (c_1, \ldots c_n)$, $a \subset \mathfrak{a}$. Wegen $(a) \cdot \mathfrak{c} \subseteq \mathfrak{b} \cdot \mathfrak{c}$ gelten dann n Gleichungen $a \cdot c_i = \sum_{k=1}^{n} b_{ik} c_k$ $(i = 1, \ldots n)$ mit Koeffizienten b_{ik} aus $\mathfrak{b}$. Daraus folgt aber $|b_{ik} - a \cdot \delta_{ik}| = a^n + b_1 a^{n-1} + \cdots + b_n = 0$ $(b_1, \ldots b_n \subset \mathfrak{b})$, d. h. $a^n \subset \mathfrak{b}$. Fertig! — Die angegebene, äußerst einfache Beweismethode geht letzten Endes auf DEDEKIND zurück. Wir werden an viel späterer Stelle noch einmal auf sie zurückgreifen müssen, und zwar bei der Besprechung der PRÜFERschen a-Ideale.

Durch eine leichte Abänderung des Beweises kann der Hilfssatz auf den Fall ausgedehnt werden, daß $\mathfrak{J}$ kein Integritätsbereich, sondern ein Ring mit primärem Nullideal ist. Bei noch allgemeinerem Bau des Nullideals würde eine gewisse Modifikation des Hilfssatzes selbst notwendig werden. — Für Integritätsbereiche folgt aus dem Hilfssatz u. a.:

Ist $\mathfrak{a} \cdot \mathfrak{b} = \mathfrak{a}$ $(\mathfrak{b} \neq \mathfrak{J})$, so ist $\mathfrak{a} = (0)$. Alle Potenzen eines beliebigen Ideals $\mathfrak{a}$ $(\neq (0), \neq \mathfrak{J})$ sind verschieden. — Weiter beweist man den

Primäridealsatz: *In $\mathfrak{J}$ ist der Durchschnitt $\mathfrak{b}$ aller zu einem festen Primideal $\mathfrak{p}$ gehörigen Primärideale stets gleich (0).*

Stellt man nämlich $\mathfrak{d}$ als Durchschnitt von Primäridealen dar, und nimmt man an, daß $\mathfrak{p}$ in $\mathfrak{J}$ maximal ist, so erhält man fast unmittelbar $\mathfrak{d} \cdot \mathfrak{p} = \mathfrak{d}$. Die Annahme über $\mathfrak{p}$ darf aber gemacht werden, weil man andernfalls die Untersuchung von $\mathfrak{J}$ nach dem Quotientenring $\mathfrak{J}_{\mathfrak{p}}$ verlegen könnte. — Der Primäridealsatz gilt auch dann noch, wenn $\mathfrak{J}$ ein Ring mit primärem Nullideal ist. Hinsichtlich der allgemeinsten Fälle sei auf KRULL [12] verwiesen.

Eine häufig bequeme Umformung des Primäridealsatzes ergibt sich durch folgende Begriffsbildung: Ist $\mathfrak{p}$ Primideal aus einem beliebigen Ringe $\mathfrak{R}$, so braucht, wie ganz einfache Polynombeispiele zeigen, $\mathfrak{p}^r$ kein zu $\mathfrak{p}$ gehöriges Primärideal zu sein. Wohl aber ist $\mathfrak{p}$ das einzige minimale Primoberideal von $\mathfrak{p}^r$, und $\mathfrak{p}^r$ besitzt somit eine einzige, und zwar zu $\mathfrak{p}$ gehörige isolierte Primärkomponente $\mathfrak{p}^{(r)}$; diese soll als die „symbolische" r-te Potenz von $\mathfrak{p}$ bezeichnet werden. In einem O-Ring existiert zu jedem zu $\mathfrak{p}$ gehörigen Primärideal $\mathfrak{q}$ eine in $\mathfrak{q}$ enthaltene symbolische Potenz $\mathfrak{p}^{(r)}$. Der Primäridealsatz kann daher auch so ausgesprochen werden: In $\mathfrak{J}$ ist der Durchschnitt aller symbolischen Potenzen eines Primideals $\mathfrak{p}$ stets gleich (0). Daraus folgt insbesondere, daß in $\mathfrak{J}$ nicht nur die gewöhnlichen, sondern auch die symbolischen Potenzen von $\mathfrak{p}$ alle verschieden sind.

Ein Primideal $\mathfrak{p}$ möge „in $\mathfrak{J}$ minimal" heißen, wenn $\mathfrak{p}$ (außer (0)) kein echtes Primunterideal besitzt. Dann gilt der

Hauptidealsatz: *Jedes minimale Primoberideal $\mathfrak{p}$ eines Hauptideals $\mathfrak{h}$ von $\mathfrak{J}$ ist auch in $\mathfrak{J}$ minimal.*

Beim Beweis darf man annehmen, daß $\mathfrak{J} = \mathfrak{J}_{\mathfrak{p}}$ und somit $\mathfrak{h}$ ein zu $\mathfrak{p}$ gehöriges Primärideal ist. — Ist nun $\mathfrak{p}'$ ein echtes Primunterideal von $\mathfrak{p}$, so bildet man die zu $\mathfrak{p}$ gehörigen Primärideale: $\mathfrak{q}_i = \mathfrak{p}'^{(i)} + \mathfrak{h}$ $(i = 1, 2, \ldots)$. Wegen der Gültigkeit des U-Satzes im primären Restklassenring $\mathfrak{J}/\mathfrak{h}$ (vgl. 13.) muß einmal $\mathfrak{q}_i = \mathfrak{q}_{i+1}$ werden, und daraus schließt man durch eine leichte Determinantenrechnung, ähnlich der oben beim Beweise des Hilfssatzes benutzten, daß auch $\mathfrak{p}'^{(i)} = \mathfrak{p}'^{(i+1)}$ und somit $\mathfrak{p}' = (0)$ sein muß. — Auf den Hauptidealsatz stützt sich der

Primidealkettensatz: *Ist $\mathfrak{p}$ minimales Primoberideal eines Ideals $\mathfrak{k} = (k_1, \ldots k_l)$ mit l-gliedriger Basis, so besitzt in $\mathfrak{J}$ jede mit $\mathfrak{p}$ beginnende U-Kette aus Primidealen höchstens l verschiedene Glieder.*

Der Beweis, auf dessen Einzelheiten wir nicht eingehen, benutzt außer dem Hauptidealsatz einfache Induktionsschlüsse und die folgende, nicht ganz triviale Bemerkung: Sind in $\mathfrak{J}$ zu einer $m+1$-gliedrigen Primidealkette $\mathfrak{p} \supset \mathfrak{p}_1 \supset \cdots \supset \mathfrak{p}_m$ endlich viele Primideale $\mathfrak{p}_1', \ldots \mathfrak{p}_s'$ vorgelegt, die $\mathfrak{p}$ nicht umfassen, so kann stets eine Primidealkette $\mathfrak{p} \supset \mathfrak{p}_1^* \supset \cdots \supset \mathfrak{p}_m^*$ mit derselben Gliederzahl $m+1$ konstruiert werden, bei der kein Glied in einem der Ideale $\mathfrak{p}_1', \ldots \mathfrak{p}_s'$ enthalten ist.

Eine Primidealkette $\mathfrak{p}_0 \subset \mathfrak{p}_1 \subset \cdots \subset \mathfrak{p}_m$ möge „geschlossen" heißen, wenn ihre Gliederzahl nicht durch Einschaltung eines weiteren Primideals vergrößert werden kann. Nach dem Primidealkettensatz läßt sich in $\mathfrak{J}$ zwischen zwei Primidealen $\mathfrak{p}$ und $\mathfrak{p}' \supset \mathfrak{p}$ immer eine geschlossene Kette $\mathfrak{p} \subset \mathfrak{p}_1 \subset \cdots \subset \mathfrak{p}_m = \mathfrak{p}'$ mit den Enden $\mathfrak{p}$ und $\mathfrak{p}'$ konstruieren, und außerdem ist die Länge einer derartigen Kette von vornherein beschränkt. Es liegt nun die Frage nahe:

Besitzen etwa in $\mathfrak{J}$ alle geschlossenen Primidealketten mit den festen Enden $\mathfrak{p}$ und $\mathfrak{p}'$ die gleiche Gliederzahl?

In den nächsten Nummern werden wir sehen, daß in den Polynomringen unsere Frage auf Grund der Dimensionstheorie sofort bejaht werden kann. Für den Fall abstrakter Integritätsbereiche hat sie meines Wissens noch keine Beantwortung gefunden.

Dagegen kann der Hauptidealsatz noch durch eine allgemeingültige Bemerkung ergänzt werden: Nachdem gezeigt ist, daß jedes minimale Primoberideal eines Hauptideals $\mathfrak{h}$ in $\mathfrak{J}$ minimal ist, könnte man vermuten, daß überhaupt jedes zu $\mathfrak{h}$ gehörige Primideal in $\mathfrak{J}$ minimal sein muß. — Das hieße dann einfach: In $\mathfrak{J}$ ist jedes zu einem Hauptideal $\mathfrak{h}$ gehörige Primideal minimales Primoberideal von $\mathfrak{h}$, ein Hauptideal ist also stets gleich dem Durchschnitt seiner isolierten Primärkomponenten. Indessen ist diese Vermutung nur für ganz abgeschlossene Integritätsbereiche allgemein richtig [vgl. 37.], während für den nicht ganz abgeschlossenen Fall Gegenbeispiele bekannt sind (MACAULAY [3] Nr. 44, S. 47).

Literatur: KRULL [12]. Vgl. ferner bei MACAULAY [3] Nr. 51 und 52 die interessante Untersuchung, wann in einem Polynomring alle Potenzen eines Primideals primär sind und wann nicht.

§ 3. Polynomringe.

16. Integritätsbereiche von endlichem Transzendenzgrad. Es sei $\mathfrak{J}$ ein Integritätsbereich, der einen ausgezeichneten Körper, den „Grundkörper" $\mathfrak{K}_0$, enthält[1]; der Transzendenzgrad des Quotientenkörpers $\mathfrak{K}$ von $\mathfrak{J}$ über $\mathfrak{K}_0$ sei endlich, und zwar gleich n. Dann soll n auch als Transzendenzgrad von $\mathfrak{J}$ (über $\mathfrak{K}_0$) bezeichnet werden[1], und $\mathfrak{J}$ selbst soll kurz „Integritätsbereich von endlichem Transzendenzgrad" heißen. — Ist $\mathfrak{p}$ ein Primideal aus $\mathfrak{J}$, so bezeichnen wir mit $\mathfrak{K}_\mathfrak{p}$ den Restklassenkörper $\mathfrak{J}_\mathfrak{p}/(\mathfrak{p} \cdot \mathfrak{J}_\mathfrak{p})$ und fassen nach 1. $\mathfrak{K}_\mathfrak{p}$ als Quotientenkörper von $\mathfrak{J}/\mathfrak{p}$, $\mathfrak{J}/\mathfrak{p}$ als Oberring von $\mathfrak{K}_0$ auf. Unter der „Dimension" von $\mathfrak{p}$ verstehen wir den gemeinsamen Transzendenzgrad, den $\mathfrak{J}/\mathfrak{p}$ und $\mathfrak{K}_\mathfrak{p}$ über $\mathfrak{K}_0$ besitzen.

Hat $\mathfrak{p}$ die Dimension m, so gibt es in $\mathfrak{J}$ genau m, aber nicht mehr Elemente $a_1, \ldots a_m$, die in $\mathfrak{K}_\mathfrak{p}$ algebraisch unabhängige Restklassen erzeugen, die also die Eigenschaft haben, daß kein Polynom $p(a_1, \ldots a_m)$ mit Koeffizienten aus $\mathfrak{K}_0$ zu $\mathfrak{p}$ gehört. $\mathfrak{J}_\mathfrak{p}$ enthält dann den ganzen Körper $\mathfrak{K}_0(a_1, \ldots a_m)$, über dem $\mathfrak{K}$ den Transzendenzgrad $n-m$ besitzt. Daraus folgt sofort:

In $\mathfrak{J}$ ist die Dimension m eines Primideals $\mathfrak{p} \neq (0)$ stets kleiner als n.

Wäre nämlich $m = n$, so wäre jedes Element von $\mathfrak{J}$ vom Körper

---

[1] Alle auftretenden Körper und Ringe enthalten $\mathfrak{K}_0$ als Teilbereich. Bei „Transzendenzgrad" und „algebraisch unabhängig" ist, falls nichts anderes ausdrücklich bemerkt, immer stillschweigend „hinsichtlich $\mathfrak{K}_0$" zu ergänzen.

$\Re_0(a_1, \ldots a_m)$ algebraisch abhängig, und da $\Im$ nullteilerfrei ist, müßte $\Im$ Körper statt echter Integritätsbereich sein. — Sind $\mathfrak{p}$ und $\mathfrak{p}' \supset \mathfrak{p}$ zwei Primideale aus $\Im$, so ist die Dimension von $\mathfrak{p}'$ in $\Im$ gleich der Dimension von $\mathfrak{p}'/\mathfrak{p}$ in $\Im/\mathfrak{p}$, also kleiner als die Dimension von $\mathfrak{p}$. Daraus ergibt sich allgemein:

Es sei $\mathfrak{p}_1 \supset \mathfrak{p}_2 \supset \cdots \supset \mathfrak{p}_m$ *eine Primidealkette,* μ_i *sei die Dimension von* $\mathfrak{p}_i$ *in* $\Im$. *Dann gilt die Ungleichung* $0 \leqq \mu_1 < \mu_2 < \cdots < \mu_m < n$. *Es ist daher* $m \leqq n$, *und aus* $m = n$ *folgt* $\mu_i = i - 1$ $(i = 1, \ldots n)$.

Der Transzendenzgrad n liefert also eine feste Schranke für die Gliederzahl jeder Primidealkette $\mathfrak{p}_1 \supset \mathfrak{p}_2 \supset \cdots \supset \mathfrak{p}_m$. Mehr läßt sich im allgemeinen nicht aussagen; insbesondere kann es bei geeignetem $\Im$ vorkommen, daß ein Primideal der Dimension m zwar Primoberideale von der Dimension $m - 2, m - 3, \ldots 0$, aber kein einziges Primoberideal der Dimension $m - 1$ besitzt. — Dagegen lassen sich einige für die Polynomringe wichtige, vor allem von VAN DER WAERDEN sehr häufig benutzte Kunstgriffe bereits in beliebigen Integritätsbereichen von endlichem Transzendenzgrad anwenden:

Sind $a_1, \ldots a_n$ irgendwelche n algebraisch unabhängige Elemente aus $\Im$, und ist $\mathfrak{p}$ ein Primideal der Dimension m, so kann man durch geeignete Numerierung stets erreichen, daß $a_1, \ldots a_m$ in $\Re_\mathfrak{p}$ algebraisch unabhängige Restklassen erzeugen, so daß $\Im_\mathfrak{p}$ den ganzen Körper $\mathfrak{L}_0 = \Re_0(a_1, \ldots a_m)$ enthält. Geht man nun von $\Im$ zu dem Quotientenring $\tilde{\Im} = \Im \cdot \mathfrak{L}_0$ über, und wählt man in $\tilde{\Im}$ den Körper $\mathfrak{L}_0$ an Stelle von $\Re_0$ zum Grundkörper, so ist in $\tilde{\Im}$ die Dimension jedes Primideals über $\mathfrak{L}_0$ um m Einheiten niedriger als die Dimension des zugehörigen Verengungsideals aus $\Im$ über $\Re_0$. Insbesondere hat $\tilde{\mathfrak{p}} = \mathfrak{p} \cdot \tilde{\Im}$ über $\mathfrak{L}_0$ die Dimension 0.

Diese Bemerkung gestattet es oftmals, einen Beweis nur für den Fall zu führen, daß ein gegebenes Primideal die Dimension 0 besitzt und das gewonnene Ergebnis sofort auf Primideale beliebiger Dimension zu übertragen. Die Dimensionserniedrigung könnte auch dadurch erzwungen werden, daß man statt zu $\tilde{\Im}$ zu dem im allgemeinen größeren Ringe $\Im_\mathfrak{p}$ und wieder zum Grundkörper $\mathfrak{L}_0$ übergeht. Aber die Wahl von $\Im \cdot \mathfrak{L}_0$ hat oft formelle Vorzüge, z. B. ist $\Im \cdot \mathfrak{L}_0$ stets gleichzeitig mit $\Im$ Polynomring oder „endlicher Integritätsbereich".

Ein zweiter Kunstgriff besteht in der algebraischen Erweiterung des Grundkörpers, also im Übergang zu $\tilde{\Im} = \Im \cdot \tilde{\Re}_0$, wobei $\tilde{\Re}_0$ über $\Re_0$ algebraisch ist. Ein beliebiges Primideal $\mathfrak{p}$ aus $\Im$ ist, wie leicht nachzurechnen, stets gleich seinem Zurückleitungsideal $(\mathfrak{p} \cdot \tilde{\Im}) \cap \Im$; daraus folgt, daß in $\tilde{\Im}$ mindestens ein „über $\mathfrak{p}$ liegendes" Primideal $\tilde{\mathfrak{p}}$ existiert, das $\mathfrak{p}$ zum Verengungsideal hat; $\tilde{\mathfrak{p}}$ muß dieselbe Dimension besitzen wie $\mathfrak{p}$, weil der Restklassenkörper $\tilde{\Re}_{\tilde{\mathfrak{p}}}$ als algebraischer Oberkörper von $\Re_\mathfrak{p}$ aufgefaßt werden kann.

Ist $\tilde{\mathfrak{K}}_0$ über $\mathfrak{K}_0$ „separabel" (algebraische Erweiterung erster Art im Sinne von STEINITZ [3]), so läßt sich dieses Ergebnis wesentlich verschärfen:

Das Erweiterungsideal $\tilde{\mathfrak{a}} = \mathfrak{p} \cdot \tilde{\mathfrak{J}}$ ist dann gleich dem Durchschnitt aller über $\mathfrak{p}$ liegenden $\tilde{\mathfrak{p}}$.

Beim Beweis darf man sich auf den Fall beschränken, daß $\tilde{\mathfrak{K}}_0$ über $\mathfrak{K}_0$ und damit auch der Quotientenkörper $\tilde{\mathfrak{K}}$ von $\tilde{\mathfrak{J}}$ über dem Quotientenkörper $\mathfrak{K}$ von $\mathfrak{J}$ normal ist. Zwei Ideale $\tilde{\mathfrak{a}}_1$ und $\tilde{\mathfrak{a}}_2$ sollen konjugiert heißen, wenn sie durch einen Automorphismus von $\tilde{\mathfrak{K}}$ über $\mathfrak{K}$ ineinander übergeführt werden. Ein Ideal $\tilde{\mathfrak{a}}$, das mit allen Konjugierten identisch ist, wird invariant genannt. — Ist nun $\tilde{\mathfrak{p}}_0$ ein festes, über $\mathfrak{p}$ liegendes Primideal mit den konjugierten Primidealen $\tilde{\mathfrak{p}}_1, \ldots \tilde{\mathfrak{p}}_\tau, \ldots$, so ist $\tilde{\mathfrak{b}} = \varDelta_\tau \tilde{\mathfrak{p}}_\tau$ invariant und $\tilde{\mathfrak{b}} \cap \mathfrak{J} = \tilde{\mathfrak{p}}_0 \cap \mathfrak{J} = \cdots = \tilde{\mathfrak{p}}_\tau \cap \mathfrak{J} = \cdots = \mathfrak{p}$. Die Gleichung $\tilde{\mathfrak{a}} = \mathfrak{p} \cdot \tilde{\mathfrak{J}} = \varDelta_\tau \tilde{\mathfrak{p}}_\tau = \tilde{\mathfrak{b}}$ ergibt sich daher unmittelbar aus dem folgenden Hilfssatz:

In $\tilde{\mathfrak{J}}$ ist jedes invariante Ideal $\tilde{\mathfrak{a}}$ Erweiterungsideal eines Ideals aus $\mathfrak{J}$. $\tilde{\mathfrak{a}} = \mathfrak{a} \cdot \tilde{\mathfrak{J}}$.

In der Tat, es sei $\tilde{\mathfrak{a}}_1 \subset \mathfrak{a}$, und es sei der über $\mathfrak{K}_0$ endliche Normalkörper $\tilde{\mathfrak{K}}_0'$ so bestimmt, daß $\tilde{\mathfrak{K}}_0' \subseteq \tilde{\mathfrak{K}}_0$ und $\tilde{\mathfrak{a}} \subset \mathfrak{K} \cdot \tilde{\mathfrak{K}}_0'$. Sind dann $\tilde{\mathfrak{a}}_2, \ldots \tilde{\mathfrak{a}}_n$ die Konjugierten von $\tilde{\mathfrak{a}}_1$ in $\mathfrak{K} \cdot \tilde{\mathfrak{K}}_0'$, so liegen $\tilde{\mathfrak{a}}_2, \ldots \tilde{\mathfrak{a}}_n$ nach Voraussetzung in $\tilde{\mathfrak{a}}$ und es gelten n Gleichungen $\tilde{\mathfrak{a}}_i = \sum_{k=1}^{n} a_i \cdot \alpha_{ik}$, bei denen $a_1, \ldots a_n$ Elemente aus $\mathfrak{J}$ und $\{\alpha_{i1}, \ldots \alpha_{in}\}$ $(i = 1, \ldots n)$ konjugierte Basen von $\tilde{\mathfrak{K}}_0'$ über $\mathfrak{K}_0$ sind; wegen der Separabilitätsvoraussetzung ist dabei $|\alpha_{ik}| \neq 0$ $(i, k = 1, \ldots n)$. $\tilde{\mathfrak{a}}$ enthält daher gleichzeitig mit $\tilde{\mathfrak{a}}_1$ stets auch gewisse Elemente $a_1, \ldots a_n$ aus $\mathfrak{J}$, aus denen sich $\tilde{\mathfrak{a}}_1$ linear kombinieren läßt, d. h. es ist $\tilde{\mathfrak{a}} = (\tilde{\mathfrak{a}} \cap \mathfrak{J}) \cdot \tilde{\mathfrak{J}}$. — Ist jedes Ideal aus $\mathfrak{J}$ gleich seinem Zurückleitungsideal hinsichtlich $\tilde{\mathfrak{J}}$, eine Bedingung, die z. B. immer erfüllt ist, wenn $\mathfrak{J}$ über $\mathfrak{K}_0$ Polynomring, so kann man die Primärideale nach denselben Methoden behandeln wie die Primideale und kommt zu dem Satz:

Unter der Separabilitätsvoraussetzung ist das Erweiterungsideal $\mathfrak{q} \cdot \tilde{\mathfrak{J}}$ eines Primärideals $\mathfrak{q}$ aus $\mathfrak{J}$ Durchschnitt von Primäridealen $\tilde{\mathfrak{q}}_i$, deren zugehörige Primideale $\tilde{\mathfrak{p}}_i$ alle über dem zu $\mathfrak{q}$ gehörigen Primideal $\mathfrak{p}$ liegen.

Über die Anzahl der Primideale $\tilde{\mathfrak{p}}$, die über einem bestimmten Primideal $\mathfrak{p}$ von $\mathfrak{J}$ liegen, geben folgende Überlegungen Auskunft:

Ist $\tilde{\mathfrak{K}}_0$ endliche Erweiterung von $\mathfrak{K}_0$, so liegen selbstverständlich über $\mathfrak{p}$ immer nur endlich viele $\tilde{\mathfrak{p}}$. — Faßt man den Restklassenkörper $\mathfrak{K}_\mathfrak{p}$ als Oberkörper von $\mathfrak{K}_0$ auf, so wird $\mathfrak{K}_\mathfrak{p}$ einen größten Unterkörper $\mathfrak{L}_\mathfrak{p}$ enthalten, der über $\mathfrak{K}_0$ algebraisch ist. Ist $\mathfrak{L}_\mathfrak{p} = \mathfrak{K}_0$, so überzeugt man sich leicht, daß in $\tilde{\mathfrak{J}}$ über $\mathfrak{p}$ stets nur ein einziges Primideal $\tilde{\mathfrak{p}}$ liegt, und daß der Restklassenkörper $\tilde{\mathfrak{K}}_{\bar{\mathfrak{p}}}$ aus dem Restklassenkörper $\mathfrak{K}_\mathfrak{p}$ (anschaulich ausgedrückt) einfach durch Adjunktion von $\tilde{\mathfrak{K}}_0$ entsteht. Daraus folgt weiter:

Ist $\mathfrak{L}_\mathfrak{p}$ endliche Erweiterung von $\mathfrak{K}_0$ — eine Voraussetzung, die z. B. immer erfüllt ist, wenn $\mathfrak{J}$ Polynomring —, so liegen über $\mathfrak{p}$ in $\tilde{\mathfrak{J}}$ immer nur endlich viele Primideale, selbst dann, wenn $\tilde{\mathfrak{K}}_0$ der zu $\mathfrak{K}_0$ gehörige algebraisch abgeschlossene Körper ist.

Die Sätze über das Verhalten der Primideale bei algebraischer Erweiterung des Grundkörpers gestatten es in der Theorie der Polynomringe oftmals, bei den Beweisen den ursprünglich gegebenen Grundkörper $\mathfrak{K}_0$ stillschweigend durch eine geeignete algebraische Erweiterung, häufig sogar ohne weiteres durch den zugehörigen algebraisch abgeschlossenen Körper zu ersetzen.

Für den Spezialfall der Polynomringe vgl. zum Verhalten der Primideale bei algebraischer Erweiterung des Grundkörpers VAN DER WAERDEN [6] § 5.

17. Endliche Integritätsbereiche und Polynomringe. Ungemischtheitssätze.

Ein Integritätsbereich $\mathfrak{J}$ mit dem Grundkörper $\mathfrak{K}_0$ soll (über $\mathfrak{K}_0$) „endlich" heißen, wenn $\mathfrak{J}$ aus der Menge aller Polynome in endlich vielen Elementen $a_1, \ldots a_m$ mit Koeffizienten aus $\mathfrak{K}_0$ besteht. Sind die $a_i = x_i$ algebraisch unabhängig, so hat man es mit dem Polynomring $\mathfrak{P}_m = \mathfrak{K}_0[x_1, \ldots x_m]$ zu tun, und der Transzendenzgrad von $\mathfrak{J}$ ist genau gleich m. Bestehen aber zwischen den a_i algebraische Relationen, so ist der Transzendenzgrad n von $\mathfrak{J}$ kleiner als m, und man erhält einen zu $\mathfrak{J}$ isomorphen Ring, wenn man das Restklassensystem $\mathfrak{P}_m/\mathfrak{p}_n$ des Polynomrings $\mathfrak{P}_m$ nach einem geeigneten Primideal $\mathfrak{p}_n$ der Dimension n bildet. Aus dieser Isomorphie folgt der wichtige Satz, daß jeder endliche Integritätsbereich ein O-Ring ist. — Beim Studium der endlichen Integritätsbereiche geht man in der Regel so vor, daß man zuerst den Spezialfall der Polynomringe behandelt und dann die Ergebnisse soweit als möglich auf beliebige endliche Integritätsbereiche ausdehnt. Die Möglichkeit dieser Ausdehnung beruht genau besehen vor allem auf dem folgenden einfachen, in der Literatur häufig benutzten

Normierungssatz: *In einem endlichen Integritätsbereich $\mathfrak{E}_n$ vom Transzendenzgrad n lassen sich stets n algebraisch unabhängige Elemente $u_1, \ldots u_n$ so bestimmen, daß jedes Element a aus $\mathfrak{E}_n$ vom Polynomring $\mathfrak{P}_n = \mathfrak{K}_0[u_1, \ldots u_n]$ „ganz abhängt", also einer Gleichung $a^r + v_1 a^{r-1} + \cdots + v_r = 0$ mit Koeffizienten v_i aus $\mathfrak{P}_n$ genügt.*

Es sei $\mathfrak{E}_n = \mathfrak{K}_0[a_1, \ldots a_m]$ — $(m \geqq n)$ —, und es sei die Numerierung so gewählt, daß $a_1, \ldots a_n$ algebraisch unabhängig sind. Bildet man nun mit Koeffizienten c_{ik} aus $\mathfrak{K}_0$ die Linearformen $u_i = \sum_{k=1}^{m-i+1} c_{ik} a_k$

$(i = 1, \ldots m)$, so sieht man leicht, daß $u_1, \ldots u_n$ bei „nichtspezieller"

Wahl der c_{ik} algebraisch unabhängig sind, während (für $i = 1, \ldots m - n$) u_{n+i} jeweils einer Gleichung $u_{n+i}^{r_i} + v_{i1} u_{n+i}^{r_i-1} + \cdots + v_{i r_i} = 0$ genügt, bei der die Koeffizienten v_{ik} ($k = 1, \ldots r_i$) Polynome in $u_1, \ldots u_{n+i-1}$ über $\Re_0$ darstellen. — Daraus folgt dann ganz elementar die zu beweisende Behauptung. — Die „nichtspezielle" Wahl der c_{ik} ist allerdings nur möglich, wenn $\Re_0$ unendlich oder doch wenigstens „hinreichend" viele Elemente enthält. Sollte aber diese Bedingung nicht erfüllt sein, so kann man sie in allen praktisch wichtigen Fällen dadurch erzwingen, daß man den Grundkörper $\Re_0$ einer algebraischen Erweiterung hinreichend hohen Grades unterwirft (vgl. 16.). — (Erste wichtige Anwendung des Normierungssatzes wohl bei NOETHER [9].)

Die Grundlage für die eigentliche Dimensionstheorie der Polynomringe und endlichen Integritätsbereiche bildet die Bemerkung:

Im Polynomring $\mathfrak{P}_n = \Re_0 [x_1, \ldots x_n]$ ist jedes minimale Primideal Hauptideal $\mathfrak{p} = (p)$. Enthält nun das Basiselement p etwa die Variable x_n wirklich, so tritt x_n in allen Polynomen von $\mathfrak{p}$ auf, und es müssen daher $x_1, \ldots x_{n-1}$ im Restklassenkörper $\Re_\mathfrak{p}$ algebraisch unabhängige Klassen erzeugen. D. h. also: *In $\mathfrak{P}_n$ hat jedes minimale Primideal genau die Dimension $n - 1$.*

Daß dieser letzte Satz auch für beliebige endliche Integritätsbereiche gilt, ergibt sich auf Grund des Normierungssatzes aus einem allgemeinen Theorem über das Verhalten der Primideale bei ganz algebraischen Erweiterungen. Wir werden dieses Theorem erst in 48. besprechen, obwohl es gewissermaßen an die Untersuchungen von 16. anknüpft. — Ein anderer Beweis kann der VAN DER WAERDENschen Vielfachheitstheorie entnommen werden (vgl. 27.). — Nachdem einmal gezeigt ist, daß nicht nur in jedem $\mathfrak{P}_n$, sondern auch in jedem $\mathfrak{E}_n$ alle minimalen Primideale $n - 1$-dimensional sind, schließt man leicht weiter:

In jedem $\mathfrak{E}_n$ besitzt für $r > 0$ jedes r-dimensionale Primideal $\mathfrak{p}_r$ mindestens ein $r - 1$-dimensionales Primoberideal. Ist ferner $\mathfrak{p}_s$ ein Primoberideal von $\mathfrak{p}_r$ von einer Dimension $s \leqq r - 2$, so gibt es stets ein $r - 1$-dimensionales Primideal $\mathfrak{p}_{r-1}$, für das die Beziehung $\mathfrak{p}_r \subset \mathfrak{p}_{r-1} \subset \mathfrak{p}_s$ gilt.

Daß $\mathfrak{p}_r$ überhaupt echte Primoberideale hat, folgt daraus, daß $\mathfrak{E}_n/\mathfrak{p}_r$ als endlicher Integritätsbereich vom Transzendenzgrad $r > 0$ kein Körper sein kann (Beweis mit Hilfe des Normierungssatzes). Ist ferner außer $\mathfrak{p}_r$ auch $\mathfrak{p}_s$ gegeben, und bedeutet a ein nicht zu $\mathfrak{p}_r$ gehöriges Element aus $\mathfrak{p}_s$, so muß wegen $\mathfrak{p}_r + (a) \subset \mathfrak{p}_s$ mindestens eines der endlich vielen minimalen Primoberideale von $\mathfrak{p}_r + (a)$, etwa $\mathfrak{p}$, in $\mathfrak{p}_s$ enthalten sein. — In $\tilde{\mathfrak{E}}_r = \mathfrak{E}_n/\mathfrak{p}_r$ ist $(\mathfrak{p}_r + (a))/\mathfrak{p}_r$ Hauptideal und $\mathfrak{p}/\mathfrak{p}_r$ minimales Primoberideal von $(\mathfrak{p}_r + (a))/\mathfrak{p}_r$. Nach 15. ist also $\mathfrak{p}/\mathfrak{p}_r$ in $\tilde{\mathfrak{E}}_r$ minimal, und da $\tilde{\mathfrak{E}}_r$ den Transzendenzgrad r hat, muß $\mathfrak{p}/\mathfrak{p}_r$ in $\tilde{\mathfrak{E}}_r$ und damit auch $\mathfrak{p}$ in $\mathfrak{E}_n$ die Dimension $r - 1$ besitzen. — Man gewinnt nun sofort den abschließenden

Dimensionssatz: *In jedem $\mathfrak{E}_n$ besitzt jedes minimale Primideal die Dimension $n - 1$, jedes maximale die Dimension 0. Sind $\mathfrak{p}_r$ und $\mathfrak{p}_s \supset \mathfrak{p}_r$ zwei Primideale von den Dimensionen r und $s < r$, so besitzt jede Primidealkette $\mathfrak{p}_s \supset \mathfrak{p}^{(1)} \supset \cdots \supset \mathfrak{p}^{(q)} \supset \mathfrak{p}_r$, die nicht durch Zwischenschaltung eines weiteren Gliedes verlängert werden kann, genau $r - s + 1$ Glieder $(q = r - s - 1)$.*

Ein Primideal $\mathfrak{p}$ aus $\mathfrak{E}_n$ besitzt dann und nur dann die Dimension r, wenn mindestens eine Primidealkette $\mathfrak{p} \subset \mathfrak{p}^{(1)} \subset \mathfrak{p}^{(2)} \subset \cdots$ (bzw. $\mathfrak{p} \supset \mathfrak{p}^{(1)} \supset \mathfrak{p}^{(2)} \supset \ldots$) von der Gliederzahl $r + 1$ (bzw. $n - r$), aber keine von der Gliederzahl $r + 2$ (bzw. $n - r + 1$) existiert.

Zieht man noch den Primidealkettensatz von 15. heran, so ergibt sich schließlich:

In $\mathfrak{E}_n$ besitzt jedes minimale Primoberideal eines Ideals $\mathfrak{a} = (a_1, \ldots a_r)$ mindestens die Dimension $n - r$.

Der Dimensionssatz samt seinen Vordersätzen kann mühelos auf jeden Nullteilerring $\mathfrak{R}$ übertragen werden, der über einem Grundkörper $\mathfrak{R}_0$ endlich ist, dessen Elemente also über $\mathfrak{R}_0$ Polynome in endlich viel festen Elementen $a_1, \ldots a_m$ darstellen. Dabei ändert sich an der Dimensionsdefinition garnichts, da für jedes Primideal $\mathfrak{p} \subset \mathfrak{R}$ der Ring $\mathfrak{R}/\mathfrak{p}$ endlicher Integritätsbereich ist; man wird nur diesmal kein Primideal (auch die endlich vielen minimalen Primoberideale $\mathfrak{p}_1^*, \ldots \mathfrak{p}_s^*$ von (0) nicht) von der Betrachtung ausschließen. Im übrigen gibt es zu jedem $\mathfrak{p} \subset \mathfrak{R}$ ein $\mathfrak{p}_i^* \subseteq \mathfrak{p}$, und man kann bei der Dimensionsuntersuchung der Primoberideale von $\mathfrak{p}$ den Nullteilerring $\mathfrak{R}$ durch den Integritätsbereich $\mathfrak{R}/\mathfrak{p}_i^*$ ersetzen. — Den Transzendenzgrad von $\mathfrak{R}$ definiert man als die Maximalzahl von in $\mathfrak{R}$ enthaltenen, über $\mathfrak{R}_0$ algebraisch unabhängigen Elementen oder auch (formell verschieden, aber inhaltlich gleichwertig) als die größte unter den Dimensionen der Primideale $\mathfrak{p}_i^*$.

Besonders scharfe Dimensionssätze gelten für die Polynomringe. Dem Polynomideal $\mathfrak{a}$ aus $\mathfrak{P}_n = \mathfrak{R}_0[x_1, \ldots x_n]$ möge die Dimension m zugeschrieben werden, wenn mindestens ein Primoberideal die Dimension m, keines aber eine höhere Dimension als m besitzt[1]. Haben alle „zu $\mathfrak{a}$ gehörigen" Primideale genau die Dimension m, so soll $\mathfrak{a}$ „ungemischt m-dimensional" heißen.

MACAULAYscher Ungemischtheitssatz: *Es sei $\|a_{ik}\|$ $(i = 1, \ldots s; k = 1, \ldots r; s \leq r)$ eine Matrix aus $\mathfrak{P}_n$, $f_1, \ldots f_{\binom{r}{s}}$ seien die durch Spaltenstreichung aus ihr abgeleiteten Determinanten s-ten Grades. Dann hat das Ideal $\mathfrak{a} = \left(f_1, \ldots f_{\binom{r}{s}}\right)$ eine Dimension $d \geq n - r + s - 1$, und es ist $\mathfrak{a}$ sicher ungemischt, falls $d = n - r + s - 1$.*

Zum Beweise sei zunächst bemerkt: $d \geq n - r + s - 1$ folgt aus der Tatsache, daß man $r - s + 1$ Determinanten f_i — etwa $f_1, \ldots f_{r-s+1}$ — so auswählen kann, daß ihr Verschwinden das aller übrigen nach sich zieht, daß also $(f_1, \ldots f_{r-s+1})$ und $\mathfrak{a}$ dasselbe Radikal besitzen. — Die Ungemischtheitsbehauptung ist richtig für $r = s$, weil dann $\mathfrak{a} = (f_1)$

---

[1] An Stelle der Idealdimension d benutzen LASKER und MACAULAY im allgemeinen den durch die Gleichung $r = n - d$ definierten „Rang" r.

Hauptideal; beim Beweise für $r > s$ hat man nur zu zeigen, daß bei $d = n - r + s - 1 > 0$ jedes nulldimensionale Primideal $\mathfrak{p}$ zu $\mathfrak{a}$ prim ist, und man darf dabei $\mathfrak{R}_0$ algebraisch abgeschlossen annehmen, so daß $\mathfrak{p} = (x_1 - \alpha_1, \ldots x_n - \alpha_n)$ wird. (Kunstgriffe von 16.!)

Es sei nun zuerst $s = 1$, $\|f_{1k}\| = \|f_{11}, \ldots f_{1r}\|$, $d = n - r$. Bestimmt man dann die Polynome $f_i' = f_{1i} + \sum_{k=i+1}^{r} c_{ik} f_{1k}$ $(i = 1, \ldots r;\; c_{ik} \subset \mathfrak{R}_0)$ so, daß das Unterideal $(f_1', \ldots f_i')$ von $\mathfrak{a} = (f_1', \ldots f_r')$ jeweils genau die Dimension $n - i$ besitzt, so wird $\mathfrak{a} : (y) = \mathfrak{a}$ für jedes $y = \sum_{1}^{n} d_i (x_i - \alpha_i)$ aus $\mathfrak{p}$, das so gewählt ist, daß es weder zu einem minimalen Primoberideal von $(f_1', \ldots f_{r-1}')$ noch zu einem solchen von $(f_1', \ldots f_r')$ gehört.

In der Tat, $\overline{\mathfrak{P}}_{n-1} = \mathfrak{P}_n/(y)$ ist ein Polynomring in $n - 1$ Variablen, in dem die Ideale $(\bar{f}_1', \ldots \bar{f}_{r-1}')$ und $(\bar{f}_1', \ldots \bar{f}_r')$ die Dimensionen $n - r$ und $n - r - 1$ besitzen. Man darf daher beim Induktionsschluß $(\bar{f}_1', \ldots \bar{f}_{r-1}')$ in $\overline{\mathfrak{P}}_{n-1}$ ebenso wie $(f_1', \ldots f_{r-1}')$ in $\mathfrak{P}_n$ als ungemischt voraussetzen, und aus $y \cdot F = \sum_{1}^{r} g_i f_i'$ ergibt sich der Reihe nach:
$$0 = \sum_{1}^{r} \bar{g}_i \bar{f}_i', \quad \bar{g}_r \subset (\bar{f}_1', \ldots \bar{f}_{r-1}'), \quad g_r = \sum_{1}^{r-1} h_i f_i' + y \cdot h; \quad y \cdot (F - h \cdot f_r')$$
$$= \sum_{1}^{r-1} (g_i + h_i) \cdot f_i', \quad F - h \cdot f_r' \subset (f_1', \ldots f_{r-1}'), \quad F \subset (f_1', \ldots f_r').\; - \text{ Aus}$$
dem damit für $(f_1', \ldots f_r')$ bewiesenen Ungemischtheitssatz schließt man ergänzend leicht weiter: Ist $\sum_{1}^{r} h_i f_i' = 0$ in $\mathfrak{P}_n$, so ist $h_i = \sum_{k \neq i} u_{ik} f_k'$ $(i = 1, \ldots r)$; $u_{ik} = - u_{ki}$.

Dieses letzte Ergebnis kann aber auf Matrizen $\|f_{ik}\|$ mit $s > 1$ Zeilen verallgemeinert werden, und zwar in folgender Fassung:

Hat $\mathfrak{a} = \left(f_1, \ldots f_{\binom{r}{s}}\right)$ die Dimension $n - r + s - 1$, und ist $\sum h_l f_l = 0$, so gelten $\binom{r}{s}$ Gleichungen $h_l = \sum_{i,k} u_{lik} f_{ik}$ derart, daß der Ausdruck $\sum h_l f_l$ identisch verschwindet, wenn man ihn als homogene Funktion $s+1$-ten Grades in den f_{ik} mit linear aus den u_{lik} zusammengesetzten Koeffizienten darstellt. — Der Beweis dieser Behauptung, aus der nachträglich der Ungemischtheitssatz für $\left(f_1, \ldots f_{\binom{r}{s}}\right)$ durch eine ganz leichte Rechnung folgt, erfordert zunächst eine geeignete Spaltentransformation
$$f_{ik}' = f_{ik} + \sum_{l=k+1}^{r} c_{lk} f_{il} \;(i = 1, \ldots s;\; k = 1, \ldots r;\; c_{lk} \subset \mathfrak{R}_0) \text{ der Matrix } \|f_{ik}\|,$$
und alsdann für $s = 2, 3, \ldots$ jeweils einen etwas mühsamen Induktionsschluß nach (von $s + 1$ ab) wachsender Spaltenzahl r. Im übrigen handelt es sich grundsätzlich um ähnliche Überlegungen wie oben beim Spezialfall $s = 1$. — Die wichtigste Anwendung des allgemeinen Ungemischtheitssatzes sei nochmals besonders formuliert:

Hat in $\mathfrak{P}_n$ das Ideal $\mathfrak{a} = (f_1, \ldots f_r)$ die Dimension $n - r$, so ist $\mathfrak{a}^s$ für jedes s ungemischt.

(Für $s = 1$, also für $\mathfrak{a}$ selbst, wurde der Beweis oben im einzelnen ausgeführt; für $s > 1$ betrachte man die Matrix

$$\left\| \begin{array}{l} f_1 \ldots f_r\, 0 \ldots 0 \\ 0 f_1 \ldots f_r\, 0 \ldots 0 \\ 0\, 0 f_1 \ldots \ldots \ldots \\ \ldots \ldots \ldots \ldots \ldots \end{array} \right\| \; .)$$

Ein weiterer MACAULAYscher Ungemischtheitssatz bezieht sich auf „H-Ideale", d. h. auf Ideale, die eine Basis von homogenen Formen besitzen (vgl. 23.). — Ein m-dimensionales Ideal $\mathfrak{a}$ aus $\mathfrak{P}_n$ kann entweder dadurch nulldimensional gemacht werden, daß man die „passend" gewählten Variablen $x_1, \ldots x_m$ in den Grundkörper wirft, also $\mathfrak{a}' = \mathfrak{a} \cdot \mathfrak{P}_{n-m}$ in $\mathfrak{P}_{n-m} = \mathfrak{P}_n \cdot \mathfrak{K}_0(x_1, \ldots x_m)$ bildet (Kunstgriff von 16.), oder auch dadurch, daß man ohne Änderung des Grundkörpers von $\mathfrak{a}$ in $\mathfrak{P}_n$ zu $\bar{\mathfrak{a}} = (\mathfrak{a} + (x_1, \ldots x_m))/ (x_1, \ldots x_m)$ in $\overline{\mathfrak{P}}_{n-m} = \mathfrak{P}_n/(x_1, \ldots x_m)$ übergeht. MACAULAY nennt nun ein H-Ideal perfekt, wenn (für jedes l) stets $\mathfrak{a}'$ über $\mathfrak{K}_0(x_1 \ldots x_m)$ genau so viel linear unabhängige Polynome vom höchstens l-ten Grade in $x_{m+1}, \ldots x_n$ enthält wie $\bar{\mathfrak{a}}$ über $\mathfrak{K}_0$. Es zeigt sich dann, daß alle perfekten H-Ideale ungemischt sind.

Leider verbietet es der Platzmangel, auf den Beweis dieses MACAULAYschen Satzes näher einzugehen. Ebenso kann auf die weiteren Untersuchungen über perfekte Ideale und insbesondere auf die interessanten Beispiele, durch die MACAULAY das Versagen des Perfektheitsbegriffs bei Nicht-H-Idealen zeigt, hier nur hingewiesen werden.

Literatur: VAN DER WAERDEN [**3**], [**15**] § 90 (Dimensionstheorie der Polynomideale); MACAULAY [**3**] Nr. 48—53 (Ungemischtheitssätze); MACAULAY [**5**] Nr. 88ff., [**5**] Nr. 6 (Definition und Eigenschaften der perfekten Ideale). — Der Spezialfall $\mathfrak{a} = (f_1, \ldots f_r)$ des Ungemischtheitssatzes, der für H-Ideale bereits von LASKER stammt, ist in VAN DER WAERDEN [**15**] § 95 ausführlich behandelt; in VAN DER WAERDEN [**8**] § 3 findet sich eine leicht beweisbare, wichtige Verallgemeinerung: Der Satz gilt, falls $\mathfrak{a}$ selbst eine Dimension $s > n - r$ haben sollte, wenigstens für jedes i.K.I. von $\mathfrak{a}$, das genau die Dimension $n - r$ besitzt.

18. Allgemeine und spezielle Nullstellen eines Polynomideals.

Bereits in 2. haben wir Nullstellentheorie der Polynomideale getrieben, aber unter der speziellen Voraussetzung, daß $\mathfrak{K}_0$ der Körper aller komplexen Zahlen ist, und unter Beschränkung auf solche Nullstellen, die im Grundkörper liegen. — Es sei jetzt $\mathfrak{P}_n = \mathfrak{K}_0[x_1, \ldots x_n]$ ein Polynomring über einem beliebigen Grundkörper $\mathfrak{K}_0$; dann heißt ein System $\xi_1, \ldots \xi_n$ aus einem beliebigen Oberkörper $\mathfrak{L}$ von $\mathfrak{K}_0$ Nullstelle des Ideals $\mathfrak{a}$ aus $\mathfrak{P}_n$, wenn $p(\xi_1, \ldots \xi_n) = 0$ für jedes $p(x_1, \ldots x_n) \subset \mathfrak{a}$. Der zwischen $\mathfrak{K}_0$ und $\mathfrak{L}$ liegende Körper $\mathfrak{K}_0(\xi_1, \ldots \xi_n)$ wird als „ein Nullstellenkörper" von $\mathfrak{a}$ bezeichnet, sein Transzendenzgrad (über $\mathfrak{K}_0$) heißt die „Dimension" der Nullstelle $\xi_1, \ldots \xi_n$. „Algebraische" Nullstellen sind solche von der Dimension 0. — Zwei Nullstellen $\xi_1, \ldots \xi_n$ und $\eta_1, \ldots \eta_n$ von $\mathfrak{a}$ werden abstrakt dann und nur dann als gleich angesehen, wenn die Zuordnung $\mathfrak{K}_0 \leftrightarrow \mathfrak{K}_0$, $\xi_i \leftrightarrow \eta_i$ ($i = 1, \ldots n$)

die Körper $\mathfrak{K}_0(\xi_1, \ldots \xi_n)$ und $\mathfrak{K}_0(\eta_1, \ldots \eta_n)$ isomorph aufeinander abbildet. Zwei in $\mathfrak{K}_0$ selbst liegende Nullstellen sind offenbar dann und nur dann abstrakt gleich, wenn sie identisch sind ($\xi_i = \eta_i$ ($i = 1, \ldots n$)). Dagegen können in einem echten Oberkörper $\mathfrak{L}$ von $\mathfrak{K}_0$ Nullstellen auftreten, die abstrakt gleich, aber in $\mathfrak{L}$ verschieden sind ($\xi_i \neq \eta_i$ für mindestens ein i). — Aus der allgemeinen Nullstellendefinition ergibt sich zwanglos ohne jeden Kunstgriff:

Die Menge aller abstrakten Nullstellen entspricht eindeutig umkehrbar der Menge aller Primoberideale von $\mathfrak{a}$. Das der Nullstelle $\xi_1, \ldots \xi_n$ zugeordnete Primideal $\mathfrak{p}$ besteht aus allen den $a(x_1, \ldots x_n)$, für die $a(\xi_1, \ldots \xi_n) = 0$; der dem Primideal $\mathfrak{p}$ entsprechende Nullstellenkörper $\mathfrak{K}_0(\xi_1, \ldots \xi_n)$ wird durch die Zuordnung $\mathfrak{K}_0 \leftrightarrow \mathfrak{K}_0$, $\xi_i \leftrightarrow x_i$ isomorph auf den Restklassenkörper $\mathfrak{K}_\mathfrak{p}$ abgebildet. Die Nullstelle $\xi_1, \ldots \xi_n$ hat also stets dieselbe Dimension wie ihr zugeordnetes Primideal. — Die endlich vielen abstrakten Nullstellen, die den (im Sinne von 2.) „zu $\mathfrak{a}$ gehörigen Primidealen" entsprechen, heißen „wesentliche" Nullstellen von $\mathfrak{a}$. Ein Primideal $\mathfrak{p}$ hat nur eine wesentliche Nullstelle; diese hat dieselbe Dimension wie $\mathfrak{p}$ und bestimmt $\mathfrak{K}_\mathfrak{p}$ und damit $\mathfrak{p}$ selbst eindeutig.

Als wichtiges Beispiel für die Anwendungsmöglichkeiten des abstrakten Nullstellenbegriffs sei der folgende Satz hervorgehoben:

Sind $f_i(x)$ ($i = 1, \ldots r \leqq n$) algebraisch unabhängige Polynome aus $\mathfrak{P}_n$, so haben die Gleichungen $f_i(x) = a_i$ ($i = 1, \ldots r$) bei unbestimmten a_i in dem zu $\mathfrak{K}_0' = \mathfrak{K}_0(a_1, \ldots a_r)$ gehörigen algebraisch abgeschlossenen Körper stets eine $n - r$-dimensionale Lösungsmannigfaltigkeit. Ist zunächst $n = r$, $n - r = 0$, so ist $\mathfrak{K}_0(f_1, \ldots f_n) = \mathfrak{K}$ rein transzendente Erweiterung von $\mathfrak{K}_0$, $\mathfrak{K}(x_1, \ldots x_n)$ algebraischer Oberkörper von $\mathfrak{K}$. Ersetzt man nun rein formal f_i durch a_i, x_i durch ξ_i, so ergibt sich sofort die Isomorphie von $\mathfrak{K}_0(\xi_1, \ldots \xi_n)$ zum Restklassenring des Ideals $(f_1 - a_1, \ldots, f_n - a_n) = \mathfrak{p}$ aus $\mathfrak{K}_0' \cdot \mathfrak{P}_n = \mathfrak{P}_n'$. $\mathfrak{p}$ ist also in $\mathfrak{P}_n'$ nulldimensionales Primideal, und das System $\xi_1, \ldots \xi_n$ ist Nullstelle von $\mathfrak{p}$, also Lösung der Gleichungen $f_i = a_i$ ($i = 1, \ldots r$). — Der Fall $n > r$ wird ganz analog erledigt; insbesondere erkennt man wieder, daß $(f_1 - a_1, \ldots f_r - a_r)$ in $\mathfrak{P}_n'$ ein $n - r$-dimensionales Primideal sein muß. —

In $\mathfrak{P}_n$ hat nach 17. jedes $\mathfrak{a}$ nulldimensionale Primoberideale und damit auch algebraische Nullstellen. Diese Bemerkung ermöglicht nach RABINOWITSCH [1] einen ganz elementaren Beweis für den bereits in 2. erwähnten

Nullstellensatz von HILBERT: *Ist* $p(\alpha_1, \ldots \alpha_n) = 0$ *für jede algebraische Nullstelle* $\alpha_1, \ldots \alpha_n$ *von* $\mathfrak{a}$, *so ist* $p(x_1, \ldots x_n)^\varrho \subset \mathfrak{a}$ *für großes* ϱ. (HILBERT [2], II § 3.)

Es sei $\mathfrak{a} = (a_1, \ldots a_r)$, $\mathfrak{a}_1$ bedeute das Ideal $(a_1, \ldots a_r, 1 + x_{n+1} \cdot p)$ in $\mathfrak{P}_{n+1} = \mathfrak{P}_n[x_{n+1}]$. $\mathfrak{a}_1$ hat offenbar überhaupt keine Nullstelle, es muß daher $\mathfrak{a}_1 = \mathfrak{P}_{n+1}$ sein und somit eine Gleichung

$$1 = \sum_1^r a_i(x_1, \ldots x_n) \cdot A_i(x_1, \ldots x_{n+1}) + (1 + p(x_1, \ldots x_n) \cdot x_{n+1}) \cdot C(x_1, \ldots x_{n+1})$$

gelten. Daraus folgt $1 = \sum_1^r a_i(x_1, \ldots x_n) \cdot A_i\left(x_1, \ldots x_n, \dfrac{-1}{\overline{p(x_1, \ldots x_n)}}\right)$ oder

nach Wegschaffung der Nenner $p(x_1, \ldots x_n)^\varrho = \sum_1^r a_i(x_1, \ldots x_n) \cdot b_i(x_1, \ldots x_n)$.

Aus dem HILBERTschen Nuilstellensatz ergibt sich sofort: Verschwindet p für alle algebraischen Nullstellen des Primideals $\mathfrak{p}$, so ist $p \subset \mathfrak{p}$; ein Primideal $\mathfrak{p}$ ist also durch die Menge seiner algebraischen Nullstellen eindeutig bestimmt. Damit ist der bereits in 2. benutzte Fundamentalsatz über den eindeutig umkehrbaren Zusammenhang zwischen Primidealen und irreduziblen algebraischen Mannigfaltigkeiten vollständig bewiesen.

Die wichtigste Aufgabe der Nullstellentheorie ist die Konstruktion einer Parameterdarstellung für die Menge aller Nullstellen eines gegebenen etwa m-dimensionalen Primideals $\mathfrak{p}$. Eine sehr elegante Lösung wurde neuerdings von VAN DER WAERDEN gefunden: Man denke sich von vornherein $x_1, \ldots x_n$ so gewählt, daß im Restklassenkörper $\mathfrak{K}_\mathfrak{p}$ die Elemente $\bar{x}_{m+1}, \ldots \bar{x}_n$ algebraisch ganz vom Polynomring $\mathfrak{K}_0[\bar{x}_1, \ldots \bar{x}_m]$ abhängen. (Normierungssatz von 17.!) Setzt man dann $\bar{y} = u_1 \bar{x}_{m+1} + \cdots + u_{n-m} \bar{x}_n$ mit neuen Unbestimmten u_i als Koeffizienten, so genügt $\bar{y}$ über dem Körper $\overline{\mathfrak{L}} = \mathfrak{K}_0(\bar{x}_1, \ldots \bar{x}_m)$ einer irreduziblen Gleichung

$$E(\bar{y}; \bar{x}_1, \ldots \bar{x}_m; u) = \bar{y}^r + p_1 \bar{y}^{r-1} + \cdots + p_r = \prod_{i=1}^r (\bar{y} - (u_1 \bar{x}_{m+1}^{(i)} + \cdots + u_{n-m} \bar{x}_n^{(i)}))$$

$= 0\ (\bar{x}_k^{(1)} = \bar{x}_k\ (k = m+1, \ldots n))$, bei der die Koeffizienten p_i Polynome über $\mathfrak{K}_0$ in $\bar{x}_1, \ldots \bar{x}_m, u_1, \ldots u_{n-m}$ sind, und es gilt der Satz:

Sind $\eta_1, \ldots \eta_m$ beliebige Elemente aus irgendeinem Oberkörper $\mathfrak{L}$ von $\mathfrak{K}_0$, und bestimmt man $u_1 \eta_{m+1} + \cdots + u_{n-m} \eta_n$ als Wurzel der Gleichung $E(z; \eta_1, \ldots \eta_m; u) = 0$, so ist $\eta_1, \ldots \eta_n$ Nullstelle von $\mathfrak{p}$. Umgekehrt läßt sich jede Nullstelle von $\mathfrak{p}$ auf diese Weise gewinnen.

Durch die Gleichung $E(z; x_1, \ldots x_m; u) = 0$ sind also alle Nullstellen von $\mathfrak{p}$ als algebraische Funktionen der unabhängigen Parameter $x_1, \ldots x_m$ dargestellt.

Der zweite Teil der Behauptung ist fast selbstverständlich. Die Gleichung $E(u_1 \eta_{m+1} + \cdots + u_{n-m} \eta_n; \eta_1, \ldots \eta_m; u) = 0$ gilt nach Definition von E, wenn $\eta_1, \ldots \eta_n$ die wesentliche Nullstelle von $\mathfrak{p}$ bedeutet; sie muß daher auch richtig bleiben, wenn man von der wesentlichen zu irgendeiner speziellen Nullstelle übergeht. — Es bleibt nur noch zu zeigen, daß bei beliebiger Wahl von $\eta_1, \ldots \eta_m$ jede Wurzel ζ von $E(z; \eta_1, \ldots \eta_m; u) = 0$ die Gestalt $\zeta = u_1 \eta_{m+1} + \cdots + u_{n-m} \eta_n$ besitzt, wobei $\eta_1, \ldots \eta_n$ Nullstelle von $\mathfrak{p}$. Sei $\mathfrak{p} = (f_1, \ldots f_r)$, $y = z - (u_1 x_{m+1} + \cdots + u_{n-m} x_n)$ und bedeute $R_i(x_1, \ldots x_m, z)$ $(i = 1, \ldots l)$ ein aus $f_1, \ldots f_r, y$ durch Elimination von $x_{m+1}, \ldots x_n$ gebildetes „Resultantensystem", dessen Verschwinden für die Lösbarkeit der Gleichungen $f_1 = \cdots = f_r = y = 0$ notwendig und hinreichend ist (vgl. 22.). Dann folgt bei unbestimmten $x_1, \ldots x_m$ aus $E(z; x_1, \ldots x_m; u)$

$= 0$ sicher $R_i(x_1, \ldots x_m; z) = 0$ $(i = 1, \ldots l)$; es ist also auch $R_i(\eta_1, \ldots \eta_m; \zeta) = 0$ $(i = 1, \ldots l)$, es lassen sich daher $\eta_{m+1}, \ldots \eta_n$ so wählen, daß $f_1(\eta) = \cdots = f_r(\eta) = 0$, $\zeta = u_1\eta_{m+1} + \cdots + u_{n-m}\eta_n$.

Der van der Waerdensche Satz zeigt, daß die Nullstellenmannigfaltigkeit von $\mathfrak{p}$ und damit das Primideal $\mathfrak{p}$ selbst durch das Polynom $E(z; x_1, \ldots x_m; u)$ eindeutig bestimmt ist. Diese letztere Eigenschaft von E kann auch ohne Nullstellenbetrachtungen rein körpertheoretisch auf Grund der Bedeutung von E für den Aufbau des Restklassenkörpers $\mathfrak{K}_\mathfrak{p}$ über $\bar{\mathfrak{L}}$ bewiesen werden, und zwar sehr einfach, sofern nur $u_1\bar{x}_{m+1} + \cdots + u_{n-m}\bar{x}_n$ ein primitives Element von $\mathfrak{K}_\mathfrak{p}$ über $\bar{\mathfrak{L}}$ darstellt. Ist allerdings (bei unvollkommenem $\bar{\mathfrak{L}}$) diese Bedingung nicht erfüllt, so gestaltet sich der Beweis etwas umständlich; der Weg über den van der Waerdenschen Nullstellensatz, bei dem keine störenden Sonderfälle auftreten, dürfte daher grundsätzlich vorzuziehen sein.

Sind $\xi_{i1}, \xi_{i2}, \ldots$ konvergente komplexe Zahlfolgen mit den Grenzwerten η_i $(i = 1, \ldots m)$, hat $E(z; x_1, \ldots x_m; u)$ Zahlkoeffizienten und bedeutet $u_1\eta_{m+1} + \cdots + u_{n-m}\eta_n$ eine Wurzel von $E(z; \eta_1, \ldots \eta_m; u) = 0$, so kann man die Wurzeln $u_1\xi_{m+1, k} + \cdots + u_{n-m}\xi_{n, k}$ von $E(z; \xi_{1k}, \ldots \xi_{m,k}; u) = 0$ für $k = 1, 2, \ldots$ stets so bestimmen, daß auch für $i = m + 1, \ldots n$ die Folge $\xi_{i1}, \xi_{i2}, \ldots$ jeweils gegen η_i konvergiert. Daraus ergibt sich sofort der

Satz von J. F. Ritt: *Ist* $g(x_1, \ldots x_n)$ *ein Polynom mit komplexen Koeffizienten, das nicht in allen Punkten einer irreduziblen Mannigfaltigkeit* M *verschwindet, so sind die Punkte von* M, *in denen* $g = 0$ *ist, Limespunkte von solchen Punkten von* M, *in denen* $g \neq 0$. (Ritt [2] S. 91.)

(Man bedenke: Sind wie bisher $x_1, \ldots x_m$ unabhängige Parameter für die m-dimensionale Mannigfaltigkeit M, so kann man den Fall eines beliebigen Polynoms $g(x_1, \ldots x_n)$ durch Normenbildung auf den Fall eines nur von $x_1, \ldots x_m$ abhängigen Polynoms $G(x_1, \ldots x_m)$ zurückführen.) — Der einfache Beweis des Rittschen Satzes ist vor allem deshalb wichtig, weil bei den üblichen Primidealnullstellenkonstruktionen, die auf die Einführung von Unbestimmten verzichten, immer gewisse „singuläre Nullstellen" ausgeschlossen werden müssen, die ein bestimmtes (allerdings von der Art der Konstruktion abhängiges) Polynom zu 0 machen. Nach dem Rittschen Satz können diese singulären Nullstellen im Falle des Grundkörpers aller komplexen Zahlen stets durch die erfaßbaren „regulären" Nullstellen approximiert werden.

Literatur: Noether [6], van der Waerden [3], [15] § 87—90, [19]. (In [19] die im Text besprochene Nullstellenkonstruktion und der Satz von Ritt.) Bemerkenswert ist die Tatsache, daß das bei der Nullstellenkonstruktion des Textes auftretende Polynom $E(z; x_1, \ldots x_m; u)$ in anderm Zusammenhang unter dem Namen „Involutionsform" bereits in Noether [1] vorkommt.

19. Nullstellentheorie der Potenzreihenideale. $\mathfrak{I}_n$ sei der Integritätsbereich aller der Potenzreihen $P(x_1, \ldots x_n)$ mit komplexen Koeffizienten, die in irgendeiner Umgebung des „Nullpunkts" $x_1 = \cdots = x_n = 0$ konvergieren. Ein Zahlsystem $\xi_1, \ldots \xi_n$ heiße Nullstelle des Potenzreihenideals $\mathfrak{a}$, wenn für eine geeignete Basis $(P_1, \ldots P_r)$ von $\mathfrak{a}$ die Gleichungen $P_1(\xi) = \cdots = P_r(\xi) = 0$ gelten. Unter einem m-dimensionalen irreduziblen analytischen Gebilde soll ein nicht zerfallender endlich vielblättriger Überlagerungsraum einer schlichten m-dimensionalen Umgebung des Nullpunkts verstanden werden.

Dann gilt der für die Theorie der analytischen Funktionen mehrerer Veränderlicher grundlegende

Satz von WEIERSTRASS: *Die Menge aller Nullstellen eines Potenzreihenideals* $\mathfrak{a} = (P_1, \ldots P_r)$ *erfüllt in einer gewissen Umgebung des Nullpunkts* (d. h. *für* $|\xi_i| \leq R$ ($i = 1, \ldots n$)) *endlich viele irreduzible analytische Gebilde von höchstens* $n - 1$-*ter Dimension.*

Nach W. RÜCKERT kann der Satz von WEIERSTRASS sehr einfach dadurch bewiesen werden, daß man die algebraischen Methoden von 18. auf $\mathfrak{J}_n$ überträgt. Als formales Hilfsmittel dient dabei eine leichte Verallgemeinerung des bekannten „WEIERSTRASSschen Vorbereitungssatzes", sie sog. „WEIERSTRASSsche Formel":

Es seien $P(x)$ und $Q(x)$ Nichteinheiten aus $\mathfrak{J}_n$, also $P(0) = Q(0) = 0$; Q möge ein nur von x_n abhängiges Glied wirklich enthalten, und zwar sei x_n^r die niedrigste in Q auftretende x_n-Potenz. Dann läßt sich in $\mathfrak{J}_n$ die Einheit $E(x)$ ($E(0) \neq 0$) eindeutig so bestimmen, daß $P_1 = P - E \cdot Q$

$$= \sum_0^{r-1} R_i \cdot x_n^i$$ ein Polynom höchstens $r - 1$-ten Grades in x_n wird, dessen Koeffizienten R_i im Nullpunkt verschwindende Potenzreihen in $x_1, \ldots x_{n-1}$ darstellen.

Aus der WEIERSTRASSschen Formel folgt leicht, daß in $\mathfrak{J}_n$ jedes Ideal eine endliche Basis hat, also als Durchschnitt endlich vieler Primärideale dargestellt werden kann. — Zum Beweis des WEIERSTRASSschen Satzes bleibt dann nur noch zu zeigen, daß die Nullstellenmannigfaltigkeit jedes Primideals $\mathfrak{p}$ aus $\mathfrak{J}_n$ ein irreduzibles analytisches Gebilde liefert, und dazu dient eine Nullstellenkonstruktion, die der in 18. für den algebraischen Fall durchgeführten ganz ähnlich ist.

Es zeigt sich, daß bei passender Variablenwahl für ein gewisses $m < n$ der Restklassenkörper $\mathfrak{R}_\mathfrak{p}$ von $\mathfrak{p}$ über dem Körper $\mathfrak{L}$ aller konvergenten Potenzreihenquotienten in $\bar{x}_1, \ldots \bar{x}_m$ endlich algebraisch ist, und mit Hilfe eines primitiven Elementes $\eta = c_1 \bar{x}_{m+1} + \cdots + c_{n-m} \bar{x}_n$ von $\mathfrak{R}_\mathfrak{p}$ über $\mathfrak{L}$ erhält man für die Nullstellenmannigfaltigkeit von $\mathfrak{p}$ eine Darstellung durch die Parameter $x_1, \ldots x_m$ von der Art, wie sie in der Funktionentheorie für die irreduziblen analytischen Gebilde üblich ist. (Dabei wählt man in η für die c_i diesmal Zahlen und keine Unbestimmten. Dementsprechend treten singuläre Nullstellen, die Punkte der „Diskriminantenmannigfaltigkeit von η", auf.)

Die Dimension von $\mathfrak{p}$ ist natürlich gleich der Parameterzahl m. Sie kann aber auch wie bei den Polynomringen rein algebraisch durch die Längen der von $\mathfrak{p}$ ausgehenden Primidealketten charakterisiert werden. Zum Beweis hat man sich nur zu überlegen, daß zu jedem echten Primoberideal von $\mathfrak{p}$ weniger als m Parameter gehören, und daß mindestens ein $\mathfrak{p}_1 \supset \mathfrak{p}$ mit genau $m - 1$ Parametern existiert. Das Hauptgewicht liegt dabei auf dem zweiten Punkt. Man zeigt, daß aus dem Restklassenkörper von $\mathfrak{p}$ durch zahlenmäßige Spezialisierung des Parameters $\bar{x}_m$ ein neuer Restklassenkörper entsteht, durch den dann das gesuchte Primideal $\mathfrak{p}_1$ definiert ist. Im algebraischen Fall ist diese Methode äußerst bequem (vgl. van der Waerden [15] S. 64); bei den Potenzreihen dagegen erfordert sie einen sorgfältigen und etwas mühsamen Induktionsschluß, auf dessen Einzelheiten wir nicht näher eingehen können. — Durch den Transzendenzgrad des Restklassenkörpers $\mathfrak{K}_\mathfrak{p}^l$ läßt sich die Dimension von $\mathfrak{p}$ in $\mathfrak{J}_n$ nicht definieren; denn der Transzendenzgrad von $\mathfrak{K}_\mathfrak{p}$ ist (vom trivialen Fall $\mathfrak{p} = (x_1, \ldots x_n)$, $\mathfrak{K}_\mathfrak{p} = \mathfrak{K}_0$ abgesehen) stets unendlich groß.

Vgl. zum Texte Rückert [1] und [2]. Im übrigen ist hinsichtlich der Theorie der Potenzreihenideale noch nachdrücklich auf Lasker [1] Kap. III hinzuweisen. Dort findet sich nicht nur der Basissatz und der Primärkomponentenzerlegungssatz, es wird auch die Theorie der „Hilbertschen Funktion" (vgl. 24.) entwickelt und die Einführung des „inversen Systems" (vgl. 25.) vorbereitet. Es wäre zu wünschen, daß diese Laskerschen Untersuchungen bald eine ebenso einfache und modernisierte Darstellung finden, wie sie die Nullstellentheorie der Potenzreihenideale durch Rückert bereits gefunden hat.

20. Das „Rechnen" mit Polynomidealen. Die Betrachtungen von 20. bis 23. beziehen sich vor allem auf die Aufstellung von Methoden, die es gestatten, zu einem gegebenen Polynomideal $\mathfrak{a} = (a_1, \ldots a_r)$ in einer endlichen, von vornherein angebbaren Schrittzahl die zugehörigen Primideale zu berechnen und eine „explizite Darstellung" der mit gewissen „Vielfachheiten" ausgestatteten wesentlichen Nullstellenmannigfaltigkeiten zu gewinnen. Es handelt sich also gewissermaßen um „praktische" Fragen, doch muß dabei das Wort „praktisch" in einem sehr eingeschränkten Sinne verstanden werden. Denn einerseits ist bei den meisten Berechnungen die Zahl der auszuführenden Einzelschritte so groß, daß an eine wirkliche Durchführung nicht zu denken ist, und andererseits muß man gerade bei den wichtigsten Aufgaben die stillschweigende Voraussetzung machen, daß ein Polynom $f(x_1, \ldots x_n)$ über dem Grundkörper $\mathfrak{K}_0$ stets in einer beschränkten Schrittzahl in seine irreduziblen Faktoren zerlegt werden kann, eine Bedingung, die nur in Spezialfällen wirklich erfüllt ist, z. B. dann, wenn $\mathfrak{K}_0$ einen Primkörper oder eine endliche Erweiterung eines Primkörpers darstellt. (Vgl. van der Waerden [12].)

Bei den zunächst zu besprechenden rein formalen Aufgaben tritt allerdings diese letzte Hauptschwierigkeit noch nicht auf, da man nur zwei elementare Sätze über lineare Gleichungssysteme im Polynomring $\mathfrak{P}_n = \mathfrak{K}_0[x_1, \ldots x_n]$ heranziehen muß:

H-Satz: *In* $\mathfrak{P}_n$ *gibt es zu jedem homogenen Gleichungssystem*
$$\sum_{k=1}^{m} a_{ik} u_k = 0 \ (i = 1, \ldots l) \ \text{endlich viel Lösungen} \ \{u_k = \alpha_{k\varrho}\} \ (\varrho = 1, \ldots M),$$

aus denen sich alle in $\mathfrak{P}_n$ liegenden Lösungen linear mit Koeffizienten aus $\mathfrak{P}_n$ darstellen lassen. Die Berechnung der $\{\alpha_{k\varrho}\}$ erfordert höchstens N rationale Rechenoperationen, wobei die Schranke N nur von der Variablenzahl n, der Gleichungszahl l und den Gradzahlen der Gleichungskoeffizienten a_{ik} abhängt.

I-Satz: *Hat in $\mathfrak{P}_n$ das inhomogene Gleichungssystem $\sum\limits_{k=1}^{m} a_{ik} u_k = b_i$*

$(i = 1, \ldots l)$ *überhaupt eine Lösung, so hat es auch eine ausgezeichnete Lösung $\{u_k = \alpha_k^*\}$, bei der die Gradzahlen der α_k^* eine feste, nur von l, n und den Gradzahlen der Gleichungskoeffizienten a_{ik}, b_i abhängige Schranke N nicht übersteigen.*

Der H-Satz bildet einen Teil des HILBERTschen Satzes vom „Abbrechen der Syzygienkette" (HILBERT [1], Theorem 3), der I-Satz, der sich bereits bei KÖNIG [1] findet, wurde meines Wissens zuerst von G. HERMANN vollständig bewiesen. Der Beweis ergibt sich beide Male durch Induktionsschluß nach der Variablenzahl aus einer Reduktionsmethode, die eine denkbar weitgehende Verallgemeinerung des bekannten Euklidischen Divisionsverfahrens darstellt.

Aus dem I-Satz und dem H-Satz folgt nun ohne nennenswerte Schwierigkeit:

Sind $a_1, \ldots a_r$, b gegebene Polynome, so kann durch eine endliche Zahl von rationalen Rechenoperationen entschieden werden, ob b zu $\mathfrak{a} = (a_1, \ldots a_r)$ gehört oder nicht. — Sind die Ideale $\mathfrak{a} = (a_1, \ldots a_r)$ und $\mathfrak{b} = (b_1, \ldots b_s)$ gegeben, so läßt sich eine Basis von $\mathfrak{a} + \mathfrak{b}$, $\mathfrak{a} \cdot \mathfrak{b}$, $\mathfrak{a} \cap \mathfrak{b}$, $\mathfrak{a} : \mathfrak{b}$ jeweils durch eine endliche Zahl von rationalen Rechenoperationen bestimmen.

In der Tat, die Zugehörigkeit von b zu $(a_1, \ldots a_r)$ hängt von der Lösbarkeit der inhomogenen Gleichung $b = \sum\limits_{1}^{r} u_k a_k$ ab. $\mathfrak{a} + \mathfrak{b} = (a_1, \ldots b_s)$, $\mathfrak{a} \cdot \mathfrak{b} = (a_1 \cdot b_1, \ldots a_r \cdot b_s)$ ist trivial. Die Bildung von $\mathfrak{a} \cap \mathfrak{b}$ ist gleichwertig mit der vollständigen Lösung der homogenen Gleichung $\sum\limits_{1}^{r} u_k a_k + \sum\limits_{1}^{s} v_k b_k = 0$. Für $\mathfrak{a} : \mathfrak{b}$ gilt $\mathfrak{a} : \mathfrak{b} = (\mathfrak{a} : (b_1)) \cap \cdots \cap (\mathfrak{a} : (b_s))$, und zur Berechnung von $\mathfrak{a} : (b_i)$ ist nur die Gleichung $\sum\limits_{1}^{r} u_k a_k + v \cdot b_i = 0$ vollständig zu lösen.

Auf Grund des H- und des I-Satzes können also in $\mathfrak{P}_n$ alle elementaren Idealoperationen mit endlich vielen Schritten ausgeführt werden. Doch ist vor allem die Frage nach praktisch wirklich brauchbaren Kriterien für die Zugehörigkeit eines Elementes b zu einem Ideale $\mathfrak{a} = (a_1, \ldots a_r)$ durch diese Feststellung noch keineswegs beantwortet.

Literatur: HERMANN [1] § 2 und § 3. (Knappe und vollständige Darstellung aller Sätze von 20.) — Das Problem der Berechnung mit endlich vielen Schritten, das hier im Bericht nur gestreift wird, steht in der klassischen, an KRONECKER [1] anknüpfenden Polynomidealliteratur im Vordergrund des Interesses. Man vergleiche vor allem das KÖNIGsche Lehrbuch (KÖNIG [1]) und die große Annalenarbeit von MACAULAY (MACAULAY [2]); siehe ferner OSTROWSKI [5], eine Arbeit, deren „Übertragungsprinzip" unmittelbar an den HILBERTschen Satz von der Syzygienkette bzw. an den H-Satz des Textes anknüpft.

21. Gruppentheorie der Polynomideale. Zur Charakterisierung und Berechnung der zu einem Polynomideal $\mathfrak{a}$ gehörigen Primideale greifen wir auf die allgemeinen gruppentheoretischen Überlegungen von 14. zurück. Wir gehen aus vom Polynomring $\mathfrak{P}_n = \mathfrak{K}_0[y_1, \ldots y_n]$ und erweitern sofort den Grundkörper $\mathfrak{K}_0$ durch Adjunktion von Unbestimmten u_{ik} $(i, k = 1, \ldots n)$. Die Änderung, die $\mathfrak{P}_n$ durch diese Adjunktion erfährt, wird nicht besonders hervorgehoben, ferner setzen wir stillschweigend voraus, daß im erweiterten Ring nur die sog. „transformierten" Ideale, d. h. die Erweiterungsideale der Ideale des ursprünglichen Ringes betrachtet werden sollen. Die einfachste Charakterisierung der transformierten Ideale lautet: $\mathfrak{a}$ ist dann und nur dann transformiert, wenn $\mathfrak{a}$ gleichzeitig mit einem Polynom $a(y; u)$ stets alle die Polynome in $y_1, \ldots y_n$ enthält, die als Koeffizienten auftreten, wenn man a als Polynom in $u_{11}, \ldots u_{nn}$ darstellt. — Besonders wichtig ist die leicht beweisbare Tatsache, daß gleichzeitig mit $\mathfrak{a}$ stets auch alle i.K.I. von $\mathfrak{a}$ und alle zu $\mathfrak{a}$ gehörigen Primideale transformiert sind.

Führt man in $\mathfrak{P}_n$ an Stelle der y_i neue Variable $x_i = \sum\limits_{k=1}^{n} u_{ik} y_k$ $(i = 1, \ldots n)$ ein, so sind für die transformierten Ideale alle x_i gleichberechtigt, d. h. enthält $\mathfrak{a}$ ein nur von $x_{i_1}, \ldots x_{i_r}$ abhängiges Polynom, so enthält es auch für jede andere Variablenkombination $x_{k_1}, \ldots x_{k_r}$ ein Polynom, das nur von $x_{k_1}, \ldots x_{k_r}$ abhängt. — Ist also insbesondere $\mathfrak{a} = \mathfrak{p}$ Primideal der Dimension $n - m$, so definieren $x_{m+1}, \ldots x_n$ im Restklassenkörper $\mathfrak{K}_\mathfrak{p}$ stets algebraisch unabhängige Restklassen.

Wir betrachten nun neben $\mathfrak{P}_n$ die Ringe $\mathfrak{P}_i$ $(i = 0, 1, \ldots n - 1)$, die aus $\mathfrak{P}_n$ dadurch entstehen, daß man $x_{i+1}, \ldots x_n$ zum Grundkörper adjungiert. $\mathfrak{P}_0$ ist der Quotientenkörper $\mathfrak{K}$ von $\mathfrak{P}_n$, und $\mathfrak{P}_i$ $(i = 1, \ldots n - 1)$ ist Polynomring in $x_1, \ldots x_i$ über $\mathfrak{L}_{n-i} = \mathfrak{K}_0(x_{i+1}, \ldots x_n)$.

Unter dem i-ten „Grundideal" $\mathfrak{g}_i$ von $\mathfrak{a}$ verstehen wir das Zurückleitungsideal hinsichtlich $\mathfrak{P}_i$, also $\mathfrak{g}_i = (\mathfrak{a} \cdot \mathfrak{P}_i) \cap \mathfrak{P}_n$.

Aus dem Verhalten der transformierten Ideale zu den Variablen x_i folgt sofort: Es ist $\mathfrak{g}_0 = \mathfrak{P}_n$, $\mathfrak{g}_n = \mathfrak{a}$; für $1 \leqq i \leqq n - 1$ ist $\mathfrak{g}_i$ gleich demjenigen i.K.I. von $\mathfrak{a}$, zu dem alle und nur die Primideale von $\mathfrak{a}$ gehören, die mindestens die Dimension $n - i$ besitzen. Ist also $\mathfrak{a}$ ungemischt $n - i$-dimensional (etwa Prim- oder Primärideal der Dimension $n - i$), so wird $\mathfrak{g}_0 = \cdots = \mathfrak{g}_{i-1} = \mathfrak{P}_n$, $\mathfrak{g}_i = \cdots = \mathfrak{g}_n = \mathfrak{a}$.

Es seien jetzt allgemein $\mathfrak{p}_{i1}, \ldots \mathfrak{p}_{is_i}$ die zu $\mathfrak{a}$ gehörigen $n - i$-dimensionalen Primideale, $\bar{\mathfrak{G}}_i$ bedeute den Restklassenring $(\mathfrak{g}_{i-1} \cdot \mathfrak{P}_i)/(\mathfrak{g}_i \cdot \mathfrak{P}_i)$. Wählt man dann für $\bar{\mathfrak{G}}_i$ den Operatorenbereich $\mathfrak{H}_i = \mathfrak{L}_{n-i}[x_i]$, so wird

$\overline{\mathfrak{G}}_i$ eine **endliche** Operator-, und zwar eine **Elementarteilergruppe**, weil in $\mathfrak{H}_i$ jedes Ideal Hauptideal ist. — Die Endlichkeit von $\overline{\mathfrak{G}}_i$ folgt aus den allgemeinen Betrachtungen von 14. Denn einerseits ist für $k = 1, \ldots s_i$ der Restklassenkörper $\mathfrak{K}_{\mathfrak{p}_{ik}}$ jeweils endlich algebraisch über dem in $\mathfrak{H}_i$ enthaltenen Körper $\mathfrak{L}_{n-i}$, und andererseits besitzt $\mathfrak{G}_i$ (wegen der Teilerfremdheit der Primideale $\mathfrak{p}_{ik} \cdot \mathfrak{P}_i$ in $\mathfrak{P}_i$) eine direkte Summenzerlegung $\overline{\mathfrak{G}}_i = \overline{\mathfrak{B}}_{i1} \dot{+} \cdots \dot{+} \overline{\mathfrak{B}}_{is_i}$, wobei $\overline{\mathfrak{B}}_{ik}$ jeweils zu der Gruppe isomorph ist, die in 14. dem Primideal $\mathfrak{p}_{ik} = \mathfrak{p}$ unter der Bezeichnung $\mathfrak{a}'$ zugeordnet wurde.

Die Norm N_i und der höchste Elementarteiler E_i der Elementarteilergruppe $\mathfrak{G}_i$ sind Polynome in x_i mit Koeffizienten aus $\mathfrak{L}_{n-i}$; wir können und wollen sie bis auf einen Faktor aus $\mathfrak{K}_0$ eindeutig festlegen durch die Forderung, daß sie auch in $x_{i+1}, \ldots x_n; u_{11}, \ldots u_{nn}$ Polynome sein, aber keinen nur von $x_{i+1}, \ldots x_n; u_{11}, \ldots u_{nn}$ abhängigen Polynomfaktor enthalten sollen.

$$N = \prod_1^n N_i \text{ bzw. } E = \prod_1^n E_i$$

heißt „Norm" bzw. „Elementarteilerform" des Ideals $\mathfrak{a}$. Aus der Definition von N und E ergibt sich durch ganz einfache Überlegungen: E ist Teiler von N, eine Potenz von E ist durch N teilbar, E und N enthalten also dieselben irreduziblen Polynomfaktoren. Es ist $E_1 \cdot \ldots \cdot E_i \subset \mathfrak{g}_i$, also insbesondere $E_1 \cdot \ldots \cdot E_n \subset \mathfrak{a}$. — Ist $\mathfrak{a} = \mathfrak{p}$ ein m-dimensionales Primideal, so ist $E = E_{n-m}$ ein irreduzibles Polynom in $x_{n-m}, x_{n-m+1}, \ldots x_n$, und es wird $E(\bar{x}_{n-m}; \bar{x}_{n-m+1}, \ldots \bar{x}_n; u) = 0$ die Gleichung niedrigsten Grades, der $\bar{x}_{n-m} = u_{n-m,1} \bar{y}_1 + \cdots + u_{n-m,n} \bar{y}_n$ im Restklassenkörper $\mathfrak{K}_{\mathfrak{p}}$ über dem „Parameterkörper" $\mathfrak{L}_m = \mathfrak{K}_0(\bar{x}_{n-m+1}, \ldots \bar{x}_n)$ genügt. Im Primidealfall hat daher die Elementarteilerform im wesentlichen dieselbe Bedeutung wie das Polynom $E(z; x_1, \ldots x_m; u)$ von 18., und es gilt dementsprechend der „Kernsatz":

Zwei (transformierte) Primideale sind identisch, wenn sie dieselbe Elementarteilerform besitzen.

Aus dem Kernsatz folgt weiter auf Grund der Elementarteilersätze von 12. und der Betrachtungen von 14.: Die Norm N und die Elementarteilerform E eines Primärideals $\mathfrak{q}$ sind stets Potenzen der Elementarteilerform E_0 des zugehörigen Primideals $\mathfrak{p}$, und zwar ist N mindestens gleich E_0^2, falls $\mathfrak{q} \neq \mathfrak{p}$. — Sind $\mathfrak{p}_1, \ldots \mathfrak{p}_s$ die zu $\mathfrak{a}$ gehörigen Primideale mit den Elementarteilerformen $E_1, \ldots E_s$, so haben Norm und Elementarteilerform von $\mathfrak{a}$ die Gestalt $N = \prod_1^s E_k^{n_k}, \; E = \prod_1^s E_k^{e_k} \; (n_k \geqq e_k \geqq 1).$

— Zwei Ideale mit gleicher Norm, von denen das eine im anderen enthalten ist, sind identisch.

Bei vollkommenem Grundkörper $\mathfrak{K}_0$ — und, wie Beispiele zeigen, auch nur in diesem Falle — läßt sich der Kernsatz noch wesentlich verschärfen: Bei einem Primideal fallen Norm und Elementarteilerform

zusammen, es ist also auch die Norm stets irreduzibel; bei einem echten Primärideal dagegen muß auch die Elementarteilerform immer reduzibel sein. Durch die Irreduzibilität von N und E ist somit das Primideal unter der Menge aller zugehörigen Primärideale eindeutig ausgezeichnet.

Hinsichtlich des Beweises dieser wichtigen Ergänzung, bei dem die Separabilität von $\mathfrak{K}_p$ über $\overline{\mathfrak{L}}_m$ bei vollkommenem $\mathfrak{K}_0$ die Hauptrolle spielt, sei auf NOETHER [6] § 6 verwiesen.

Um zu gegebenem $\mathfrak{a}$ die zugehörigen Primideale zu bestimmen, hat man nach dem bisherigen im wesentlichen nur die Elementarteilerform von $\mathfrak{a}$ bzw. ihre irreduziblen Faktoren zu berechnen. Für den Fall eines ungemischten Ideals werden wir eine Berechnungsmöglichkeit in 22. kennenlernen. Ist ferner $\mathfrak{a}$ ein beliebiges Ideal mit den Grundidealen $\mathfrak{g}_i$, so sind die Quotienten $\mathfrak{g}_i : \mathfrak{g}_{i-1} = \mathfrak{f}_i$ (für $\mathfrak{g}_i \neq \mathfrak{g}_{i-1}$) ungemischt, und es gehört jedes Primideal von $\mathfrak{a}$ zu mindestens einem $\mathfrak{f}_i$ und umgekehrt. Man kann daher den allgemeinen Fall sofort auf den ungemischten zurückführen, sofern man nur imstande ist, zu jedem $\mathfrak{a}$ aus $\mathfrak{P}_n$ seine Grundideale, d. h. zu jedem Ideal $\tilde{\mathfrak{a}}_i$ aus $\mathfrak{P}_i$ ($i < n$) sein Verengungsideal hinsichtlich $\mathfrak{P}_n$ zu berechnen. — Sind erst einmal alle Grundideale und zugehörigen Primideale von $\mathfrak{a}$ gefunden, so liefert, wie in HERMANN [1] § 8 sehr elegant gezeigt ist, der in 24. zu besprechende „HENTZELTsche Nullstellensatz" sofort eine Durchschnittsdarstellung von $\mathfrak{a}$ durch Primärkomponenten, und aus dieser können wieder durch Durchschnittsbildung alle i.K.I. von $\mathfrak{a}$ gewonnen werden; die wichtigsten Berechnungsprobleme der Idealtheorie sind also vollständig gelöst, sobald nur die Möglichkeit der Grundidealberechnung feststeht.

Ist aber $\mathfrak{a} = (f_1, \ldots f_r)$, so gibt es eine nur von n, r und den Gradzahlen der f_i abhängige Schranke λ derart, daß das Grundideal $\mathfrak{g}_i$ eine Basis von solchen Polynomen besitzt, deren Gradzahlen in $x_1, \ldots x_i$ allein höchstens bis zum Werte λ ansteigen. Bildet man nun die Menge $\mathfrak{M}$ bzw. $\mathfrak{G}_i$ aller der Polynome aus $\mathfrak{a}$ bzw. $\mathfrak{g}_i$, die in $x_1, \ldots x_i$ höchstens den Grad λ haben, so sind $\mathfrak{M}$ und $\mathfrak{G}_i$ Linearformenmoduln in endlich vielen Variablen über dem Polynomring $\mathfrak{K}_0[x_{i+1}, \ldots x_n]$, und es läßt sich auf Grund der Bemerkung, daß $\mathfrak{G}_i$ den „Grundmodul" von $\mathfrak{M}$ [1] darstellt, eine Modulbasis von $\mathfrak{G}_i$ berechnen, die dann gleichzeitig Idealbasis von $\mathfrak{g}_i$ sein muß. (Vgl. HERMANN [1] § 6; angesichts der Wichtigkeit der Sache wäre eine Vereinfachung des in den Einzelheiten ziemlich komplizierten HERMANNschen Beweises dringend erwünscht.)

Es sei jetzt wieder $N = \prod\limits_1^n N_m$ die Norm des Ideals $\mathfrak{a}$, $N_m = \prod\limits_{i=1}^{s_m} E_{mi}^{n_{mi}}$ sei die Zerlegung der Partialnorm N_m in irreduzible

---

[1] Ist $\mathfrak{M}$ ein Linearformenmodul über dem Integritätsbereich $\mathfrak{J}$, so versteht man unter dem „Grundmodul" $\mathfrak{M}^*$ die Menge aller der Linearformen l über $\mathfrak{J}$, für die $a \cdot l \subset \mathfrak{M}$ für geeignetes $a \neq 0$ aus $\mathfrak{J}$ ist.

Faktoren, $E_{mi} = \prod\limits_{k=1}^{r_{mi}} (x_m - (u_{m1} y_1^{(k)} + \cdots + u_{mn} y_n^{(k)}))$ bedeute die Linearfaktorzerlegung von E_{mi} in dem zu $\mathfrak{L}_{n-m}$ gehörigen algebraisch abgeschlossenen Körper. Dann liefert, wie die Betrachtungen von 18. über das Polynom $E(z; x_1, \ldots x_m; u)$ zeigen, die Produktzerlegung

$$N = \prod\limits_{m=1}^{n} \prod\limits_{i=1}^{s_m} \left(\prod\limits_{k=1}^{r_{mi}} (x_m - (u_{m1} y_1^{(k)} + \cdots + u_{mn} y_n^{(k)})) \right)^{n_{mi}} \quad \text{eine „explizite“}$$

Darstellung aller wesentlichen Nullstellen von $\mathfrak{a}$, und zwar erscheinen die $n - m$-dimensionalen als algebraische Funktionen der unabhängigen Parameter $x_{m+1}, \ldots x_n$. Jede Nullstelle ist dabei mit einer durch $\mathfrak{a}$ allein eindeutig bestimmten Vielfachheit n_{mi} behaftet, und es gilt der Satz:

Haben zwei Ideale $\mathfrak{a}$ und $\mathfrak{b} \subseteq \mathfrak{a}$ dieselben Nullstellen und dieselben Nullstellenvielfachheiten n_{mi}, so sind sie identisch.

Durch die Berechnung und Linearfaktorzerlegung der Norm wird so ein Nullstellenproblem gelöst, das zuerst durch Kronecker aufgestellt wurde, ohne daß er es mit seinen Methoden völlig befriedigend lösen konnte. (Vgl. etwa Macaulay [3] Nr. 18—20 [Theorie der „u-Resolvente“]. Beachte vor allem die kritische Bemerkung S. 26 oben.) —

Nennt man ein Ideal $\mathfrak{a}$ aus $\mathfrak{P}_n$ „absolutes Primideal“, wenn es bei jeder algebraischen Erweiterung des Grundkörpers $\mathfrak{K}_0$ Primideal bleibt, so ergibt sich sofort: $\mathfrak{p}$ ist dann und nur dann absolutes Primideal, wenn seine Elementarteilerform E absolute Primfunktion, d. h. nicht nur über $\mathfrak{K}_0$, sondern auch über jeder algebraischen Erweiterung von $\mathfrak{K}_0$ irreduzibel ist.

Aus dieser Bemerkung folgt nach E. Noether u. a.: Ist $\mathfrak{p}$ absolutes Primideal in einem Polynomring, dessen Grundbereich nicht einen Körper $\mathfrak{K}_0$, sondern einen Z.P.I.-Ring $\mathfrak{J}_0$ darstellt, so kann es nur für endlich viele Primideale $\mathfrak{p}_0$ aus $\mathfrak{J}_0$ vorkommen, daß $\mathfrak{p}_0$ seinen Primidealcharakter verliert, wenn man vom Grundring $\mathfrak{J}_0$ zum Grundkörper $\mathfrak{K}_0 = \mathfrak{J}_0/\mathfrak{p}_0$ übergeht. (Vgl. Noether [6] § 7 sowie für die nötigen Grundlagen des Beweises Ostrowski [4] und Noether [5]. Eine bemerkenswerte Anwendung des Satzes über die absoluten Primideale enthält Noether [12].)

Literatur zu 21: Hentzelt [1] (Grundbegriffe, insbesondere „transformierte“ und „Grund“-Ideale); Noether [6] (Norm und Elementarteilerform; schärfste Fassung der Sätze, Darstellung teilweise nicht leicht lesbar); Hermann [1] (Berechnungsprobleme). — Eine Übertragung der Theorie von Grundidealen, Norm und Elementarteilerform auf den Fall beliebiger ganz abgeschlossener endlicher Integritätsbereiche findet sich bei Schmeidler [15] und [16] (vgl. 50.).

22. Eliminationstheorie. Wir behandeln zunächst anschließend an 21. die Aufgabe, zu einem transformierten Ideal $\mathfrak{a}$ im Polynomring $\mathfrak{P}_n = \mathfrak{K}_0[y_1, \ldots y_n] = \mathfrak{K}_0[x_1, \ldots x_n]$ die Nullstellenmannigfaltigkeiten höchster Dimension zu berechnen. Es sei $\mathfrak{a} = (f_1, \ldots f_q)$, wobei insbesondere f_1 von der Form $f_1 = x_1^s + \sum\limits_{i=1}^{s} B_i(x_2, \ldots x_n) \cdot x_1^{s-i}$ sein möge, eine Annahme, die wegen der Transformiertheit von $\mathfrak{a}$ gemacht werden darf; ferner seien $R_i = \sum_{k=0}^{s-1} a_{ik}(x_2, \ldots x_n) \cdot x_1^k$ $(i = 1, \ldots s(q-1) = t)$ die Reste, die sich bei der Ausdivision der Polynome $x_1^\varrho \cdot f_\sigma$ $(\varrho = 0, \ldots s-1; \sigma = 2, \ldots q)$ durch f_1 ergeben. Aus der Tatsache, daß sich jedes $p \subset \mathfrak{a}$ in der Form $p = A \cdot f_1 + \sum_{i=2}^{q} \left(\sum_{k=0}^{s-1} c_{ik}(x_2, \ldots x_n) \cdot x_1^k \right) \cdot f_i$ darstellen läßt, folgt dann sofort:

Die Menge aller der $p \subset \mathfrak{a}$, die in x_1 den Grad s nicht erreichen, bildet über $\mathfrak{P}_{n-1} = \mathfrak{R}_0[x_2, \ldots x_n]$ einen Linearformenmodul $\mathfrak{M}_1$ in $1, x_1, \ldots x_1^{s-1}$ mit der Basis $(R_1, \ldots R_t)$. — $\mathfrak{M}_1$ hat einen Rang $\varrho \leqq s$, und zwar gilt das Kleinerzeichen dann und nur dann, wenn $f_1, \ldots f_q$ einen nichttrivialen (wegen der Form von f_1 sicher von x_1 abhängigen) gemeinsamen Teiler besitzen. Bildet man daher in $\mathfrak{P}_{n-1}$ das aus allen Unterdeterminanten s-ten Grades der Matrix $\| a_{ik}(x_2, \ldots x_n) \|$ $(i = 1, \ldots t; k = 0, \ldots s-1)$ abgeleitete „erste Eliminationsideal" $\mathfrak{a}_2$, so ist $\mathfrak{a}_2 = (0)$ dann und nur dann, wenn $\mathfrak{a} = \mathfrak{a}_1$ einen nichttrivialen Hauptidealfaktor und damit die Dimension $n-1$ hat. Im übrigen zeigt man leicht, daß $\mathfrak{a}_2$ stets Untermenge von $\mathfrak{a}_1$, transformiert und unabhängig von der speziellen Basis $f_1, \ldots f_q$ (d. h. im wesentlichen unabhängig von s) durch $\mathfrak{a}$ allein eindeutig bestimmt ist.

Für $\mathfrak{a}_2 \neq (0)$ bildet man nach demselben Schema, das von $\mathfrak{a}_1$ zu $\mathfrak{a}_2$ führte, ein durch $\mathfrak{a}_2$ (und damit durch $\mathfrak{a}$) eindeutig bestimmtes „zweites Eliminationsideal" $\mathfrak{a}_3$ in $\mathfrak{P}_{n-2} = \mathfrak{R}_0[x_3, \ldots x_n]$. Sollte auch $\mathfrak{a}_3 \neq (0)$ sein, so kommt man eindeutig zu $\mathfrak{a}_4$ in $\mathfrak{P}_{n-3} = \mathfrak{R}_0[x_4, \ldots x_n]$ usw. Für $\mathfrak{a} \neq \mathfrak{P}_n$ bricht das Verfahren nach $r \leqq n$ Schritten ab: $\mathfrak{a}_r \neq (0)$, $\mathfrak{a}_{r+1} = (0)$. r ist dadurch charakterisiert, daß $\mathfrak{a}$ die Dimension $n-r$, also mindestens eine wesentliche Nullstelle der Dimension $n-r$, aber keine der Dimension $n-r+1$ besitzt. Da alle $\mathfrak{a}_i$ transformiert sind, kann man bei der Bestimmung der $n-r$-dimensionalen Nullstellen durchweg $x_{r+1}, \ldots x_n$ als unabhängige Parameter wählen. Die Berechnung verläuft dann so:

Wegen $\mathfrak{a}_{r+1} = (0)$ haben die Polynome von $\mathfrak{a}_r$ einen nichttrivialen gemeinsamen Faktor D_r, der wegen der Transformiertheit von $\mathfrak{a}_r$ die Form $D_r = x_r^{\varrho_r} + \sum_{i=1}^{\varrho_r} Q_i(x_{r+1}, \ldots x_n) \cdot x_r^{\varrho_r - i}$ hat. Es sei nun $x_r = \xi_r$ eine der endlich vielen, über $\mathfrak{L}_{n-r} = \mathfrak{R}_0(x_{r+1}, \ldots x_n)$ algebraischen Nullstellen von D_r. Durch die Spezialisierung $x_r = \xi_r$ wird $\mathfrak{a}_r = (0)$, die Polynome von $\mathfrak{a}_r$ erhalten also einen nichttrivialen gemeinsamen Faktor $D_{r-1} = x_{r-1}^{\varrho_{r-1}} + \sum_{i=1}^{\varrho_{r-1}} Q'_i(\xi_r, x_{r+1}, \ldots x_n) \cdot x_{r-1}^{\varrho_{r-1} - i}$. Wählt man weiter ξ_{r-1} als eine der endlich vielen über $\mathfrak{L}_{n-r}$ algebraischen Nullstellen von D_{r-1} und spezialisiert man $x_{r-1} = \xi_{r-1}$, $x_r = \xi_r$, so wird $\mathfrak{a}_{r-1} = (0)$, und es bekommen die Polynome von $\mathfrak{a}_{r-2}$ einen nichttrivi alen gemeinsamen Faktor $D_{r-2} = x_{r-2}^{\varrho_{r-2}} + \sum_{i=1}^{\varrho_{r-2}} Q_i''(\xi_{r-1}, \xi_r, x_{r+1}, \dots x_n) \cdot x_{r-2}^{\varrho_{r-2}-i}$

mit endlich vielen über $\mathfrak{L}_{n-r}$ algebraischen Nullstellen ξ_{r-2} usw. — Schließlich kommt man zu endlich vielen über $\mathfrak{L}_{n-r}$ algebraischen Systemen $\xi_1, \dots \xi_r$, die zusammen mit den unabhängigen Parametern $x_{r+1}, \dots x_n$ alle $n-r$-dimensionalen Nullstellen von $\mathfrak{a}$ liefern. (Dabei erzeugen zwei über $\mathfrak{L}_{n-r}$ konjugierte Systeme $\xi_1, \dots \xi_r$ und $\xi_1', \dots \xi_r'$ im abstrakten Sinne von 19. dieselbe Nullstelle von $\mathfrak{a}$.)

Aus der Art der auf D_r gestützten Nullstellenberechnung ergibt sich sofort, daß die irreduziblen Faktoren von D_r in $\mathfrak{P}_n$ gerade die Elementarteilerformen der $n-r$-dimensionalen zu $\mathfrak{a}$ gehörigen Primideale sein müssen. *Unter der zu Beginn von 20. gemachten Voraussetzung besteht daher die Möglichkeit, diese Elementarteilerformen mit endlich vielen Schritten zu bestimmen*, denn man gewinnt ja in jedem Fall die Eliminationsideale $\mathfrak{a}_2, \dots \mathfrak{a}_r$ und damit auch das Polynom D_r aus dem ursprünglich gegebenen Ideal $\mathfrak{a}$ durch endlich viele rationale Rechenoperationen.

Ein beliebiges spezielles Wertsystem $x_i = \eta_i, \dots x_n = \eta_n$ $(i \leqq r)$ kann offenbar dann und nur dann zu einer Nullstelle $x_1 = \eta_1, \dots x_n = \eta_n$ von $\mathfrak{a}$ ergänzt werden, wenn es selbst Nullstelle von $\mathfrak{a}_i$ ist. Daraus folgt: Ist $\mathfrak{a}_r : (D_r) = \mathfrak{a}_r' \neq \mathfrak{P}_{n-r}$, und bildet man zu $\mathfrak{a}_r'$ die Eliminationsideale $\mathfrak{a}_{r+1}', \dots \mathfrak{a}_{r+r'}'$, so lange, bis (für $r + r' \leqq n$!) einmal $\mathfrak{a}_{r+r'+1}' = (0)$ wird, so führt der nichttriviale Hauptidealfaktor $D_{r+r'}$ von $\mathfrak{a}_{r+r'}'$ zu neuen Nullstellenmannigfaltigkeiten von $\mathfrak{a}$. — Man zeigt sogar leicht, daß man, wenn nötig durch mehrfache Anwendung des angedeuteten Verfahrens, (ohne Grundidealbildung!), jedenfalls alle wesentlichen nichteingebetteten Nullstellen von $\mathfrak{a}$ gewinnt. Dagegen könnte es sein, daß nicht alle wesentlichen eingebetteten Nullstellen erfaßt werden, und daß umgekehrt nichtwesentliche eingebettete mitunterlaufen. — Immer aber bildet jede Basis von $\mathfrak{a}_r$ für $f_1 = \dots = f_q = 0$ ein Resultantensystem von der in 18. gelegentlich benötigten (nicht von der weiter unten behandelten) Art.

Die soeben besprochene Methode der Nullstellenberechnung durch Elimination, die (wegen der Invarianz der $\mathfrak{a}_i$ unabhängig von jeder speziellen Basis von $\mathfrak{a}$) den Anforderungen der Idealtheorie besonders gut entspricht, stammt von K. Hentzelt. Auf die klassische Kroneckersche Methode brauchen wir hier nicht näher einzugehen, da sie jedenfalls nicht weiter trägt als die Hentzeltsche und bereits lehrbuchmäßig dargestellt ist (Macaulay [3] I. u. II.; van der Waerden [15] Kap. 11). — Auch bei einer anderen Gruppe von dimensionstheoretischen Untersuchungen können wir uns damit begnügen, die wichtigsten Ergebnisse kurz aufzuzählen und im übrigen auf van der Waerdens Lehrbuch zu verweisen.

Es handelt sich um die Betrachtung eines Gleichungssystems $f_1 = \dots = f_m = 0$, bei dem die linken Seiten homogene Formen in $x_1, \dots x_n$ sind, deren Koeffizienten teils als Unbestimmte, teils als irgendwie spezialisiert angenommen werden. Wie im homogenen Falle üblich, wird die triviale Lösung $x_1 = \cdots = x_n = 0$ von der Betrachtung ausgeschlossen, und es werden zwei nichttriviale Lösungen als nicht wesentlich verschieden angesehen, wenn sie sich nur um einen Proportionalitätsfaktor unterscheiden. Es gilt dann das folgende „algebraische Lösbarkeitskriterium":

Für $m < n$ sind die Gleichungen $f_1 = \cdots = f_m = 0$ immer nichttrivial lösbar. — Für $m \geqq n$ existiert ein „Resultantensystem", d. h. ein System von Polynomen $R_1(a), \ldots R_s(a)$ in den unbestimmt gedachten Koeffizienten a der Formen f_i derart, daß bei einer Koeffizientenspezialisierung $a = \alpha$ die Gleichungen $f_1 = \cdots = f_m = 0$ dann und nur dann eine nichttriviale Lösung erhalten, wenn das Resultantensystem dabei verschwindet ($R_1(\alpha) = \cdots = R_s(\alpha) = 0$). — Für $m = n$ reduziert sich das Resultantensystem auf ein einziges, eindeutig bestimmtes Polynom R, das als „die Resultante" der Formen $f_1, \ldots f_n$ bezeichnet wird; ist ϱ_i der Grad von f_i in den Variablen x, so ist R in den Koeffizienten von f_i jeweils homogen vom Grade $\sigma_i = \prod_{k \neq i} \varrho_k$.

Es seien nun die Formen $f_1, \ldots f_m$ so gewählt, daß das Gleichungssystem $f_1 = \cdots = f_m = 0$ endlich viele wesentlich verschiedene Lösungen $\xi_1^{(i)}, \ldots \xi_n^{(i)}$ ($i = 1, \ldots \omega$) besitzt, $f_{m+1} = u_1 x_1 + \cdots + u_n x_n$ sei eine weitere Linearform mit unbestimmten Koeffizienten. Bildet man dann zu $f_1, \ldots f_{m+1}$ ein Resultantensystem $R_1, \ldots R_s$, so werden die R_k Polynome in u, und ihr größter gemeinschaftlicher Teiler hat die

Gestalt $D(u) = c \cdot \prod_{i=1}^{\omega} (\xi_1^{(i)} u_1 + \cdots + \xi_n^{(i)} u_n)^{\varrho_i}$, wobei c von den u un-

abhängig ist und alle ϱ_i mindestens gleich 1 sind. Man findet also die nichttrivialen Nullstellen von $f_1 = \cdots = f_m = 0$ durch Linearfaktorzerlegung der „u-Resultante" $D(u)$. (Für $m = n - 1$ ist $D(u)$ natürlich gleich „der" Resultante von $f_1, \ldots f_{m+1}$.)

Literatur: Zu der ausführlich beschriebenen Eliminationsmethode HENTZELT [1] § 6 und VAN DER WAERDEN [7] § 2 und § 3. — Zu den Sätzen über homogene Gleichungssysteme und zu den zugehörigen Resultantenbildungen vor allem VAN DER WAERDEN [15] Kap. 11 § 76—79 und VAN DER WAERDEN [2], wo gleich der für die Anwendung auf die Multiplizitätstheorie unentbehrliche Fall behandelt wird, daß das vorgelegte Gleichungssystem nicht nur in einer, sondern in mehreren Variablenreihen homogen ist. Außerdem vgl. etwa: MERTENS [1], [3], [4]; KAPFERER [5]; HURWITZ [3]; FISCHER [2]. Körpertheoretisch bemerkenswert ist OSTROWSKI [5] Kap. 1, 2, wo u. a. der folgende Satz bewiesen wird: Sind $f_1, \ldots f_n$ Polynome in $x_1, \ldots x_n$, bei denen die zu den homogenen Formen höchster Dimension gehörige Resultante nicht identisch verschwindet, so ist der Grad N des Körpers $\Re_0(x_1, \ldots x_n)$ über dem Körper $\Re_0(f_1, \ldots f_n)$ gleich dem Produkt der Gradzahlen der f_i (vgl. hierzu z. B. auch VAN DER WAERDEN [8]), und es hat der Polynomring $\mathfrak{P} = \Re_0[x_1, \ldots x_n]$ über dem Unterring $\mathfrak{Q} = \Re_0[f_1, \ldots f_n]$ eine Modulbasis von genau N Elementen.

23. Der BÉZOUTsche Satz und die HENTZELTschen Nullstellensätze. In 23. bis 28. handelt es sich vor allem um die Anwendung der Polynomidealtheorie auf die algebraische Geometrie, insbesondere auf das Multiplizitätsproblem. Dabei steht die projektive Auffassung und dementsprechend die „homogene Schreibweise" im Vordergrund. — Man betrachtet im Polynomring $\mathfrak{P}_{n+1} = \mathfrak{R}_0[x_0, \ldots x_n]$ ausschließlich „H-Ideale", d. h. Ideale, die eine Basis $(f_1, \ldots f_m)$ von homogenen Formen f_i besitzen und somit gleichzeitig mit einem beliebigen Polynom p stets auch jeden homogenen Bestandteil von p enthalten. Jedes H-Ideal $\mathfrak{a}$ hat die geometrisch bedeutungslose triviale Nullstelle $x_0 = \cdots = x_n = 0$. Zwei nichttriviale Nullstellen $\xi_0, \ldots \xi_n$ und $\varrho \cdot \xi_0, \ldots \varrho \cdot \xi_n$, die sich bloß um einen Proportionalitätsfaktor unterscheiden, werden nur als verschiedene Repräsentanten ein und derselben „projektiven" Nullstelle $\{\xi_0, \ldots \xi_n\}$ von $\mathfrak{a}$ angesehen; dementsprechend muß einem H-Primideal, das im Sinne von 18. die Dimension m hat, im projektiven Sinne die Dimension $m-1$ zugeschrieben werden. (Van der Waerden bezeichnet $m-1$ als die „reduzierte" Dimension.)

Ist $\mathfrak{a}$ H-Ideal, so sind es auch alle zu $\mathfrak{a}$ gehörigen Primideale; ihre projektiven Nullstellenmannigfaltigkeiten heißen die „wesentlichen" projektiven Nullstellenmannigfaltigkeiten von $\mathfrak{a}$. Die zum Primideal $(x_0, \ldots x_n)$ gehörigen Primärideale, die überhaupt keine projektive Nullstelle besitzen, werden von der Betrachtung ausgeschlossen; zwei H-Ideale werden als nicht wesentlich verschieden angesehen, wenn sie sich nur um eine zu $(x_0, \ldots x_n)$ gehörige Primärkomponente unterscheiden. — Sind $\mathfrak{a} = (\ldots f_i(x_0, \ldots x_n), \ldots)$ und $\mathfrak{b} = (\ldots g_i(x_0, \ldots x_n), \ldots)$ zwei H-Ideale aus $\mathfrak{P}_n$, so kann man sich die Variablen $x_0, \ldots x_n$ stets so gewählt denken, daß weder $\mathfrak{a}$ noch $\mathfrak{b}$ eine wesentliche projektive Nullstellenmannigfaltigkeit besitzt, bei der durchweg $x_0 = 0$ ist. Geht man dann von $\mathfrak{a}$ und $\mathfrak{b}$ zu den „zugehörigen" inhomogenen Idealen $\mathfrak{a} = (\ldots f_i(1, x_1, \ldots x_n), \ldots)$ und $\mathfrak{b} = (\ldots g_i(1, x_1, \ldots x_n), \ldots)$ in $\mathfrak{P}_n = \mathfrak{R}_0[x_1, \ldots x_n]$ über, so entsprechen die wesentlichen projektiven Nullstellenmannigfaltigkeiten von $\mathfrak{a}$ bzw. $\mathfrak{b}$ eindeutig umkehrbar den wesentlichen gewöhnlichen von $\mathfrak{a}$ bzw. $\mathfrak{b}$, und es sind $\mathfrak{a}$ und $\mathfrak{b}$ dann und nur dann identisch, wenn $\mathfrak{a}$ und $\mathfrak{b}$ nicht wesentlich verschieden sind. — Ist andererseits $\mathfrak{a}$ ein beliebiges Ideal aus $\mathfrak{P}_n$, so erhält man in der Gesamtheit aller homogenen Formen von der Gestalt

$$f(x_0, x_1, \ldots x_n) = x_0^\nu \cdot \varphi\left(\frac{x_1}{x_0}, \ldots \frac{x_n}{x_0}\right) \quad (\varphi(x_1, \ldots x_n) \subset \mathfrak{a})$$

ein zu $\mathfrak{a}$ gehöriges H-Ideal $\mathfrak{a}^*$ aus $\mathfrak{P}_{n+1}$, und es ist dabei $\mathfrak{a}^*$ durch das Fehlen einer zu $(x_0, \ldots x_n)$ gehörigen Primärkomponente ausgezeichnet. — Die Beweise dieser Bemerkungen, die je nach Wunsch den Übergang von der homogenen zur inhomogenen Behandlungsweise und umgekehrt ermöglichen, sind fast durchweg recht einfach. Nur der Nachweis, daß alle zugehörigen Primideale eines H-Ideals selbst H-Ideale sind, gestaltet sich etwas umständlich.

Sind $\varphi_1, \ldots \varphi_r$ Polynome aus $\mathfrak{P}_n$ von den Graden $\varrho_1, \ldots \varrho_r$, so stellt
$$\mathfrak{a} = \left(x_0^{\varrho_1} \cdot \varphi_1\left(\frac{x_1}{x_0}, \ldots \frac{x_n}{x_0}\right), \ldots x_0^{\varrho_r} \cdot \varphi_r\left(\frac{x_1}{x_0}, \ldots \frac{x_n}{x_0}\right)\right) \text{ ein } H\text{-Ideal aus } \mathfrak{P}_{n+1} \text{ dar,}$$
das von dem oben zu $\bar{\mathfrak{a}} = (\varphi_1(x_1, \ldots x_n), \ldots \varphi_r(x_1, \ldots x_n))$ definierten Ideal $\mathfrak{a}^*$
nicht wesentlich verschieden, aber doch im allgemeinen ein echtes Unter-
ideal von $\mathfrak{a}^*$ ist; wird $\mathfrak{a} = \mathfrak{a}^*$, so heißt $(\varphi_1, \ldots \varphi_r)$ eine „H-Basis'' von $\bar{\mathfrak{a}}$.
Der Begriff der H-Basis spielt eine wichtige Rolle in den Untersuchungen
von MACAULAY (vgl. z. B. [3] § 38); im folgenden werden wir uns mit ihm
nicht weiter zu beschäftigen haben.

Das einfachste Multiplizitätsproblem der algebraischen Geometrie
tritt beim sog. BÉZOUTschen Satz auf. Im n-dimensionalen projek-
tiven Raume P_n haben n Flächen von den Graden $\mu_1, \ldots \mu_n$ entweder
unendlich viele oder höchstens $\mu_1 \cdot \ldots \cdot \mu_n$ Schnittpunkte gemein. Ist
die Schnittpunktszahl l kleiner als $\mu_1 \cdot \ldots \cdot \mu_n$, so wird man danach
streben, jedem einzelnen Schnittpunkt P_i eine gewisse Vielfach-
heit ϱ_i derart zuzuordnen, daß die Gleichung $\varrho_1 + \cdots + \varrho_l = \mu_1 \cdot \ldots \cdot \mu_n$
gilt. Am einfachsten ergibt sich die Möglichkeit einer derartigen Viel-
fachheitsdefinition aus den letzten Sätzen von 22.

Eine Fläche F_i vom Grade μ_i ist charakterisiert durch eine Gleichung
$f_i = 0$, wobei f_i eine homogene Funktion μ_i-ten Grades aus $\mathfrak{P}_{n+1}$ bedeutet.
Haben $F_1, \ldots F_n$ nur endlich viele gemeinsame Schnittpunkte, so
besitzen $f_1, \ldots f_n$ eine nicht identisch verschwindende u-Resultante von
der Gestalt $D(u) = c \cdot \prod_{i=1}^{l} (\xi_0^{(i)} u_0 + \cdots + \xi_n^{(i)} u_n)^{\varrho_i}$, wobei die Systeme
$\{\xi_0^{(i)}, \ldots \xi_n^{(i)}\}$ $(i = 1, \ldots l)$ gerade die sämtlichen verschiedenen
Schnittpunkte P_i von $F_1, \ldots F_n$ definieren und $\varrho_1 + \cdots + \varrho_l$
$= \mu_1 \cdot \ldots \cdot \mu_n$ ist.

Vom besonderen Standpunkt der Idealtheorie aus erscheint eine
andere Vielfachheitsdefinition bemerkenswert. Enthomogenisiert man
unter der Annahme, daß kein Schnittpunkt P_i die Koordinate
$x_0 = 0$ besitzt, durch die Substitution $x_0 = 1$, so entsprechen für
$\varphi_i = f_i(1, x_1, \ldots x_n)$ den P_i in $\mathfrak{P}_n$ eindeutig umkehrbar die Primober-
ideale $\mathfrak{p}_i = (x_1 - \alpha_{i1}, \ldots x_n - \alpha_{in})$ $(i = 1, \ldots l)$ von $\mathfrak{a} = (\varphi_1, \ldots \varphi_n)$.
($\mathfrak{K}_0$ ist hier, sowie später beim NOETHERschen und LASKERschen Satze
algebraisch abgeschlossen anzunehmen, im übrigen aber beliebig.) — Zu
jedem $\mathfrak{p}_i$ gehört eine Primärkomponente $\mathfrak{q}_i$ von $\mathfrak{a}$, und $\mathfrak{q}_i$ hat nach 14. jeweils eine bestimmte „Länge'' λ_i, die in unserem Falle auch erklärt wer-
den kann als der Rang des als Linearformenmodul über $\mathfrak{K}_0$ aufgefaßten
Restklassenringes $\mathfrak{P}_n/\mathfrak{q}_i$. — *Die Länge λ_i liefert nun einen brauchbaren
Wert für die Vielfachheit des Schnittpunkts P_i.*
Zum Beweis der Richtigkeit dieser Tatsache kann man nach
MACAULAY direkt zeigen, daß die Länge λ_i dem durch die u-Resultante
gelieferten Exponenten ϱ_i gleich sein muß. Auch dürfte sich die in
KAPFERER [2] für den zweidimensionalen Fall entwickelte Methode
(axiomatische Festlegung der Vielfachheitszahlen durch einfache for-

male Eigenschaften und Verifikation dieser letzteren für den u-Resultantenexponenten und die Ideallänge) mühelos auf den n-dimensionalen Bézoutschen Satz übertragen lassen.

Die Vielfachheitsdefinition durch die Ideallänge ist bequem bei praktischen Berechnungen. Ist $\mathfrak{p} = (x_1 - \alpha_1, \ldots x_n - \alpha_n)$ das einem bestimmten Schnittpunkt P entsprechende Primoberideal, $\mathfrak{q}$ die zu $\mathfrak{p}$ gehörige Primärkomponente von $\mathfrak{a}$, so gilt eine Gleichung $\mathfrak{q} = \mathfrak{a} + \mathfrak{p}^\sigma$, und daraus folgt sofort: Bedeutet $\widetilde{\mathfrak{P}}_n$ den Ring aller formalen Potenzreihen in $x_1 - \alpha_1, \ldots x_n - \alpha_n$, so ist die Länge λ von $\mathfrak{q}$ in $\mathfrak{P}_n$ gleich der Länge von $\tilde{\mathfrak{a}} = \mathfrak{a} \cdot \widetilde{\mathfrak{P}}_n$ in $\widetilde{\mathfrak{P}}_n$, also gleich dem Rang des als Linearformenmodul über $\mathfrak{K}_0$ aufgefaßten Ringes $\widetilde{\mathfrak{P}}_n/\tilde{\mathfrak{a}}$.

Auf Grund dieser Bemerkung beweist man u. a. durch direkte Abzählung:

Ist P ein ν_i-facher Punkt der Fläche F_i, besitzt also φ_i, nach Formen steigender Dimension in $x_1 - \alpha_1, \ldots x_n - \alpha_n$ entwickelt, die Gestalt $\varphi_i = \psi_{\nu_i}^{(i)} + \psi_{\nu_i+1}^{(i)} + \cdots (\psi_{\nu_i}^{(i)} \neq 0)$ $(i = 1, \ldots n)$, so ist die Vielfachheit von P mindestens gleich $\nu_1 \cdots \cdots \nu_n$, und sie hat genau diesen Wert im sog. „einfachen Fall", wenn $(\psi_{\nu_1}^{(1)}, \ldots \psi_{\nu_n}^{(n)})$ ein zu $(x_1 - \alpha_1, \ldots x_n - \alpha_n)$ gehöriges Primärideal ist.

Auf Verfeinerungen dieses Satzes, die sich mit der gleichen Methode vor allem im Spezialfall $n = 2$ gewinnen lassen, gehen wir nicht weiter ein; wir stellen vielmehr das ganze Vielfachheitsproblem zunächst zurück, um uns dafür der Besprechung einiger anderer mit den zuletzt benutzten Potenzreihenentwicklungen eng zusammenhängender Sätze zuzuwenden:

Noetherscher Fundamentalsatz: *Es sei $\mathfrak{a} = (\varphi_1, \ldots \varphi_r)$ irgendein nulldimensionales Ideal aus $\mathfrak{P}_n$ mit den endlich vielen Primoberidealen $\mathfrak{p}_i = (x_1 - \alpha_{i1}, \ldots x_n - \alpha_{in})$ $(i = 1, \ldots l)$. Gibt es dann zu einem Polynom q aus $\mathfrak{P}_n$ für jedes i formale Potenzreihen $P_{i1}, \ldots P_{ir}$ in $x_1 - \alpha_{i1}, \ldots x_n - \alpha_{in}$, die der Gleichung $q = P_{i1}\varphi_1 + \cdots + P_{ir}\varphi_r$ genügen, so ist $q \subset \mathfrak{a}$.* (M. Noether [1].)

Laskerscher Satz: *Der Noethersche Satz gilt wörtlich auch dann, wenn $\mathfrak{a}$ ein nichtnulldimensionales Ideal bedeutet und wenn die nulldimensionalen Primideale $\mathfrak{p}_i$ so gewählt sind, daß jedes zu $\mathfrak{a}$ gehörige Primideal in mindestens einem $\mathfrak{p}_i$ enthalten ist.*

Der Beweis des Noetherschen Satzes ist trivial, denn die Potenzreihenbedingung ist hier gleichwertig mit der Forderung, daß q für jedes i der zu $\mathfrak{p}_i$ gehörigen Primärkomponente von $\mathfrak{a}$ angehören soll. — Ist ferner $\mathfrak{a} = \mathfrak{q}$ ein beliebiges Primärideal, so braucht man beim Laskerschen Satz nur ein einziges $\mathfrak{p}_i = \mathfrak{p}_1$, und der Beweis ergibt sich nach 15. aus dem Satz, daß in $\mathfrak{P}/\mathfrak{q} = \overline{\mathfrak{P}}$ der Durchschnitt aller Potenzen von $\bar{\mathfrak{p}}_1 = \mathfrak{p}_1/\mathfrak{q}$ das Nullideal ist; denn die Potenzreihenbedingung besagt gerade, daß $\bar{q}$ in $\overline{\mathfrak{P}}$ in allen Potenzen von $\bar{\mathfrak{p}}_1$ liegen muß. — Ist schließlich $\mathfrak{a}$ beliebig nichtprimär, so kann man $\mathfrak{a}$ als Durchschnitt von Primäridealen darstellen und das bereits gewonnene Ergebnis auf jede einzelne Komponente anwenden. — Im Gegensatz zu den Methoden von 20.

liefern die Sätze von NOETHER und LASKER praktisch brauchbare Kriterien für die Zugehörigkeit von q zu $\mathfrak{a}$. Wichtiger noch ist in dieser Hinsicht ein anderes Theorem, das an Stelle der unendlichen Reihenentwicklungen einen endlichen Exponenten ϱ setzt:

HENTZELTscher Nullstellensatz: *Bei beliebigem Grundkörper gibt es in* $\mathfrak{P}_n$ *zu jedem Ideal* $\mathfrak{a} = (\varphi_1, \ldots \varphi_r)$ *einen endlichen, nur von* n, r *und den Gradzahlen der* φ_i *abhängigen Exponenten* ϱ *derart, daß* $q \subset \mathfrak{a}$ *sein muß, falls* $q \subset \mathfrak{a} + \mathfrak{p}_i^\varrho$ *ist für jedes zu* $\mathfrak{a}$ *gehörige Primideal* $\mathfrak{p}_i$.

Oder suggestiver ausgedrückt: *Das Polynom* q *gehört zu* $\mathfrak{a}$, *falls es in jeder wesentlichen Nullstelle von* $\mathfrak{a}$ *mindestens die Vielfachheit* ϱ *besitzt.*

(Bei der zweiten — historisch ersten — Fassung kann man die folgende Definition zugrunde legen: Ist $\xi_1, \ldots \xi_n$ irgendeine abstrakte Nullstelle von $\mathfrak{a}$ im Sinne von 18., so soll q „in dieser Nullstelle die Vielfachheit σ" zugeschrieben werden, wenn q in $\mathfrak{K}_0(\xi_1, \ldots \xi_n) \cdot \mathfrak{P}_n$ in der σ-ten, aber nicht in der $\sigma + 1$-ten Potenz des Primideals $(x_1 - \xi_1, \ldots x_n - \xi_n)$ enthalten ist. Vgl. dazu die ausführliche Darstellung bei VAN DER WAERDEN [3] § 6.) — Beim Beweis des HENTZELTschen Nullstellensatzes kommt es angesichts der für hinreichend großes σ sicher gültigen Gleichung $\mathfrak{a} = \underset{i}{\varDelta}(\mathfrak{a} + \mathfrak{p}_i^\sigma)$ nur darauf an zu zeigen, daß ϱ wirklich allein von den im Satz angegebenen Zahlen abhängt. Für den Fall einer beliebigen Dimension von $\mathfrak{a}$ gestaltet sich dieser bei G. HERMANN [1] zu findende Nachweis ziemlich kompliziert. — Bei nulldimensionalem $\mathfrak{a}$ dagegen kann ein triviales ϱ sofort aus dem BÉZOUTschen Satz abgeleitet werden, ein erstes praktisch brauchbares ϱ wurde bereits von BERTINI ([1]) angegeben, und es existiert eine umfangreiche Literatur, die sich mit der Verbesserung des BERTINIschen Exponenten befaßt. (Vom idealtheoretischen Standpunkt aus sei vor allem auf die Behandlung des Falles $n = 2$ bei P. DUBREIL [3] hingewiesen.)

Neben dem bisher behandelten „ersten" HENTZELTschen Nullstellensatz gibt es noch einen „zweiten", der sich von dem ersten dadurch unterscheidet, daß an Stelle der endlich vielen wesentlichen die im allgemeinen unendlich vielen algebraischen Nullstellen von $\mathfrak{a}$ treten. (Beweis wieder bei G. HERMANN [1].) An praktischer Brauchbarkeit steht der zweite HENTZELTsche Nullstellensatz dem ersten gegenüber entschieden zurück, insbesondere handelt es sich bei der in 21. erwähnten Berechnung der Primärkomponentenzerlegung eines beliebigen Polynomideals um den ersten Satz und nicht um den zweiten.

Zu den Sätzen über H-Ideale vgl. vor allem die kurze Zusammenstellung bei VAN DER WAERDEN [6] § 3. — Die Behandlung des BÉZOUTschen Satzes mit der Resultante gehört in den Rahmen der VAN DER WAERDENschen Vielfachheitstheorie (26.); die mit der Ideallänge läßt sich in die Theorie der HILBERTschen charakteristischen Funktion (24.) einordnen, vgl. hierzu auch VAN DER WAERDEN [8], wo die Möglichkeit besonders berücksichtigt ist, daß beim inhomogenen Arbeiten Schnittpunkte ins Unendliche fallen. Zum NOETHERschen Satz vgl. VAN DER WAERDEN [15] § 92 und § 93, zum LASKERschen LASKER [1] S. 95, MACAULAY [3] Nr. 56,

Krull [12] § 4; zum Hentzeltschen Satz außer Hermann [1] § 5 vor allem van der Waerden [3] § 6, [15] § 94.

24. Hilberts Funktion. Bei den H-Idealen, deren Bedeutung für die projektive Geometrie bereits in 23. gekennzeichnet wurde, tritt neben die Ideallänge als wichtige Invariante die „Hilbertsche charakteristische Funktion" $\chi(\mathfrak{a}, l)$ (zuerst eingeführt in Hilbert [1]). Ist $\mathfrak{a}$ ein beliebiges H-Ideal aus $\mathfrak{P}_{n+1} = \mathfrak{K}_0[x_0, \ldots x_n]$, so verstehen wir unter $\varphi(\mathfrak{a}, l)$ bzw. $\chi(\mathfrak{a}, l)$ die Anzahl der in $\mathfrak{a}$ enthaltenen bzw. modulo $\mathfrak{a}$ linear unabhängigen Formen l-ten Grades. Zwischen $\varphi(\mathfrak{a}, l)$ und $\chi(\mathfrak{a}, l)$ besteht die Gleichung $\varphi(\mathfrak{a}, l) + \chi(\mathfrak{a}, l) = (l)_{n+1}$, wobei $(l)_{n+1}$ die Anzahl aller Potenzprodukte l-ten Grades in $x_0, \ldots x_n$ bedeutet. Man kann sich also stets auf die Betrachtung einer der Funktionen $\varphi(\mathfrak{a}, l)$ und $\chi(\mathfrak{a}, l)$ beschränken. — Ordnet man die Potenzprodukte in $x_0, \ldots x_n$ in üblicher Weise lexikographisch, und versteht man unter $\mu^{(n+1)}$ die (von l unabhängige) Zahl aller verschiedenen Potenzprodukte $l+1$-ten Grades, die für großes l (nämlich für $(l)_{n+1} \geqq \mu$) aus den μ ersten Potenzprodukten l-ten Grades durch Multiplikation mit $x_0, \ldots x_n$ hervorgehen, so kann man nach Macaulay [4] den folgenden Satz aussprechen:

Zu einer für $l = 1, 2, \ldots$ definierten, positiv ganzzahligen Funktion $\varphi(l)$ existiert dann und nur dann ein der Gleichung $\varphi(\mathfrak{a}, l) = \varphi(l)$ genügendes H-Ideal $\mathfrak{a}$, wenn durchweg $(l)_{n+1} \geqq \varphi(l)$, $\varphi(l+1) \geqq \varphi(l)^{(n+1)}$ ist.

Sind die angegebenen Bedingungen erfüllt, so erhält man ein Ideal $\mathfrak{a}$ mit $\varphi(\mathfrak{a}, l) = \varphi(l)$, indem man für jedes l die Menge aller linearen Verbindungen der $\varphi(l)$ ersten Potenzprodukte l-ten Grades bildet. — Die Notwendigkeit der Bedingungen ergibt sich leicht aus dem folgenden Hilfssatz: Ist $\mathfrak{M}$ irgendeine Menge von μ Potenzprodukten l-ten Grades, so genügt die Zahl ν aller der Potenzprodukte $l+1$-ten Grades, die man aus denjenigen von $\mathfrak{M}$ durch Multiplikation mit $x_0, \ldots x_n$ erhält, der Ungleichung $\nu \geqq \mu^{(n+1)}$. — Der Beweis des Hilfssatzes selbst ist allerdings keineswegs trivial oder auch nur kurz zu beschreiben.

Aus $(l)_{n+1} \geqq \varphi(\mathfrak{a}, l)$; $\varphi(\mathfrak{a}, l+1) \geqq \varphi(\mathfrak{a}, l)^{(n+1)}$ erschließt man durch rein kombinatorische Überlegungen die Gültigkeit der Gleichung $\varphi(\mathfrak{a}, l) = \varphi(\mathfrak{a}, l-1)^{(n+1)}$ für hinreichend großes l, und daraus folgt leicht weiter, daß $\varphi(\mathfrak{a}, l)$ (und damit auch $\chi(\mathfrak{a}, l)$) für großes l eine ganz rationale, ganzzahlige Funktion von l darstellt. Gleichzeitig hat man einen neuen Beweis des Hilbertschen Basissatzes für H-Ideale gewonnen, denn dieser ist offenbar mit der Gültigkeit des Gleichheitszeichens in $\varphi(\mathfrak{a}, l) \geqq \varphi(\mathfrak{a}, l-1)^{(n+1)}$ für fast alle l äquivalent. — Von ganz anderer Art als die bisherigen im wesentlichen formalen Betrachtungen sind die folgenden Untersuchungen, die in der Hauptsache von Lasker und van der Waerden stammen:

Die Grundlage bilden zwei fast unmittelbar aus der Definition von $\chi(\mathfrak{a}, l)$ ableitbare Identitäten:

(1) $\chi(\mathfrak{a} + \mathfrak{b}, l) = \chi(\mathfrak{a}, l) + \chi(\mathfrak{b}, l) - \chi(\mathfrak{a} \cap \mathfrak{b}, l)$. (2) $\chi(\mathfrak{a} + (a), l) = \chi(\mathfrak{a}, l) - \chi(\mathfrak{a}, l - \gamma)$, falls $\mathfrak{a}:(a) = \mathfrak{a}$ und γ Grad von a.

Aus (1) und (2) beweist man mit Hilfe der in $\mathfrak{P}_{n+1}$ möglichen Primäridealzerlegung durch einen doppelten Induktionsschluß nach wachsender Dimension und wachsender Primärkomponentenzahl verhältnismäßig einfach: $\chi(\mathfrak{a}, l)$ *hat für große l die Gestalt* $\chi(\mathfrak{a}, l) = a_0 \cdot \binom{l}{d} + a_1 \cdot \binom{l}{d-1} + \cdots + a_l$, *wobei alle a_i ganz sind, $a_0 > 0$ ist und d die projektive Dimension von $\mathfrak{a}$ bedeutet.*

Für die Zahl a_0, die als der „Grad" von $\mathfrak{a}$ bezeichnet wird, ergibt sich leicht aus (1) und (2): Der Grad eines H-Ideals $\mathfrak{a}$ ist gleich der Summe der Grade seiner höchstdimensionalen isolierten Primärkomponenten. Ist $\mathfrak{a} = \mathfrak{p}$ Primideal (oder auch ein zu $\mathfrak{p}$ gehöriges Primärideal), f eine nicht zu $\mathfrak{p}$ gehörige Form, so ist der Grad von $\mathfrak{a} + (f)$ gleich dem Produkt der Grade von $\mathfrak{a}$ und f.

Schwieriger ist der Beweis des grundlegenden Satzes:

Der Grad eines Primärideals $\mathfrak{q}$ ist gleich dem Grad des zugehörigen Primideals $\mathfrak{p}$ multipliziert mit der Länge von $\mathfrak{q}$.

Sind zunächst $\mathfrak{p}$ und $\mathfrak{q}$ projektiv nulldimensional, und bedeuten $\bar{\mathfrak{q}}$ und $\bar{\mathfrak{p}}$ die zugehörigen enthomogenisierten Ideale in $\mathfrak{P}_n = \mathfrak{K}_0[x_1, \ldots x_n]$, so zeigt man unschwer, daß der Grad von $\mathfrak{q}$ bzw. $\mathfrak{p}$ dem Range des als Linearformenmodul über $\mathfrak{K}_0$ aufgefaßten Ringes $\mathfrak{P}_n/\bar{\mathfrak{q}}$ bzw. $\mathfrak{P}_n/\bar{\mathfrak{p}}$ gleich ist. Daraus ergibt sich sofort die zu beweisende Formel, und es zeigt sich insbesondere, daß der Grad von $\mathfrak{p}$ identisch ist mit dem Grade von $\mathfrak{P}_n/\bar{\mathfrak{p}}$ über dem Körper $\mathfrak{K}_0$ (der hier nicht algebraisch abgeschlossen zu sein braucht). — Der Übergang vom null- zum beliebig m-dimensionalen Fall erfolgt durch Überlegungen, die im Grundgedanken auf die Anwendung der „Kunstgriffe" von 16. hinauskommen, aber durch die notwendige Berücksichtigung des Homogenen kompliziert werden. — Aus den gewonnenen Gradsätzen folgt unmittelbar:

Es sei $\mathfrak{p}$ ein H-Primideal vom Grade g und der projektiven Dimension $d > 0$, f eine nicht zu $\mathfrak{p}$ gehörige Form vom Grade h. Dann ist $g \cdot h = \sum_{i=1}^{r} \lambda_i \cdot \varrho_i$, falls $\varrho_1, \ldots \varrho_r$ die Grade der minimalen $((d-1)$-dimensionalen) Primoberideale von $\mathfrak{p} + (f)$ und $\lambda_1, \ldots \lambda_r$ die Längen der zugehörigen isolierten Primärkomponenten bedeuten.

Um dieses letzte Ergebnis geometrisch zu deuten, hat man sich nur noch zu überlegen, daß der idealtheoretische Grad von $\mathfrak{p}$ gleich ist dem geometrischen Grad der zugehörigen Mannigfaltigkeit π, der durch die Schnittpunktszahl von π mit einer allgemeinen linearen $n-d$-dimensionalen Mannigfaltigkeit definiert wird; man kommt so — auf Grund der Vielfachheitsdefinition durch die Ideallänge — zu einer Verallgemeinerung des Bézoutschen Satzes von 23., auf die wir hier nicht weiter einzugehen brauchen, da wir sie in 27. unter anderen Gesichtspunkten ausführlicher besprechen werden.

Dagegen sei noch kurz auf eine andere geometrische Anwendung der HILBERTschen Funktion hingewiesen, die man P. DUBREIL verdankt. DUBREIL betrachtet in erster Linie Gruppen von vielfachheitbehafteten Punkten in der projektiven Ebene, d. h. ungemischte projektiv nulldimensionale H-Ideale in $\mathfrak{P}_3 = \mathfrak{K}_0[x_0, x_1, x_2]$; er konstruiert zu einem derartigen Ideal $\mathfrak{a}$ eine Normalbasis $(f_1, \ldots f_k)$ von möglichst wenigen nach steigender Dimension geordneten Formen f_i, beschränkt sich auf die Betrachtung des Falles, daß f_1 und f_2 gegenseitig prim gewählt werden können, und stellt sich die Aufgabe, eine Beziehung herzustellen zwischen den Gradzahlen α_1 und α_2 von f_1 und f_2, der Basisgliederzahl k und der Summe λ der Längen der Primärkomponenten von $\mathfrak{a}$. Zu diesem Zweck untersucht er zuerst die HILBERTsche Funktion $\chi(\bar{\mathfrak{a}}, l)$ des H-Ideals $\bar{\mathfrak{a}}$ aus $\mathfrak{P}_2 = \mathfrak{K}_0[x_1, x_2]$, das aus $\mathfrak{a}$ durch die Substitution $x_0 = 0$ entsteht, und geht dann mit Hilfe der Gleichung $\chi(\mathfrak{a}, l) - \chi(\mathfrak{a}, l-1) = \chi(\bar{\mathfrak{a}}, l)$ zum Studium von $\chi(\mathfrak{a}, l)$ selbst über. Er kommt so zu dem Satze:

Es ist stets $\alpha_1 \geq k - 1$. Setzt man $\alpha_1 = (k-1)q + r \ (0 \leq r < k-1)$, so genügt λ der Ungleichung $\alpha_1 \alpha_2 - \dfrac{(k-1)(k-2)}{2} \geq \lambda \geq \alpha_1 \alpha_2 - \dfrac{\alpha_1(\alpha_1 - 1)}{2} + \dfrac{\alpha_1 + r - (k-1)}{2} q$.

Die Formel für λ liefert u. a. fast unmittelbar den BÉZOUTschen Satz der projektiven Ebene. Wichtiger noch ist ihre Anwendung auf die Raumkurven, hinsichtlich derer wir uns allerdings mit einigen methodischen Andeutungen begnügen müssen:

Eine Raumkurve ist definiert durch ein projektiv nulldimensionales Primideal $\mathfrak{a}$ in $\mathfrak{P}_4 = \mathfrak{K}_0[x_0, \ldots x_3]$. Um die im Zweidimensionalen gewonnenen Ergebnisse ausnützen zu können, ordnet DUBREIL dem Ideal $\mathfrak{a}$ das durch die Substitution $x_0 = 0$ entstehende H-Ideal $\bar{\mathfrak{a}}$ aus $\mathfrak{K}_0[x_1, x_2, x_3]$ zu und beschränkt sich auf sog. „Raumkurven erster Art", bei denen $\bar{\mathfrak{a}} = \mathfrak{a} \cap \mathfrak{K}_0[x_1, x_2, x_3]$ ist. Es gelingt ihm dann vor allem eine elegante Ableitung von gewissen HALPHENschen Geschlechtsformeln, wobei er noch die (z. B. bei HENSEL-LANDSBERG bewiesene) Tatsache benützt, daß bei einer singularitätenfreien Raumkurve erster Art die HILBERTsche Funktion die Gestalt $\chi(\mathfrak{a}, l) = g \cdot l + (1 - p)$ besitzt, falls g den Grad und p das Geschlecht der Kurve bedeutet.

Literatur: Zur Darstellung des Textes: MACAULAY [4], SPERNER [1] (formale Charakterisierung der HILBERTschen Funktion), VAN DER WAERDEN [5] (Gradtheorie), DUBREIL [4], [5] (Punktgruppen und Raumkurven). — Vgl. ferner HILBERT [1], LASKER [1]; MACAULAY [2] Abschn. V, OSTROWSKI [5] Kap. 4 (Methoden zur Berechnung der HILBERTschen Funktion, bei OSTROWSKI vor allem auch für kleine Werte von l, bei denen die Polynomdarstellung von $\chi(\mathfrak{a}, l)$ versagt); NOETHER [11], VAN DER WAERDEN [8],

[6] § 4. — Besonders nachdrücklich sei auf die historische Bedeutung von LASKER [1] hingewiesen. Dort ist nicht nur die Gradtheorie für Polynom- und Potenzreihenringe (vgl. 20.) in den Grundzügen entwickelt und bereits die Anwendbarkeit auf das Vielfachheitsproblem — sogar in dem in 28. zu besprechenden „mehrfach projektiven" Fall — angedeutet; es wird auch die Theorie der HILBERTschen Funktion auf Polynomideale mit ganzzahligen Koeffizienten ausgedehnt und damit ein Problem angegriffen, das anscheinend bis heute noch keine wesentliche Weiterbearbeitung erfahren hat.

25. Das inverse System. Die folgenden Untersuchungen beziehen sich zunächst auf beliebige Ideale, doch werden bei den geometrischen Anwendungen wieder die H-Ideale in den Vordergrund treten. Ist $\mathfrak{a}$ Ideal in $\mathfrak{P}_n = \mathfrak{R}_0[x_1, \ldots x_n]$, so fassen wir die Polynome $a_1, \ldots a_r, \ldots$ von $\mathfrak{a}$ als Linearformen in den unendlich vielen Variablen $\omega_{p_1, \ldots p_n} = x_1^{p_1} \cdot \ldots \cdot x_n^{p_n}$ auf[1] und betrachten das Gleichungssystem (1): $a_1(\omega) = \cdots = a_r(\omega) = \cdots = 0$ in den $\omega_{p_1, \ldots p_n}$. Jeder Lösung $\{\omega_{p_1, \ldots p_n} = c_{p_1, \ldots p_n}\}$ wird eine formale Potenzreihe $E = \sum c_{p_1, \ldots p_n} x_1^{-p_1} \cdot \ldots \cdot x_n^{-p_n}$ in $x_1^{-1}, \ldots x_n^{-1}$ zugeordnet, und die Menge aller so entstehenden Reihen bildet das zu $\mathfrak{a}$ gehörige „inverse System" $\mathfrak{A}^{-1}$.

Besonders einfach ist die Konstruktion von $\mathfrak{A}^{-1}$ für ein H-Ideal $\mathfrak{a}$. Das System (1) zerfällt dann in abzählbar unendlich viele endliche Gleichungssysteme $(1\,i)$: $a_{i1}(\omega^{(i)}) = \cdots = a_{i\lambda_i}(\omega^{(i)}) = 0$; dabei bedeuten die $\omega^{(i)}$ die Potenzprodukte i-ter Dimension und $a_{i1}, \ldots a_{i\lambda_i}$ eine Linearbasis über $\mathfrak{R}_0$ für alle in $\mathfrak{a}$ enthaltenen Formen i-ter Dimension. Ist $\{\omega^{(i)} = c^{(i)}\}$ jeweils ein festes Lösungssystem von $(1\,i)$, so wird $\{\omega^{(i)} = c^{(i)} \ (i = 1, 2, \ldots)\}$ ein Lösungssystem von (1), und man erhält so alle Lösungen von (1). Für $\mathfrak{A}^{-1}$ bedeutet das, daß mit E auch alle die homogenen Formen, aus denen sich E aufbaut, in $\mathfrak{A}^{-1}$ enthalten sind, und umgekehrt. — Bei inhomogenen Idealen ist die Konstruktion der Reihen von $\mathfrak{A}^{-1}$ umständlicher, so daß auf MACAULAY [3] und [5] verwiesen werden muß.

In $\mathfrak{A}^{-1}$ liegt mit $E^{(i)} = \sum c_{p_1, \ldots p_n}^{(i)} x_1^{-p_1} \cdot \ldots \cdot x_n^{-p_n}$ auch $\alpha_1 E^{(1)} + \cdots + \alpha_r E^{(r)} = \sum (\alpha_1 c_{p_1, \ldots p_n}^{(1)} + \cdots + \alpha_r c_{p_1, \ldots p_n}^{(r)}) x_1^{-p_1} \cdot \ldots \cdot x_n^{-p_n}$, wo $\alpha_1, \ldots \alpha_r \subset \mathfrak{R}_0$. Aus der Tatsache, daß $\mathfrak{a}$ mit $a = \sum \alpha_i x_1^{r_{i1}} \cdot \ldots \cdot x_n^{r_{in}}$ auch $x_1^{q_1} \cdot \ldots \cdot x_n^{q_n} \cdot a = \sum \alpha_i x_1^{r_{i1} + q_1} \cdot \ldots \cdot x_n^{r_{in} + q_n}$ enthält, daß also für $\sum c_{p_1, \ldots p_n} x_1^{-p_1} \cdot \ldots \cdot x_n^{-p_n} \subset \mathfrak{A}^{-1}$ gleichzeitig mit $\sum c_{r_{i1}, \ldots r_{in}} \alpha_i = 0$ immer auch $\sum c_{r_{i1} + q_1, \ldots r_{in} + q_n} \alpha_i = 0$ sein muß, folgt weiter:

$\mathfrak{A}^{-1}$ wird zu einer Gruppe mit dem Multiplikatorenbereich $\mathfrak{P}_n$ durch die Festsetzung:

$$x_1^{q_1} \cdot \ldots \cdot x_n^{q_n} \cdot \sum_{p_i \geqq 0} c_{p_1, \ldots p_n} x_1^{-p_1} \cdot \ldots \cdot x_n^{-p_n} = \sum_{p_i \geqq q_i} c_{p_1, \ldots p_n} x_1^{-p_1 + q_1} \cdot \ldots \cdot x_n^{-p_n + q_n};$$

$$\left(\sum \alpha_i \cdot x_1^{q_{i1}} \cdot \ldots \cdot x_n^{q_{in}} \right) \cdot E = \sum x_1^{q_{i1}} \cdot \ldots \cdot x_n^{q_{in}} \cdot (\alpha_i \cdot E). \ —$$

$\mathfrak{A}^{-1}$ besteht aus allen und nur den Reihen, bei denen $a \cdot E = 0$ für jedes $a \subset \mathfrak{a}$. Darüber hinaus kann man sogar zeigen: Aus $\mathfrak{A}^{-1} = \mathfrak{B}^{-1}$ folgt $\mathfrak{a} = \mathfrak{b}$, es darf also unbedenklich $\mathfrak{a} = \mathfrak{A}^{-1}$ gesetzt werden. Ist $\mathfrak{C}^{-1}$

---

[1] $\omega_{0, \ldots 0} = 1!$

irgendeine „zulässige" Potenzreihengruppe, d. h. eine Gruppe, zu der in $\mathfrak{P}_n$ ein $a \neq 0$ existiert derart, daß $a \cdot E = 0$ für jedes $E \subset \mathfrak{E}^{-1}$, so bildet die Menge aller dieser Bedingung genügenden a ein Ideal $\mathfrak{a}$, und es wird $\mathfrak{a} = \mathfrak{E}^{-1}$. — *Die Polynomideale und die zulässigen Potenzreihengruppen entsprechen also einander umkehrbar eindeutig, und zwar so, daß dem Durchschnitt auf der einen Seite die Summe auf der andern zugeordnet ist und umgekehrt,* $\mathfrak{a} + \mathfrak{b} = \mathfrak{A}^{-1} \cap \mathfrak{B}^{-1}$, $\mathfrak{a} \cap \mathfrak{b} = \mathfrak{A}^{-1} + \mathfrak{B}^{-1}$. Aus dem assoziativen Gesetz $a \cdot (b \cdot E) = (a \cdot b) \cdot E$ folgt schließlich noch: *Das inverse System* $\mathfrak{A}^{-1} : \mathfrak{b}$ *von* $\mathfrak{a} : \mathfrak{b}$ *besteht aus allen und nur den Reihen der Form* $b \cdot E$, *wobei* $b \subset \mathfrak{b}$ *und* $E \subset \mathfrak{A}^{-1}$.

Ist $\mathfrak{a}$ nulldimensional, hat also $\mathfrak{P}_n/\mathfrak{a}$ als Linearformenmodul über $\mathfrak{K}_0$ einen endlichen Rang λ, so enthält $\mathfrak{A}^{-1}$, wie unschwer aus seiner Definition abzuleiten, genau λ über $\mathfrak{K}_0$ linear unabhängige Reihen. Für $\mathfrak{A}^{-1}$ gilt daher eine Summendarstellung $\mathfrak{A}^{-1} = \mathfrak{H}_1^{-1} + \cdots + \mathfrak{H}_r^{-1}$ $(r \leq \lambda)$, wobei das „Hauptsystem" $\mathfrak{H}_i^{-1} = (E_i)$ jeweils aus allen Vielfachen $a \cdot E_i$ einer einzigen „Basisreihe" E_i besteht. Die Bedeutung der Hauptsysteme beruht auf dem Satz: *Ist* $\mathfrak{A}^{-1}$ *Hauptsystem, so ist jedes Ideal* $\mathfrak{b} \supset \mathfrak{a}$ *Quotient von* $\mathfrak{a}$, *also* $\mathfrak{b} = \mathfrak{a} : (\mathfrak{a} : \mathfrak{b})$.

In der Tat, ist $\mathfrak{A}^{-1} = (E)$, $\mathfrak{B}^{-1} \subset \mathfrak{A}^{-1}$, so ist $\mathfrak{B}^{-1} = (b_1 \cdot E) + \cdots + (b_r \cdot E)$ und somit $\mathfrak{b} = \mathfrak{a} : (b_1, \ldots b_r)$ nach der Formel für $\mathfrak{A}^{-1} : (b_1, \ldots b_r)$.

Der Quotientensatz zeigt, daß man bei primärem $\mathfrak{a} = \mathfrak{q} = (E)$ die in 13. entwickelte Theorie der „reziproken Quotienten" auf den Restklassenring $\mathfrak{P}_n/\mathfrak{q}$ anwenden kann; insbesondere ist stets $\lambda_q = \lambda_b + \lambda_c$, falls $\mathfrak{b} \supset \mathfrak{q}$, $\mathfrak{c} = \mathfrak{q} : \mathfrak{b}$ ist und λ_q, λ_b, λ_c die Längen von $\mathfrak{q}$, $\mathfrak{b}$, $\mathfrak{c}$ bedeuten. Außerdem erweist sich $\mathfrak{q}$ nach den Ergebnissen von 13. als irreduzibel, und aus dieser letzten Bemerkung schließt man weiter durch eine leichte Rechnung:

Ein nulldimensionales Ideal $\mathfrak{a}$ *ist dann und nur dann ein Hauptsystem,* $\mathfrak{A}^{-1} = (E)$, *wenn alle isolierten Primärkomponenten von* $\mathfrak{a}$ *irreduzibel sind.*

Der praktische Wert dieses Satzes wiederum beruht auf einem Theorem von MACAULAY, auf dessen Beweis wir hier leider nicht näher eingehen können: *Ein nulldimensionales Ideal mit genau n-gliedriger Basis ist stets ein Hauptsystem.*

Eliminiert man aus den letzten Sätzen das inverse System und wendet man die Kunstgriffe von 16. an, so erhält man für Ideale beliebiger Dimension: Hat $\mathfrak{a} = (a_1, \ldots a_{n-r})$ die Dimension r, so ist $\mathfrak{a}$ nicht nur ungemischt r-dimensional, sondern es sind auch alle isolierten Primärkomponenten von $\mathfrak{a}$ irreduzibel. Ist $\mathfrak{b}$ ein ungemischt r-dimensionales Oberideal von $\mathfrak{a}$, $\mathfrak{c} = \mathfrak{a} : \mathfrak{b}$ und bedeuten λ_a, λ_b, λ_c die Längen der zu einem bestimmten Primideal $\mathfrak{p}$ gehörigen isolierten Primärkomponenten von $\mathfrak{a}$, $\mathfrak{b}$, $\mathfrak{c}$, so ist stets $\lambda_a = \lambda_b + \lambda_c$; bei H-Idealen gilt darüber hinaus nach 24. $g_a = g_b + g_c$, falls g_a, g_b, g_c die Grade von $\mathfrak{a}$, $\mathfrak{b}$, $\mathfrak{c}$ sind.

Die bemerkenswerteste Folgerung aus diesen Sätzen ist ein Theorem, das als algebraische Fassung einer Verallgemeinerung des bekannten BRILL-NOETHERschen Restsatzes anzusehen ist. Es sei $\mathfrak{m} = (p_2, \ldots p_{n-r})$ ein festes, ungemischt $r+1$-dimensionales H-Ideal; dann sollen zwei ungemischt r-dimensionale H-Ideale $\mathfrak{b}$ und $\mathfrak{c}$ „reziproke Reste hinsichtlich $\mathfrak{m}$" heißen, wenn eine zu $\mathfrak{m}$ prime Form a so bestimmt werden kann, daß für das ungemischt r-dimensionale H-Ideal $\mathfrak{a} = \mathfrak{m} + (a)$ die Gleichungen $\mathfrak{c} = \mathfrak{a} : \mathfrak{b}$, $\mathfrak{b} = \mathfrak{a} : \mathfrak{c}$ gelten. — Geometrisch repräsentiert im projektiv $n-1$-dimensionalen Raume a eine Hyperfläche, $\mathfrak{m}$ eine projektiv r-dimensionale Mannigfaltigkeit, $\mathfrak{a}$ das projektiv $r-1$-dimensionale Schnittgebilde von a und $\mathfrak{m}$; die Tatsache, daß $\mathfrak{b}$ und $\mathfrak{c}$ reziproke Reste sind, ist geometrisch so zu deuten, daß das Gebilde $\mathfrak{a}$ gerade in die durch $\mathfrak{b}$ und $\mathfrak{c}$ definierten Gebilde zerfällt.

Der algebraische Restsatz lautet nun: *Es seien $\mathfrak{b}$ und $\mathfrak{c}$ hinsichtlich* $\mathfrak{m}$ *reziproke Reste*: $\mathfrak{c} = \mathfrak{a}_0 : \mathfrak{b}$, $\mathfrak{b} = \mathfrak{a}_0 : \mathfrak{c}$ $(\mathfrak{a}_0 = \mathfrak{m} + (a_0))$; *ferner bedeute* $\mathfrak{b}_1$ *bzw.* $\mathfrak{c}_1$ *einen weiteren reziproken Rest von* $\mathfrak{b}$ *bzw.* $\mathfrak{c}$: *also* $\mathfrak{b}_1 = \mathfrak{a}_1 : \mathfrak{b}$, $\mathfrak{b} = \mathfrak{a}_1 : \mathfrak{b}_1$; $\mathfrak{c}_1 = \mathfrak{a}_2 : \mathfrak{c}$, $\mathfrak{c} = \mathfrak{a}_2 : \mathfrak{c}_1$ $(\mathfrak{a}_1 = \mathfrak{m} + (a_1)$, $\mathfrak{a}_2 = \mathfrak{m} + (a_2))$; *schließlich werde angenommen, daß die Formen a_0, a_1, a_2 alle den gleichen Grad haben. Dann sind auch $\mathfrak{b}_1$ und $\mathfrak{c}_1$ reziproke Reste:* $\mathfrak{b}_1 = \mathfrak{a}_3 : \mathfrak{c}_1$, $\mathfrak{c}_1 = \mathfrak{a}_3 : \mathfrak{b}_1$ $(\mathfrak{a}_3 = \mathfrak{m} + (a_3))$.

Der einfache Beweis schließt sich gedanklich an die beim Beweis des geometrischen Restsatzes üblichen Überlegungen an. Idealtheoretisch braucht man außer den oben abgeleiteten Sätzen die Bemerkung, daß die Grade von $\mathfrak{a}_0$, $\mathfrak{a}_1$, $\mathfrak{a}_2$ nach 24. alle gleich, nämlich gleich dem Produkt der Grade von $p_2, \ldots p_{n-r}$ mit dem gemeinsamen Grad von a_0, a_1, a_2 sind. — Im übrigen kann man sich, wie bei MACAULAY gezeigt ist, nachträglich von der Beschränkung auf H-Ideale und von der Gradvoraussetzung über die a_i frei machen.

Was das Arbeiten mit dem inversen System selbst bei nichtnulldimensionalem $\mathfrak{a}$ angeht, so behandelt MACAULAY vor allem den Fall, daß $\mathfrak{a}$ ungemischt $n-r$-dimensional ist. Er adjungiert die passend gewählten Variablen $x_{r+1}, \ldots x_n$ zum Grundkörper, macht so $\mathfrak{a}$ zu einem nulldimensionalen Ideal $\mathfrak{a}_0$ und bildet das System $\mathfrak{A}_0^{-1}$, das aus Potenzreihen in $x_1^{-1}, \ldots x_r^{-1}$ besteht, bei denen $x_{r+1}, \ldots x_n$ rational als Parameter in den Koeffizienten auftreten; aus $\mathfrak{A}_0^{-1}$ wird dann das eigentlich gesuchte System $\mathfrak{A}^{-1}$ bestimmt. Es ergibt sich, daß mit $\mathfrak{A}_0^{-1}$ immer auch $\mathfrak{A}^{-1}$ Hauptsystem ist, und daß somit $\mathfrak{A}^{-1}$ stets Summe von endlich vielen Hauptsystemen wird; allerdings muß dabei der Begriff des Hauptsystems erst passend verallgemeinert werden. — (Ist nämlich $\mathfrak{A}^{-1} = (E)$ Hauptsystem im früher festgelegten Sinne, so ist $\mathfrak{a} : (\mathfrak{a} : \mathfrak{b}) = \mathfrak{b}$ für jedes $\mathfrak{b} \supset \mathfrak{a}$, und daraus folgt, daß $\mathfrak{a}$ nulldimensional ist; ebenso muß auch die Summe von endlich vielen Hauptsystemen ein nulldimensionales Ideal repräsentieren.) — Auf die Einzelheiten der teilweise recht mühsamen MACAULAYschen Untersuchungen kann im Rahmen unseres Berichts nicht näher eingegangen werden.

Literatur: MACAULAY [1], [3] Abschn. IV, [5] Nr. 5. Zur algebraischen Fassung des Restsatzes vgl. auch SCHMEIDLER [8]. — An dieser Stelle möge ferner noch auf einige weitere Arbeiten SCHMEIDLERS hingewiesen werden: [6], [7], [9] (idealtheoretische Definition und genauere Untersuchung der Singularitäten algebraischer Gebilde, vgl. hierzu auch KRULL [27], HELMS [1]); [14] (algebraische Fassung des geometrischen Begriffs der „adjungierten Kurve"). — Im Gegensatz zu MACAULAY arbeitet SCHMEIDLER zunächst stets inhomogen („affin-rationale Geometrie") und untersucht erst nachträglich die projektive (und birationale) Invarianz seiner Begriffsbildungen. — Eine ausführliche Behandlung der SCHMEIDLERschen Arbeiten ist hier nicht möglich, da die Formulierung der nötigen Definitionen und die Abgrenzung der Tragweite der gewonnenen Ergebnisse zuviel Platz beanspruchen würde.

26. Die Multiplizitätstheorie von VAN DER WAERDEN. Die Ideallänge, die bei den geometrischen Anwendungen in 23. und 24. eine brauchbare Vielfachheitsdefinition lieferte, versagt bei allgemeineren Problemen. Eine systematische Vielfachheitstheorie wurde für die algebraische Geometrie von VAN DER WAERDEN geschaffen, und zwar einerseits auf rein algebraischem, andererseits auf topologischem Wege. Im folgenden haben wir uns nur mit den algebraischen Methoden zu beschäftigen. — VAN DER WAERDEN behandelt in erster Linie solche projektiven Aufgaben, bei denen nur endlich viele Schnittpunkte (projektive Lösungen) auftreten. Der wichtigste Grundgedanke seiner Theorie liegt darin, daß nicht isolierte „spezielle" Probleme untersucht werden. Es wird vielmehr zuerst ein „allgemeines" Schnittpunktsproblem aufgestellt, bei dem allen Punkten die Vielfachheit 1 zugeschrieben werden darf. Geht man dann vom allgemeinen zum speziellen über, so rücken die ursprünglich getrennten Schnittpunkte in bestimmter Weise zusammen, und daraus ergeben sich dann die Vielfachheitszahlen des speziellen Falles. Arithmetisch drückt sich dieser Gedanke folgendermaßen aus:

Neben dem ursprünglichen Grundkörper $\Re_0$ (der ganz beliebig sein kann) betrachtet man einen Körper $\Re_0^*$, der aus $\Re_0$ durch Adjunktion von hinreichend vielen Unbestimmten und nachträgliche algebraische Abschließung entsteht. Das „allgemeine" Problem ist charakterisiert durch ein in $\mathfrak{P}^* = \Re_0^*[x_0, \ldots x_n]$ gegebenes H-Ideal $\mathfrak{a}^* = (f_1(u, x), \ldots f_r(u, x))$, bei dem die $f_i(u, x)$ Polynome in $x_0, \ldots x_n$ und endlich vielen unbestimmten Parametern $u_1, \ldots u_l$ aus $\Re_0^*$ mit Koeffizienten aus $\Re_0$ darstellen[1]. — Von $\mathfrak{a}^*$ wird außerdem angenommen, daß es Durchschnitt von endlich vielen projektiv nulldimensionalen Primidealen $\mathfrak{p}_0^*, \ldots \mathfrak{p}_s^*$ ist. Wegen der Abgeschlossenheit von $\Re_0^*$ hat jedes $\mathfrak{p}_i^*$ eine Basis der Form $\mathfrak{p}_i^* = \{\xi_{i0}x_1 - \xi_{i1}x_0, \ldots \xi_{i0}x_n - \xi_{in}x_0\}$, wobei die ξ_{ik} algebraische Funktionen von $u_1, \ldots u_l$ sind, und es stellen die Systeme $\{\xi_{i0}, \ldots \xi_{in}\}$ $(i = 1, \ldots s)$ die sämtlichen projektiven Nullstellen von $\mathfrak{a}^*$ dar. — Ersetzt man die Parameter u_i durch Elemente λ_i aus $\Re_0$, so entsteht aus dem allgemeinen Ideal $\mathfrak{a}^* = (f_1(u, x), \ldots)$ aus $\mathfrak{P}^*$ ein spezielles

---

[1] In den Parametern u_i brauchen die $f_i(u, x)$ nicht homogen zu sein!

Ideal $\mathfrak{a} = (f_1(\lambda, x), \ldots)$ aus $\mathfrak{P} = \mathfrak{R}_0[x_0, \ldots x_n]$, von dem vorausgesetzt werden soll, daß es ebenso wie $\mathfrak{a}^*$ nur endlich viele projektive Nullstellen $\{\eta_{i0}, \ldots \eta_{in}\}$ $(i = 1, \ldots t)$ hat. (Dadurch werden gewisse „singuläre" Parameterspezialisierungen ausgeschlossen.) — Um nun einen Zusammenhang zwischen den Nullstellen $\{\xi_{i0}, \ldots\}$ $(i = 1, \ldots s)$ und $\{\eta_{i0}, \ldots\}$ $(i = 1, \ldots t)$ von $\mathfrak{a}^*$ und $\mathfrak{a}$ herzustellen, führt VAN DER WAERDEN den Begriff der „relationstreuen Spezialisierung" ein:

Die Zuordnung $u_i \to \lambda_i$ $(i = 1, \ldots l)$; $\xi_{ik} \to \eta_{\nu_i k}$ $(i = 1, \ldots s, 1 \leq \nu_i \leq t)$ heißt eine relationstreue Spezialisierung, wenn aus $f(u, \xi_1, \ldots \xi_s) = 0$ stets $f(\lambda, \eta_{\nu_1}, \ldots \eta_{\nu_s}) = 0$ folgt, falls $f(u, y_1, \ldots y_s)$ ein in den einzelnen Variablenreihen $y_{10}, \ldots y_{1n}; \ldots; y_{s0}, \ldots y_{sn}$ homogenes Polynom in $u_1, \ldots u_l, y_{10}, \ldots y_{sn}$ über $\mathfrak{R}_0$ bedeutet. Oder schlagwortartig ausgedrückt: *Die relationstreue Spezialisierung ist dadurch charakterisiert, daß bei ihr alle homogenen algebraischen Relationen erhalten bleiben.* — Aus den am Schlusse von 20. zusammengestellten Sätzen über Resultantensysteme und u-Resultante ergibt sich nun verhältnismäßig einfach:

Es gibt eine und im wesentlichen auch nur eine relationstreue Spezialisierung $u_i \to \lambda_i$, $\{\xi_{i0}, \ldots\} \to \{\eta_{\nu_i 0}, \ldots\}$.

Auf den Beweis braucht nicht näher eingegangen zu werden, da alle wichtigen Punkte in dem VAN DER WAERDENschen Lehrbuch dargestellt sind (vgl. insbesondere § 96). — Auf Grund der Eigenschaften der relationstreuen Spezialisierung wird die folgende Definition möglich:

Die Nullstelle $\{\eta_{i0}, \ldots\}$ des speziellen Ideals $\mathfrak{a}$ hat die Vielfachheit μ, wenn ihr bei der relationstreuen Spezialisierung genau μ Nullstellen des allgemeinen Ideals $\mathfrak{a}^*$ zugeordnet werden. — Die Summe der Vielfachheiten der Nullstellen des speziellen Ideals $\mathfrak{a}$ ist dann offenbar gerade gleich der Anzahl s aller verschiedenen Nullstellen des allgemeinen Ideals $\mathfrak{a}^*$ (Prinzip von der „Erhaltung der Anzahl"). Doch ist eine Schwierigkeit zu beachten: Es kann, wie Beispiele zeigen, bei ungünstiger Wahl von $\mathfrak{a}^*$ und $\mathfrak{a}$ vorkommen, daß eine Nullstelle $\{\eta_{i0}, \ldots\}$ von $\mathfrak{a}$ die „Vielfachheit 0" erhält, daß also bei der relationstreuen Spezialisierung überhaupt keine Nullstelle von $\mathfrak{a}^*$ gerade in $\{\eta_{i0}, \ldots\}$ übergeht; bei den praktisch wichtigen Anwendungen muß diese Möglichkeit immer durch besondere Überlegungen ausgeschlossen werden.

Bei der Behandlung eines bestimmten geometrischen Problems mit Hilfe der VAN DER WAERDENschen Vielfachheitstheorie kommt es im wesentlichen auf drei Punkte an: Zuerst ist das „allgemeine" Problem aufzustellen, d. h. es ist das Ideal $\mathfrak{a}^*$ zu bestimmen, dann ist zu zeigen, daß bei keinem speziellen Ideal $\mathfrak{a}$ Nullstellen der Vielfachheit 0 vorkommen, und schließlich ist die Nullstellenzahl von $\mathfrak{a}^*$ zu ermitteln. Die letzte Aufgabe ist dabei im allgemeinen die schwierigste. Für ihre Erledigung ist der folgende Kunstgriff von Wichtigkeit: Man betrachtet neben dem allgemeinen Ideal $\mathfrak{a}^* = (f_1(u, x), \ldots)$ und dem speziellen Ideal $\mathfrak{a} = (f_1(\lambda, x), \ldots)$ noch ein „halbspezielles" Ideal $\mathfrak{a}' = (f_1(\mu, x), \ldots)$, bei dem $\mu_1, \ldots \mu_l$ geeignete Elemente aus $\mathfrak{R}_0^*$, aber nicht mehr völlig unabhängige Parameter sind.

Natürlich gilt auch für $\mathfrak{a}^*$ und $\mathfrak{a}'$ die VAN DER WAERDENsche Vielfachheitstheorie. Kann man nun $\mathfrak{a}'$ so bestimmen, daß sich seine Nullstellenzahl sofort angeben läßt, und daß außerdem jede Nullstelle die Vielfachheit 1 erhält, so ist damit auch die gesuchte Nullstellenzahl von $\mathfrak{a}^*$ gefunden.

Literatur: VAN DER WAERDEN [4]; [15] § 96.

27. Der Grad einer Mannigfaltigkeit und der „allgemeine" Bézoutsche Satz. Wir verwenden die Bezeichnungen von 26., beschränken uns aber auf den Fall, daß $\mathfrak{K}_0$ die Charakteristik 0 hat. Hinsichtlich der Besonderheiten, die bei Charakteristik p auftreten, sei auf VAN DER WAERDENs Originalarbeiten verwiesen. — Zuerst behandeln wir das Schnittpunktsproblem einer festen speziellen (eindimensionalen) Kurve K mit einer allgemeinen bzw. speziellen ($n-1$-dimensionalen) Fläche F^* bzw. F vom Grade m (bei der Dimension handelt es sich im folgenden immer um die projektive). Natürlich setzen wir bei der speziellen Fläche voraus, daß nur endlich viele Schnittpunkte auftreten. — Die Kurve K ist charakterisiert durch ein eindimensionales H-Primideal $\mathfrak{p} = (g_1(x), \ldots g_{r-1}(x))$ aus $\mathfrak{P}$. Zur Definition der Fläche F^* bzw. F dient ein Primhauptideal $(f(u, x))$ bzw. $(f(\lambda, x))$ aus $\mathfrak{P}^*$ bzw. $\mathfrak{P}$, wobei f eine homogene Funktion m-ten Grades in $x_0, \ldots x_n$ bedeutet, deren Koeffizienten $u_1, \ldots u_l$ bzw. $\lambda_1, \ldots \lambda_l$ Unbestimmte aus $\mathfrak{K}_0^*$ bzw. Elemente aus $\mathfrak{K}_0$ sind. Die gemeinsamen Schnittpunkte von F^* bzw. F mit K sind die Nullstellen von $\mathfrak{a}^* = (g_1(x), \ldots g_{r-1}(x), f(u, x))$ aus $\mathfrak{P}^*$ bzw. von $\mathfrak{a} = (g_1(x), \ldots g_{r-1}(x), f(\lambda, x))$ aus $\mathfrak{P}$. Aus der sehr leicht nachzurechnenden Tatsache, daß in $\mathfrak{P}_1 = \mathfrak{K}_0(u_1, \ldots u_l) \cdot \mathfrak{P}$ das Ideal $\mathfrak{a}_1 = \mathfrak{a}^* \cap \mathfrak{P}_1$ ein nulldimensionales Primideal sein muß, folgt sofort, daß $\mathfrak{a}^* = \mathfrak{a}_1 \cdot \mathfrak{P}^*$ Durchschnitt von endlich vielen nulldimensionalen Primidealen $\mathfrak{p}_i = (\xi_{i0}x_1 - \xi_{i1}x_0, \ldots \xi_{i0}x_n - \xi_{in}x_0)$ ist, wobei die Systeme $\{\xi_{i0}, \ldots \xi_{in}\}$ die sämtlichen Nullstellen von $\mathfrak{a}^*$ darstellen. Die Anzahl g dieser Nullstellen, die man erhält, wenn man $m = 1$, also f als Linearform wählt — geometrisch gesprochen die Anzahl der Schnittpunkte von K mit einer allgemeinen $n-1$-dimensionalen Ebene —, heißt der „Grad" der Kurve K. Es gilt dann der Satz:

Schneidet man die Kurve K des Grades g mit einer allgemeinen Fläche F^* des Grades m, so entstehen $m \cdot g$ verschiedene Schnittpunkte. Beim Übergang zu einer speziellen Fläche F treten niemals Schnittpunkte der Vielfachheit 0 auf.

Wir beweisen zuerst den zweiten Teil der Behauptung. Es genügt zu zeigen: Ist $\{\eta_0, \ldots \eta_n\}$ eine Nullstelle des speziellen Problems (also eine solche von $\mathfrak{a}$), so gibt es stets eine Nullstelle $\{\xi_0, \ldots \xi_n\}$ von $\mathfrak{a}^*$ derart, daß die Spezialisierung $u_i \to \lambda_i$, $\xi_i \to \eta_i$ relationstreu ist. Aus den Resultantensätzen von 22. folgt dann ohne Schwierigkeit, daß man die Zuordnung $u_i \to \lambda_i$, $\xi_i \to \eta_i$ zu einer relationstreuen Spezialisierung erweitern kann, bei der alle Nullstellen von $\mathfrak{a}^*$ auf solche von $\mathfrak{a}$ abgebildet werden.

Bei der Konstruktion der Nullstelle $\{\xi_0, \ldots \xi_n\}$ zur gegebenen Nullstelle $\{\eta_0, \ldots \eta_n\}$ dürfen wir $\xi_0 = \eta_0 = 1$ annehmen und voraussetzen, daß bei keiner einzigen Nullstelle von $\mathfrak{a}^*$ die x_0-Koordinate gleich 0 ist. Wir können und wollen dann weiter durch die Substitution $x_0 = 1$ enthomogenisieren, ohne das aber in der Bezeichnung besonders hervorzuheben. Es sei enthomogenisiert $f(u, x) = u_1 - f_1(u_2, \ldots u_l, x)$; $0 = \lambda_1 - f_1(\lambda_2, \ldots \lambda_l, \eta)$; K sei der Restklassenkörper des eindimensionalen Primideals $\mathfrak{p}^{(2)} = (g_1(x), \ldots g_{r-1}(x)) \cdot \Re_0(u_2, \ldots u_l)$ in $\mathfrak{P}_2 = \mathfrak{P} \cdot \Re_0(u_2, \ldots u_l)$, $\bar{f}_1 = \bar{u}_1$ bzw. $\bar{x}_i$ $(i = 1, \ldots n)$ sei die von f_1 bzw. x_i in K erzeugte Restklasse. Dann ist $\bar{u}_1$ in K über $\Re_0(u_2, \ldots u_l)$ transzendent, und es gilt über $\Re_0(u_2, \ldots u_l)$ ein Gleichungssystem $p_i(\bar{u}_1, \bar{x}_1, \ldots \bar{x}_i)$ $= 0$ $(i = 1, \ldots n)$, durch das K eindeutig bestimmt ist. Wählt man daher in $\Re_0^*$ die Elemente $\xi_1, \ldots \xi_n$ sukzessive als Wurzeln der Gleichungen $p_i(u_1, \xi_1, \ldots \xi_i) = 0$, so ist $f_1(u_2, \ldots u_l, \xi) = u_1$, $f(u, \xi) = 0$, und es stellt $\xi_1, \ldots \xi_n$ eine Nullstelle von $\mathfrak{p}^{(2)}$ dar. D. h. aber, $\xi_1, \ldots \xi_n$ ist Nullstelle von $\mathfrak{a}^*$.

Bedeutet nun $\Phi(u, x)$ ein Polynom, für das $\Phi(u_1, \ldots u_l, \xi)$ $= \Phi(f_1(u_2, \ldots u_l, \xi), u_2, \ldots u_l, \xi) = 0$ ist, so ist $\Phi(f_1, u, \xi) = 0$ eine der Relationen, die für die allgemeine Nullstelle von $\mathfrak{p}^{(2)}$ gelten und daher richtig bleiben, wenn man diese durch irgendeine spezielle Nullstelle, z. B. durch $\eta_1, \ldots \eta_n$ ersetzt. Es ist also $\Phi(f_1(u_2, \ldots u_l, \eta), u_2, \ldots u_l, \eta)$ $= 0$ und damit auch $\Phi(f_1(\lambda_2, \ldots \lambda_l, \eta), \lambda_2, \ldots \lambda_l, \eta) = \Phi(\lambda, \eta) = 0$. Die Zuordnung $u_i \to \lambda_i$, $\xi_i \to \eta_i$ erweist sich also als relationstreu.

Um nun noch die Nullstellenzahl von $\mathfrak{a}^*$ zu bestimmen, lassen wir F^* in m allgemeine Ebenen zerfallen, d. h. wir betrachten neben $\mathfrak{a}^*$ das halbspezielle Ideal $\mathfrak{a}' = (g_1, \ldots g_{r-1}, f(\mu, x))$, bei dem $\mu_1, \ldots \mu_l$ in $\Re_0^*$ so gewählt sind, daß $f(\mu, x)$ das Produkt von m voneinander unabhängigen Linearformen mit unbestimmten Koeffizienten wird: $f(\mu, x)$ $= \prod_1^m (u_{i0} x_0 + \cdots + u_{in} x_n)$. Von $\mathfrak{a}'$ sieht man ohne weiteres, daß es ebenso wie $\mathfrak{a}^*$ Durchschnitt von Primidealen ist und außerdem genau $g \cdot m$ verschiedene Nullstellen besitzt. Da nach dem bereits Bewiesenen jede dieser Nullstellen mindestens die Vielfachheit 1 hat, ergibt sich für die Nullstellenzahl von $\mathfrak{a}^*$ die Ungleichung $r \geq m \cdot g$.

Um umgekehrt $r \leq m \cdot g$ zu beweisen, nimmt man die Ideallänge zu Hilfe. Aus der Tatsache, daß $\mathfrak{a}'$ und $\mathfrak{a}^*$ Durchschnitte von nulldimensionalen Primidealen sind, ergibt sich sofort, daß die Nullstellenzahl r bzw. $m \cdot g$ gleich der Länge λ^* bzw. λ' des „vorsichtig" enthomogenisierten Ideals $\mathfrak{a}^*$ bzw. $\mathfrak{a}'$ sein muß. Bedeutet ferner π bzw. π^* (π') die Maximalzahl von linear unabhängigen Formen k-ten Grades, die keiner Bedingung unterworfen bzw. im homogenen Ideal $\mathfrak{a}^*(\mathfrak{a}')$ enthalten sind, so wird, wie leicht einzusehen, für großes k stets $\lambda^* = \pi - \pi^*$, $\lambda' = \pi - \pi'$. — Es seien nun $\varphi_\tau(u, x)$ bzw. $\varphi_\tau(\mu, x)$ $(\tau = 1, \ldots \omega)$ die Formen k-ten Grades, die sich aus den Basisformen von $\mathfrak{a}^*$ bzw. $\mathfrak{a}'$ durch Multiplikation mit Potenzen der x_i bilden lassen. Dann ist jede Form k-ten Grades aus $\mathfrak{a}^*$ bzw. $\mathfrak{a}'$ Linearkombination der $\varphi_\tau(u, x)$ bzw. $\varphi_\tau(\mu, x)$; es ist also π^* bzw. π' gleich dem Rang der Koeffizientenmatrix $\mathsf{A}(u)$ bzw. $\mathsf{A}(\mu)$ der $\varphi_\tau(u, x)$ bzw. $\varphi_\tau(\mu, x)$. Da aber $\mathsf{A}(\mu)$ aus $\mathsf{A}(u)$ durch Parameterspezialisierung entsteht, muß $\pi' \leqq \pi^*$, also auch $m \cdot g = \pi - \pi' \geqq \pi - \pi^* = r$ sein. — (Über die Möglichkeit eines andern, von spezifisch idealtheoretischen Überlegungen freien Beweises vgl. VAN DER WAERDEN [21].)

Der Satz über den Schnitt der Kurve K mit der Fläche F^* bzw. F kann leicht verallgemeinert werden: Es sei L_r eine feste spezielle (irreduzible) r-dimensionale Mannigfaltigkeit mit dem zugehörigen H-Primideal $\mathfrak{p} = (g_1(x), \ldots g_s(x))$. Dann schneiden wir L_r mit r allgemeinen Flächen $F_1^*, \ldots F_r^*$ von den Graden $m_1, \ldots m_r$, wir bilden also in $\mathfrak{P}^*$ das Ideal $\mathfrak{a}^* = (g_1(x), \ldots g_s(x), f_1(u, x), \ldots f_r(u, x))$, wobei $f_i(u, x)$ eine homogene Form m_i-ten Grades bedeutet und die Koeffizienten $u_1, \ldots u_l$ aller $f_i(u, x)$ voneinander unabhängige Unbestimmte sind. — Es ergibt sich wieder mühelos: In $\mathfrak{P}_1 = \mathfrak{K}_0(u_1, \ldots u_l) \cdot \mathfrak{P}$ ist $(g_1(x), \ldots g_s(x), f_1(u, x), \ldots f_i(u, x))$ jeweils ein $r - i$-dimensionales Primideal; $\mathfrak{a}^*$ zerfällt also in $\mathfrak{P}^*$ in endlich viele nulldimensionale Primideale, die die verschiedenen Schnittpunkte von L_r mit den Flächen $F_1^*, \ldots F_r^*$ definieren. Die Schnittpunktszahl g, die man erhält, wenn alle F_i^* Ebenen sind — $m_1 = \cdots = m_r = 1$ —, wird als der „Grad" von L_r bezeichnet.

Ist nun weiter immer noch $m_2 = \cdots = m_r = 1$, aber m_1 beliebig, so definiert das Primideal $(g_1(x), \ldots g_s(x), f_2(u, x), \ldots f_r(u, x))$ in $\mathfrak{P}_1 = \mathfrak{K}_0(u_1, \ldots u_l) \cdot \mathfrak{P}$ offenbar eine (eindimensionale) Kurve vom Grade g. Nach dem Kurven-Flächenschnittpunktssatz ist somit die Nullstellenzahl des Ideals $((g_1(x), \ldots g_s(x), f_2(x), \ldots f_r(x)), f_1(x))$ $= ((g_1(x), \ldots g_s(x), f_1(u, x)), f_2(u, x), \ldots f_r(u, x))$ in $\mathfrak{P}^*$ gleich $g \cdot m_1$, d. h. $(g_1(x), \ldots g_s(x), f_1(u, x))$ definiert in $\mathfrak{P}_1$ eine $r - 1$-dimensionale Mannigfaltigkeit des Grades $g \cdot m_1$. — Aus diesem Ergebnis folgt sofort durch Induktionsschluß:

Die Mannigfaltigkeit L_r des Grades g hat mit r allgemeinen Flächen $F_1^*, \ldots F_r^*$ von den Graden $m_1, \ldots m_r$ genau $g \cdot m_1 \cdot \ldots \cdot m_r$ Schnittpunkte gemein. — Ersetzt man $F_1^*, \ldots F_r^*$ durch spezielle Flächen $F_1, \ldots F_r$, so können, falls die Schnittpunktszahl endlich bleibt, aus den gleichen Gründen wie beim Kurven-Flächensatz niemals Schnittpunkte der Vielfachheit 0 auftreten. Spezialisiert man ferner nur $F_1^*, \ldots F_s^*$ zu $F_1, \ldots F_s$ ($s < r$), während man für $F_{s+1}^*, \ldots F_r^*$ allgemeine Ebenen wählt, so erkennt man leicht:

Treten beim Schnitt von L_r mit $s < r$ speziellen Flächen $F_1, \ldots F_s$ von den Graden $m_1, \ldots m_s$ keine Schnittpunktsmannigfaltigkeiten von höherer als $r - s$-ter Dimension auf, so verteilen sich die Schnittpunkte von $L_r, F_1, \ldots F_s$ auf endlich viele (irreduzible) $r - s$-dimensionale

Mannigfaltigkeiten $S_1, \ldots S_q$, *denen man eindeutig positive Vielfachheiten* $v_1, \ldots v_q$ *so zuordnen kann, daß die Gleichung* $g \cdot m_1 \cdot \ldots \cdot m_s = \sum_{i=1}^{q} v_i g_i$ *gilt, falls* g_i *jeweils den Grad von* S_i *bedeutet.*

Die Vielfachheiten v_i werden durch die Vielfachheiten der beim vollen Schnitt von $L_r, F_1, \ldots F_s, F^*_{s+1}, \ldots F^*_r$ auftretenden Schnittpunkte geliefert. Daß die S_i, auf die sich die Schnittpunkte von L_r, $F_1, \ldots F_s$ verteilen, alle genau die Dimension $r - s$ haben müssen, folgt aus der Bemerkung, daß andernfalls beim Schnitt von $L_r, F_1, \ldots F_s$ mit $r - s$ speziellen Ebenen Schnittpunkte der Vielfachheit 0 auftreten würden. (Damit ist übrigens ein bereits in 17. benutzter Satz in verallgemeinerter Fassung bewiesen.) — Durch die bisherigen Betrachtungen haben wir auf dem einfachsten Wege diejenigen geometrischen Sätze gewonnen, deren Ableitbarkeit mit Hilfe der HILBERTschen charakteristischen Funktion in 24. angedeutet wurde. Allein der VAN DER WAERDENschen Vielfachheitstheorie zugänglich ist der sog. ,,Allgemeine BÉZOUTsche Satz":

Eine r-*dimensionale Mannigfaltigkeit* L_r *vom Grade* g *hat mit einer* $n - r$-*dimensionalen Mannigfaltigkeit* L_{n-r} *vom Grade* h *bei richtiger Vielfachheitszählung genau* $g \cdot h$ *Schnittpunkte gemein*, — *sofern man den Fall unendlich vieler Schnittpunkte ausschließt.*

Es seien die speziellen Mannigfaltigkeiten L_r und L_{n-r} durch die H-Primideale $(g_1, \ldots g_s) = \mathfrak{p}$ und $(h_1, \ldots h_t) = \mathfrak{q}$ aus $\mathfrak{P}$ charakterisiert, so daß $\mathfrak{a} = (g_1, \ldots g_s, h_1, \ldots h_t)$ das spezielle Ideal des Problems ist. Es ist nun diesmal keineswegs ohne weiteres klar, wie das allgemeine Ideal $\mathfrak{a}^*$ aussehen soll; jedenfalls kann man nicht einfach etwa die spezielle Mannigfaltigkeit L_{n-r} durch ,,die allgemeine" Mannigfaltigkeit der Dimension $n - r$ ersetzen, da eine solche für $r \neq 1$ gar nicht definiert ist.

VAN DER WAERDEN gewinnt nun zu L_{n-r} eine ,,hinreichend allgemeine" Mannigfaltigkeit L^*_{n-r}, indem er aus $(h_1(x), \ldots h_t(x))$ das Ideal $(h_1(y), \ldots h_t(y))$ ableitet ($y_i = \sum_{k=0}^{n} u_{ik} x_k$, alle u_{ik} unabhängige Unbestimmte aus $\mathfrak{K}_0^*$). Es ist dann $\mathfrak{a}^* = (g_1(x), \ldots g_s(x), h_1(y), \ldots h_t(y))$, und die Spezialisierung, die von $\mathfrak{a}^*$ zu $\mathfrak{a}$ führt, ist die Substitution $u_{ik} \to \delta_{ik} \left(\delta_{ik} = \begin{Bmatrix} 0 & i \neq k \\ 1 & i = k \end{Bmatrix} \right)$, sie besteht also im Übergang von der ,,allgemeinen Matrix" $U = \| u_{ik} \|$ zur Einheitsmatrix E.

Man zeigt nun zuerst durch verhältnismäßig mühsame Rechnungen, daß U in eine Matrix V (und zwar in eine ,,allgemeine Matrix vom Range $r + 1$") so spezialisiert werden kann, daß für $z_i = \sum_k v_{ik} x_k$ die durch $\mathfrak{q}' = (h_1(z), \ldots h_t(z))$ definierte halbspezielle Mannigfaltigkeit L'_{n-r} in h voneinander unabhängige $n - r$-dimensionale Mannigfaltigkeiten ersten Grades zerfällt. Von L'_{n-r} wissen wir dann, daß es mit L_r genau

$h \cdot g$ verschiedene Schnittpunkte gemein hat. Daß die Schnittpunktszahl p von L^*_{n-r} und L_r höchstens gleich der Zahl $h \cdot g$ des halbspeziellen Falles sein kann, ergibt sich im wesentlichen aus denselben Längenbetrachtungen, wie sie oben beim Kurven-Flächensatz benutzt wurden.

Es bleibt noch zu zeigen, daß L^*_{n-r} und L_r überhaupt Schnittpunkte besitzen (das ist diesmal keineswegs selbstverständlich), und daß bei keiner Spezialisierung der Matrix U Schnittpunkte der Vielfachheit 0 auftreten. Der Existenzbeweis für den gemeinsamen Schnittpunkt von L^*_{n-r} und L_r beruht auf einem höchst bemerkenswerten Gedanken: Ausgehend von einer allgemeinen Nullstelle von L_r konstruiert man eine Transformation $w_i = \sum_k q_{ik} x_k$ so, daß L_r mit der durch $(h_1(w), \ldots h_i(w))$ definierten Mannigfaltigkeit L''_{n-r} gerade diese Nullstelle gemein hat. Dann zeigt man, daß die Transformationskoeffizienten q_{ik} algebraisch unabhängig sind, so daß sie mit den Unbestimmten u_{ik} identifiziert werden können, wodurch L''_{n-r} und L^*_{n-r} zusammenfallen. — Von der so erhaltenen gemeinsamen Nullstelle von L_r und L^*_{n-r} beweist man weiter, daß sie relationstreu in jede gemeinsame Nullstelle von L_r und L_{n-r} (oder von L_r und L'_{n-r}) spezialisiert werden kann, womit dann die abschließende Ungleichung $p \geqq h \cdot g$ gewonnen ist.

Auf Einzelheiten soll auch hier nicht eingegangen werden. Es sei nur betont, daß trotz des naturgemäß umständlicheren Apparates die Überlegungen durchaus denen parallel laufen, durch die im Kurven-Flächenfall die Vielfachheiten 0 ausgeschlossen wurden. Auch damals stand ja die Konstruktion eines gemeinsamen Punktes von Kurve und Fläche an der Spitze. Daß beim allgemeinen BÉZOUTschen Satz die Ideallänge als Vielfachheit versagt, kann durch Beispiele gezeigt werden.

Zur ersten Hälfte von 27. vgl. VAN DER WAERDEN [17], zur zweiten VAN DER WAERDEN [6]. In [21] hat VAN DER WAERDEN angedeutet, daß man die spezifisch idealtheoretischen Überlegungen des Textes (d. h. im wesentlichen das Arbeiten mit der Ideallänge) vermeiden kann, wenn man einen (in [21] bewiesenen) einfachen Hilfssatz heranzieht, der eine algebraische Fassung der geometrischen Bemerkung darstellt, daß das Auftreten von zusammenfallenden Schnittpunkten stets die Existenz mindestens einer gemeinsamen Tangente nach sich zieht.

28. Zweifach projektive Räume.

Es ist von höchster Bedeutung, daß man die VAN DER WAERDENsche Vielfachheitstheorie ihrer Natur nach unmittelbar auch auf die Geometrie in einem „mehrfach projektiven" Raum anwenden kann. Wir beschränken uns auf die Besprechung des zweifach projektiven Falles, auch setzen wir den Grundkörper $\mathfrak{K}_0$ durchweg als algebraisch abgeschlossen von der Charakteristik 0 voraus. — Ein Ideal $\mathfrak{a}$ aus $\mathfrak{P}_{m,n} = \mathfrak{K}_0[x_0, \ldots x_m; y_0, \ldots y_n]$ heiße H_2-Ideal, wenn es eine Basis $(f_1, \ldots f_r)$ besitzt, bei der die f_i

in den beiden Variablenreihen $x_0, \ldots x_m; y_0, \ldots y_n$ homogen sind. Mit $\xi_0, \ldots \xi_m; \eta_0, \ldots \eta_n$ ist stets auch $\mu \cdot \xi_0, \ldots \mu \cdot \xi_m; \nu \cdot \eta_0, \ldots \nu \cdot \eta_n$ (μ, ν beliebig) Nullstelle von $\mathfrak{a}$; der Menge aller dieser Nullstellen ordnet man eine „doppeltprojektive" Nullstelle $\{\xi_0, \ldots \xi_m; \eta_0, \ldots \eta_n\}$ zu, die geometrisch als Punkt in einem „doppeltprojektiven" Raum $\mathsf{P}_{m,n}$ der Dimension $m + n$ gedeutet wird. Nullstellen, bei denen entweder alle ξ_i oder alle η_i gleich 0 sind, und Ideale, die nur solche Nullstellen haben, werden von der Betrachtung ausgeschlossen. — Hat ein H_2-Primideal $\mathfrak{p}$ im gewöhnlichen Sinne die Dimension $r + 2$, so bildet seine Nullstellenmenge in $\mathsf{P}_{m,n}$ eine Mannigfaltigkeit der Dimension r.

Die Untersuchung des Schnittes einer speziellen r-dimensionalen Mannigfaltigkeit L_r mit r (bzw. mit $s < r$) allgemeinen oder speziellen ($m + n - 1$-dimensionalen) Flächen kann in $\mathsf{P}_{m,n}$ nach demselben Schema durchgeführt werden wie im einfach projektiven Raum. Insbesondere ergibt sich durch unwesentliche Abänderung der in 27. angestellten Überlegungen:

Beim Übergang von allgemeinen zu speziellen Schnitten tritt niemals eine Vielfachheit 0 auf. — Bei der Bestimmung der Schnittpunktszahl des allgemeinen Falles darf man die schneidenden Flächen so „halbspezialisiert" annehmen, daß jede von ihnen in eine gewisse Zahl von allgemeinen x-Ebenen und allgemeinen y-Ebenen zerfällt. (Dabei wird eine x- bzw. y-Ebene algebraisch dargestellt durch eine Form, die von den y_i bzw. x_i unabhängig und in den x_i bzw. y_i linear ist.)

Um auf Grund dieses letzten Satzes zu expliziten Schnittpunktsformeln zu kommen, muß man L_r im ganzen $r + 1$ Gradzahlen g_{ik} ($i + k = r$) zuordnen, und zwar hat man dabei unter g_{ik} die Zahl der beim Schnitt von L_r mit i allgemeinen x- und k allgemeinen y-Ebenen auftretenden Schnittpunkte zu verstehen. (Einzelne der Zahlen g_{ik} können 0 sein!) — Ist insbesondere $r = 1$, also L_1 eine Kurve, so gibt es nur zwei Gradzahlen g_{10} und g_{01}, und man erhält für die Schnittpunktszahl von L_1 mit einer Fläche F den Wert $g_{10} \cdot p + g_{01} \cdot q$, falls p bzw. q den x-Grad bzw. y-Grad des definierenden Polynoms $f(x, y)$ von F bedeutet.

Im allgemeinen Fall berechnet sich die Schnittpunktszahl von L_r mit den Flächen $F_1, \ldots F_r$ aus den Gradzahlen g_{ik} von L_r und den x- und y-Graden p_i und q_i der definierenden Polynome der F_i nach einer in der abzählenden Geometrie üblichen symbolischen Methode. Das gleiche gilt für die Gradformeln, die beim Schnitt von L_r mit $s < r$ Flächen auftreten.

Ein lehrreiches Beispiel für die Anwendung der Theorie bietet die Bestimmung der Anzahl der Geraden auf einer allgemeinen Fläche F_m des m-ten Grades im n-dimensionalen projektiven Raum P_n. Ist $f(x) = f_0(x, y)$ die F_m definierende allgemeine Form m-ten Grades in $x_0, \ldots x_n$, $f_i(x, y)$ die mit Hilfe der Reihe $y_0, \ldots y_n$ gebildete i-te

Polarform von f_0, so dient das Gleichungssystem $f_i(x, y)=0$ $(i=0, \ldots m)$ zur Bestimmung der Geraden von F_m. Jede Nullstelle $\{\xi_0, \ldots \xi_n; \eta_0, \ldots \eta_n\}$ des H_2-Ideals $(f_0, \ldots f_m)$ definiert ein Punktepaar auf einer dieser Geraden, sofern nicht die Reihen $\xi_0, \ldots \xi_n$ und $\eta_0, \ldots \eta_n$ proportional sind und somit denselben Punkt von F_m liefern. — Um zuerst zu entscheiden, ob F_m überhaupt Gerade besitzt, setzt man $x_0 = y_1 = 0$ und beschränkt sich damit auf solche Punktepaare, bei denen ein Punkt in der x_0-, der andere in der x_1-Ebene liegt; außerdem enthomogenisiert man durch die weitere Substitution $x_1 = y_0 = 1$. Man kommt so zu $m + 1$ Gleichungen $\varphi_i(x_2, \ldots x_n; y_2, \ldots y_n) = a_i$ $(i = 0, \ldots m)$, bei denen die linken Seiten für $2n - 2 \geqq m + 1$ algebraisch unabhängige Polynome in $x_2, \ldots x_n, y_2, \ldots y_n$ und die a_i auf den rechten Seiten von den Koeffizienten der linken Seiten unabhängige Unbestimmte sind.

Daraus folgt sofort (vgl. die Kleindruckbemerkung in der Mitte von 18.): F_m trägt für $m > 2n - 3$ keine, für $m < 2n - 3$ unendlich viele, für $m = 2n - 3$ endlich viele Gerade.

Für den wichtigsten Fall $m = 2n - 3$ ergibt sich außerdem, daß die endlich vielen Flächengeraden alle algebraisch konjugiert und somit sämtlich mit der Vielfachheit 1 zu zählen sind. Will man eine Formel für ihre Anzahl gewinnen, so muß man zur doppeltprojektiven Untersuchung des H_2-Ideals $\mathfrak{a} = (f_0, \ldots f_m)$ übergehen. $\mathfrak{a}$ ist kein Primideal, es hat vielmehr zwei nichteingebettete Nullstellenmannigfaltigkeiten, die „richtige" zweidimensionale M_2, der die Flächengeraden entsprechen, und eine „falsche" $n - 1$-dimensionale M^*_{n-1}, die durch $f(x) = 0$, $x_0 : \cdots : x_n = y_0 : \cdots : y_n$ charakterisiert ist und alle Punkte von F_m (aufgefaßt als zusammenfallende Punktepaare) liefert. — Um nun M_2 zu erfassen, bildet van der Waerden zuerst das Ideal $\mathfrak{a}_0 = (f_0, \ldots f_n)$, das zwei $n - 1$-dimensionale Nullstellenmannigfaltigkeiten hat, die falsche M^*_{n-1} und eine richtige M_{n-1}. Nur die letztere schneidet er mit der durch $f_{n+1} = 0$ definierten doppeltprojektiven Fläche; es entstehen zwei Mannigfaltigkeiten der Dimension $n-2$, eine falsche M^*_{n-2}, die Untermenge von M^*_{n-1} ist, und eine richtige M_{n-2}. M_{n-2} allein wird mit der durch f_{n+2} definierten Fläche geschnitten usw. — Bei jedem Schritt sind die Bedingungen für die Anwendbarkeit einer „Gradformel" erfüllt. Dabei treten allerdings zunächst die unbekannten Vielfachheiten von $M^*_{n-1}, M^*_{n-2}, \ldots$ auf; aber diese können schließlich durch einen geschickten Kunstgriff eliminiert werden, und es gelingt so die gewünschte Anzahlbestimmung, auf deren Einzelheiten im knappen Rahmen unseres Berichts leider nicht eingegangen werden kann.

Dagegen müssen wir wegen der außerordentlich wichtigen Anwendungen kurz den Zusammenhang *zwischen algebraischen Korrespondenzen und doppeltprojektiven Mannigfaltigkeiten* besprechen. Es sei M eine **derartige** Mannigfaltigkeit von der Dimension μ, definiert durch das

H_2-Primideal $\mathfrak{p} = (f_1(x, y), \ldots f_\varrho(x, y))$, d. h. durch das Gleichungssystem (1): $f_1(x, y) = \cdots = f_\varrho(x, y) = 0$ aus $\mathfrak{P}_{m,n}$. Durchläuft $\{\xi_0, \ldots \xi_m; \eta_0, \ldots \eta_n\}$ die Punkte von M, so durchläuft $\{\xi_0, \ldots \xi_m\}$ bzw. $\{\eta_0, \ldots \eta_n\}$ die Nullstellen eines H-Primideals $\mathfrak{p}_x$ bzw. $\mathfrak{p}_y$ aus $\mathfrak{K}_0[x_0, \ldots x_m]$ bzw. $\mathfrak{K}_0[y_0, \ldots y_n]$, also die Punkte einer irreduziblen einfach projektiven Mannigfaltigkeit M_x bzw. M_y. Durch die Zusammenfassung ihrer Punkte zu den Punkten von M werden M_x und M_y (im allgemeinen in jeder Richtung unendlich vieldeutig) aufeinander abgebildet, es entsteht eine „algebraische Korrespondenz" K zwischen M_x und M_y. — Bedeutet μ_x (μ_y) die Dimension von M_x (M_y), ν_x (ν_y) die Dimension der einem allgemeinen Punkt von M_y (M_x) — (also einer allgemeinen Nullstelle von $\mathfrak{p}_y$ ($\mathfrak{p}_x$)) — in K zugeordneten Mannigfaltigkeit N_x (N_y), so gilt offenbar die Gleichung $\mu_x + \nu_y = \mu_y + \nu_x = \mu$. — Ist ferner $\{\xi_0, \ldots \xi_m\} = \{\xi\}$ irgendein spezieller Punkt von M_x, d die Dimension seiner Bildmannigfaltigkeit N_y, so genügt d wegen der Homogenität der Gleichungen (1) der Ungleichung $d \geq \nu_y$, und es ergibt sich durch die Verallgemeinerung gewisser in 27. angedeuteter Überlegungen, daß für $d = \nu_y$ die irreduziblen nichteingebetteten Bestandteile $N_y^{(i)}$ ($i = 1, \ldots \alpha$) von N_y alle genau die Dimension d haben müssen. — Schließlich liefert die VAN DER WAERDENsche Vielfachheitstheorie einen äußerst einfachen, seiner Wichtigkeit wegen nachher kurz zu skizzierenden Beweis des folgenden Satzes:

Ist $d = \nu_y$ und ist $\{\xi\}$ ein nichtsingulärer Punkt von M_x — eine Voraussetzung, deren Notwendigkeit von SEVERI *(vgl. [1] Nr. 13) gezeigt wurde —, so läßt sich jeder der irreduziblen Mannigfaltigkeiten $N_y^{(i)}$ eine eindeutig bestimmte positive Vielfachheit λ_i zuordnen, und zwar so, daß eine dem Satz von der Erhaltung der Anzahl entsprechende „Gradformel" gilt.*

Zunächst läßt sich der Fall $d > 0$ leicht dadurch auf den Fall $d = 0$ zurückführen, daß man zu den Gleichungen (1) noch d allgemeine Linearformen in $y_0, \ldots y_n$ allein hinzunimmt, daß man also M_y mit d allgemeinen Ebenen schneidet. — Ist $d = 0$, sind also die $N_y^{(i)}$ Punkte $\{\eta^{(i)}\}$ ($i = 1, \ldots \alpha$), so projiziert man (geometrisch gesprochen) M_x in möglichst allgemeiner Weise auf einen μ_x-dimensionalen linearen Raum P_τ und führt in P_τ projektive Koordinaten $\tau_0, \ldots \tau_{\mu_x}$ ein. Es entsprechen dann gleichzeitig mit $\{\xi\} = \{\xi^{(0)}\}$ noch endlich viele weitere Punkte $\{\xi^{(1)}\}, \ldots \{\xi^{(\beta)}\}$ demselben Punkte $\{\tau^*\}$ von P_τ. Wegen der Allgemeinheit der Projektion haben $\{\xi^{(1)}\}, \ldots \{\xi^{(\beta)}\}$ in M_y nur endlich viele Bildpunkte, unter denen sich keiner der Bildpunkte $\{\eta^{(i)}\}$ von $\{\xi\}$ befindet, außerdem ist $\{\xi\}$ als nichtsingulärer Punkt von M_x in der Reihe aller $\{\xi^{(k)}\}$ sicher nur einfach zu zählen. Besitzt daher ein Punkt $\{\eta^{(i)}\}$ als Bild von $\{\tau^*\}$ eine bestimmte Vielfachheit λ_i, so kann man λ_i auch als die Vielfachheit von $\{\eta^{(i)}\}$ hinsichtlich $\{\xi\}$ auffassen. —

Der Zusammenhang zwischen P_τ und M_y wird aber hergestellt durch ein doppelthomogenes Gleichungssystem (2): $g_1(\tau, y) = \cdots = g_\sigma(\tau, y) = 0$, in dem man wegen der Linearität von P_τ die τ_i — (im Gegensatz zu den x_i in (1)) — als frei veränderliche Parameter ansehen darf. Da ferner $\{\tau^*\}$ in M_y nur endlich viele Bildpunkte hat, kann man jedem von diesen, also insbesondere jedem der Punkte $\{\eta^{(i)}\}$ nach der allgemeinen VAN DER WAERDENschen Vielfachheitstheorie von 26. eine eindeutig bestimmte Vielfachheit λ zuordnen, und zwar erweist sich λ nach Überlegungen von der Art, wie sie in 27. ausführlich dargestellt wurden, als positiv. Damit ist alles Wesentliche bewiesen, die noch ausstehende Gradformel ergibt sich fast von selbst, und man hat eine algebraisch exakte, von Grenzübergängen freie Begründung der Theorie der Korrespondenzen gewonnen.

Auf die sehr weitgehenden geometrischen Anwendungen (lineare Scharen, rationale Abbildungen, Charakteristikenformeln) kann hier nur hingewiesen werden.

Literatur: VAN DER WAERDEN [**17**] (Schnittpunktsformeln), [**18**] (Flächengeraden), [**21**] und vor allem [**22**] (Korrespondenztheorie nebst geometrischen Anwendungen). — Vgl. ferner VAN DER WAERDEN [**5**], wo — unter Hinweis auf das bereits von LASKER aufgestellte Programm — die Gradtheorie der HILBERTschen Funktion, die wir der Einfachheit halber nur einfach projektiv dargestellt haben, von vornherein doppeltprojektiv entwickelt ist. — Zur Würdigung der historischen Bedeutung von LASKER [1] vgl. die Bemerkung am Schlusse von 24.

§ 4. Einartige Bereiche.

29. Endliche algebraische Erweiterung primärer Ringe. Bereits in 9. und 10. wurde gezeigt, daß die Untersuchung von beliebigen einartigen Ringbereichen weitgehend auf das Studium „primärer" Ringe, die nur ein einziges Primideal enthalten, zurückgeführt werden kann. Dementsprechend beginnen wir den Paragraphen mit einer Weiterentwicklung der Theorie der primären (Nullteiler-) Ringe. Das Vorbild liefert uns dabei — ganz anders als in § 2 — die STEINITZsche abstrakte Körpertheorie. Zunächst handelt es sich um den Nachweis, daß die algebraischen Erweiterungen eines primären Ringes einer ganz ähnlichen Behandlung fähig sind wie die eines Körpers.

Es sei $\mathfrak{D}$ primär mit dem Primideal $\mathfrak{p}^*$, $\mathfrak{D}_n = \mathfrak{D}[x_1, \ldots x_n]$ sei der Polynomring in $x_1, \ldots x_n$ mit Koeffizienten aus $\mathfrak{D}$, $\mathfrak{p}_n^* = \mathfrak{p}^* \cdot \mathfrak{D}_n$.

In $\mathfrak{D}_n$ sind alle Elemente von $\mathfrak{p}_n^*$ nilpotent, während es außerhalb von $\mathfrak{p}_n^*$ keine Nullteiler gibt. — Setzt man $\mathfrak{K} = \mathfrak{D}/\mathfrak{p}^*$, $\mathfrak{P}_n = \mathfrak{D}_n/\mathfrak{p}_n^*$, und versteht man allgemein unter $\bar{a}$ bzw. $\bar{\mathfrak{a}}$ das zum Element a bzw. Ideal $\mathfrak{a}$ aus $\mathfrak{D}_n$ in $\mathfrak{P}_n$ gehörige Restklassenelement bzw. Restklassenideal, so läßt sich $\mathfrak{P}_n$ als Polynomring in $\bar{x}_1, \ldots \bar{x}_n$ über dem Körper $\mathfrak{K}$ auffassen, und man erschließt bei Beschränkung auf nicht in $\mathfrak{p}^*$ enthaltene $\mathfrak{a}$ aus dem Zusammenhang zwischen $\mathfrak{P}_n$ und $\mathfrak{D}_n$ ohne besonderen Kunstgriff folgende Sätze:

$\mathfrak{p}$ ist in $\mathfrak{O}_n$ Primideal dann und nur dann, wenn $\mathfrak{p}_n^* \subset \mathfrak{p}$ und $\bar{\mathfrak{p}}$ Primideal in $\mathfrak{P}_n$; die Primideale aus $\mathfrak{O}_n$ und $\mathfrak{P}_n$ entsprechen also einander umkehrbar eindeutig. Setzt man die Dimension von $\mathfrak{p}$ über $\mathfrak{O}$ gleich der Dimension von $\bar{\mathfrak{p}}$ über $\mathfrak{K}$, so kann die gesamte Dimensionstheorie von 17. und 18. von $\mathfrak{P}_n$ auf $\mathfrak{O}_n$ übertragen werden. — Es ist $\mathfrak{a} = \mathfrak{O}_n$ dann und nur dann, wenn $\bar{\mathfrak{a}} = \mathfrak{P}_n$; insbesondere ist a in $\mathfrak{O}_n$ dann und nur dann Einheit, wenn $\bar{a}$ Element von $\mathfrak{K}$. Sind $\mathfrak{p}_1, \ldots \mathfrak{p}_m$ die minimalen Primoberideale von $\mathfrak{a}$, so sind $\bar{\mathfrak{p}}_1, \ldots \bar{\mathfrak{p}}_m$ die minimalen Primoberideale von $\bar{\mathfrak{a}}$ und umgekehrt. — Für die isolierten Primärkomponenten dagegen besteht im allgemeinen kein ähnlich enger Zusammenhang: Ist $\mathfrak{q}$ die zu $\mathfrak{p}$ gehörige isolierte Primärkomponente von $\mathfrak{a}$, so kann unter Umständen die zu $\bar{\mathfrak{p}}$ gehörige isolierte Primärkomponente $\bar{\mathfrak{q}}'$ von $\bar{\mathfrak{a}}$ echtes Oberideal von $\bar{\mathfrak{q}}$ sein.

Ist allerdings $\mathfrak{a}$ ungemischt nulldimensional, so ergibt sich sofort: $\mathfrak{a}$ ist Produkt seiner paarweise teilerfremden isolierten Primärkomponenten, $\mathfrak{a} = \mathfrak{q}_1 \cdot \ldots \cdot \mathfrak{q}_m$, und es sind $\bar{\mathfrak{q}}_1, \ldots \bar{\mathfrak{q}}_m$ die isolierten Primärkomponenten von $\bar{\mathfrak{a}} = \bar{\mathfrak{q}}_1 \cdot \ldots \cdot \bar{\mathfrak{q}}_m$.

Ist $a = \sum \alpha_i x^i$ ein (nicht zu $\mathfrak{p}_1^*$ gehöriges) Polynom aus $\mathfrak{O}_1 = \mathfrak{O}[x]$, so bezeichnet man als „Grad" von a den Grad von $\bar{a}$, also den Exponenten der höchsten x-Potenz, die in a einen Nichtnullteilerkoeffizienten besitzt; a heißt normiert, wenn es die spezielle Gestalt $x^r + \alpha_1 x^{r-1} + \cdots + \alpha_r$ hat. Wie bereits erwähnt, ist a dann und nur dann Einheit, wenn es den Grad 0 besitzt. Darüber hinaus gilt:

Jedes Element a aus $\mathfrak{O}_1$ vom Grade m ist zu einem einzigen normierten Element a^* gleichen Grades assoziiert.

Die Einzigkeit von a^* ist mühelos einzusehen, die Existenz ergibt sich so: Es sei $a = \sum_0^l \alpha_i x^i$ $(l \geqq m)$, $\mathfrak{a}$ sei das in $\mathfrak{p}^*$ enthaltene Ideal $(\alpha_l, \alpha_{l-1}, \ldots \alpha_{m+1})$ aus $\mathfrak{O}$. Dann zeigt eine leichte Rechnung: Man kann in $\mathfrak{O}_1$ schrittweise die Einheiten $e_1, \ldots e_\lambda$ so bestimmen, daß

$$(e_1 \cdot \ldots \cdot e_\lambda) \cdot a = \sum_0^{L_\lambda} \mu_i x^i \text{ mit } \mu_m = 1, \ (\mu_{L_\lambda}, \mu_{L_\lambda-1}, \ldots \mu_{m+1}) \subseteqq \mathfrak{a}^{(2^\lambda)} \text{ wird.}$$

— Fertig, da $\mathfrak{a}^{(2^\lambda)} = (0)$ für großes λ.

Es sei nun a irgendein normiertes Polynom aus $\mathfrak{O}_1$, $\bar{a} = \prod_1^\sigma \bar{p}_i^{\varrho_i}$ sei die Zerlegung von $\bar{a}$ in Potenzen von über $\mathfrak{K}$ irreduziblen Faktoren, m_i bedeute den Grad von $\bar{p}_i^{\varrho_i}$, $(a) = \prod_1^\sigma \mathfrak{q}_i$ sei die Primärfaktorzerlegung, die (a) als nulldimensionales Ideal in $\mathfrak{O}_1$ besitzt. Bei geeigneter Numerierung ist dann $\bar{\mathfrak{q}}_i = (\bar{p}_i^{\varrho_i})$ und es enthält $\mathfrak{q}_i$ jeweils ein normiertes Element q_i vom Grade m_i. Setzt man nun $a' = \prod q_i$, so sind a' und a normierte Elemente gleichen Grades, und es ist $a' = a \cdot b$. Daraus folgt aber $a' = a$, $\mathfrak{q}_i = (q_i)$, d. h.: Bei normiertem a entspricht der Zerlegung von $\bar{a}$ in Potenzen irreduzibler Faktoren eindeutig eine Zerlegung $a = \prod_i q_i$ in normierte, primäre, paarweise teilerfremde Faktoren.

Die wichtigste Anwendung dieses Resultats ist der

„Wurzelexistenzsatz": *Ist a ein Polynom aus $\mathfrak{D}_1$, dessen Restklasse $\bar{a}$ in $\Re$ eine einfache Nullstelle $\bar{\alpha}$ hat, so gibt es in $\mathfrak{D}$, und zwar in der Restklasse $\bar{\alpha}$, eine Nullstelle α von a.*

$\mathfrak{D}$ heißt vollkommen, wenn $\Re$ vollkommen ist; $\Re \supset \mathfrak{D}$ heißt endliche algebraische Erweiterung von $\mathfrak{D}$, wenn $\Re = \mathfrak{D}[\eta_1, \ldots \eta_n]$ aus $\mathfrak{D}$ durch Adjunktion von endlich vielen Elementen η_i entsteht, von denen jedes einzelne einer algebraischen Gleichung mit nicht durchweg zu $\mathfrak{p}^*$ gehörigen Koeffizienten aus $\mathfrak{D}$ genügt. $\Re$ ist dann isomorph zu $\mathfrak{D}_n/\mathfrak{a}_n$, wobei $\mathfrak{a}_n$ ein nulldimensionales Ideal aus $\mathfrak{D}_n = \mathfrak{D}[x_1, \ldots x_n]$ bedeutet, für das $\mathfrak{a}_n \cap \mathfrak{D} = (0)$ ist.

Der Zerlegung $\mathfrak{a}_n = \prod_1^r \mathfrak{q}_n^{(i)}$ in teilerfremde Primärfaktoren $\mathfrak{q}_n^{(i)}$ entspricht in $\Re$ die gleiche Zerlegung des Nullideals $(0) = \prod_1^r \mathfrak{q}^{(i)}$ und damit nach 8. eine direkte Summendarstellung $\Re = \mathfrak{S}_1 \dotplus \cdots \dotplus \mathfrak{S}_r$, bei der $\mathfrak{S}_i$ zu $\Re/\mathfrak{q}^{(i)}$, d. h. zu $\mathfrak{D}_n/\mathfrak{q}_n^{(i)}$ isomorph und somit primär ist. $\mathfrak{S}_i$ läßt sich auffassen als endliche algebraische Erweiterung des primären Ringes $\mathfrak{D}_i' = \mathfrak{D}/(\mathfrak{q}_n^{(i)} \cap \mathfrak{D})$, der unter Umständen ein echter Restklassenring von $\mathfrak{D}$ sein wird, weil aus $\mathfrak{a}_n \cap \mathfrak{D} = (0)$ nicht notwendig $\mathfrak{q}_n^{(i)} \cap \mathfrak{D} = (0)$ für jedes $\mathfrak{q}_n^{(i)}$ folgt.

Ist $\mathfrak{p}_i^{*\prime}$ das Primideal von $\mathfrak{D}_i'$, so kann man $\mathfrak{D}_i'/\mathfrak{p}_i^{*\prime}$ mit dem Restklassenkörper $\Re$ von $\mathfrak{D}$ identifizieren. Der Restklassenkörper $\mathfrak{L}_i$ von $\mathfrak{S}_i$ läßt sich als endliche algebraische Erweiterung von $\Re$ auffassen, und zwar ist $\mathfrak{L}_i$ isomorph zu $\mathfrak{D}_n/\mathfrak{p}_n^{(i)}$ und damit auch zu $\mathfrak{P}_n/\bar{\mathfrak{p}}_n^{(i)}$, falls $\mathfrak{p}_n^{(i)}$ das zu $\mathfrak{q}_n^{(i)}$ gehörige Primideal bedeutet. Ist $\bar{\mathfrak{p}}_n^{(i)} = \bar{\mathfrak{q}}_n^{(i)}$, so sind in $\mathfrak{S}_i$ nur die Elemente von $\mathfrak{p}_i^{*\prime} \cdot \mathfrak{S}_i$ Nullteiler; ist dagegen $\bar{\mathfrak{p}}_n^{(i)} \supset \bar{\mathfrak{q}}_n^{(i)}$, so treten in $\mathfrak{S}_i$ „wesentlich neue", nicht zu $\mathfrak{p}_i^{*\prime} \cdot \mathfrak{S}_i$ gehörige Nullteiler auf.

Beim Übergang von $\mathfrak{D}$ zu $\Re$ geschieht also im allgemeinen dreierlei: Der erweiterte Ring zerfällt in endlich viele primäre Summanden $\mathfrak{S}_i$, der Restklassenkörper jedes einzelnen $\mathfrak{S}_i$ wird zu einer endlichen algebraischen Erweiterung des ursprünglichen Restklassenkörpers $\Re$, und es treten in den $\mathfrak{S}_i$ „wesentlich neue" Nullteiler auf. Diese dreifache Veränderung von $\mathfrak{D}$ kann nun Schritt für Schritt getrennt vollzogen werden, und zwar dadurch, daß man zwischen $\mathfrak{D}$ und $\Re$ einen „Zerlegungsring $\Re_z$" und einen „Trägheitsring $\Re_t$" einschaltet.

$\Re_z$ entsteht aus $\mathfrak{D}$ dadurch, daß man nur die Einheitselemente der $\mathfrak{S}_i$ adjungiert. $\Re_z$ ist der kleinste Zwischenring zwischen $\Re$ und $\mathfrak{D}$, der in ebensoviel primäre Summanden zerfällt wie $\Re$ selbst: $\Re_z = \mathfrak{S}_{z1} \dotplus \cdots \dotplus \mathfrak{S}_{zr}$; $\mathfrak{S}_{zi} \subset \mathfrak{S}_i$ $(i = 1, \ldots r)$. Für jedes i ist $\mathfrak{S}_{zi}$ zu $\mathfrak{D}_i'$ isomorph, es kann sein Restklassenkörper mit $\Re$ identifiziert werden, und es ist $\mathfrak{p}_i^{*\prime} \cdot \mathfrak{S}_{zi}$ sein Nullteilerprimideal. Beim Übergang zu $\Re_z$ erfolgt also nur eine „Zerlegung" (des erweiterten Ringes in direkte Summanden).

Ist ferner $\mathfrak{O}$ vollkommen, so läßt sich zwischen $\mathfrak{S}_{zi}$ und $\mathfrak{S}_i$ jeweils ein „Trägheitsring" $\mathfrak{S}_{ti}$ einschalten, der dadurch eindeutig ausgezeichnet ist, daß einerseits sein Restklassenkörper mit dem Restklassenkörper $\mathfrak{L}_i$ von $\mathfrak{S}_i$ identifiziert werden kann, und daß andererseits $\mathfrak{p}_i^{*'} \cdot \mathfrak{S}_{ti}$ sein Nullteilerprimideal ist.

In der Tat, in $\mathfrak{P}_1 = \mathfrak{K}[x]$ gibt es ein irreduzibles Polynom $\bar{g}(x)$ derart, daß $\mathfrak{L}_i$ aus $\mathfrak{K}$ durch Adjunktion einer einfachen Nullstelle $\bar{\alpha}$ von $\bar{g}(x)$ entsteht, $\mathfrak{L}_i = \mathfrak{K}(\bar{\alpha})$. Bedeutet nun $g(x)$ irgendein der Restklasse $\bar{g}(x)$ angehöriges Polynom aus $\mathfrak{O}_1 = \mathfrak{O}[x]$, so muß $\mathfrak{S}_i$ eine Nullstelle α von $g(x)$ enthalten, und es hat dann $\mathfrak{S}_{zi}(\alpha) = \mathfrak{S}_{ti}$ alle vom Trägheitsring geforderten Eigenschaften. Auch die Eindeutigkeit von $\mathfrak{S}_{ti}$ (also die Unabhängigkeit von der speziellen Wahl von $\bar{g}(x)$ und $g(x)$) läßt sich unschwer einsehen.

$\mathfrak{R}_t = \mathfrak{S}_{t1} \dotplus \cdots \dotplus \mathfrak{S}_{tr}$ heißt der Trägheitsring schlechtweg (von $\mathfrak{R}$ hinsichtlich $\mathfrak{O}$). Er ist der kleinste Zwischenring zwischen $\mathfrak{O}$ und $\mathfrak{R}$, der ebensoviel primäre Summanden besitzt wie $\mathfrak{R}$, und in dem außerdem der Restklassenkörper jedes einzelnen Summanden mit dem Restklassenkörper des entsprechenden Summanden des Gesamtringes $\mathfrak{R}$ identifiziert werden kann.

Der Übergang von $\mathfrak{R}_t$ zu $\mathfrak{R}$ kann dadurch erfolgen, daß man zu jedem $\mathfrak{S}_{ti} \neq \mathfrak{S}_i$ geeignete „wesentlich neue" Nullteiler adjungiert, deren Auftreten sich darin zeigt, daß $\mathfrak{p}_{ti}^{*} \cdot \mathfrak{S}_i$ ein echtes Unterideal des Nullteilerprimideals von $\mathfrak{S}_i$ wird. Nach der in der Zahlentheorie üblichen Ausdrucksweise wird man sagen, $\mathfrak{S}_i$ spiele über $\mathfrak{S}_{ti}$ die Rolle des „Verzweigungsringes".

Unsere Theorie der endlichen algebraischen Erweiterungen kann ohne weiteres auf den Fall übertragen werden, daß $\mathfrak{O}$ nicht primär, sondern selbst bereits direkte Summe von endlich vielen primären Unterringen $\mathfrak{O}_1, \ldots \mathfrak{O}_s$ ist. Für $\mathfrak{R}$ gilt dann eine Gleichung $\mathfrak{R} = \mathfrak{R}_1 \dotplus \cdots \dotplus \mathfrak{R}_s$, wobei $\mathfrak{R}_i$ jeweils eine endliche algebraische Erweiterung des primären $\mathfrak{O}_i$ darstellt. Bedeutet $\mathfrak{R}_{zi}$ bzw. $\mathfrak{R}_{ti}$ den Zerlegungs- bzw. Trägheitsring von $\mathfrak{R}_i$ hinsichtlich $\mathfrak{O}_i$, so ist $\mathfrak{R}_{z1} \dotplus \cdots \dotplus \mathfrak{R}_{zs}$ bzw. $\mathfrak{R}_{t1} \dotplus \cdots \dotplus \mathfrak{R}_{ts}$ der Zerlegungs- bzw. Trägheitsring von $\mathfrak{R}$ hinsichtlich $\mathfrak{O}$.

Auch bei den hyperkomplexen Systemen spielt — unter anderem Namen — der Trägheitsring über dem Grundkörper (als dessen nichtkommutative endliche algebraische Erweiterung das System aufgefaßt werden kann) eine wichtige Rolle. Der Existenzbeweis gestaltet sich allerdings wesentlich schwieriger als im Falle des Textes, auch ist der Trägheitsring nicht mehr eindeutig, sondern nur noch bis auf Isomorphie eindeutig bestimmt.

Literatur: KRULL [9], HÖLZER [1]. Zum Fall der nichtkommutativen hyperkomplexen Systeme, — deren Behandlung wesentlich älter ist als die allgemeine kommutative Theorie —, vgl. etwa DICKSON [1] Kap. VIII, insbesondere das „principal theorem" auf S. 125. Die dort auftretende „semi-simple sub-algebra K" ist der Trägheitsring.

Es soll nun noch ganz kurz eine andere, im wesentlichen auf W. SCHMEIDLER zurückgehende Untersuchungsreihe gestreift werden, die an und für sich eher in den Rahmen von § 2 gehörte, dort aber wegen eines gewissen Zusammenhangs mit der Theorie der Polynomringe noch nicht behandelt wurde. (SCHMEIDLER faßt die von ihm betrachteten Ringe in der Regel als „Restgruppen", d. h. als Restklassenringe von Polynomidealen auf und benutzt ihre Zerlegung, um Invarianten zu gewinnen, die allen Polynomidealen mit isomorphen Restklassenringen gemeinsam sind.)

Wir beschränken uns auf solche primären Nullteilerringe $\mathfrak{O}$, die über einem Grundkörper K, den wir der Einfachheit halber algebraisch abgeschlossen annehmen, im Sinne von 17. „endlich" sind. — Ist etwa $\mathfrak{O} = \mathsf{K}[\alpha_1, \ldots \alpha_m; \beta_1, \ldots \beta_n]$, so heißt $\mathfrak{O}$ „direktes Produkt" der Unterringe $\mathfrak{O}_1 = \mathsf{K}[\alpha_1, \ldots \alpha_m]$ und $\mathfrak{O}_2 = \mathsf{K}[\beta_1, \ldots \beta_n]$ — abgekürzt $\mathfrak{O} = \mathfrak{O}_1 \times \mathfrak{O}_2$ —, wenn in $\mathfrak{O}$ zwischen $\alpha_1, \ldots \alpha_m, \beta_1, \ldots \beta_n$ nur diejenigen Relationen bestehen, die aus den für $\alpha_1, \ldots \alpha_m$ in $\mathfrak{O}_1$ und für $\beta_1, \ldots \beta_n$ in $\mathfrak{O}_2$ gültigen Relationen mit Notwendigkeit folgen. (Vgl. die analoge Definition des Kreuzproduktes in 34.) — Läßt sich $\mathfrak{O}$ nicht als direktes Produkt echter Unterringe darstellen, so möge $\mathfrak{O}$ „multiplikativ unzerlegbar" heißen.

Es gilt dann der Satz, daß jeder primäre Ring in bis auf Isomorphie eindeutig bestimmter Weise als direktes Produkt multiplikativ unzerlegbarer Unterringe dargestellt werden kann.

Die Definition des direkten Produktes und der multiplikativen Unzerlegbarkeit ist ohne Änderung des Wortlautes auch dann noch anwendbar, wenn $\mathfrak{R}$ ein ganz beliebiger, über K endlicher Ring ist. Indessen erhält man bei dieser Verallgemeinerung nur noch einen Homomorphiesatz an Stelle des für den primären Fall gültigen Isomorphiesatzes. Auch zeigt sich, daß die direkte Produktzerlegung von $\mathfrak{R}$ im allgemeinen in keinem näheren Zusammenhang mit dem primären oder nichtprimären Charakter des Nullideals von $\mathfrak{R}$ steht.

Die letztere Bemerkung legt es nahe, sich zunächst auf die Betrachtung von endlichen Integritätsbereichen zu beschränken. Geht man hier von $\mathfrak{R} = \mathfrak{J}$ zum Quotientenkörper $\mathfrak{K}$ über, so kommt man auf die Aufgabe, einen über K (algebraisch und transzendent) endlichen Körper $\mathfrak{K}$ als direktes Produkt von Unterkörpern darzustellen, eine Aufgabe, deren Behandlung nach W. SCHMEIDLER als ein erster Schritt auf dem Felde einer „verallgemeinerten GALOISschen Theorie" angesehen werden kann.

Literatur: SCHMEIDLER [1] (Isomorphiesatz der primären Ringe unter einer gewissen Zusatzbedingung); MITTELSTEN-SCHEID [1] (Primäre Ringe allgemein, Ausdehnung auf nichtkommutative hyperkomplexe Systeme); SCHMEIDLER [4] (beliebige über einem Grundkörper endliche Ringe); SCHMEIDLER [12], [10], [11] (endliche Integritätsbereiche, verallgemeinerte GALOISsche Theorie).

30. Konstruktiver Aufbau primärer zerlegbarer Ringe. Die in 29. entwickelte Theorie kann in zwei Richtungen weiter ausgebaut werden. Einmal kann man neben den algebraischen auch transzendente Erweiterungen einführen und eine besondere Klasse von „regulären" algebraischen und transzendenten Erweiterungen genauer untersuchen, von der sich zeigen läßt, daß man sie mit körpertheoretischen Hilfsmitteln vollkommen beherrscht. Dann können weiter die regulären Erweiterungen dazu benutzt werden, in jedem vollkommenen primären Ring die Existenz eines ausgezeichneten Unterrings von besonders einfachem Bau nachzuweisen. Bei der Besprechung dieser Dinge beschränken wir uns auf die Betrachtung des einfachsten Spezialfalls, in dem man in jeder Richtung zu abschließenden Ergebnissen kommt.

Ein primärer Ring $\mathfrak{O}$ heißt „zerlegbar", wenn sein Primideal Hauptideal ist, $\mathfrak{p}^* = (\pi)$. Ein primärer zerlegbarer Ring $\mathfrak{O}$ hat einen endlichen Exponenten ϱ, und es sind (π), (π^2), ... $(\pi^\varrho) = (0)$ die sämtlichen verschiedenen Ideale von $\mathfrak{O}$; jedes Element aus $\mathfrak{O}$ besitzt also eine Darstellung $\alpha = \varepsilon \cdot \pi^\sigma$ $(0 \leqq \sigma \leqq \varrho)$, wobei ε eine Einheit und σ eindeutig bestimmt ist.

Der kleinste primäre Unterring $\mathfrak{Z}_0$ eines primären zerlegbaren Ringes $\mathfrak{Z}$ heißt der „Primring" von $\mathfrak{Z}$. $\mathfrak{Z}_0$ besteht aus den Vielfachen des Einheitselements und ihren Reziproken, soweit solche vorhanden sind. $\mathfrak{Z}_0$ ist entweder zum Körper der rationalen Zahlen oder zum Restklassenring der ganzen rationalen Zahlen nach einer Primzahlpotenz p^r isomorph; im ersten Falle heißt 0, im zweiten p^r die „Charakteristik" von $\mathfrak{Z}$. Ein primärer zerlegbarer Ring $\mathfrak{Z}$ von der Charakteristik 0 bzw. p^r wird „unverzweigt" genannt, wenn 0 bzw. p Primelement, d. h. Basiselement des Primideals von $\mathfrak{Z}$ ist, also $\mathfrak{p}^* = (0)$ bzw. $\mathfrak{p}^* = (p)$. (Für $\mathfrak{p}^* = (0)$ ist natürlich $\mathfrak{Z}$ ein Körper!)

Hauptsatz 1: *Zwei vollkommene unverzweigte zerlegbare Ringe sind dann und nur dann isomorph, wenn sie gleiche Charakteristik und isomorphe Restklassenkörper besitzen.*

Hauptsatz 2: *Jeder primäre zerlegbare Ring $\mathfrak{Z}$ enthält einen bis auf Isomorphie eindeutig bestimmten größten unverzweigten Unterring $\mathfrak{Z}^*$, der dadurch ausgezeichnet ist, daß sein Restklassenkörper mit dem Restklassenkörper von $\mathfrak{Z}$ identifiziert werden kann.*

Die Beweise seien nur kurz angedeutet: In der Körpertheorie sind die einfachsten Bausteine die einfach algebraischen bzw. transzendenten Erweiterungen eines gegebenen Körpers $\mathfrak{K}$. Ist nun an Stelle eines Körpers ein zerlegbarer Ring $\mathfrak{Z}$ mit dem Restklassenkörper $\mathfrak{K}$ vorgelegt, so definiert man nach STEINITZschem Vorbild: $\mathfrak{Z}_1 \supset \mathfrak{Z}$ heißt einfache transzendente Erweiterung, wenn $\mathfrak{Z}_1$ über $\mathfrak{Z}$ isomorph ist zum Ring aller Quotienten $\dfrac{p}{q}$, bei denen der Zähler ein beliebiges, der Nenner ein nichtnilpotentes Polynom aus $\mathfrak{Z}[x] = \mathfrak{O}_1$ bedeutet. $\mathfrak{Z}_1$ wird als einfache regulär algebraische Erweiterung von $\mathfrak{Z}$ bezeichnet, wenn $\mathfrak{Z}_1$ zu einem Restklassenring $\mathfrak{O}_1/(p)$ isomorph ist, bei dem die zu p gehörige Restklasse $\bar{p}$ in $\mathfrak{P}_1 = \mathfrak{K}[x]$ ein irreduzibles Polynom darstellt. — Ohne Schwierigkeit ergibt sich:

Eine einfache transzendente (einfache regulär algebraische) Erweiterung $\mathfrak{Z}_1$ eines zerlegbaren Ringes $\mathfrak{Z}$ ist selbst zerlegbar, und es ist jedes Primelement von $\mathfrak{Z}$ auch in $\mathfrak{Z}_1$ Primelement. Zwei einfach transzendente Erweiterungen $\mathfrak{Z}_1$ und $\mathfrak{Z}_2$ von $\mathfrak{Z}$ sind stets über $\mathfrak{Z}$ isomorph. — Zwei einfache regulär algebraische Erweiterungen sind es sicher dann, wenn die definierenden Polynome p_1 und p_2 aus $\mathfrak{O}_1$ in $\mathfrak{P}_1$ dieselbe

Restklasse $\bar{p}$ erzeugen und wenn dabei diese letztere ein Polynom mit nur einfachen Nullstellen ist. (Beweis unter Benutzung des in 29. abgeleiteten „Wurzelexistenzsatzes".)

Ist nun $\mathfrak{Z}_0$ der Primring des vollkommenen zerlegbaren Ringes $\mathfrak{Z}$, $\mathfrak{K}_0$ der Primkörper des Restklassenkörpers $\mathfrak{K}$, so baut man zuerst nach Steinitz $\mathfrak{K}$ über $\mathfrak{K}_0$ durch eine wohlgeordnete Folge von einfachen algebraischen und transzendenten Erweiterungen auf; im Fall der Charakteristik p richtet man es dabei so ein, daß auf die Adjunktion einer Transzendenten t sofort die Adjunktion aller ihrer p^f-ten Wurzeln ($f = 1, 2, \ldots$) folgt. Ahmt man dann von $\mathfrak{Z}_0$ ausgehend den Aufbau von $\mathfrak{K}$ über $\mathfrak{K}_0$ Schritt für Schritt nach, so erhält man einen größten unverzweigten Unterring $\mathfrak{Z}^*$ von $\mathfrak{Z}$ aus $\mathfrak{Z}_0$ durch eine wohlgeordnete Folge von einfachen, regulär algebraischen und transzendenten Erweiterungen. Aus der Art der Konstruktion ergibt sich gleichzeitig sofort die Eindeutigkeitsbehauptung des ersten und zweiten Hauptsatzes.

Besondere Kunstgriffe sind — vom Wurzelexistenzsatz von 29. abgesehen — nicht erforderlich. Nur ein Punkt ist hervorzuheben:

Adjungiert man zu einem Zwischenring $\mathfrak{Z}'$ zwischen $\mathfrak{Z}_0$ und $\mathfrak{Z}^*$ eine Transzendente t, so muß man bei der darauffolgenden Adjunktion der p^f-ten Wurzeln mit Gleichungen mit mehrfachen Wurzeln arbeiten, auf die sich der Wurzelexistenzsatz nicht anwenden läßt. Um hier durchzukommen, muß man t in der zugehörigen Restklasse $\bar{t}$ aus $\mathfrak{K}$ „passend" auswählen, was aber unschwer geschehen kann.

Aus einem größten unverzweigten Unterring $\mathfrak{Z}^*$ kann $\mathfrak{Z}$ selbst durch Adjunktion eines Primelementes π gewonnen werden. $\mathfrak{Z}$ ist also isomorph zu $\mathfrak{Z}_1^*/\mathfrak{a}_1^*$, wobei $\mathfrak{a}_1^*$ das Ideal aller der Polynome aus $\mathfrak{Z}_1^* = \mathfrak{Z}^*[x]$ bedeutet, die für $x = \pi$ verschwinden. Dabei ist es möglich, eine Basis von $\mathfrak{a}_1^*$ unmittelbar hinzuschreiben. Ist ϱ^* bzw. ϱ der Exponent von $\mathfrak{Z}^*$ bzw. $\mathfrak{Z}$, so sind drei Fälle zu unterscheiden:

1. $\varrho^* = \varrho$. Hier ist $\mathfrak{Z}^* = \mathfrak{Z}$, und es kann $\mathfrak{a}_1^* = (x - \pi^*)$ gesetzt werden, falls π^* Primelement aus $\mathfrak{Z}^*$. (Spezialfall $\mathfrak{Z} = \mathfrak{Z}^*$ Körper.)

2. $\varrho^* = 1 < \varrho$, d. h. $\mathfrak{Z}^*$ Körper, aber nicht $\mathfrak{Z}$. Hier wird $\mathfrak{a}_1^* = (x^\varrho)$.

3. $1 < \varrho^* < \varrho$. Hier muß $\mathfrak{Z}^*$ Primzahlpotenzcharakteristik p^{ϱ^*} besitzen, und es wird $\mathfrak{a}_1^* = (a(x),\ p^{\varrho^*-1} \cdot x^\sigma)$; dabei bedeutet $a(x) = x^r + a_1 x^{r-1} + \cdots + a_r$ ein „Eisensteinsches Polynom", bei dem jedes a_i durch p, aber a_r nicht durch p^2 teilbar ist, und es sind r und σ durch die Bedingungen $\varrho = (r - 1) \cdot \varrho^* + \sigma$, $0 < \sigma \leqq \varrho^*$ festgelegt.

Mit Hilfe von $\mathfrak{a}_1^*$ kann entschieden werden, wann ein verzweigter vollkommener zerlegbarer Ring $\mathfrak{Z}$ durch seine drei Hauptinvarianten, die Charakteristik, den Exponenten ϱ und den Restklassenkörper $\mathfrak{K}$, eindeutig bestimmt ist.

Wir nennen $\mathfrak{Z}$ über $\mathfrak{Z}^*$ „gewöhnlich verzweigt", wenn entweder $\mathfrak{Z}^*$ Körper ist (Fall 2) oder wenn im Fall 3 der in $\mathfrak{a}_1^*$ auftretende „Verzweigungsexponent" r zu p teilerfremd ist. Sollte dagegen im Falle 3

r zu p nicht teilerfremd sein, so sprechen wir von einer „höheren"
Verzweigung. — Es ergibt sich dann:

Hauptsatz 3: *Ein vollkommener zerlegbarer Ring $\mathfrak{Z} \neq \mathfrak{Z}^*$ ist durch die
drei Hauptinvarianten abstrakt eindeutig bestimmt, wenn eine gewöhnliche
Verzweigung vorliegt und der Restklassenkörper algebraisch abgeschlossen ist.*

Sind dagegen diese beiden Bedingungen nicht erfüllt, so zeigen einfache Beispiele, daß — von trivialen Ausnahmefällen abgesehen — die
drei Hauptinvarianten zur eindeutigen Festlegung nicht ausreichen.

Die bisher betrachteten zerlegbaren Ringe waren alle primär. Ein
beliebiger einartiger Ring heißt zerlegbar, wenn seine sämtlichen Ideale
Hauptideale sind. Ein allgemeiner zerlegbarer Ring ist stets als direkte
Summe von endlich vielen primären zerlegbaren Ringen darstellbar
(Beweis ganz einfach). Durch Hauptsatz 1 bis 3 beherrscht man also
auch die allgemeinen zerlegbaren Ringe. Ein besonderes Interesse ver-
dienen unter ihnen die „endlichen", d. h. die mit nur endlich vielen
Elementen; für sie gilt der

Darstellungssatz: *Zu jedem endlichen zerlegbaren Ring $\mathfrak{Z}$ kann
man einen endlichen algebraischen Zahlkörper K und im Ring Ω aller
ganzen Zahlen von K ein Ideal $\mathfrak{a}_\omega$ so bestimmen, daß $\mathfrak{Z}$ zu $\Omega/\mathfrak{a}_\omega$ isomorph
ist.* — Oder anders ausgedrückt:

$\mathfrak{Z}$ *läßt sich stets als Restklassenring eines geeigneten Ideals in einem
passenden endlichen algebraischen Zahlkörper darstellen.*

Ist $\mathfrak{Z}$ primär, so braucht man zum Beweise nur den oben beschriebenen konstruktiven Aufbau und einige ganz elementare Bemerkungen
aus der Theorie der Kreiskörper. Im nichtprimären Fall muß man
etwas tiefer liegende Existenzsätze der algebraischen Zahlentheorie
heranziehen (vgl. etwa HASSE [1]), dann aber wird die Durchführung
des Beweises wieder ganz leicht.

Literatur: FRAENKEL [1] (Einführung der zerlegbaren Ringe), [2], [3]
(erste Untersuchungen über ihre Erweiterungen); KRULL [3] (konstruktiver
Aufbau im Sinne des Textes). Der Satz von der Darstellbarkeit jedes endlichen zerlegbaren Ringes findet sich bei KRULL noch nicht, auch ist die
Terminologie etwas anders als im Text, wo ich mich an das Vorbild von
HASSE-SCHMIDT [1] (vgl. 31.) gehalten habe. — Zum konstruktiven Aufbau
nichtzerlegbarer primärer Ringe vgl. KRULL [1], [2]; HÖLZER [1].

31. Die perfekten Hüllen der Integritätsbereiche mit Z.P.I. Die
Hauptsätze von 30. sind von ganz anderem Charakter als die Untersuchungen, über die in § 2 und § 3 berichtet wurde. Damals war eine
bestimmte Ringklasse axiomatisch festgelegt, und es handelte sich
darum, einen Einblick in den mehr oder minder komplizierten Bau
ihrer Ideale zu gewinnen. In 30. dagegen war von vornherein eine
denkbar einfache Idealstruktur vorgegeben, dafür sollten alle (Null-
teiler-) Ringe mit dieser Idealstruktur nicht nur axiomatisch charakterisiert, sondern sogar konstruktiv aufgebaut werden. — Will man bei
Integritätsbereichen einen ähnlichen konstruktiven Aufbau durchführen,

so wird man nach dem Vorbild von 30. sich von vornherein auf primäre Integritätsbereiche beschränken und außerdem fordern, daß das einzige Primideal $\mathfrak{p} = (\pi)$ ein Hauptideal sein soll. Ein Integritätsbereich $\mathfrak{B}$, der dieser Bedingung genügt und in dem sich dementsprechend jedes Element eindeutig in der Form $\alpha = \varepsilon \cdot \pi^r$ (ε Einheit) darstellen läßt, wird aus einem erst in § 5 klar werdenden Grunde „diskreter Bewertungsring" genannt.

Soll ein diskreter Bewertungsring $\mathfrak{B}$ eines ähnlichen konstruktiven Aufbaus fähig sein wie ein primärer zerlegbarer Ring, so muß in ihm jedenfalls der Wurzelexistenzsatz von 29. gelten: Es sei $\mathfrak{K}$ der Restklassenkörper $\mathfrak{B}/(\pi)$, $g(x)$ ein Polynom aus $\mathfrak{B}[x]$, $\bar{g}(x)$ die zugehörige Restklasse aus $\mathfrak{K}[x]$; besitzt dann $\bar{g}(x)$ in $\mathfrak{K}$ eine einfache Nullstelle $\bar{\alpha}$, so besitzt $g(x)$ in $\mathfrak{B}$ eine der Restklasse $\bar{\alpha}$ angehörige Nullstelle α. — Auf die Gültigkeit dieses Satzes kann man indessen diesmal nur unter einschränkenden Voraussetzungen rechnen, vor allem dann, wenn $\mathfrak{B}$ „perfekt" ist, d. h. der folgenden Bedingung genügt[1]:

In $\mathfrak{B}$ ist ein unendliches Kongruenzensystem $x \equiv \alpha_i \,(\pi^i)$ $(i = 1, 2, \ldots)$ stets lösbar, sobald jedes endliche Teilsystem lösbar, d. h. die „Verträglichkeitsbedingung" $\alpha_{i+1} \equiv \alpha_i \,(\pi^i)$ $(i = 1, 2, \ldots)$ *erfüllt ist.*

Für die perfekten diskreten Bewertungsringe haben nun in der Tat Hasse und Schmidt eine Strukturtheorie entwickelt, die derjenigen der primären zerlegbaren Ringe genau parallel läuft. Es sind zwei Fälle zu unterscheiden:

1. *Der Quotientenkörper $\tilde{\mathfrak{K}}$ des perfekten diskreten Bewertungsringes $\mathfrak{B}$ und der Restklassenkörper $\mathfrak{K}$ besitzen dieselbe Charakteristik* (entspricht Fall 2 von 30.). *Hier existiert in $\mathfrak{B}$ ein Unterkörper $\mathfrak{K}^*$, der mit $\mathfrak{K}$ identifiziert werden kann. $\mathfrak{B}$ besteht aus allen formalen Potenzreihen in einem Primelement π mit Koeffizienten aus $\mathfrak{K}^*$, wobei Addition und Multiplikation in der üblichen Weise auszuführen sind. — $\mathfrak{B}$ ist also durch den Restklassenkörper $\mathfrak{K}$ abstrakt eindeutig bestimmt.*

2. *$\tilde{\mathfrak{K}}$ hat die Charakteristik 0, dagegen besitzt $\mathfrak{K}$ Primzahlcharakteristik p* (entspricht Fall 3 von 30.). Hier nennt man $\mathfrak{B}$ „unverzweigt" oder „verzweigt", je nachdem, ob p in $\mathfrak{B}$ Primelement ist oder nicht. Es ergibt sich dann ähnlich wie in 30.: *Ein unverzweigter Ring $\mathfrak{B}$ ist durch den Restklassenkörper $\mathfrak{K}$ allein eindeutig bestimmt. Jeder verzweigte $\mathfrak{B}$ enthält einen größten unverzweigten Unterring $\mathfrak{B}^*$, der dadurch ausgezeichnet ist, daß sein Restklassenkörper mit $\mathfrak{K}$ identifiziert werden kann. $\mathfrak{B}$ entsteht aus $\mathfrak{B}^*$ durch Adjunktion einer Nullstelle eines „*Eisensteinschen Polynoms" $x^r + a_1 x^{r-1} + \cdots + a_r$, *bei dem die in $\mathfrak{B}^*$ liegenden a_i alle durch p teilbar sind, aber $a_r \not\equiv 0 \,(p^2)$ ist.*

In beiden Fällen braucht $\mathfrak{K}$ (und im ersten Falle auch $\tilde{\mathfrak{K}}$) nicht vollkommen zu sein. Der Beweis der Hasse-Schmidtschen Sätze ist

---

[1] Zu dem hier auftauchendem Problem vgl. die Untersuchungen von Ostrowski [6] Teil I; (mit den weiteren Betrachtungen des Textes keine wesentlichen Berührungspunkte).

nur dann elementar, d. h. im wesentlichen allein mit Hilfe des Wurzelexistenzsatzes durchführbar, wenn $\Re$ die Charakteristik 0 besitzt oder absolut algebraisch ist. Im übrigen sind neue Begriffe („Grundring", „Grundideal") und tiefliegende körpertheoretische Hilfsmittel nötig; vor allem braucht man bei unvollkommenem $\Re$ die SCHMIDTsche Theorie der „Transzendenzbasen", und die Konstruktion des größten unverzweigten Unterrings $\mathfrak{B}^*$ im Falle 2 ist auch bei vollkommenem $\Re$ keineswegs trivial. — Auf Einzelheiten kann daher leider nicht eingegangen werden; es sei nur hervorgehoben, daß die Methoden von HASSE-SCHMIDT ohne weiteres ausreichen dürften, um auch die beiden ersten Hauptsätze von 30. auf den Fall unvollkommener Restklassenkörper auszudehnen, und zwar mit wesentlich geringerer Mühe, als sie bei der Behandlung der perfekten diskreten Bewertungsringe aufgewandt werden muß.

Ohne die Perfektheitsvoraussetzung erscheint die Entwicklung einer Strukturtheorie diskreter Bewertungsringe aussichtslos. Einen gewissen Ausgleich für diesen Mißstand bietet der Satz, daß jeder beliebige diskrete Bewertungsring in einen perfekten eingebettet werden kann. Daß diese Einbettung auch, abgesehen vom Strukturproblem, idealtheoretisch interessant ist, sieht man am besten, wenn man an Stelle eines diskreten Bewertungsringes von vornherein einen beliebigen Integritätsbereich mit Z.P.I. im Sinne von 4. betrachtet. (Diese Verallgemeinerung liegt nahe, da ein Integritätsbereich mit Z.P.I. auch charakterisiert werden kann als O-Ring, in dem für jedes Primideal der zugehörige Quotientenring diskreter Bewertungsring ist.)

Zur Vereinfachung der Bezeichnung nehmen wir die Primideale $\mathfrak{p}_1, \ldots \mathfrak{p}_\tau, \ldots$ des Z.P.I.-Ringes $\mathfrak{J}$, zu dem die „perfekte" Hülle $\mathfrak{J}^*$ konstruiert werden soll, wohlgeordnet an. Als Elemente von $\mathfrak{J}^*$ wählen wir alle (im allgemeinen zweifach) unendlichen Folgen $\{\alpha_{11}, \alpha_{12}, \ldots; \ldots; \alpha_{\tau 1}, \alpha_{\tau 2}, \ldots; \ldots\} = \{\alpha_{\tau i}\}$, bei denen die Glieder $\alpha_{\tau i}$ Elemente aus $\mathfrak{J}$ sind, die der „Verträglichkeitsbedingung" $\alpha_{\tau i+1} \equiv \alpha_{\tau i} \ (\mathfrak{p}_\tau^i)$ für jedes Indexpaar τ, i genügen. (Die Verträglichkeitsbedingung ist gleichwertig mit der Forderung, daß jedes endliche Kongruenzensystem $x \equiv \alpha_{\tau_\nu i_\nu} \ (\mathfrak{p}_{\tau_\nu}^{i_\nu}) \ (\nu = 1, \ldots k)$ in $\mathfrak{J}$ lösbar sein muß.)

Gleichheit, Addition, Multiplikation definieren wir für die $\{\alpha_{\tau i}\}$ durch die Festsetzungen: $\{\alpha_{\tau i}\} = \{\beta_{\tau i}\}$ dann und nur dann, wenn stets $\alpha_{\tau i} \equiv \beta_{\tau i} \ (\mathfrak{p}_\tau^i)$; $\{\alpha_{\tau i}\} + \{\beta_{\tau i}\} = \{\alpha_{\tau i} + \beta_{\tau i}\}$. Ferner identifizieren wir durchweg $\{\alpha\} = \{\alpha, \ldots \alpha, \ldots\}$ mit dem Element α aus $\mathfrak{J}$. So wird die Menge aller $\{\alpha_{\tau i}\}$ zu einem Oberring $\mathfrak{J}^*$ von $\mathfrak{J}$.

Enthält nun zunächst $\mathfrak{J}$ nur ein einziges Primideal, ist also $\mathfrak{J} = \mathfrak{B}$ ein diskreter Bewertungsring, so ist auch $\mathfrak{J}^* = \mathfrak{B}^*$ ein solcher, und zwar ein perfekter. Der Restklassenkörper von $\mathfrak{B}$ kann mit dem von $\mathfrak{B}^*$ identifiziert werden, und es sind die Primelemente von $\mathfrak{B}$ auch in $\mathfrak{B}^*$ Primelemente. Am einfachsten läßt sich der Übergang von $\mathfrak{B}$ zu $\mathfrak{B}^*$ folgendermaßen beschreiben:

Ist π ein Primelement aus $\mathfrak{B}$, $\varLambda$ eine Untermenge von $\mathfrak{B}$, die aus jeder Restklasse von $\mathfrak{B}/(\pi)$ genau einen Vertreter enthält, so besitzt jedes Element von $\mathfrak{B}$ eine eindeutig bestimmte „Potenzreihendarstellung" $\alpha = \sum_{0}^{\infty} \mu_i \pi^i$ mit Koeffizienten μ aus $\varLambda$, und der Übergang von $\mathfrak{B}$ zu $\mathfrak{B}^*$ besteht einfach darin, daß man die Menge aller derartigen Potenzreihen bildet. (Die Existenz der Darstellungen $\alpha = \sum \mu_i \pi^i$ für die Elemente von $\mathfrak{B}$ ist trivial. Mit den für perfekte Ringe gültigen Struktursätzen hat sie nichts zu tun, da $\varLambda$ im allgemeinen keinen Körper bildet.)

Nach Erledigung des Spezialfalls $\mathfrak{J} = \mathfrak{B}$ kann der allgemeine Fall, — wir nehmen gleich an, daß $\mathfrak{J}$ unendlich viele Primideale enthält —, leicht behandelt werden. Bezeichnet man für festes τ mit $\mathfrak{J}_\tau^*$ die Menge aller der Elemente $\{\alpha_{\sigma i}\}$ aus $\mathfrak{J}^*$, bei denen höchstens die Glieder $\alpha_{\tau 1}$, $\alpha_{\tau 2}$, ... von Null verschieden sind, so ergibt sich mühelos, daß $\mathfrak{J}_\tau^*$ zur perfekten Hülle des diskreten Bewertungsrings $\mathfrak{J}_{\mathfrak{p}_\tau}$ isomorph ist. Definiert man weiter in $\mathfrak{J}^*$ spezielle unendliche Summen durch die Festsetzung:
$$\{\alpha_{11}, \ldots; 0, \ldots; \ldots; 0, \ldots; \ldots\}+\{0, \ldots; \alpha_{21}, \ldots; \ldots; 0, \ldots; \ldots\}+\cdots+$$
$$\{0, \ldots; 0, \ldots; \ldots; \alpha_{\tau 1}, \ldots; \ldots\}\cdots=\{\alpha_{11}, \ldots; \alpha_{21}, \ldots; \ldots; \alpha_{\tau 1}, \ldots; \ldots\},$$
so wird $\mathfrak{J}^*$ im Sinne von 8. die unendliche direkte Summe aller $\mathfrak{J}_\tau^*$:
$$\mathfrak{J}^* = \mathfrak{J}_1^* \dotplus \mathfrak{J}_2^* \dotplus \cdots \dotplus \mathfrak{J}_\tau^* \dotplus \cdots.$$

Der Übergang von $\mathfrak{J}$ zu $\mathfrak{J}^*$ besteht also einfach darin, daß man die diskreten Quotientenringe $\mathfrak{J}_{\mathfrak{p}_\tau}$ einzeln perfekt macht und dann die perfekten Hüllen direkt additiv zusammensetzt.

$\mathfrak{J}^*$ ist kein Integritätsbereich; beschränkt man sich auf die Betrachtung von solchen Idealen, die nicht ausschließlich aus Nullteilern bestehen, so erscheint $\mathfrak{J}^*$ als einartig. Die Primideale $\mathfrak{p}_\tau^*$ sind die Erweiterungsideale der Primideale $\mathfrak{p}_\tau$ von $\mathfrak{J}$, $\mathfrak{p}_\tau^*$ besteht aus allen den $\{\alpha_{\sigma i}\}$, bei denen $\alpha_{\tau 1}$, $\alpha_{\tau 2}$, ... zu $\mathfrak{p}_\tau$ gehören. $\{\alpha_{\sigma i}\}$ ist in $\mathfrak{J}^*$ dann und nur dann Einheit, wenn $\alpha_{\tau 1}$, $\alpha_{\tau 2}$, ... für jedes τ zu $\mathfrak{p}_\tau$ teilerfremd sind. Bedeutet π_τ ein zu $\mathfrak{p}_\tau$, aber nicht zu $\mathfrak{p}_\tau^2$ gehöriges Element, und setzt man $\pi_\tau^* = \{1, \ldots; 1, \ldots; \ldots; \pi_\tau, \ldots; 1, \ldots\}$, so wird $\mathfrak{p}_\tau^* = (\pi_\tau^*)$; in $\mathfrak{J}^*$ ist also jedes Primideal Hauptideal. Führt man ferner spezielle unendliche Produkte ein:
$$\{\alpha_{11}, \ldots; 1, \ldots; \ldots; 1, \ldots; \ldots\} \cdot \{1, \ldots; \alpha_{21}, \ldots; \ldots; 1, \ldots; \ldots\} \cdot \ldots \cdot$$
$$\{1, \ldots; 1, \ldots; \ldots; \alpha_{\tau 1}, \ldots; \ldots\}\cdots=\{\alpha_{11}, \ldots; \alpha_{21}, \ldots; \ldots; \alpha_{\tau 1}, \ldots; \ldots\},$$
so besitzt jeder Nichtnullteiler aus $\mathfrak{J}^*$ eine eindeutig bestimmte Primfaktorzerlegung $\alpha^* = \varepsilon^* \cdot \pi_1^{*r_1} \cdot \pi_2^{*r_2} \cdot \ldots \cdot \pi_\tau^{*r_\tau} \cdot \ldots$, bei der ε^* eine Einheit bedeutet und die Exponenten r_τ nichtnegative ganze Zahlen sind. Ist insbesondere $\alpha \subset \mathfrak{J}$, $(\alpha) = \mathfrak{p}_{\tau_1}^{r_1} \cdot \ldots \cdot \mathfrak{p}_{\tau_s}^{r_s}$, so wird in $\mathfrak{J}^*$: $\alpha = \varepsilon^* \cdot \pi_{\tau_1}^{*r_1} \cdot \ldots \cdot \pi_{\tau_s}^{*r_s}$, die Primidealzerlegung des Hauptideals (α) aus $\mathfrak{J}$ führt also in $\mathfrak{J}^*$ zu einer Primelementzerlegung der Basis α. — Man kann daher den Übergang von $\mathfrak{J}$ zu $\mathfrak{J}^*$ dazu benutzen, um die Teilbarkeitstheorie der Ele-

mente von $\mathfrak{J}$ ohne Gebrauch des Idealbegriffs zu entwickeln, auch dann, wenn in $\mathfrak{J}$ selbst nicht jedes Ideal Hauptideal ist. Auf diesem Wege hat PRÜFER die algebraische Zahlentheorie in origineller Weise neu begründet.

Ist $\mathfrak{J}$ der Ring aller ganzen Zahlen eines endlichen algebraischen Körpers $\mathfrak{K}$, so konstruiert PRÜFER sofort die perfekte Hülle $\mathfrak{J}^*$ ohne jedes genauere Eingehen auf die in $\mathfrak{J}$ herrschenden Idealgesetze. Das ist möglich, weil man die Elemente von $\mathfrak{J}^*$ auch ohne Benutzung der Primideale von $\mathfrak{J}$ durch verträgliche Kongruenzensysteme nach allen Hauptidealen definieren kann. Für $\mathfrak{J}^*$ beweist PRÜFER dann die additive Ringzerlegung und die multiplikative Primfaktorzerlegung der Elemente direkt ohne idealtheoretische Hilfsmittel. Die Eigenschaften von $\mathfrak{J}$, die PRÜFER bei seinen Beweisen benutzt, werden in § 5 in anderem Zusammenhang kurz besprochen werden.

Die PRÜFERsche Methode, die von J. v. NEUMANN vereinfacht und weitergebildet wurde, hat vor allem den Vorteil, daß sie ohne weiteres brauchbar ist zur Behandlung der Relativkörper, also zur Untersuchung eines endlichen Zahlkörpers nicht über dem Grundkörper der rationalen Zahlen, sondern über einem beliebigen Unterkörper. Auch für die arithmetische Theorie der algebraischen Funktionen einer Variablen bildet die PRÜFERsche Arbeit eine bequeme Grundlage. Dort liefert sie unter Heranziehung eines einzigen Konvergenzsatzes sofort die Reihenentwicklungen, mit deren Hilfe man die verschiedenen Stellen der RIEMANNschen Fläche eines endlichen algebraischen Gebildes definiert.

Literatur: Zum zweiten Teil der Nummer PRÜFER [1], v. NEUMANN [1]. — Zum ersten Teil HASSE-SCHMIDT [1], vgl. auch die Behandlung eines einfachen Spezialfalls (Restklassenkörper mit nur endlich vielen Elementen) bei VAN DANTZIG [1]. Besonderes Interesse verdient die Ausdehnung der Strukturuntersuchungen auf den Fall eines (selbstverständlich perfekten) nichtdiskreten Bewertungsringes (im Sinne von 36.). F. K. SCHMIDT ist hier bereits zu sehr weitgehenden Ergebnissen gelangt, die aber im wesentlichen noch unveröffentlicht sind.

32. Erweiterung eines einartigen Integritätsbereichs zum ganz abgeschlossenen Ring. In 31. hatten wir uns auf die Betrachtung von Z.P.I.-Ringen beschränkt, die nach 5. alle ganz abgeschlossen sind. Es sei jetzt $\mathfrak{J}$ ein beliebiger, dem O-Satz genügender einartiger Integritätsbereich mit dem Quotientenkörper $\mathfrak{K}$, $\mathfrak{J}^*$ sei „der zu $\mathfrak{J}$ gehörige ganz abgeschlossene Ring", d. h. der Ring aller von $\mathfrak{J}$ ganz abhängigen Elemente aus $\mathfrak{K}$. In § 5 werden wir sehen, daß $\mathfrak{J}^*$ immer Z.P.I.-Ring ist. Hier machen wir eine Einschränkung, aus der diese Tatsache sofort folgt, wir nehmen nämlich an, daß $\mathfrak{J}^*$ aus $\mathfrak{J}$ durch Adjunktion von endlich vielen Elementen $\alpha_1, \ldots \alpha_r$ entsteht. — $\mathfrak{J}^*$ besitzt dann, da die α_i alle ganz von $\mathfrak{J}$ abhängen, über $\mathfrak{J}$ eine „endliche Modulbasis", d. h. man kann alle Elemente von $\mathfrak{J}^*$ als Linearformen in endlich vielen festen Elementen $\beta_1, \ldots \beta_s$ mit Koeffizienten aus $\mathfrak{J}$ darstellen.

Versteht man ferner unter dem „Führer" $\mathfrak{f}$ (von $\mathfrak{J}$ hinsichtlich $\mathfrak{J}^*$) nach DEDEKIND das größte Ideal aus $\mathfrak{J}^*$, das Untermenge von $\mathfrak{J}$ ist, d. h. die Menge aller $\alpha \subset \mathfrak{J}$, für die $\alpha \cdot \mathfrak{J}^* \subseteq \mathfrak{J}$, so ist wegen der Gültigkeit des O-Satzes für $\Im$ die Existenz der endlichen Modulbasis von $\Im^*$ gleichwertig mit der Tatsache, daß $\mathfrak{f} \neq (0)$. — Die Bedeutung von $\mathfrak{f}$ beruht vor allem auf dem aus der Zahlentheorie bekannten

Führersatz: *Jedes zu $\mathfrak{f}$ teilerfremde Ideal $\mathfrak{a}$ aus $\Im$ läßt sich in $\Im^*$ eindeutig als Produkt von Primidealpotenzen darstellen.*

In der Tat, es sei φ ein zu $\mathfrak{a}$ teilerfremdes Element aus $\mathfrak{f}$, S das multiplikativ abgeschlossene System aller Potenzen von φ. Dann wird $\Im_S = \Im_S^*$, und da $\Im_S^*$ gleichzeitig mit $\Im^*$ Z.P.I.-Ring ist, läßt sich $\mathfrak{a} \cdot \Im_S^*$ in $\Im_S^*$ eindeutig als Produkt von Primidealpotenzen darstellen. Aus den Sätzen von 7. folgt dann, daß auch $\mathfrak{a}$ in $\Im$ eine derartige Darstellung besitzen muß. — Die Art des Beweises des Führersatzes führt unmittelbar zu einer Verallgemeinerung:

Es seien $\Im$ und $\Im' \supset \Im$ beliebige Integritätsbereiche, $\mathfrak{f}$ der Führer von $\Im$ hinsichtlich $\Im'$, ferner sei Σ bzw. Σ' der Bereich aller zu $\mathfrak{f}$ teilerfremden Ideale aus $\Im$ bzw. $\Im'$. Dann werden Σ und Σ' durch die Zuordnung von Verengungs- und Erweiterungsideal eindeutig umkehrbar und hinsichtlich aller elementaren Idealoperationen isomorph aufeinander abgebildet.

Kehrt man zu dem speziellen Ringpaar $\Im$, $\Im^*$ zurück, so hat man angesichts des Führersatzes vor allem zu untersuchen, wie sich die endlich vielen Primoberideale $\mathfrak{p}_1, \ldots \mathfrak{p}_s$ von $\mathfrak{f}$ aus $\Im$ beim Übergang zu $\Im^*$ verhalten. Für $\mathfrak{p}_i$ gilt in $\Im^*$ jeweils eine Gleichung $\mathfrak{p}_i \cdot \Im^* = \prod_{k=1}^{\sigma_i} \mathfrak{p}_{ik}^{\varrho_{ik}}$, wobei die Primideale $\mathfrak{p}_{ik}$ alle der Gleichung $\mathfrak{p}_{ik} \cap \Im = \mathfrak{p}_i$ genügen, so daß man die Körper $\Re_{ik} = \Im^*/\mathfrak{p}_{ik}$ ($k = 1, \ldots \sigma_i$) alle als Oberkörper von $\Re_i = \Im/\mathfrak{p}_i$ auffassen kann. Ist $\sigma_i > 1$, so sagt man, $\mathfrak{p}_i$ erfahre in $\Im^*$ eine „Zerlegung“; ist mindestens ein $\Re_{ik}$ echter Oberkörper von $\Re_i$ bzw. mindestens ein $\varrho_{ik} > 1$, so spricht man vom Auftreten von „Trägheiten“ bzw. „Verzweigungen“. Diese Bezeichnung entspricht genau der von 29. Man kann daher die dortigen Ergebnisse benutzen, um den Übergang von $\Im$ zu $\Im^*$ durchsichtiger zu machen. Setzt man $\mathfrak{O} = \Im/\mathfrak{f}$, $\mathfrak{O}^* = \Im^*/\mathfrak{f}$, so ist $\mathfrak{O}$ ein einartiger Nullteilerring mit s Primidealen, $\mathfrak{O}^*$ endliche algebraische Erweiterung von $\mathfrak{O}$. Zwischen $\mathfrak{O}$ und $\mathfrak{O}^*$ gibt es also nach 29. einen Zerlegungsring $\mathfrak{O}_z$ und, — falls die Körper $\Re_i$ alle vollkommen sind —, einen Trägheitsring $\mathfrak{O}_t$. Die Menge aller der Elemente von $\Im^*$, die den Restklassen von $\mathfrak{O}_z$ bzw. $\mathfrak{O}_t$ angehören, bildet einen zwischen $\Im$ und $\Im^*$ liegenden Ring $\Im_z$ bzw. $\Im_t$. $\Im_t$ bzw. $\Im_z$ heißt Trägheits- bzw. Zerlegungsring von $\Im^*$ hinsichtlich $\Im$. Aus 29. ergibt sich sofort:

$\Im_z$ ist der kleinste Zwischenring zwischen $\Im$ und $\Im^*$, in dem jedes Primideal $\mathfrak{p}$ von $\Im$ in genau soviel teilerfremde Faktoren zerfällt wie in $\Im^*$; diese Faktoren sind alle Primideale; ihre Restklassenkörper können sämtlich mit dem Körper $\Im/\mathfrak{p}$ identifiziert werden. $\Im_t$ ist der kleinste Zwischenring zwischen $\Im_z$ und $\Im^*$, in dem jedes Primideal aus $\Im_z$ eine solche Erweiterung seines Restklassenkörpers erfährt, daß der erweiterte Körper mit

dem Restklassenkörper des zugehörigen Primideals aus $\mathfrak{J}^*$ identifiziert werden kann. Die Primideale aus $\mathfrak{J}_z$ bleiben auch in $\mathfrak{J}_t$ alle Primideale. — Beim Übergang von $\mathfrak{J}_t$ zu $\mathfrak{J}^*$ treten keine Zerlegungen und keine Trägheiten mehr auf. Es werden aber teilweise Primideale zu Primidealpotenzen.

Fehlen beim Übergang von $\mathfrak{J}$ zu $\mathfrak{J}^*$ die Zerlegungen, so ist $\mathfrak{J} = \mathfrak{J}_z$; fehlen die Trägheiten, so ist $\mathfrak{J}_z = \mathfrak{J}_t$; fehlen die Verzweigungen, so ist $\mathfrak{J}_t = \mathfrak{J}^*$. (Bei den Beweisen ist nur zu beachten, daß für die zum Führer teilerfremden Primideale nichts bewiesen zu werden braucht, da sie alle beim Übergang zu $\mathfrak{J}^*$ völlig unverändert bleiben.)

Die Sätze über $\mathfrak{J}_z$ und $\mathfrak{J}_t$ haben große Ähnlichkeit mit Sätzen aus der DEDEKIND-HILBERTschen „Verzweigungstheorie" der Primideale in endlichen algebraischen Zahlkörpern. Aber diese Ähnlichkeit ist nur oberflächlicher Art, da vor allem die Beweismethoden völlig verschieden sind. Auf keinen Fall darf man von der Einführung von $\mathfrak{J}_z$ und $\mathfrak{J}_t$ neue Erkenntnisse spezifisch zahlentheoretischer Art erwarten. Dagegen kann man umgekehrt bekannte Methoden der elementaren algebraischen Zahlentheorie dazu benutzen, um den Zusammenhang zwischen den abstrakten Ringen $\mathfrak{J}$ und $\mathfrak{J}^*$ noch durchsichtiger zu machen.

Sind nämlich die Körper $\mathfrak{K}_i$ alle vollkommen, und enthält jeder $\mathfrak{K}_i$ mindestens σ_i verschiedene Elemente, so ergibt sich nach HELMS [1] § 3 aus Schlüssen, die sämtlich der klassischen Arbeit DEDEKIND [4] entnommen werden können, die Existenz eines primitiven Elementes von $\mathfrak{J}^*$ über $\mathfrak{J}$, d. h. $\mathfrak{J}^* = \mathfrak{J}[\alpha^*]$.

Kennt man aber einmal α^*, so kann man über das Verhalten eines Primideals $\mathfrak{p}$ aus $\mathfrak{J}$ beim Übergang zu $\mathfrak{J}^*$ folgendermaßen entscheiden:

Man bestimme für α^* eine Gleichung niedrigsten Grades der Form
$$a_0\alpha^{*r} + a_1\alpha^{*r-1} + \cdots + a_r = 0 \quad (a_0, \ldots a_r \subset \mathfrak{J}; \ a_0 \not\equiv 0 \ (\mathfrak{p})) \quad \text{und zerlege}$$

$g(x) = a_0 x^r + \cdots + a_r$ modulo $\mathfrak{p}$ in irreduzible Faktoren: $g(x) \equiv \prod_1^{\sigma} p_k(x)^{\varrho_k} \ (\mathfrak{p})$;

dann wird $\mathfrak{p} \cdot \mathfrak{J}^* = \prod_{k=1}^{\sigma} \mathfrak{p}_k^{*\varrho_k}$, $\mathfrak{p}_k^* = (\mathfrak{p} + (p_k(\alpha^*))) \cdot \mathfrak{J}^*$, und der Restklassenkörper $\mathfrak{J}^*/\mathfrak{p}_k^*$ entsteht aus $\mathfrak{J}/\mathfrak{p}$ jeweils durch Adjunktion einer Nullstelle von $p_k(x)$. (Beweis genau so wie bei der Ableitung des entsprechenden Satzes der algebraischen Zahlentheorie.)

Literatur: GRELL [1] § 6 (abstrakte Theorie des Ringführers), KRULL [9] § 4 (Einführung von $\mathfrak{J}_z$ und $\mathfrak{J}_t$).

33. Normensätze. In 32. handelte es sich um eine Zusammenstellung derjenigen Sätze über $\mathfrak{J}$ und $\mathfrak{J}^*$, deren Gültigkeit nur vom O-Satz und von der Existenz eines von (0) verschiedenen Führers abhängt. Um zu weitergehenden Resultaten zu kommen, führen wir jetzt schärfere Voraussetzungen ein, die sicher dann erfüllt sind, wenn $\mathfrak{J}^*$ den Ring aller ganzen Zahlen eines endlichen algebraischen Körpers $\mathfrak{K}$, $\mathfrak{J}$ einen beliebigen Unterring von $\mathfrak{J}^*$ mit dem Quotientenkörper $\mathfrak{K}$ darstellt. — Wir nehmen an, der Quotientenkörper $\mathfrak{K}$ von $\mathfrak{J}$ und $\mathfrak{J}^*$ enthalte einen Unterkörper $\mathfrak{K}_0$, für den $\mathfrak{J}_0^* = \mathfrak{J}^* \cap \mathfrak{K}_0 = \mathfrak{J} \cap \mathfrak{K}_0$ Z.P.I.-Ring ist, und es besitze außerdem $\mathfrak{J}^*$ (und damit auch $\mathfrak{J}$) über $\mathfrak{J}_0^*$ eine endliche Modulbasis. (Im algebraischen Spezialfall wird $\mathfrak{K}_0$ im allgemeinen der Körper der rationalen Zahlen sein.)

Aus der Existenz der endlichen Modulbasis folgt, daß $\Re$ endlicher algebraischer Oberkörper von $\Re_0$ sein muß. Umgekehrt ist die Existenz der Modulbasis gesichert, sobald man weiß, daß $\Re$ endliche **separable** Erweiterung von $\Re_0$ ist (für den nichtseparablen Fall vgl. 35.). — Selbstverständlich sind $\Im$ und $\Im^*$ beides O-Ringe, und es ist der Führer $\mathfrak{f}$ von $\Im$ hinsichtlich $\Im^*$ von (0) verschieden.

Läßt man $\mathfrak{p}_{0\tau}$ alle Primideale von $\Im_0^*$ durchlaufen und setzt man $\Im_{0\tau}^* = (\Im_0^*)_{\mathfrak{p}_{0\tau}}$, $\Im_\tau = \Im \cdot \Im_{0\tau}^*$, $\Im_\tau^* = \Im^* \cdot \Im_{0\tau}^*$, $\mathfrak{f}_\tau = \mathfrak{f} \cdot \Im_{0\tau}^*$, so wird $\Im_0^* = \underset{\tau}{\varDelta}\,\Im_{0\tau}^*$, $\Im = \underset{\tau}{\varDelta}\,\Im_\tau$, $\Im^* = \underset{\tau}{\varDelta}\,\Im_\tau^*$, $\mathfrak{f} = \underset{\tau}{\varDelta}\,\mathfrak{f}_\tau$, es ist $\mathfrak{f}_\tau$ der Führer von $\Im_\tau$ hinsichtlich $\Im_\tau^*$, und es stellt jede endliche Modulbasis von $\Im$ bzw. $\Im^*$ über $\Im_0^*$ auch eine solche von $\Im_\tau$ bzw. $\Im_\tau^*$ über $\Im_{0\tau}^*$ dar. Auf Grund dieser Bemerkung dürfen wir beim Beweis der folgenden Sätze durchweg $\Im_0^* = \Im_{0\tau}^*$ annehmen, also voraussetzen, daß $\Im_0^*$ ein diskreter Bewertungsring ist. Durch Durchschnittsbildung kann man dann die für diesen Spezialfall gewonnenen Ergebnisse sofort auf den Fall eines beliebigen $\Im_0^*$ übertragen.

Die Annahme $\Im_0^* = \Im_{0\tau}^*$ führt zu folgenden Vereinfachungen: 1. Ist n der Grad von $\Re$ über $\Re_0$, so besitzen $\Im$ und $\Im^*$ über $\Im_0^*$ je eine Modulbasis von genau n (über $\Re_0$) linear unabhängigen Elementen. 2. $\Im$ und $\Im^*$ enthalten je nur endlich viele Primideale. 3. In $\Im^*$ ist jedes, in $\Im$ jedes umkehrbare Ideal Hauptideal. Alle Sätze, die für Hauptideale bewiesen werden, gelten demnach ohne weiteres für beliebige umkehrbare Ideale.

Die erste Aufgabe, die wir uns stellen, betrifft die Konstruktion eines Ringes $\Im$ zu (in $\Im^*$) gegebenem Führer $\mathfrak{f}$. Bezeichnet man als „Grad" des Primideals $\mathfrak{p}^*$ aus $\Im^*$ den Grad des Restklassenkörpers $\Im^*/\mathfrak{p}^*$ über dem Restklassenkörper $\Im_0^*/\mathfrak{p}_0^*$ ($\mathfrak{p}_0^* = \mathfrak{p}^* \cap \Im_0^*$), so gilt der folgende, von DEDEKIND für Zahlkörper angegebene, von H. GRELL allgemein bewiesene Satz:

Zu $\mathfrak{f}$ existiert ein Ring $\Im$ dann und nur dann, wenn für jedes Primideal $\mathfrak{p}^*$ vom ersten Grade $\mathfrak{f}$ und $\mathfrak{f} : \mathfrak{p}^*$ in $\Im_0^*$ dieselben Verengungsideale haben.

Gibt es überhaupt einen Ring $\Im$ mit dem Führer $\mathfrak{f}$, so ist auch $\Im_0^* + \mathfrak{f}$ ein solcher, und zwar der kleinste. Zum Beweis des DEDEKIND-GRELL-schen Satzes ist daher nur zu zeigen: Es sei $\mathfrak{p}^*$ irgendein Primoberideal von $\mathfrak{f}$ in $\Im^*$ vom Grade μ, $\mathfrak{f} = \mathfrak{p}^* \cdot \mathfrak{g}^*$; ist dann $\mu > 1$ oder $\mu = 1$, $\mathfrak{f} \cap \Im_0^* = \mathfrak{g}^* \cap \Im_0^*$, so ist $\mathfrak{g}^*$ nicht in $\Im_0^* + \mathfrak{f}$ enthalten; ist dagegen $\mu = 1$, $\mathfrak{f} \cap \Im_0^* \subset \mathfrak{g}^* \cap \Im_0^*$, so ist $\mathfrak{g}^*$ Untermenge von $\Im_0^* + \mathfrak{f}$. Die Richtigkeit dieser Tatsache kann aber unschwer nachgerechnet werden. (Am einfachsten beginnt man mit Betrachtung der Fälle $\mathfrak{f} = \mathfrak{p}^*$ und $\mathfrak{f} = (\mathfrak{p}^*)^2$.)

Hat $\Im_0^* + \mathfrak{f}$ den Führer $\mathfrak{f}$, so entspricht die Menge aller Ringe mit diesem Führer eindeutig umkehrbar der Menge der einartigen Nullteilerringe, die zwischen $\mathfrak{O} = (\Im_0^* + \mathfrak{f})/\mathfrak{f}$ und $\Re = \Im^*/\mathfrak{f}$ liegen und kein Ideal $\mathfrak{a} \neq (0)$ aus $\Re$ enthalten. — Auf Grund dieser Bemerkung überzeugt man sich leicht, daß die Ringe $\Im$ mit dem Führer $\mathfrak{f}$ im allgemeinen sehr zahlreich sind und kaum in ein übersichtliches Schema gebracht werden können. Die Anstellung von eingehenden Untersuchungen dürfte sich hier wohl nicht lohnen.

Es seien jetzt wieder $\mathfrak{a}$ und $\mathfrak{b} \supset \mathfrak{a}$ Ideale aus einem fest vorgegebenen Ringe $\mathfrak{J}$, $(\alpha_1, \ldots \alpha_r)$ bzw. $(\beta_1, \ldots \beta_s)$ $(r, s \geq n)$ sei eine Modulbasis von $\mathfrak{a}$ bzw. $\mathfrak{b}$; dann gilt ein Gleichungssystem $\alpha_i = \sum_{k=1}^{s} c_{ik}\beta_k$ $(i = 1, \ldots r)$ mit Koeffizienten c_{ik} aus $\mathfrak{J}_0^*$ und das aus allen Unterdeterminanten n-ten Grades der Matrix $\|c_{ik}\|$ abgeleitete Ideal $\mathfrak{n}_0^*$ aus $\mathfrak{J}_0^*$ hängt nur von den Idealen $\mathfrak{a}$ und $\mathfrak{b}$, nicht von den speziellen Modulbasen ab. $\mathfrak{n}_0^* = N(\mathfrak{a}, \mathfrak{b})$ heißt die „Norm von $\mathfrak{a}$ hinsichtlich $\mathfrak{b}$". Unter der „Norm von $\mathfrak{a}$" schlechtweg versteht man $N(\mathfrak{a}) = N(\mathfrak{a}, \mathfrak{J})$.

Jedem Quotientenring $\mathfrak{J}_{0\tau}^*$ entspricht eine „Partialnorm" $N_\tau(\mathfrak{a}, \mathfrak{b})$ $= N(\mathfrak{a} \cdot \mathfrak{J}_\tau, \mathfrak{b} \cdot \mathfrak{J}_\tau)$ von $\mathfrak{a}$ hinsichtlich $\mathfrak{b}$, die ein Ideal aus $\mathfrak{J}_{0\tau}^*$ darstellt, und es wird $N(\mathfrak{a}, \mathfrak{b}) = \underset{\tau}{\varDelta} N_\tau(\mathfrak{a}, \mathfrak{b})$. — Bei den Beweisen der folgenden Formeln darf man $\mathfrak{J}_0^* = \mathfrak{J}_{0\tau}^*$, $N(\mathfrak{a}, \mathfrak{b}) = N_\tau(\mathfrak{a}, \mathfrak{b})$ annehmen; man kann dann für $\mathfrak{a}$ und $\mathfrak{b}$ je eine genau n-gliedrige Modulbasis $\alpha_1, \ldots \alpha_n$ bzw. $\beta_1, \ldots \beta_n$ wählen und erhält $N(\mathfrak{a}, \mathfrak{b}) = (|c_{ik}|)$ für $\alpha_i = \sum_{k=1}^{n} c_{ik}\beta_k$ $(i=1, \ldots n)$. — Aus dieser Darstellung der Norm durch eine Einzeldeterminante ergibt sich aber ganz elementar:

(1) $N(\mathfrak{a}, \mathfrak{c}) = N(\mathfrak{a}, \mathfrak{b}) \cdot N(\mathfrak{b}, \mathfrak{c})$, wenn $\mathfrak{a} \subset \mathfrak{b} \subset \mathfrak{c}$.

(2) $N(\mathfrak{a} \cdot \mathfrak{b}) = N(\mathfrak{a}) \cdot N(\mathfrak{b})$, wenn $\mathfrak{a}$ umkehrbar.

Bei (2) ist zu beachten, daß beim Beweise $\mathfrak{a}$ als Hauptideal angenommen werden darf. Sind $\mathfrak{a}$ und $\mathfrak{b}$ beide nichtumkehrbar, so kann, wie Beispiele zeigen, $N(\mathfrak{a} \cdot \mathfrak{b}) \neq N(\mathfrak{a}) \cdot N(\mathfrak{b})$ sein. Indessen gilt wenigstens noch allgemein:

(3) $N(\mathfrak{a} \cdot \mathfrak{b}) = N(\mathfrak{a}) \cdot N(\mathfrak{b})$, wenn $\mathfrak{a} + \mathfrak{b} = \mathfrak{J}$.

Der Beweis von (3) ist weniger elementar als der von (1) und (2), er stützt sich auf gruppentheoretische Überlegungen: Faßt man $\mathfrak{b}/\mathfrak{a}$ als ABELsche Gruppe mit dem Operatorbereich $\mathfrak{J}_0^* = \mathfrak{J}_{0\tau}^*$ auf, so ist $\mathfrak{b}/\mathfrak{a}$ Elementarteilergruppe, da ja $\mathfrak{J}_0^*$ einen diskreten Bewertungsring darstellt, und es wird $N(\mathfrak{a}, \mathfrak{b})$ gleich dem Produkt aller Elementarteiler von $\mathfrak{b}/\mathfrak{a}$. Sind also $\mathfrak{b}/\mathfrak{a}$ und $\mathfrak{b}_1/\mathfrak{a}_1$ als Gruppen isomorph, so ist sicher $N(\mathfrak{a}, \mathfrak{b}) = N(\mathfrak{a}_1, \mathfrak{b}_1)$, und es wird insbesondere stets $N(\mathfrak{a}, \mathfrak{a} + \mathfrak{b}) = N(\mathfrak{a} \cap \mathfrak{b}, \mathfrak{b})$. Aus $\mathfrak{a} + \mathfrak{b} = \mathfrak{J}$, $\mathfrak{a} \cap \mathfrak{b} = \mathfrak{a} \cdot \mathfrak{b}$ folgt also $N(\mathfrak{a} \cdot \mathfrak{b}) = N(\mathfrak{a} \cdot \mathfrak{b}, \mathfrak{b}) \cdot N(\mathfrak{b})$; $N(\mathfrak{a} \cdot \mathfrak{b}, \mathfrak{b}) = N(\mathfrak{a} \cap \mathfrak{b}, \mathfrak{b}) = N(\mathfrak{a}, \mathfrak{a} + \mathfrak{b}) = N(\mathfrak{a})$; $N(\mathfrak{a} \cdot \mathfrak{b}) = N(\mathfrak{a}) \cdot N(\mathfrak{b})$. Nach (3) gilt u. a. der Satz: Es ist $N(\mathfrak{a}) = \prod_{1}^{s} N(\mathfrak{q}_i)$, falls $\mathfrak{q}_1, \ldots \mathfrak{q}_s$ die isolierten Primärfaktoren von $\mathfrak{a}$ bedeuten.

Versteht man wie oben unter dem Grad des Primideals $\mathfrak{p}$ den Grad von $\mathfrak{J}/\mathfrak{p}$ über $\mathfrak{J}_0^*/(\mathfrak{p} \cap \mathfrak{J}_0^*)$ und setzt man nach 14. die Länge des Primärideals $\mathfrak{q}$ gleich der Länge des primären Ringes $\mathfrak{J}/\mathfrak{q}$, so erhält man für eine Primäridealnorm die Formel:

(4) $N(\mathfrak{q}) = \mathfrak{p}_0^{*\,g\cdot l}$, falls g Grad des zu $\mathfrak{q}$ gehörigen Primideals $\mathfrak{p}$, $\mathfrak{p}_0^* = \mathfrak{p} \cap \mathfrak{J}_0^*$, l Länge von $\mathfrak{q}$.

Zum Beweis hat man nach GRELL $\mathfrak{J}/\mathfrak{q}$ als Gruppe mit dem Operatorbereich $\mathfrak{J}_0^*$ aufzufassen und auf eine Normalform zu transformieren, aus der die Elementarteiler unmittelbar ersichtlich sind. Durch (3) und (4) sind die Normen der Ideale von $\mathfrak{J}$ völlig bestimmt. Für $\mathfrak{J} = \mathfrak{J}^*$ erhält man den wohlbekannten Satz:

Ist $\mathfrak{a} = \prod_1^\sigma \mathfrak{p}_i^{\varrho_i}$, $\mathfrak{p}_i \cap \mathfrak{J}_0^* = \mathfrak{p}_{0i}^*$ und bedeutet g_i jeweils den Grad von $\mathfrak{p}_i$, so ist $N(\mathfrak{a}) = \prod_1^\sigma \mathfrak{p}_{0i}^{*\,\varrho_i \cdot g_i}$.

Ist $\mathfrak{J} \neq \mathfrak{J}^*$, so wird man nach dem Zusammenhang zwischen $N(\mathfrak{a})$ und $N(\mathfrak{a} \cdot \mathfrak{J}^*)$ fragen:

(5) **Invarianzformel:** $N(\mathfrak{a}) = N(\mathfrak{a} \cdot \mathfrak{J}^*)$, wenn $\mathfrak{a}$ umkehrbar.

Beweis nur für Hauptideale nötig, dort triviale Determinantenrechnung! Für die Anwendung ist wichtig, daß mit $\mathfrak{a}$ auch jeder Faktor von $\mathfrak{a}$, insbesondere jede isolierte Primärkomponente umkehrbar. —

Ist $\mathfrak{a}_k$ umkehrbar in $\mathfrak{J}_k$, so ist auch $\prod_1^s \mathfrak{a}_k = \mathfrak{a}$ umkehrbar in $\prod_1^s \mathfrak{J}_k = \mathfrak{J}$, und aus (5) folgt: $\prod_1^s N(\mathfrak{a}_k) = \prod_1^s N(\mathfrak{a}_k \cdot \mathfrak{J}^*) = N(\mathfrak{a} \cdot \mathfrak{J}^*) = N(\mathfrak{a})$. — Über nichtumkehrbare Ideale vgl. weiter unten!

Die Kombination von (4) und (5) liefert zwei wichtige Exponentengleichungen, den „Gradsatz" und den „Kompositionsreihensatz":

Es sei $\mathfrak{a}$ umkehrbar in $\mathfrak{J}$, $\mathfrak{a}^* = \mathfrak{a} \cdot \mathfrak{J}^*$, $\mathfrak{q}_1, \ldots \mathfrak{q}_s$ bzw. $\mathfrak{q}_1^*, \ldots \mathfrak{q}_{s^*}^*$ seien die Primärfaktoren von $\mathfrak{a}$ bzw. $\mathfrak{a}^*$ mit den zugehörigen Primidealen $\mathfrak{p}_1, \ldots \mathfrak{p}_s$ bzw. $\mathfrak{p}_1^*, \ldots \mathfrak{p}_{s^*}^*$; g_i bzw. g_i^* bedeute den Grad von $\mathfrak{p}_i$ bzw. $\mathfrak{p}_i^*$, l_i bzw. l_i^* die Länge von $\mathfrak{q}_i$ bzw. $\mathfrak{q}_i^*$. Nach (3) und (4) ist dann $\sum_1^s g_i l_i$ bzw. $\sum_1^{s^*} g_i^* l_i^*$ die Zahl der (gleichen oder verschiedenen) Primfaktoren von $N(\mathfrak{a})$ bzw. $N(\mathfrak{a}^*)$, und aus (5) folgt:

(6) **Gradsatz:** $\sum_1^s g_i l_i = \sum_1^{s^*} g_i^* l_i^*$, wenn $\mathfrak{a}$ umkehrbar.

Ist insbesondere $\mathfrak{a} = \mathfrak{q}$ ein umkehrbares Primärideal mit dem zugehörigen Primideal $\mathfrak{p}$, so ist $\mathfrak{p}_i^* \cap \mathfrak{J} = \mathfrak{p}$ für alle $\mathfrak{p}_i^*$, und (6) nimmt die Form $g \cdot l = \sum_1^{s^*} g_i^* l_i^*$ an. Versteht man nun unter h_i^* den Grad von $\mathfrak{p}_i^*$ über $\mathfrak{J}$, also den Grad von $\mathfrak{J}^*/\mathfrak{p}_i^*$ über $\mathfrak{J}/\mathfrak{p}$, so ist $g_i^* = h_i^* \cdot g \; (i = 1, \ldots s^*)$, und durch Wegdivision von g erhält man:

(7) **Kompositionsreihensatz:** $l = \sum_1^{s^*} h_i^* l_i^*$, wenn $\mathfrak{q} = \mathfrak{a}$ primär und umkehrbar.

Im Unterschied von (6) tritt bei (7) der Ring $\mathfrak{J}_0^*$ nicht mehr auf, denn die Zahlen l, h_i^*, l_i^* hängen nur von $\mathfrak{J}$ und $\mathfrak{J}^*$ ab. In der Tat hat GRELL (in [5]) neuerdings gezeigt, daß (7) immer gilt, wenn nur $\mathfrak{J}$ und $\mathfrak{J}^*$ den Endlichkeitsbedingungen von 32. genügen. (Der Beweis beruht auf einer Verallgemeinerung des Gradsatzes, nämlich auf der Bemerkung, daß unter den Voraussetzungen von 32. für jedes umkehrbare Ideal $\mathfrak{a}$ aus $\mathfrak{J}$ die Restklassenringe $\mathfrak{J}/\mathfrak{a}$ und $\mathfrak{J}^*/(\mathfrak{a} \cdot \mathfrak{J}^*)$ als Gruppen mit dem Operatorenbereich $\mathfrak{J}$ stets dieselbe Länge besitzen).

Auch die Frage nach dem Geltungsbereich von (5), (6) und (7) für nichtumkehrbare Ideale ist im wesentlichen geklärt:

Ist für ein Primideal $\mathfrak{p}$ aus $\mathfrak{J}$ die Anzahl der Primoberideale von $\mathfrak{p} \cdot \mathfrak{J}^*$ in $\mathfrak{J}^*$ nicht größer als die Elementezahl von $\mathfrak{J}/\mathfrak{p}$, so ist für jedes nichtumkehrbare zu $\mathfrak{p}$ gehörige Primärideal $l < \sum_1^{s^*} h_i^* l_i^*$.

Der Beweis wird dadurch geführt, daß man mit Hilfe des für $\mathfrak{J}_\mathfrak{p}^* = \mathfrak{J}_\mathfrak{p} \cdot \mathfrak{J}^*$ gültigen Z.P.I. zeigt, daß ein Ideal aus $\mathfrak{J}_\mathfrak{p}^*$, das Erweiterungsideal irgendeines Ideals $\mathfrak{a}_\mathfrak{p} \subset \mathfrak{J}_\mathfrak{p}$ ist, auch Erweiterungsideal eines in $\mathfrak{a}_\mathfrak{p}$ liegenden Hauptideals sein muß. Da (7) eine unmittelbare Folgerung aus (5) ist, ist damit gleichzeitig gezeigt, daß auch (5) „im wesentlichen" nur für umkehrbare Ideale gilt.

Literatur: GRELL [2] (fast alle Führer- und Normensätze von 33., Darstellung teilweise noch umständlich); WEBER [1] (Herausarbeitung der Bedeutung der umkehrbaren Ideale); HELMS [1] (Beschränkung bei den Beweisen auf Hauptideale, Abgrenzung des Geltungsbereichs der Formeln (5), (6), (7); geometrische Anwendung: Versagen der Ideallänge bei der Definition der Vielfachheit von Kurvenschnittpunkten auf algebraischen Flächen). GRELL [5] (Grad- und Kompositionsreihensatz unter den Voraussetzungen von 32.). — Vgl. ferner GRELL [3].

34. Diskriminantensätze. Wir benutzen dieselben Bezeichnungen und Voraussetzungen wie in 33. Sind $\omega_1, \ldots \omega_n$ linear unabhängige Elemente aus $\mathfrak{K}$, so gilt für jedes $\alpha \subset \mathfrak{K}$ ein Gleichungssystem $\alpha \cdot \omega_i = \sum_{k=1}^n c_{ik} \omega_k$ $(i = 1, \ldots n)$ mit Koeffizienten c_{ik} aus $\mathfrak{K}_0$, und es hängt nach elementaren Determinantensätzen die Diagonalgliedersumme $S(\alpha) = c_{11} + \cdots + c_{nn}$ von α allein ab. $S(\alpha)$ heißt die „Spur" von α, unter dem „Diskriminantenideal" $\mathfrak{d}_0^*$ von $\mathfrak{J}$ (über $\mathfrak{J}_0^*$) versteht man das kleinste Ideal aus $\mathfrak{J}_0^*$, das alle „Spurendeterminanten" $|S(\omega_i \cdot \omega_k)|$ $(i, k = 1, \ldots n)$ enthält, bei denen $\omega_1, \ldots \omega_n$ beliebige Elemente aus $\mathfrak{J}$ sind. — Nach E. NOETHER ([10]) gilt nun folgender Diskriminantensatz:

Ein Primideal $\mathfrak{p}_0^*$ aus $\mathfrak{J}_0^*$ ist dann und nur dann Oberideal von $\mathfrak{d}_0^*$, wenn $\mathfrak{p}_0^* \cdot \mathfrak{J}$ in $\mathfrak{J}$ entweder einen echten Primärfaktor besitzt oder ein Primoberideal $\mathfrak{p}$, dessen Restklassenkörper $\mathfrak{J}/\mathfrak{p}$ eine nichtseparable Erweiterung von $\mathfrak{J}_0^*/\mathfrak{p}_0^*$ darstellt.

Ist $\mathfrak{J} = \mathfrak{J}^*$, und sind die Restklassenkörper $\mathfrak{J}_0^*/\mathfrak{p}_0^*$ alle vollkommen, so ist der NOETHERsche Satz eine Teilaussage des bekannten Diskriminantensatzes der endlichen algebraischen Zahlkörper. — Im übrigen kann man sich nach den Grundsätzen von 33. auf die Betrachtung des Falles beschränken, daß $\mathfrak{J}_0^*$ diskreter Bewertungsring mit dem einzigen Primideal $\mathfrak{p}_0^*$ ist. $\mathfrak{J}$ hat dann über $\mathfrak{J}_0^*$ eine n-gliedrige Modulbasis $\omega_1, \ldots \omega_n$, und es wird $\mathfrak{d}_0^* = (|S(\omega_i \cdot \omega_k)|)$ Hauptideal.

Geht man von $\mathfrak{J}_0^*$ und $\mathfrak{J}$ zu $\mathfrak{J}_0^*/\mathfrak{p}_0^* = \mathfrak{L}$ und $\mathfrak{J}/(\mathfrak{p}_0^* \cdot \mathfrak{J}) = \mathfrak{R}$ über, so wird $\mathfrak{L}$ ein Körper, $\mathfrak{R}$ ein einartiger Nullteilerring, und es bilden die Restklassen $\bar{\omega}_i$ der ω_i eine Modulbasis linear unabhängiger Elemente von $\mathfrak{R}$ über $\mathfrak{L}$. Man kann nun das Diskriminantenideal $\bar{\mathfrak{d}}_0$ von $\mathfrak{R}$ über $\mathfrak{L}$ genau so definieren wie das Diskriminantenideal $\mathfrak{d}_0^*$ von $\mathfrak{J}$ über $\mathfrak{J}_0^*$, und es ergibt sich sofort die Gleichung $\bar{\mathfrak{d}}_0 = \mathfrak{d}_0^*/\mathfrak{p}_0^*$. Der NOETHERsche Satz ist also gleichwertig mit dem folgenden „Diskriminantensatz der kommutativen hyperkomplexen Systeme":

$\bar{\mathfrak{d}}_0$ *ist dann und nur dann gleich dem Nullideal, wenn unter den primären direkten Summanden von* $\mathfrak{R}$ *entweder ein echter primärer Nullteilerring auftritt oder ein Körper, der über* $\mathfrak{L}$ *nichtseparabel ist.*

Der Beweis wird nach E. NOETHER mit Hilfe einer „Kreuz-Produkt"-Bildung erbracht, die für die Theorie der nichtkommutativen hyperkomplexen Systeme von grundlegender Bedeutung ist (vgl. z. B. VAN DER WAERDEN [15] § 119), auf die wir aber hier nur ganz flüchtig eingehen können. — Ist $\mathfrak{S}$ ein von $\mathfrak{R}$ unabhängiger Oberring des Körpers $\mathfrak{L}$, so kann man leicht einen kleinsten gemeinsamen (kommutativen) Oberring $\mathfrak{R} \times \mathfrak{S}$ von $\mathfrak{R}$ und $\mathfrak{S}$ konstruieren, der durch die Forderung eindeutig bestimmt ist, daß in $\mathfrak{R} \times \mathfrak{S}$ zwischen den Elementen von $\mathfrak{R}$ und $\mathfrak{S}$ nicht mehr Relationen bestehen sollen, als sie durch die Existenz des gemeinsamen Unterkörpers $\mathfrak{L}$ notwendig werden. Wählt man nun für $\mathfrak{S}$ den zu $\mathfrak{L}$ gehörigen algebraisch abgeschlossenen Körper $\tilde{\mathfrak{L}}$, so lassen sich über den Bau von $\tilde{\mathfrak{R}} = \mathfrak{R} \times \tilde{\mathfrak{L}}$ leicht genauere Aussagen machen: $\tilde{\mathfrak{R}}$ ist ebenso wie $\mathfrak{R}$ direkte Summe von endlich vielen primären O-Ringen: $\tilde{\mathfrak{R}} = \tilde{\mathfrak{Q}}_1 \dotplus \cdots \dotplus \tilde{\mathfrak{Q}}_m$. Sind alle direkten primären Summanden von $\mathfrak{R}$ separable Oberkörper von $\mathfrak{L}$, so sind alle $\tilde{\mathfrak{Q}}_i$ Körper; andernfalls ist stets mindestens ein $\tilde{\mathfrak{Q}}_i$ ein echter primärer Nullteilerring. — Eine endliche Modulbasis von $\mathfrak{R}$ über $\mathfrak{L}$ ist auch eine solche von $\tilde{\mathfrak{R}}$ über $\tilde{\mathfrak{L}}$. Führt man das Diskriminantenideal $\tilde{\mathfrak{d}}_0$ von $\tilde{\mathfrak{R}}$ über $\tilde{\mathfrak{L}}$ ein, so wird $\tilde{\mathfrak{d}}_0 = \bar{\mathfrak{d}}_0 \cdot \tilde{\mathfrak{L}}$.

Es handelt sich also jetzt nur noch um die Bestimmung von $\tilde{\mathfrak{d}}_0$; diese ist aber einfacher als die von $\bar{\mathfrak{d}}_0$, und zwar aus folgendem Grunde: $\mathfrak{R}$ bzw. $\tilde{\mathfrak{R}}$ ist endliche algebraische Erweiterung des speziellen primären Ringes $\mathfrak{L}$ bzw. $\tilde{\mathfrak{L}}$. Nach 29. können also bei Übergang von $\mathfrak{R}$ zu $\mathfrak{L}$ bzw. von $\tilde{\mathfrak{R}}$ zu $\tilde{\mathfrak{L}}$ Zerlegungen, Trägheiten und Verzweigungen auftreten. Während aber bei $\mathfrak{L}$ und $\mathfrak{R}$ tatsächlich alle drei Möglichkeiten bestehen, sind bei $\tilde{\mathfrak{R}}$ und $\tilde{\mathfrak{L}}$ die Trägheiten ausgeschlossen, weil der Restklassenkörper von $\tilde{\mathfrak{L}}$, d. h. $\tilde{\mathfrak{L}}$ selbst algebraisch abgeschlossen ist. Man kann dementsprechend die für $\tilde{\mathfrak{d}}_0$ zu beweisende Behauptung kurz so formulieren: Fällt $\tilde{\mathfrak{R}}$ mit dem Zerlegungskörper über $\tilde{\mathfrak{L}}$ zusammen, so ist $\tilde{\mathfrak{d}}_0 = \tilde{\mathfrak{L}}$. Treten dagegen Verzweigungen auf, so wird $\tilde{\mathfrak{d}}_0 = (0)$.

Ist $\tilde{\mathfrak{R}} = \tilde{\mathfrak{Q}}$ primär, so ist der erste Teil der Behauptung trivial, und der zweite kann leicht verifiziert werden, wenn man eine im Sinne der gruppentheoretischen Betrachtungen von 13. ausgezeichnete Basis von $\tilde{\Re}$ über $\tilde{\Omega}$ konstruiert. Ist aber $\tilde{\Re} = \tilde{\Omega}_1 \dotplus \cdots \dotplus \tilde{\Omega}_m$ $(m > 1)$, so enthält jeder $\tilde{\Omega}_i$ einen zu $\tilde{\Omega}$ isomorphen Unterkörper $\tilde{\Omega}_i$, und für das Diskriminantenideal $\tilde{\mathfrak{d}}_i$ von $\tilde{\Omega}_i$ über $\tilde{\Omega}_i$ gilt nach dem bereits Bewiesenen die Alternative: $\tilde{\mathfrak{d}}_i = \begin{cases} \tilde{\Omega}_i & (\tilde{\Omega}_i = \tilde{\Omega}_i) \\ (0) & (\tilde{\Omega}_i \subset \tilde{\Omega}_i) \end{cases}$. Setzt man ferner $\tilde{\mathfrak{d}}_i' = \begin{cases} \tilde{\Omega} & (\tilde{\mathfrak{d}}_i = \tilde{\Omega}_i) \\ (0) & (\tilde{\mathfrak{d}}_i = (0)) \end{cases}$, so ergibt sich — allerdings erst auf Grund von tiefer liegenden „darstellungstheoretischen" Überlegungen, auf die wir trotz ihrer großen Bedeutung fürs Nichtkommutative hier nicht weiter eingehen können —

die Gleichung $\tilde{\mathfrak{d}} = \prod_1^m \tilde{\mathfrak{d}}_i'$. — Damit ist der NOETHERsche Satz fertig bewiesen.

Mit Methoden der Darstellungstheorie kann man noch sehr elegant zeigen, daß die im Texte benutzte, auf DEDEKIND zurückgehende Diskriminantendefinition durch Spurendeterminanten gleichwertig ist mit der HILBERTschen Definition, nach der $\mathfrak{d}_0^*$ aus allen Determinantenquadraten $|\omega_i^{(\nu)}|^2$ $(i, \nu = 1, \dots n)$ abgeleitet wird, bei denen $\omega_1^{(1)}, \dots \omega_n^{(1)}$ Elemente aus $\mathfrak{J}$, $\omega_i^{(1)}, \dots \omega_i^{(n)}$ die Konjugierten von $\omega_i^{(1)}$ über $\Re_0$ bedeuten.

Ein weitgehender Ausbau der NOETHERschen Theorie stammt von H. GRELL. GRELL führt in $\mathfrak{J}$ einen „Verzweigungsmodul" $\mathfrak{v}$ ein, der im allgemeinen Fall eine ähnliche Rolle spielt, wie die DEDEKINDsche Differente im ganz abgeschlossenen Falle $\mathfrak{J} = \mathfrak{J}^*$. Die (im ganzen recht mühsame) Strukturuntersuchung von $\mathfrak{v}$ ist GRELLS Hauptleistung. Nachträglich ergibt sich dann leicht eine Deutung der Exponenten der im Diskriminantenideal $\mathfrak{d}_0^*$ steckenden Primidealpotenzen; denn $\mathfrak{d}_0^*$ erweist sich als die sinngemäß definierte „Norm" von $\mathfrak{v}$. (Voranzeige in GRELL [4], Durchführung in GRELL [5]).

Literatur: NOETHER [10] (zum Text); KÖTHE [2] (Untersuchung des Kreuzproduktes $\Re \times \mathfrak{S}$ für den Fall, daß $\Re$ unendliche separable Erweiterung von Ω). — An die Untersuchungen von 33. und 34. hätte sich noch einigermaßen zwanglos eine Würdigung von ORE [1], [2] anschließen lassen. Doch glaubte ich darauf verzichten zu müssen, teils aus Platzmangel, teils weil bei ORE immerhin die rein zahlentheoretischen Gesichtspunkte stark im Vordergrunde stehen.

35. Verallgemeinerter Diskriminantensatz. Endlichkeitsprobleme.

Das Diskriminantenideal $\mathfrak{d}_0^*$ von $\mathfrak{J}$ hinsichtlich $\mathfrak{J}_0^* \subset \mathfrak{J}$ kann immer definiert werden, wenn $\mathfrak{J}_0^*$ ganz abgeschlossen ist und jedes Element aus $\mathfrak{J}$ von $\mathfrak{J}_0^*$ ganz abhängt. Besitzt ferner $\mathfrak{J}$ über $\mathfrak{J}_0^*$ eine endliche Modulbasis, und ist $\mathfrak{J}_0^*$ eine der in 44. zu besprechenden endlichen diskreten Hauptordnungen oder allgemeiner irgendein Integritätsbereich, in dem für jedes minimale Primideal $\mathfrak{p}_0^*$ der Quotientenring $(\mathfrak{J}_0^*)_{\mathfrak{p}_0^*} = \mathfrak{J}_{00}^*$ einen diskreten Bewertungsring darstellt, so gilt:

Verallgemeinerter Diskriminantensatz: *Ein in $\mathfrak{J}_0^*$ minimales Primideal $\mathfrak{p}_0^*$ ist dann und nur dann Oberideal von $\mathfrak{d}_0^*$, wenn $\mathfrak{p}_0^* \cdot \mathfrak{J}$ entweder eine echte isolierte Primärkomponente $\mathfrak{q}$ besitzt oder ein minimales*

Primoberideal $\mathfrak{p}$, *für das* $\mathfrak{J}_\mathfrak{p}/(\mathfrak{p} \cdot \mathfrak{J}_\mathfrak{p})$ *eine nichtseparable Erweiterung von* $\mathfrak{J}_{00}^*/(\mathfrak{p}_0^* \cdot \mathfrak{J}_{00}^*)$ *darstellt.*

Zum Beweis hat man nur zu beachten, daß die Untersuchung von $\mathfrak{J}_0^*$ und $\mathfrak{J}$ nach $\mathfrak{J}_{00}^*$ und $\mathfrak{J}_0 = \mathfrak{J}_{00}^* \cdot \mathfrak{J}$ verlegt werden darf, weil jedes minimale Primoberideal $\mathfrak{p}$ von $\mathfrak{p}_0^* \cdot \mathfrak{J}$ der Gleichung $\mathfrak{p} \cap \mathfrak{J}_0^* = \mathfrak{p}_0^*$ genügt. — Auch wenn $\mathfrak{J}_0^*$ ein O-Ring ist, kann es vorkommen, daß $\mathfrak{d}_0^*$, das ja kein Hauptideal zu sein braucht, minimale Primoberideale $\mathfrak{p}_0^*$ besitzt, die nicht in $\mathfrak{J}_0^*$ minimal sind; es ist zu beachten, daß auf diese $\mathfrak{p}_0^*$ der verallgemeinerte Diskriminantensatz nicht angewandt werden darf. Der einfachste Fall, in dem der verallgemeinerte Diskriminantensatz herangezogen werden muß, ist wohl der, daß $\mathfrak{J}_0^*$ den Ring der ganzrationalzahligen Polynome einer Variablen x, $\mathfrak{p}_0^*$ ein Primhauptideal aus $\mathfrak{J}_0^*$ darstellt. Dieses Beispiel ist auch deshalb bemerkenswert, weil man bereits bei ihm die Möglichkeit einer nichtseparablen Erweiterung des Restklassenkörpers von $\mathfrak{p}_0^*$ berücksichtigen muß (vgl. hierzu OSTROWSKI [**4**] S. 289, siehe auch S. 285, Anm. 4).

In der gleichen Weise wie der Diskriminantensatz von 34. kann auch die Normentheorie von 33. verallgemeinert werden, indessen wollen wir das nicht genauer ausführen. Dagegen wollen wir uns noch kurz mit der Frage beschäftigen, unter welchen Bedingungen $\mathfrak{J}$ über $\mathfrak{J}_0^*$ eine endliche Modulbasis besitzt, falls $\mathfrak{J}_0^*$ ein ganz abgeschlossener O-Ring ist.

Notwendig für die Existenz der Modulbasis ist jedenfalls, daß jedes Element von $\mathfrak{J}$ von $\mathfrak{J}_0^*$ ganz abhängt, und daß der Quotientenkörper $\mathfrak{K}$ von $\mathfrak{J}$ über dem Quotientenkörper $\mathfrak{K}_0$ von $\mathfrak{J}_0^*$ einen endlichen Grad n hat.

Ist andererseits $\mathfrak{K}$ *separable Erweiterung von* $\mathfrak{K}_0$, *so sind diese beiden Bedingungen auch hinreichend.*

Greift man nämlich aus $\mathfrak{J}$ n beliebige über $\mathfrak{K}_0$ linear unabhängige Elemente $\omega_1, \ldots \omega_n$ heraus, so ist ihre Diskriminante $d = |\,\omega_i^{(k)}\,|^2$ $(i, k = 1, \ldots n;\ \omega_i^{(1)} = \omega_i)$ ein von Null verschiedenes Element aus $\mathfrak{J}_0^*$, und es gilt für jedes $\omega \subset \mathfrak{J}$ eine Gleichung $d \cdot \omega = \sum_1^n a_i \omega_i\ (a_1, \ldots a_n \subset \mathfrak{J}_0^*)$. Daraus folgt aber die Existenz der Modulbasis nach einem klassischen HILBERT-NOETHERschen Modulsatz (vgl. z. B. VAN DER WAERDEN [**15**] § 97).

Für den Fall nichtseparabler Erweiterungen bezeichnen wir bei Charakteristik p mit $\mathfrak{J}^{(e)}$ den Integritätsbereich aller der Elemente, deren p^e-te Potenz zu $\mathfrak{J}$ gehört ($e = 1, 2, \ldots$). Durch die Zuordnung $a \leftrightarrow a^{(p^{-e})}$ wird $\mathfrak{J}$ isomorph auf $\mathfrak{J}^{(e)}$ abgebildet.

Kriterium VON ARTIN-VAN DER WAERDEN: *Hat* $\mathfrak{J}_0^{*(1)}$ — *und damit aus Isomorphiegründen* $\mathfrak{J}_0^{*(e)}$ *für jedes* e — *über* $\mathfrak{J}_0^*$ *eine endliche Modulbasis, so gilt das gleiche ohne Rücksicht auf Separabilität oder Nichtseparabilität auch für* $\mathfrak{J}$.

In der Tat, es sei $\mathfrak{K}_1$ der größte separable Zwischenkörper zwischen $\mathfrak{K}_0$ und $\mathfrak{K}$, $\mathfrak{J}_1^*$ sei der Ring aller von $\mathfrak{J} \cap \mathfrak{K}_1 = \mathfrak{J}_1$ ganz abhängiger Elemente aus $\mathfrak{K}_1$; dann ist der Grad von $\mathfrak{K}$ über $\mathfrak{K}_1$ eine p-Potenz, und es wird $\mathfrak{J} \subset \mathfrak{J}_1^{*(e)}$ für großes e; es genügt daher zu zeigen, daß $\mathfrak{J}_1^{*(e)}$ über $\mathfrak{J}_0^*$ eine endliche Modulbasis hat. Die Richtigkeit dieser Tatsache aber folgt unter den Voraussetzungen des Kriteriums sofort aus der Bemerkung, daß aus Separabilitätsgründen $\mathfrak{J}_1^*$ über $\mathfrak{J}_0^*$ und damit aus Isomorphiegründen auch $\mathfrak{J}_1^{*(e)}$ über $\mathfrak{J}_0^{*(e)}$ eine endliche Modulbasis besitzt. — Als wichtigste praktische Anwendung sei hervorgehoben:

Ist K *ein vollkommener Körper oder hat wenigstens (bei Charakteristik* p*)* $K^{(1)}$ *über* K *endlichen Grad, so ist jeder Integritätsbereich* $\mathfrak{J}$*, der von einem über* K *endlichen Integritätsbereich* $\mathfrak{J}_0$ *ganz abhängt und in einem endlichen Erweiterungskörper von* K *liegt, selbst über* K *endlicher Integritätsbereich.*

Zum Beweis hat man nur zu beachten, daß man (nach dem Normierungssatz von 17.) $\mathfrak{J}_0 = \mathfrak{J}_0^*$ als Polynomring über K annehmen darf, und daß dann sicher $\mathfrak{J}_0^{*(1)}$ über $\mathfrak{J}_0^*$ eine endliche Modulbasis hat. — Das Kriterium für endliche Integritätsbereiche wurde von E. NOETHER dazu benutzt, den für Grundkörper der Charakteristik 0 wohlbekannten Satz von der Endlichkeit des Invariantenrings einer endlichen linearen homogenen Substitutionsgruppe auf den Fall beliebiger Grundkörper von Primzahlcharakteristik auszudehnen.

Ob in jedem Falle $\mathfrak{J}$ über $\mathfrak{J}_0^*$ eine endliche Modulbasis besitzt, ist eine bis jetzt noch unentschiedene Frage. Es ist daher besonders bemerkenswert, daß sich wenigstens — (bewertungstheoretisch oder auch nach GRELL [6] idealtheoretisch) — zeigen läßt, daß $\mathfrak{J}$ im Falle der Ganzabgeschlossenheit immer gleichzeitig mit $\mathfrak{J}_0^*$ Z.P.I.-Ring bzw. endliche diskrete Hauptordnung ist. (Vgl. 48.) — Im übrigen kann man häufig, wenn zunächst nur $\mathfrak{K}$ und $\mathfrak{J}$ gegeben sind, nach einer Bemerkung von F. K. SCHMIDT durch geeignete Wahl von $\mathfrak{K}_0$ (und $\mathfrak{J}_0^* = \mathfrak{J} \cap \mathfrak{K}_0$) erreichen, daß $\mathfrak{K}$ separable Erweiterung von $\mathfrak{K}_0$ wird, die Schwierigkeit der Nichtseparabilität also von vornherein ausgeschlossen ist. (Vgl. HAUPT [1] Bd. 2 S. 534 f.)

Literatur: Zum verallgemeinerten Diskriminantensatz OSTROWSKI [4] S. 291 f. (Spezialfall der ganzzahligen Polynomringe). — Zu den Endlichkeitssätzen: ARTIN-VAN DER WAERDEN [1]; VAN DER WAERDEN [15] S. 94; NOETHER [9] (Invarianten endlicher Gruppen). Vgl. auch die in NOETHER [1] ausschließlich für Grundkörper der Charakteristik 0 durchgeführten Untersuchungen über endliche Integritätsbasis bei „relativ ganzen" Ringen aus Polynomen. Das oben formulierte Kriterium für endliche Integritätsbereiche liefert auch hier die Grundlage für die Behandlung der Grundkörper von Primzahlcharakteristik, allerdings muß man sich außerdem noch vom Arbeiten mit Funktionaldeterminanten frei machen.

§ 5. Bewertungstheorie.

36. Bewertungsringe. Anschließend an 4. und 5. betrachten wir einen ganz abgeschlossenen Integritätsbereich $\mathfrak{J}$ mit dem Quotientenkörper $\mathfrak{K}$ und stellen uns die Aufgabe, die Teilbarkeitstheorie der Elemente von $\Re$ hinsichtlich $\Im$ zu entwickeln. Für einen Z.P.I.-Ring $\Im$ wird diese Aufgabe nach 4. und 5. durch die DEDEKINDsche Idealtheorie gelöst. Wir suchen aber nach einer Methode, die auch auf allgemeinere Ringe angewandt werden kann, z. B. auf die Polynomringe und endlichen Integritätsbereiche, womöglich sogar auf alle ganz abgeschlossenen Integritätsbereiche. Eine solche Methode liefert die Bewertungstheorie, die nicht auf DEDEKIND zurückgeht, sondern auf HENSEL und seine p-adischen Zahlen — also wiederum auf eine spezielle Behandlungsweise der endlichen algebraischen Zahlkörper.

Wir arbeiten ausschließlich mit „Exponentenbewertungen", die die „Bewertung durch den absoluten Betrag" nicht mitumfassen (vgl. den Anhang). Außerdem beschränken wir uns vorerst, ohne das besonders hervorzuheben, auf „spezielle" Bewertungen, bei denen die „Werte" reelle Zahlen (und nicht wie später Elemente einer abstrakten Gruppe) sind.

Von einer Bewertung B des Körpers $\Re$ soll gesprochen werden, wenn jedem Element $\alpha \neq 0$ aus $\Re$ eindeutig eine reelle Zahl $a = w(\alpha)$ als „Wert" zugeordnet ist, und wenn dabei die folgenden drei Bedingungen erfüllt sind:
1. $w(\alpha \cdot \beta) = w(\alpha) + w(\beta)$.
2. $w(\alpha + \beta) \geqq \min(w(\alpha), w(\beta))$.
3. $w(\alpha^*) = 1$ *für geeignetes α^* aus $\Re$.*

Bedingung 1 besagt, daß die Menge der wirklich auftretenden Werte hinsichtlich der Addition eine Gruppe, die „Wertgruppe" Γ, bildet, die durch die Bewertung homomorph auf die multiplikative Gruppe der Körperelemente abgebildet wird. Bedingung 2 entspricht der „Dreiecksungleichung" bei der Bewertung durch den absoluten Betrag. Bedingung 3 schließt die „triviale" Bewertung aus, bei der alle Elemente den Wert 0 haben.

Die Menge der Körperelemente, die in einer festen Bewertung B von $\Re$ nichtnegative Werte besitzen, bildet zusammen mit 0 einen Ring $\mathfrak{B}$, den „zu B gehörigen Bewertungsring". Haben zwei Bewertungen B_1 und B_2 denselben Bewertungsring $\mathfrak{B}$, so entsteht B_2 aus B_1 einfach dadurch, daß man für jedes $\alpha \subset \Re$ den Wert von α in B_1 mit einer festen von α unabhängigen Zahl m multipliziert. *Man kann daher B_1 und B_2 als nicht wesentlich verschieden ansehen und unbedenklich von „der" zu einem bestimmten Bewertungsring $\mathfrak{B}$ gehörigen Bewertung B reden.* — Eine Bewertung, deren Wertgruppe zur Gruppe Γ_0 der ganzen rationalen Zahlen isomorph, also bei geeigneter Normierung sogar mit Γ_0 identisch ist, heißt „ganzzahlig" oder „diskret"; besteht die Wertgruppe ausschließlich aus rationalen Zahlen, so spricht man von einer „rationalen" Bewertung. — Der Integritätsbereich $\Im$ ist dann und nur dann der Bewertungsring einer diskreten Bewertung von $\Re$, wenn er einen „diskreten Bewertungsring" im Sinne von 31. darstellt. — Wir suchen jetzt allgemein notwendige und hinreichende

Bedingungen dafür, daß ein vorgelegter Integritätsbereich $\mathfrak{B}$ mit dem Quotientenkörper $\mathfrak{K}$ Bewertungsring ist.

1. **Kriterium:** $\mathfrak{B}$ *ist Bewertungsring dann und nur dann, wenn in $\mathfrak{B}$ von zwei Elementen stets eines durch das andere teilbar ist, und wenn außerdem $\mathfrak{B}$ nur ein einziges Primideal enthält.*

Die Bedingungen sind notwendig; denn in einem Bewertungsring $\mathfrak{B}$ folgt aus $w(\alpha) \geqq w(\beta)$ stets $\alpha \equiv 0\,(\beta)$, die Menge aller Elemente von positivem Wert bildet in $\mathfrak{B}$ ein Primideal $\mathfrak{p}$, und es ist jedes Element $\alpha \subset \mathfrak{p}$ die Basis eines zu $\mathfrak{p}$ gehörigen Primärideals (α), weil aus $\beta \subset \mathfrak{p}$, d. h. $w(\beta) > 0$ für genügend großes n stets $w(\beta^n) = n \cdot w(\beta) > w(\alpha)$, $\beta^n \equiv 0\,(\alpha)$ folgt. — Hat andererseits $\mathfrak{B}$ die im 1. Kriterium geforderten Eigenschaften, und ist Γ^* die multiplikative Gruppe aller ganzen und nichtganzen Hauptideale von $\mathfrak{B}$, so kann man wegen der Teilbarkeitsbedingung Γ^* dadurch zu einer linear geordneten Gruppe machen, daß man (α) für größer erklärt als (β), wenn α durch β teilbar, also $\alpha \cdot \beta^{-1} \subset \mathfrak{B}$ ist. Die ganzen Hauptideale sind dann dadurch gekennzeichnet, daß sie in Γ^* größer sind als das Einheitselement (1). — Daraus, daß jedes ganze Hauptideal ein zum einzigen Primideal $\mathfrak{p}$ gehöriges Primärideal darstellt, folgt nun weiter: In der geordneten ABELschen Gruppe Γ^* gilt das „Archimedische Axiom": Ist (α) größer als (1) und (β) beliebig, so ist (α^n) größer als (β) für großes n. Unter diesen Umständen läßt sich aber Γ^* einschließlich der Ordnungsbeziehung isomorph auf eine additive Untergruppe Γ des Körpers aller reellen Zahlen abbilden. Entspricht dabei dem Hauptideal (α) die Zahl a, so werde $a = w(\alpha)$ gesetzt. Es entsteht dann eine Bewertung B von $\mathfrak{K}$ mit der Wertgruppe Γ, die gerade $\mathfrak{B}$ zum Bewertungsring besitzt.

2. **Kriterium:** $\mathfrak{B}$ *ist Bewertungsring dann und nur dann, wenn $\mathfrak{B}$ in $\mathfrak{K}$ maximal ist, wenn also aus $\mathfrak{B} \subseteqq \mathfrak{C} \subset \mathfrak{K}$ stets $\mathfrak{B} = \mathfrak{C}$ folgt.*

Das „nur dann" ist fast selbstverständlich. Ist ferner $\mathfrak{B}$ maximal, so überzeugt man sich zunächst leicht, daß $\mathfrak{B}$ primär und ganz abgeschlossen sein muß. Bedeutet nun α ein nicht zu $\mathfrak{B}$ gehöriges Element von $\mathfrak{K}$, so wird $\mathfrak{B}[\alpha] = \mathfrak{K}$, es gilt also eine Gleichung $\alpha^{-1} = a_0 \alpha^m + a_1 \alpha^{m-1} + \cdots + a_m$, wobei $a_0, \ldots a_m \subset \mathfrak{B}$. Das zeigt aber, daß α^{-1} von $\mathfrak{B}$ ganz abhängt und somit zu $\mathfrak{B}$ gehört. Aus dem 1. Kriterium folgt nun sofort, daß $\mathfrak{B}$ tatsächlich Bewertungsring ist.

Für den Beweis des 2. Kriteriums war die Tatsache entscheidend, daß jeder Bewertungsring ganz abgeschlossen ist. Im folgenden brauchen wir noch eine verwandte, aber wesentlich schärfere Eigenschaft: Ist $\mathfrak{J}$ ein beliebiger Ring mit dem Quotientenkörper $\mathfrak{K}$, so kann man ein von $\mathfrak{J}$ ganz abhängiges Element α dadurch charakterisieren, daß $\mathfrak{J}[\alpha]$ über $\mathfrak{J}$ nicht nur einen von (0) verschiedenen Führer, sondern' sogar eine endliche Modulbasis besitzt. Wir wollen nun ein Element β aus $\mathfrak{K}$ immer „fast ganz" abhängig von $\mathfrak{J}$ nennen, wenn der Führer von $\mathfrak{J}[\beta]$ über $\mathfrak{J}$ von (0) verschieden ist, wenn also in $\mathfrak{J}$ ein Element $a \neq 0$

existiert, für das alle Produkte $a \cdot \beta^i$ $(i = 1, 2, \ldots)$ und damit auch alle Produkte $a \cdot \gamma$ $(\gamma \subset \mathfrak{J}[\beta])$ in $\mathfrak{J}$ liegen. Gehören alle von $\mathfrak{J}$ fast ganz abhängigen Elemente bereits zu $\mathfrak{J}$, so soll $\mathfrak{J}$ „vollständig ganz abgeschlossen" heißen.

Bei den O-Ringen fallen die Begriffe „ganz" und „fast ganz" abhängig, „ganz" und „vollständig ganz" abgeschlossen zusammen, in anderen Fällen dagegen werden wir „fast ganz" abhängige Elemente kennenlernen, die nicht „ganz" abhängen, und dementsprechend „ganz" abgeschlossene Ringe, die nicht „vollständig ganz" abgeschlossen sind[1].

Es muß daher besonders hervorgehoben werden, *daß die Bewertungsringe unseres Kapitels alle vollständig ganz abgeschlossen sind*, eine Tatsache, die mühelos aus dem für die Wertgruppen gültigen Archimedischen Axiom folgt.

3. Kriterium: *Ein primärer, ganz abgeschlossener O-Ring ist diskreter Bewertungsring.*

Ist in $\mathfrak{B}$ das einzige Primideal $\mathfrak{p}$ umkehrbar, $\mathfrak{p} \cdot \mathfrak{p}^{-1} = \mathfrak{B}$, so ist $\mathfrak{p}$ nach 10. Hauptideal, und es sind $\mathfrak{p}^i$ $(i = 0, \pm 1, \pm 2, \ldots)$ die sämtlichen Ideale von $\mathfrak{B}$. Fertig! — Wäre aber $\mathfrak{p} \cdot \mathfrak{p}^{-1} \subset \mathfrak{B}$, so wäre $\mathfrak{p} \cdot \mathfrak{p}^{-1} = \mathfrak{p} \cdot \mathfrak{p}^{-2} = \cdots = \mathfrak{p}$, es müßte also jedes $\alpha \subset \mathfrak{p}^{-1}$ fast ganz und wegen des O-Satzes sogar ganz von $\mathfrak{B}$ abhängen, d. h. es wäre $\mathfrak{p}^{-1} = \mathfrak{B}$, und das ist unmöglich; bedeutet nämlich p ein Element aus $\mathfrak{p}$, ϱ den wegen des O-Satzes vorhandenen kleinsten Exponenten, für den $\mathfrak{p}^\varrho \subseteqq (p)$ ist, q ein zu $\mathfrak{p}^{\varrho-1}$, aber nicht zu (p) gehöriges Element, so liegt $\dfrac{q}{p}$ in $\mathfrak{p}^{-1}$, aber nicht in $\mathfrak{B}$.

Der indirekte Schluß, durch den — auf Grund der Äquivalenz der Begriffe „ganz" und „fast ganz" abhängig — die Umkehrbarkeit von $\mathfrak{p}$ gezeigt wurde, ist wichtig durch seine sehr umfangreiche Verwendungsfähigkeit. Mit seiner Hilfe kann man recht einfach den NOETHERSCHEN Fundamentalsatz von der Gültigkeit des Z.P.I. für ganz abgeschlossene Integritätsbereiche mit O- und abgeschwächtem U-Satz beweisen, man kann sogar diesen Beweis auf die zweiseitigen Ideale eines „maximalen hyperkomplexen Systems" ausdehnen. Natürlich ergeben sich dabei gewisse Schwierigkeiten durch die Notwendigkeit, gleichzeitig mit mehreren Primidealen zu arbeiten und im hyperkomplexen Fall das Nichtkommutative zu berücksichtigen; doch betreffen diese Dinge keine Hauptpunkte. — Eine besonders elegante Anwendung unserer Methode werden wir in 43. kennenlernen.

Literatur: KÜRSCHÁK [1], OSTROWSKI [1] (grundlegende Arbeiten zur Bewertungstheorie); KRULL [19] § 1 und § 2, [25] § 1 und § 4 (Einführung der Exponentenbewertungen, Charakterisierung der Bewertungsringe,

---

[1] In VAN DER WAERDEN [15] wird zwischen „ganz" und „vollständig ganz" abgeschlossen nicht unterschieden. Die allgemeinen Untersuchungen von § 103 gelten nur für solche Integritätsbereiche, die in unserm Sinne „vollständig ganz" abgeschlossen sind.

104 § 5. Bewertungstheorie.

„ganz" und „vollständig ganz" — in [25] „voll und ganz" — abgeschlossen).
— Die bei Kriterium 3 besonders hervorgehobene Beweismethode stammt
aus Krull [11]. Unter den Arbeiten, in denen sie Anwendung gefunden
hat, seien als besonders wichtig hervorgehoben: van der Waerden [9],
[10] (beliebige ganz abgeschlossene O-Ringe); Artin [1] (maximale hyperkomplexe Systeme); vgl. auch Prüfer [2] § 8.

37. Hauptordnungen. Es sei zunächst $\mathfrak{J}$ ein Z.P.I.-Ring mit den
Primidealen $\mathfrak{p}_1, \ldots \mathfrak{p}_\tau, \ldots$, α sei ein beliebiges Element aus dem
Quotientenkörper $\mathfrak{K}$, $n_\tau(\geqq 0)$ bedeute den Exponenten der in (α)
steckenden $\mathfrak{p}_\tau$-Potenz. Setzt man dann durchweg $w_\tau(\alpha) = n_\tau$, so erhält
man für jedes τ eine durch $\mathfrak{p}_\tau$ eindeutig bestimmte diskrete Bewertung
B_τ von $\mathfrak{K}$, und es ergibt sich aus dem Z.P.I.:

Teilbarkeitskriterium der Bewertungstheorie: *In $\mathfrak{K}$ ist α
dann und nur dann (hinsichtlich $\mathfrak{J}$) durch β teilbar, wenn α in allen Bewertungen B_τ ($\tau = 1, 2, \ldots$) mindestens denselben Wert besitzt wie β.*

Endlichkeitsbedingung: *Kein α hat in unendlich vielen B_τ einen
von Null verschiedenen Wert. Bei der Untersuchung der Teilbarkeitsverhältnisse endlich vieler fester Elemente $\alpha_1, \ldots \alpha_r$ braucht man also
immer nur endlich viele Bewertungen $B_{\tau_1}, \ldots B_{\tau_s}$.*

Wir wollen nun allgemein einen Integritätsbereich $\mathfrak{J}$ als „Hauptordnung" bezeichnen[1], wenn zu ihm die Bewertungen $B_1, \ldots B_\tau, \ldots$
des Quotientenkörpers $\mathfrak{K}$ so bestimmt werden können, daß hinsichtlich
der Menge aller B_τ das Teilbarkeitskriterium der Bewertungstheorie
gilt. Lassen sich dabei die B_τ alle diskret bzw. rational wählen, so
sprechen wir von einer diskreten bzw. rationalen Hauptordnung. Ist
die Endlichkeitsbedingung erfüllt, so heißt die Hauptordnung endlich.

Es ist also insbesondere jeder Z.P.I.-Ring eine endliche diskrete
Hauptordnung, und es erhebt sich die Frage nach einer axiomatischen
Charakterisierung aller endlichen diskreten Hauptordnungen. Wir bemerken zunächst: $\mathfrak{J}$ ist dann und nur dann Hauptordnung mit der
zugehörigen Bewertungsmenge $B_1, \ldots B_\tau, \ldots$, wenn $\mathfrak{J}$ den Durchschnitt der entsprechenden Bewertungsringe $\mathfrak{B}_1, \ldots \mathfrak{B}_\tau, \ldots$ darstellt.
Ganz leicht beweist man nun das

1. Kriterium für endliche diskrete Hauptordnungen: *$\mathfrak{J}$ ist
dann und nur dann endliche diskrete Hauptordnung, wenn in $\mathfrak{J}$ jedes
ganze Hauptideal Durchschnitt von symbolischen Potenzen[2] endlich vieler
(in $\mathfrak{J}$) minimaler Primideale ist.*

Gilt in $\mathfrak{J}$ die angegebene Hauptidealzerlegung, so ist für jedes mini-
male Primideal $\mathfrak{p}_\tau$ der Quotientenring $\mathfrak{J}_{\mathfrak{p}_\tau}$ ein diskreter Bewertungsring,
und es wird $\mathfrak{J} = \underset{\tau}{\varDelta} \mathfrak{J}_{\mathfrak{p}_\tau}$. Auch die Endlichkeitsbedingung ist erfüllt,

---

[1] „Hauptordnung" bedeutet bei Dedekind bekanntlich den Ring aller ganzen
Zahlen eines algebraischen Zahlkörpers. Das Wort erschien mir daher empfehlens-
wert zur Bezeichnung eines arithmetisch ausgezeichneten Integritätsbereichs.

[2] Definition der symbolischen Potenz in 15.!

weil jedes α aus $\mathfrak{J}$ nur in endlich vielen $\mathfrak{J}_{\mathfrak{p}_{\tau}}$ Nichteinheit ist. — Ist umgekehrt $\mathfrak{J} = \underset{\tau}{\varDelta}\,\mathfrak{B}_{\tau}$ endliche diskrete Hauptordnung, so entspricht zunächst jedem Bewertungsring $\mathfrak{B}_{\tau}$ in $\mathfrak{J}$ ein bestimmtes Primideal $\mathfrak{p}_{\tau}$, das alle und nur die Elemente umfaßt, die in der zu $\mathfrak{B}_{\tau}$ gehörigen Bewertung B_{τ} positive Werte besitzen. Ist ferner $\alpha \subset \mathfrak{J}$ und setzt man $\mathfrak{q}_{\tau} = ((\alpha) \cdot \mathfrak{B}_{\tau}) \cap \mathfrak{J}$, so ist jedes von $\mathfrak{J}$ verschiedene $\mathfrak{q}_{\tau}$ ein zu $\mathfrak{p}_{\tau}$ gehöriges Primärideal, aus $\mathfrak{J} = \underset{\tau}{\varDelta}\,\mathfrak{B}_{\tau}$ folgt $(\alpha) = \underset{\tau}{\varDelta}\,\mathfrak{q}_{\tau}$, und man erhält wegen der Endlichkeitsbedingung durch Weglassung überflüssiger Komponenten für (α) eine normierte Primäridealdurchschnittsdarstellung $(\alpha) = \mathfrak{q}_{\tau_{1}} \cap \cdots \cap \mathfrak{q}_{\tau_{s}}$. Man zeigt dann weiter, und das ist der wichtigste Punkt des Beweises: „Die zu den $\mathfrak{q}_{\tau_{i}}$ gehörigen Primideale $\mathfrak{p}_{\tau_{i}}$ sind alle gegenseitig prim und damit minimale Primoberideale von (α). Wäre nämlich etwa $\mathfrak{p}_{\tau_{1}} \supseteq \mathfrak{p}_{\tau_{2}}$, so wäre $\mathfrak{J} = \underset{\tau \neq \tau_{1}}{\varDelta}\,\mathfrak{B}_{\tau}$, man könnte $\mathfrak{B}_{\tau_{1}}$ vernachlässigen und erhielte so $(\alpha) = \mathfrak{q}_{\tau_{2}} \cap \cdots \cap \mathfrak{q}_{\tau_{s}}$.“ (Leichte Rechnung, bei der nur die Tatsache ausgenützt werden muß, daß alle B_{τ} rational sind.) — Ohne besonderen Kunstgriff ergibt sich schließlich: Die $\mathfrak{p}_{\tau_{i}}$ sind nicht nur minimale Primoberideale von (α), sondern sogar in $\mathfrak{J}$ minimal. Für jedes in $\mathfrak{J}$ minimale Primideal $\mathfrak{p}_{\sigma}$ ist $\mathfrak{J}_{\mathfrak{p}_{\sigma}} = \mathfrak{B}_{\sigma}$ ein Bewertungsring aus der Reihe der $\mathfrak{B}_{\tau}$, und es ist $\mathfrak{J} = \underset{\sigma}{\varDelta}\,\mathfrak{J}_{\mathfrak{p}_{\sigma}}$, wobei der Durchschnitt natürlich über alle minimalen Primideale von $\mathfrak{J}$ zu erstrecken ist. — Der skizzierte Beweis liefert als wichtiges Nebenergebnis:

Jede endliche diskrete Hauptordnung $\mathfrak{J}$ besitzt eine **Normaldarstellung** $\mathfrak{J} = \underset{\tau}{\varDelta}\,\mathfrak{B}_{\tau}^{*}$, bei der die Bewertungsringe $\mathfrak{B}_{\tau}^{*}$ die Quotientenringe der minimalen Primideale von $\mathfrak{J}$ sind. Jede der Endlichkeitsbedingung genügende Durchschnittsdarstellung von $\mathfrak{J}$ durch diskrete Bewertungsringe entsteht aus der Normaldarstellung durch Beifügung von überflüssigen Komponenten. Bei der Normaldarstellung selbst ist keine Komponente überflüssig, sie ist „minimal“. — Im übrigen besitzt eine endliche diskrete Hauptordnung unter Umständen auch „pathologische“ Darstellungen durch diskrete Bewertungsringe, bei denen die Komponenten der Normaldarstellung alle oder teilweise fehlen; solche Darstellungen genügen aber niemals der Endlichkeitsbedingung.

Nach dem 1. Kriterium ist $\mathfrak{J}$ insbesondere dann endliche diskrete Hauptordnung, wenn in $\mathfrak{J}$ jedes Element eindeutig als Produkt von Primelementen darstellbar ist. — **Ringe mit „Z.P.E.“** — Dazu gehören z. B. die Polynomringe in unendlich vielen Variablen mit Körperkoeffizienten. Eine endliche diskrete Hauptordnung braucht also kein O-Ring zu sein. Dagegen ist sie — wie jeder einzelne Bewertungsring — stets vollständig ganz abgeschlossen.

2. **Kriterium für endliche diskrete Hauptordnungen:** *Jeder ganz abgeschlossene O-Ring $\mathfrak{J}$ ist eine endliche diskrete Hauptordnung.*

Ist $\mathfrak{p}_\sigma$ minimales Primideal in $\mathfrak{I}$, so ist $\mathfrak{I}_{\mathfrak{p}_\sigma}$ nach Kriterium 3 von 36. endlicher diskreter Bewertungsring. Man hat also nur $\mathfrak{I} = \underset{\sigma}{\varDelta}\mathfrak{I}_{\mathfrak{p}_\sigma}$ zu beweisen, d. h. man hat zu zeigen, daß die zu einem ganzen Hauptideal (α) gehörigen Primideale alle in $\mathfrak{I}$ minimal sind. Gehört aber $\mathfrak{p}$ zu (α), so ist sicher $\mathfrak{p}^{-1} \neq \mathfrak{I}$ und $\tilde{\mathfrak{p}}^{-1} \neq \tilde{\mathfrak{I}}$ für $\tilde{\mathfrak{I}} = \mathfrak{I}_\mathfrak{p}$, $\tilde{\mathfrak{p}} = \mathfrak{p} \cdot \tilde{\mathfrak{I}}$; also ist $\tilde{\mathfrak{p}}$ nach den in 36. bei Kriterium 3 hervorgehobenen Schlüssen in $\tilde{\mathfrak{I}}$ umkehrbar und damit als Faktor jedes Unterideals auch minimal. Rückschluß auf $\mathfrak{p}$! Fertig!

Bei den O-Ringen führt also der Hauptordnungsbegriff zu einem abschließenden, denkbar einfachen Ergebnis. Wichtig vor allem für Ringe ohne O-Satz ist:

3. Kriterium für Hauptordnungen: *Es seien $\mathfrak{I}$ und $\tilde{\mathfrak{I}} \supset \mathfrak{I}$ Ringe mit den Quotientenkörpern $\mathfrak{K}$ und $\tilde{\mathfrak{K}} \supset \mathfrak{K}$, und es sei $\mathfrak{I}$ „relativ $\tilde{\mathfrak{I}}$ ganz“, d. h. es sei $\mathfrak{I} = \tilde{\mathfrak{I}} \cap \mathfrak{K}$. Ist dann $\tilde{\mathfrak{I}}$ (endliche, diskrete, rationale) Hauptordnung, so gilt dasselbe für $\mathfrak{I}$.*

Beweis unmittelbar aus der Tatsache, daß jede (diskrete, rationale) Bewertung von $\tilde{\mathfrak{K}}$ eine entsprechende Bewertung von $\mathfrak{K}$ „induziert“. Ergebnis besonders bemerkenswert, weil im allgemeinen aus dem für $\tilde{\mathfrak{I}}$ bekannten O-Satz nicht der O-Satz für $\mathfrak{I}$ erschließbar.

Das 3. Kriterium läßt sich z. B. dann anwenden, wenn $\mathfrak{I}$ den Integritätsbereich aller der Elemente aus $\tilde{\mathfrak{I}}$ bedeutet, die bei einer bestimmten Automorphismengruppe A von $\tilde{\mathfrak{K}}$ in sich selbst übergehen. — Aus einer kleinen Verallgemeinerung des 3. Kriteriums ergibt sich leicht:

Ist $\mathfrak{I}_0$ endliche diskrete Hauptordnung, so ist es auch der Ring $\mathfrak{I}$ aller formalen Potenzreihen in $x_1, \ldots x_n$ mit Koeffizienten aus $\mathfrak{I}_0$. Ist $\mathfrak{I}_0$ Unterring des Körpers aller komplexen Zahlen, so kann man für $\mathfrak{I}$ auch den Ring aller konvergenten Potenzreihen wählen.

Beim Beweis muß man allerdings zuerst mit anderen Hilfsmitteln den Spezialfall erledigen, daß $\mathfrak{I}_0$ einen diskreten Bewertungsring darstellt; das macht aber keine besondere Schwierigkeit (vgl. 38.).

Eine auf dem Begriff des Artin-Prüferschen v-Ideals beruhende, besonders einfache Charakterisierung der allgemeinen endlichen diskreten Hauptordnungen werden wir in 43. kennenlernen. — Von denjenigen Hauptordnungen, die nicht gleichzeitig endlich und diskret sind, kann man wenigstens die endlichen rationalen einigermaßen befriedigend charakterisieren. Man erhält durch die gleichen Schlüsse, wie sie beim 1. Kriterium benutzt wurden:

$\mathfrak{I}$ ist dann und nur dann endliche rationale Hauptordnung, wenn in $\mathfrak{I}$ jedes ganze Hauptideal den Durchschnitt von endlich vielen Primäridealen darstellt, die zu in $\mathfrak{I}$ minimalen Primidealen gehören, und wenn dabei für jedes minimale Primideal $\mathfrak{p}_\sigma$ von $\mathfrak{I}$ der Quotientenring $\mathfrak{I}_{\mathfrak{p}_\sigma}$ ein rationaler Bewertungsring ist. — $\mathfrak{I} = \varDelta\mathfrak{I}_{\mathfrak{p}_\sigma}$ ist eine minimale Normaldarstellung.

Bei einer endlichen nichtrationalen Hauptordnung kann man mit den früheren Schlüssen nur zeigen, daß jedes ganze Hauptideal (α) eine kürzeste

Primärkomponentendarstellung $(\alpha) = \mathfrak{q}_1 \cap \cdots \cap \mathfrak{q}_s$ besitzt, aber nicht mehr, daß die zu den $\mathfrak{q}_i$ gehörigen $\mathfrak{p}_i$ in $\mathfrak{J}$ minimal sein müssen. (Immerhin besteht die Möglichkeit, daß sie es in jedem Fall sind.)

Literatur: KRULL [**22**]. — Zur arithmetischen Theorie der Potenzreihenringe sei noch bemerkt, daß sich wesentlich weitergehende Aussagen machen lassen, wenn der Koeffizientenbereich nicht eine beliebige endliche diskrete Hauptordnung, sondern ein Z.P.I.-Ring ist. Vgl. SCHUR [**1**], KRULL [**23**].

38. Z.P.E.-Ringe. Die Einordnung der Z.P.I.-Ringe unter die allgemeinen endlichen diskreten Hauptordnungen ergibt sich unmittelbar aus den in 5. besprochenen NOETHERschen Sätzen: Eine endliche diskrete Hauptordnung ist dann und nur dann Z.P.I.-Ring, wenn im Bereich ihrer ganzen Ideale der O-Satz und der abgeschwächte U-Satz gilt. Die Ringe mit Z.P.E. dagegen, in denen jedes Element eindeutiges Produkt von Primelementen ist, werden in ihrer Eigenart durch eine gewisse Axiomatisierung der wohlbekannten Methode des „Euklidischen Algorithmus" am besten charakterisiert. Die dabei nötigen Überlegungen ordnen sich formell gut in den Rahmen der Bewertungstheorie ein, obwohl sie an sich mit unserem Bewertungsbegriff nichts zu tun haben.

Von einer „Betragsdefinition" im Integritätsbereich $\mathfrak{J}$ soll gesprochen werden, wenn jedem Element $a \neq 0$ aus $\mathfrak{J}$ eine nichtnegative Zahl $|a| = \alpha$ als „Betrag" so zugeordnet ist, daß folgende Bedingungen erfüllt sind: 1. $|a \cdot b| = |a| + |b|$. 2. $|a| = 0$ dann und nur dann, wenn a in $\mathfrak{J}$ Einheit. 3. Die Menge M aller Beträge ist diskret, besitzt also keinen endlichen Häufungspunkt.

Beispiele von Betragsdefinitionen: $\mathfrak{J}$ Ring aller ganzen Zahlen eines endlichen Zahlkörpers — $|a|$ Logarithmus des Absolutwertes der Norm von a. $\mathfrak{J}$ Polynomring in endlich vielen Variablen mit Körperkoeffizienten — $|a|$ Gesamtgrad des Polynoms a. $\mathfrak{J}$ ein Z.P.E.-Ring — $|a|$ Anzahl der gleichen oder verschiedenen Faktoren bei der Primelementzerlegung von a.

Hauptidealkriterium von DEDEKIND und HASSE: In $\mathfrak{J}$ ist dann und nur dann jedes Ideal Hauptideal, wenn in $\mathfrak{J}$ eine Betragsdefinition existiert, die außer den Axiomen 1, 2, 3 noch der folgenden „Reduktionsbedingung" genügt:

4. Sind a und b zwei Elemente aus $\mathfrak{J}$, von denen keines durch das andere teilbar ist, so kann man in $\mathfrak{J}$ zwei weitere Elemente c und d so bestimmen, daß für $e = c \cdot a + d \cdot b$ die Ungleichung $|e| < \min(|a|, |b|)$ gilt.

Jeder Hauptidealring ist Z.P.E.-Ring, aber nicht umgekehrt. Will man eine Charakterisierung aller Z.P.E.-Ringe gewinnen, so muß man die Reduktionsbedingung des DEDEKIND-HASSEschen Kriteriums etwas abschwächen:

Kriterium für Z.P.E.-Ringe: $\mathfrak{J}$ ist dann und nur dann Z.P.E.-

Ring, wenn es in $\mathfrak{J}$ eine Betragsdefinition gibt, die außer 1, 2, 3 folgender Bedingung genügt:

4'. Sind a und b zwei Elemente aus $\mathfrak{J}$, von denen keines durch das andere teilbar ist, so kann man c und d in $\mathfrak{J}$ so bestimmen, daß eine Gleichung $q \cdot e = c \cdot a + d \cdot b$ gilt, bei der q zu a und b prim ist und e der Ungleichung $|e| < \min(|a|, |b|)$ genügt.

Die Beweise des Hauptideal- und des Z.P.E.-Ringkriteriums sind ebenso einfach wie der Beweis der Eindeutigkeit der Primzahlzerlegung bei den ganzen rationalen Zahlen. Für die praktische Brauchbarkeit der Kriterien ist folgende Bemerkung wichtig:

Will man die Gültigkeit des Z.P.E. oder des Hauptidealsatzes nicht für ganz $\mathfrak{J}$ beweisen, sondern nur für ein multiplikativ abgeschlossenes Teilsystem S, das mit a stets auch jeden Faktor von a enthält, so braucht man nur für S die Existenz der Betragsdefinition mit den Eigenschaften 1, 2, 3, 4 bzw. 1, 2, 3, 4' zu zeigen. — Dabei müssen in 4' und 4 a, b, e zu S gehören, während c, d, q beliebig aus $\mathfrak{J}$ sein dürfen.

Das Z.P.E.-Kriterium liefert besonders einfache Beweise für die Gültigkeit des Z.P.E. im Polynomring in beliebig vielen Variablen über einem Koeffizientenring mit Z.P.E. und im Ring der **formalen Potenzreihen** in endlich vielen Variablen über einem diskreten Bewertungsring oder einem **Hauptidealring**. Dagegen reicht das Kriterium nicht aus, um zu zeigen, daß aus der Gültigkeit des Z.P.E. für $\mathfrak{J}$ seine Gültigkeit für den Ring aller formalen Potenzreihen in x mit Koeffizienten aus $\mathfrak{J}$ folgt. (Die Richtigkeit dieses letzteren Satzes ist meines Wissens bis jetzt überhaupt noch nicht bewiesen.) — Im weiteren Verlauf unserer Untersuchungen wird die Betragsdefinition keine Rolle mehr spielen.

Literatur: DEDEKIND [11], HENSEL [2], HASSE [2], KRULL [22] § 5.

39. Abschließung eines O-Rings. Es sei $\mathfrak{J}$ ein O-Ring, $\mathfrak{J}^*$ der zugehörige ganz abgeschlossene Ring. Frage: Ist $\mathfrak{J}^*$ endliche diskrete Hauptordnung? Die Frage ist nach dem 2. Kriterium von 37. zu bejahen, wenn $\mathfrak{J}^*$ selbst O-Ring ist. Die Gültigkeit des O-Satzes wiederum für $\mathfrak{J}^*$ ist gesichert, wenn $\mathfrak{J}^*$ über $\mathfrak{J}$ eine endliche Modulbasis besitzt. Die Existenz dieser letzteren läßt sich aber anscheinend nur in Spezialfällen beweisen (vgl. 35.). Trotzdem kommt man wenigstens bei primären Integritätsbereichen zu einem befriedigenden Ergebnis:

Ist $\mathfrak{J} = \mathfrak{P}$ primär, so ist $\mathfrak{J}^* = \mathfrak{P}^*$ Durchschnitt von endlich vielen diskreten Bewertungsringen und damit Hauptidealring mit nur endlich vielen verschiedenen Primidealen. Ist $\mathfrak{p}$ das Primideal von $\mathfrak{P}$, $\mathfrak{p}^*$ eines der Primideale von $\mathfrak{P}^*$, so läßt sich der Restklassenkörper $\mathfrak{P}^*/\mathfrak{p}^*$ als endliche algebraische Erweiterung des Restklassenkörpers $\mathfrak{P}/\mathfrak{p}$ auffassen. (KRULL [18].)

Aus der Tatsache, daß jeder einartige Integritätsbereich Durchschnitt von primären ist, schließt man leicht weiter:

Ist $\mathfrak{J}$ einartig, so ist $\mathfrak{J}^*$ Z.P.I.-Ring. Zu jedem Primideal $\mathfrak{p}$ aus $\mathfrak{J}$ gibt es in $\mathfrak{J}^*$ endlich viele Primideale $\mathfrak{p}_1^*, \ldots \mathfrak{p}_s^*$, die $\mathfrak{p}$ zum Verengungs-ideal haben. Die Körper $\mathfrak{J}^*/\mathfrak{p}_i^*$ sind endliche algebraische Erweiterungen von $\mathfrak{J}/\mathfrak{p}$.

Die Behandlung des primären Falles ist recht kompliziert, so daß wir auf Einzelheiten nicht eingehen. Nur ein Punkt sei hervorgehoben: Man muß, um durchzukommen, die Untersuchung von $\mathfrak{P}$ zunächst nach der zugehörigen perfekten Hülle $\tilde{\mathfrak{P}}$ verlegen, die nach der in 31. bei den Z.P.I.-Ringen beschriebenen Methode gebildet wird. Es ist das bisher der einzige Fall, in dem die perfekte Hülle eines nicht ganz ab-geschlossenen Integritätsbereiches eine Rolle spielt.

Ist der O-Ring $\mathfrak{J}$ nicht einartig, so bilde man zu jedem minimalen Prim-ideal $\mathfrak{p}$ von $\mathfrak{J}$ den primären Quotientenring $\mathfrak{J}_\mathfrak{v}$ und zu $\mathfrak{J}_\mathfrak{v}$ den ganz abge-schlossenen Ring $\mathfrak{J}_\mathfrak{p}^*$. Der Durchschnitt $\tilde{\mathfrak{J}}^*$ aller $\mathfrak{J}_\mathfrak{p}^*$ wird nach dem bis-herigen eine endliche diskrete Hauptordnung, und das gleiche gilt also auch für $\mathfrak{J}^*$, falls nur $\tilde{\mathfrak{J}}^* = \mathfrak{J}^*$. Sollte aber $\mathfrak{J}^*$ echter Unterring von $\tilde{\mathfrak{J}}^*$ sein, eine Möglichkeit, die ich nicht ausschließen kann, obwohl ich kein Beispiel für ihr wirkliches Vorkommen kenne, so gilt wenigstens noch:

$\mathfrak{J}^*$ ist immer diskrete Hauptordnung. — D. h. also: Zu jedem von $\mathfrak{J}$ nicht ganz abhängigen Element α aus dem Quotientenkörper $\mathfrak{K}$ gibt es mindestens einen diskreten Bewertungsring $\mathfrak{B}$, der zwar $\mathfrak{J}$, aber nicht α enthält.

Ist nämlich α von $\mathfrak{J}$ nicht ganz abhängig, so kann α^{-1} in $\mathfrak{J}' = \mathfrak{J}[\alpha^{-1}]$ keine Einheit sein, es gibt daher in $\mathfrak{J}'$ ein minimales Primoberideal $\mathfrak{p}'$ des Hauptideals (α^{-1}), das wegen des O-Satzes auch in $\mathfrak{J}'$ minimal sein muß. Da $\mathfrak{J}_{\mathfrak{p}'}$ primär ist, existiert mindestens ein diskreter Bewertungsring $\mathfrak{B} \supseteq \mathfrak{J}'_{\mathfrak{p}'} \supseteq \mathfrak{J}$, und es kann α nicht zu $\mathfrak{B}$ gehören, weil α^{-1} nach Kon-struktion in $\mathfrak{B}$ Nichteinheit ist.

40. Allgemeine Bewertungsringe. Bei den bisher betrachteten „spe-ziellen" Bewertungen war die Wertmenge abstrakt durch zwei Eigen-schaften charakterisiert: 1. Sie bildete eine (linear) geordnete ABELsche Gruppe Γ. 2. Es galt das „Archimedische Axiom", zwei positive Werte hatten stets „gleiche Größenordnung". — *Die bereits in 36. angekündigte Verallgemeinerung besteht nun darin, daß man auf das Archimedische Axiom verzichtet und als Wertgruppe Γ eine beliebige geordnete ABELsche Gruppe zuläßt.* Die Gruppenverknüpfung in Γ wird nach wie vor als Addition geschrieben, ein Element α aus Γ heißt positiv oder negativ, je nachdem es größer oder kleiner ist als die Einheit 0. An den Be-wertungsaxiomen ändert sich nichts, nur im dritten ist jetzt $w(\alpha^*) \neq 0$ statt $w(\alpha^*) = 1$ zu schreiben.

Auch die Definition des Bewertungsringes bleibt die gleiche, und es gilt wieder der Satz, daß eine Bewertung B durch ihren Bewertungs-ring $\mathfrak{B}$ im wesentlichen eindeutig bestimmt ist. Das gleiche gilt jetzt sogar für die Wertgruppe, da bei dem neuen abstrakten Standpunkt „Normierungen" keine Rolle spielen. Die ausschließlich auf den spe-ziellen Fall zugeschnittenen Begriffe der „diskreten" und der „rationalen" Bewertung treten zunächst in den Hintergrund. Unter „Bewertung" schlechtweg wird stets eine allgemeine Bewertung verstanden, die Bewertungen von 36. bis 39. werden „speziell" genannt.

Ist Γ irgendeine geordnete ABELsche *Gruppe, so gibt es immer einen Körper $\Re$, der eine Bewertung B mit der Wertgruppe Γ besitzt.*

Man braucht z. B. nur über einem beliebigen Grundkörper $\Re_0$ den Körper aller „Polynome" und „rationalen" Funktionen einer Unbestimmten u zu bilden, dabei aber als „Exponenten" nicht die ganzen rationalen Zahlen, sondern die Elemente von Γ zu benutzen und schließlich mit der Differenz der „Grade" von Zähler und Nenner zu bewerten.

Die allgemeinen Bewertungsringe können in ähnlich einfacher Weise charakterisiert werden wie früher die speziellen:

1. Kriterium: $\mathfrak{B}$ *ist dann und nur dann Bewertungsring, wenn in $\mathfrak{B}$ von zwei Elementen stets eines durch das andere teilbar ist.*

Beweis genau so wie bei Kriterium 1 von 36., nur einfacher, weil diesmal Hauptidealgruppe sofort mit Wertgruppe identifizierbar.

Ist $\Re$ ein nichtarchimedisch geordneter Körper, so bildet die Menge der Elemente von $\Re$, die gegenüber der 1 nicht unendlich groß sind, nach dem 1. Kriterium einen Bewertungsring, die Ordnung von $\Re$ erzeugt also eine ausgezeichnete „Ordnungsbewertung". Die Ordnungsbewertung findet sich implizit bereits bei ARTIN-SCHREIER [**1**] S. 95 und vor allem bei BAER [**1**]. Auf ihre körpertheoretische Bedeutung können wir hier nicht näher eingehen. (Vgl. aber außer BAER [**1**] noch KRULL [**25**] § 12.)

2. Kriterium: $\mathfrak{B}$ *ist dann und nur dann Bewertungsring, wenn in $\mathfrak{B}$ die Menge aller Nichteinheiten ein Ideal bildet und wenn jeder echte Zwischenring zwischen $\mathfrak{B}$ und dem Quotientenkörper $\Re$ ein Reziprokes einer Nichteinheit von $\mathfrak{B}$ enthält.*

Das „nur dann" folgt aus Kriterium 1. — Ist andererseits $\mathfrak{B}$ ein Ring mit den angegebenen Eigenschaften, so muß $\mathfrak{B}$ ganz abgeschlossen sein, weil kein Reziprokes einer Nichteinheit von $\mathfrak{B}$ ganz abhängt. Bedeutet nun α^{-1} irgendein nicht zu $\mathfrak{B}$ gehöriges Element von $\Re$, so zeigt eine leichte Rechnung, daß α^{-1} in $\mathfrak{B}[\alpha^{-1}]$ Einheit sein muß, daß also α von $\mathfrak{B}$ ganz abhängt und somit zu $\mathfrak{B}$ gehört. Anwendung von Kriterium 1! Fertig!

Die Tatsache, daß jeder Bewertungsring ganz abgeschlossen ist, ist besonders bemerkenswert, weil man leicht zeigt, daß *ein nichtspezieller Bewertungsring niemals vollständig ganz abgeschlossen sein kann.* (Wichtigstes Beispiel für die Nichtäquivalenz der Begriffe „ganz" und „vollständig ganz" abgeschlossen.) — Das „Teilbarkeitskriterium der Bewertungstheorie" und der Begriff der „Hauptordnung" kann für allgemeine Bewertungen genau so formuliert werden wie für spezielle. Es gilt dann:

Fundamentalsatz der Hauptordnungen: $\mathfrak{J}$ *ist dann und nur dann Hauptordnung, wenn* $\mathfrak{J}$ *ganz abgeschlossen ist.*

Zum Beweis hat man nur zu zeigen: Ist $\mathfrak{J}$ ganz abgeschlossen und ist α ein nicht zu $\mathfrak{J}$ gehöriges Element aus dem Quotientenkörper $\mathfrak{K}$, so gibt es einen Bewertungsring $\mathfrak{B}$, der zwar $\mathfrak{J}$, aber nicht α enthält. — α kann in $\mathfrak{J}' = \mathfrak{J}[\alpha^{-1}]$ nicht Einheit sein, weil es sonst zu $\mathfrak{J}$ gehören müßte; es ergibt sich nun aus leichten Wohlordnungsschlüssen, daß in $\mathfrak{K}$ zu $\mathfrak{J}'$ mindestens ein maximaler, $\alpha = (\alpha^{-1})^{-1}$ nicht enthaltender Oberring $\mathfrak{B}$ existiert und nach Kriterium 2 erweist sich $\mathfrak{B}$ als Bewertungsring. Fertig!

Der Fundamentalsatz ist in seiner Allgemeinheit und Einfachheit formell äußerst befriedigend. Sein Hauptmangel, den man nicht übersehen darf, liegt darin, daß er ein reiner Existentialsatz ist. Nach dem Fundamentalsatz gibt es zu jedem ganz abgeschlossenen $\mathfrak{J}$ mindestens eine Durchschnittsdarstellung durch Bewertungsringe. Es gibt aber, wie schon das Beispiel der Polynomringe leicht erkennen läßt, im allgemeinen unendlich viele derartige Darstellungen, und man steht vor der Aufgabe, unter ihnen allen eine oder mehrere eindeutig bestimmte „Normaldarstellungen" auszuzeichnen.

Für die endlichen diskreten Hauptordnungen wurde dieses Problem in 37. durch Angabe der Minimaldarstellung gelöst. Wir behandeln jetzt noch eine andere wichtige Ringklasse, die den Vorteil bietet, daß sie, anders als die endlichen diskreten Hauptordnungen, über den Rahmen der speziellen Bewertungen hinausführt. — In 5. hatten wir gesehen, daß ein umkehrbares Ideal stets endlich sein, d. h. eine endliche Basis besitzen muß. Wir wollen nun (wesentlich allgemeiner als in 10.) einen Integritätsbereich $\mathfrak{M}$ als „Multiplikationsring" bezeichnen, wenn in $\mathfrak{M}$ die multiplikative Gruppe aller umkehrbaren Ideale möglichst groß, d. h. wenn jedes endliche Ideal umkehrbar ist.

Zu den Multiplikationsringen gehören die Ringe mit Z.P.I., in denen alle überhaupt vorhandenen Ideale umkehrbar sind. Das einfachste über die Z.P.I.-Ringe hinausführende Beispiel liefert der Ring aller ganzen Zahlen eines nicht zu speziellen unendlichen algebraischen Zahlkörpers. Ferner ist selbstverständlich ein Integritätsbereich Multiplikationsring, wenn in ihm jedes endliche Ideal Hauptideal ist. Aus diesem Grunde gehören z. B. alle Bewertungsringe zu den Multiplikationsringen.

Ist nun $\mathfrak{M}$ ein beliebiger Multiplikationsring, $\mathfrak{p}$ ein maximales Primideal aus $\mathfrak{M}$, so ist $\mathfrak{M}_\mathfrak{p}$ nicht nur gleichzeitig mit $\mathfrak{M}$ Multiplikationsring, sondern sogar, wie leicht aus dem 1. Kriterium zu schließen, Bewertungsring. Läßt man ferner $\mathfrak{p}_\tau$ alle maximalen Primideale von $\mathfrak{M}$ durchlaufen, so wird $\mathfrak{M} = \underset{\tau}{\varDelta}\,\mathfrak{M}_{\mathfrak{p}_\tau}$, und damit ist bereits eine Normaldarstellung für $\mathfrak{M}$ gewonnen. — Die Normaldarstellung enthält keine trivialerweise überflüssigen Komponenten, ist aber auch keineswegs immer minimal.

Mit Hilfe der Normaldarstellung und der in 41. zu entwickelnden Idealtheorie der Bewertungsringe zeigt man sofort:

In einem Multiplikationsring sind zwei Primideale, von denen keines durch das andere teilbar ist, stets teilerfremd. Ein Primideal $\mathfrak{p}$ aus $\mathfrak{M}$ kann also wohl zwei gegenseitig prime Primoberideale haben, aber niemals zwei gegenseitig prime Primunterideale.

Die Verhältnisse sind also hier ganz anders als bei den O-Ringen, wo ein Primideal, das nur ein einziges echtes Primunterideal hat, immer unendlich viele gegenseitig prime Primunterideale besitzt. — In 46. werden wir sehen, daß jeder ganz abgeschlossene Integritätsbereich $\mathfrak{J}$ in einen eindeutig bestimmten Multiplikationsring $\mathfrak{M}$ eingebaut werden kann. Daraus ergibt sich dann die Möglichkeit, aus der Normaldarstellung von $\mathfrak{M}$ eine solche von $\mathfrak{J}$ abzuleiten. (Ausführlich in 47.)

Literatur: KRULL [**25**]. Vgl. auch BAER [**1**], wo sich bereits (allerdings in anderer Terminologie) eine Axiomatik der allgemeinen Bewertungen findet.

41. Idealtheorie der Bewertungsringe. Der Bau eines Bewertungsringes hängt vor allem vom Bau seiner Wertgruppe ab. Wir stellen daher zunächst einige Definitionen und Sätze über geordnete (ABELsche) Gruppen zusammen. — Eine Untermenge Ω der geordneten Gruppe Γ heißt „Oberklasse", wenn Ω mit α stets auch jedes $\beta > \alpha$ enthält. Gibt es in Ω ein kleinstes Element, so nennt man Ω abgeschlossen, im anderen Falle dagegen offen. Als „Summe" $\Omega_1 + \Omega_2$ der Oberklassen Ω_1 und Ω_2 bezeichnet man die Oberklasse aller der Elemente, die in der Form $\alpha = \beta_1 + \beta_2$ $(\beta_1 \subset \Omega_1, \beta_2 \subset \Omega_2)$ darstellbar sind. — Die Summe ist dann und nur dann abgeschlossen, wenn es beide Summanden sind. Zu den Oberklassen Ω_1 und Ω_2 existiert eine der Gleichung $\Omega_1 = \Omega_2 + \Omega_3$ genügende Oberklasse Ω_3 dann und nur dann, wenn Ω_2 abgeschlossen ist oder wenn Ω_1 und Ω_2 beide offen sind.

Eine Untergruppe Δ der geordneten Gruppe Γ soll „isoliert" heißen, wenn die Menge aller positiven, nicht zu Δ gehörigen Elemente eine Oberklasse bildet. Γ ist dann und nur dann archimedisch geordnet, also zu einer Additionsuntergruppe des Körpers aller reellen Zahlen isomorph, wenn Γ außer der Nullgruppe keine echte isolierte Untergruppe besitzt. — Ist Δ in Γ isoliert, so kann man Γ/Δ dadurch ordnen, daß man die Restklasse $\bar{\alpha}$ aus Γ/Δ für größer erklärt als die Restklasse $\bar{\beta}$, wenn irgendein Vertreter α von $\bar{\alpha}$ in Γ größer ist als irgendein Vertreter β von $\bar{\beta}$.

Ist nun B eine Bewertung des Körpers $\mathfrak{K}$ mit dem Bewertungsring $\mathfrak{B}$ und der Wertgruppe Γ, so ergibt sich für die (ganzen und nichtganzen) $\mathfrak{B}$-Ideale durch einfache Überlegungen:

Die Ideale von $\mathfrak{B}$ entsprechen eindeutig umkehrbar den Oberklassen von Γ. Das der Oberklasse Ω zugeordnete Ideal $\mathfrak{a}$ besteht aus 0 und allen den Elementen, deren Werte zu Ω gehören. Ist Ω abgeschlossen, so ist $\mathfrak{a}$ Hauptideal; ist Ω offen, so hat $\mathfrak{a}$ keine endliche Basis. — Von zwei Idealen ist stets eines Oberideal des anderen. — Die Oberklasse des Produktes ist die Summe der Oberklassen der Faktoren. $\mathfrak{a}_1$ ist dann und nur dann Faktor von $\mathfrak{a}_2$, wenn $\mathfrak{a}_1$ Hauptideal ist oder wenn $\mathfrak{a}_1$ und $\mathfrak{a}_2$ beide keine endliche Basis haben.

Die Menge aller Ideale von $\mathfrak{B}$ bildet also hinsichtlich der Multiplikation zwei in sich abgeschlossene Systeme. Das eine ist die Gruppe aller endlichen, d. h. aller Hauptideale mit dem Einheitselement $\mathfrak{B}$. Das andere umfaßt alle nichtendlichen Ideale und bildet nur dann eine Gruppe, wenn der Bewertungsring $\mathfrak{B}$ speziell ist. — Ein ganzes Ideal ist dann und nur dann Primideal, wenn es mit a^r stets auch a enthält. *Die Primideale von $\mathfrak{B}$ entsprechen eindeutig umkehrbar den isolierten Untergruppen von Γ;* das der isolierten Untergruppe Δ zugeordnete Primideal $\mathfrak{p}$ besteht aus 0 und allen den Elementen von $\mathfrak{B}$, deren Wert nicht zu Δ gehört. — $\mathfrak{p}$ ändert sich nicht beim Übergang von $\mathfrak{B}$ zum Quotientenring $\mathfrak{B}_\mathfrak{p}$, also $\mathfrak{p} = \mathfrak{p} \cdot \mathfrak{B}_\mathfrak{p}$.

Definieren wir im Restklassenkörper $\mathfrak{K}_\mathfrak{p} = \mathfrak{B}_\mathfrak{p}/\mathfrak{p}$ den Wert der Restklasse $\bar{a}$ als den gemeinsamen Wert, den die Vertreter von $\bar{a}$ in B besitzen, so erhalten wir eine Bewertung $\overline{B}_\mathfrak{p}$ von $\mathfrak{K}_\mathfrak{p}$ mit dem Bewertungsring $\mathfrak{B}/\mathfrak{p}$ und der Wertgruppe Δ. Setzen wir ferner den Wert des Elements a aus $\mathfrak{K}$ gleich derjenigen Restklasse aus Γ/Δ, die durch den Wert von a in B repräsentiert wird, so kommen wir zu einer Bewertung $B_\mathfrak{p}$ von $\mathfrak{K}$ mit dem Bewertungsring $\mathfrak{B}_\mathfrak{p}$ und der Wertgruppe Γ/Δ. — $\mathfrak{p}$ spaltet also die Bewertung B von $\mathfrak{K}$ mit der Wertgruppe Γ auf in eine Bewertung $B_\mathfrak{p}$ von $\mathfrak{K}$ mit der Wertgruppe Γ/Δ und in eine Bewertung $\overline{B}_\mathfrak{p}$ von $\mathfrak{K}_\mathfrak{p}$ mit der Wertgruppe Δ. — Der Aufspaltungsprozeß läßt sich umkehren: Es sei B_1 Bewertung von $\mathfrak{K}$ mit dem Bewertungsring $\mathfrak{B}_1$ und der Wertgruppe Γ_1, $\mathfrak{p}_1$ sei das maximale Primideal aus $\mathfrak{B}_1$; ferner bedeute $\overline{B}_1$ eine Bewertung von $\mathfrak{K}_1 = \mathfrak{B}_1/\mathfrak{p}_1$ mit dem Bewertungsring $\overline{\mathfrak{B}}_1$ und der Wertgruppe $\overline{\Gamma}_1$. Dann ist der Ring $\mathfrak{B}$ aller der in den Restklassen von $\overline{\mathfrak{B}}_1$ auftretenden Elemente aus $\mathfrak{K}$ Bewertungsring, und es ist $\mathfrak{p}_1 = \mathfrak{p}$ Primideal in $\mathfrak{B}$. Bedeutet weiter Γ die Wertgruppe von $\mathfrak{B}$, Δ die zu $\mathfrak{p}$ gehörige isolierte Untergruppe von Γ, so wird in der Bezeichnungsweise des Aufspaltungsprozesses $\overline{\mathfrak{B}}_1 = \mathfrak{B}/\mathfrak{p}$, $\mathfrak{B}_1 = \mathfrak{B}_\mathfrak{p}$, $B_1 = B_\mathfrak{p}$, $\overline{B}_1 = \overline{B}_\mathfrak{p}$, und man kann Γ_1 mit Γ/Δ, $\overline{\Gamma}_1$ mit Δ identifizieren.

Der praktischen Anwendung des Aufspaltungsprozesses und seiner Umkehrung dienen folgende gruppentheoretische Bemerkungen:

Nennt man von zwei isolierten echten Untergruppen von Γ die mengentheoretisch umfassendere die „größere", so bilden die isolierten Untergruppen eine geordnete Menge M_Δ, deren Ordnungstypus eine charakteristische Invariante von Γ darstellt. Hat M_Δ eine endliche Kardinalzahl n, so schreiben wir Γ den „Rang n" zu; sind dann $\Delta_1, \ldots \Delta_n$ die nach abnehmender Größe geordneten isolierten Untergruppen von $\Gamma = \Delta_0$, so sind die Gruppen Δ_{i-1}/Δ_i $(i = 1, \ldots n)$ alle archimedisch geordnet, Γ läßt sich also sozusagen in n archimedisch geordnete Gruppen „auflösen". Sind $\Delta_0/\Delta_1, \ldots \Delta_{n-1}/\Delta_n$ alle „diskret", also zur Additionsgruppe der ganzen Zahlen isomorph, so ist Γ durch $\Delta_0/\Delta_1, \ldots \Delta_{n-1}/\Delta_n$ sogar bis auf Isomorphie eindeutig bestimmt; Γ möge in diesem Fall „diskrete Gruppe des Ranges n" heißen.

Eine Bewertung mit n-rangiger (diskreter) Wertgruppe wird selbst n-rangig (diskret) genannt. Einrangige bzw. einrangig diskrete Bewertung bedeutet also soviel wie spezielle Bewertung bzw. diskrete Bewertung schlechtweg. Jede n-rangige Bewertung von $\mathfrak{K}$ läßt sich aufspalten in n einrangige Bewertungen $B_1, \ldots B_n$. Dabei gehört B_1 zu $\mathfrak{K}$ selbst, $B_2, \ldots B_n$ gehören zu den Restklassenkörpern der $n-1$ nichtmaximalen Primideale des Bewertungsringes $\mathfrak{B}$. Ist B n-rangig diskret, so sind alle B_i speziell diskret. — Umgekehrt kann man alle n-rangigen Bewertungen von $\mathfrak{K}$ konstruktiv aufbauen: Man geht aus von einer speziellen Bewertung B_1 von $\mathfrak{K}$ mit dem Bewertungsring $\mathfrak{B}_1$, bestimmt dann weiter zum Restklassenkörper $\mathfrak{K}_1 = \mathfrak{B}_1/\mathfrak{p}_1$ eine spezielle Bewertung B_2 mit dem Bewertungsring $\mathfrak{B}_2$ usw. Nach n Schritten hat man n spezielle Bewertungen $B_1, \ldots B_n$, aus denen sich eine n-rangige Bewertung B von $\mathfrak{K}$ zusammensetzen läßt. — Soll B n-rangig diskret werden, so hat man nur alle B_i speziell diskret zu wählen. (Anwendung auf „endliche Erweiterungskörper" in 42.)

Eine Bewertung, deren Wertgruppe unendlich viele isolierte Untergruppen besitzt, kann im allgemeinen nicht so unmittelbar konstruktiv auf spezielle Bewertungen zurückgeführt werden wie eine Bewertung endlichen Ranges. Indessen zeigt eine genauere Strukturuntersuchung der geordneten Gruppen, daß man jeder nichtspeziellen Bewertung eine charakteristische geordnete Menge von speziellen Bewertungen zuordnen kann. So gelingt es z. B., den grundlegenden Perfektheitsbegriff von den speziellen auf beliebige allgemeine Bewertungen zu übertragen.

Hier können wir darauf nicht näher eingehen, dagegen müssen einige idealtheoretische Merkwürdigkeiten der nichtspeziellen Bewertungsringe kurz besprochen werden. Daß kein nichtspezieller Bewertungsring $\mathfrak{B}$ vollständig ganz abgeschlossen ist, wurde schon in 40. hervorgehoben. Wählt man insbesondere die Wertgruppe so, daß sie keine größte echte isolierte Untergruppe besitzt, so enthält $\mathfrak{B}$ kein minimales Primideal, und der kleinste vollständig ganz abgeschlossene Oberring von $\mathfrak{B}$ ist gleich dem Quotientenkörper $\mathfrak{K}$. — Das „Vollständig-ganz-Abschließen" verwischt also — anders als das bloße „Ganz-Abschließen" — unter Umständen den Bau des ursprünglichen Ringes.

Die nichtspeziellen Bewertungsringe liefern auch das einfachste Beispiel für die Tatsache, daß die ARTINsche Theorie der v-Ideale in vollständig ganz abgeschlossenen Ringen (vgl. 43.) keineswegs auf beliebige ganz abgeschlossene Ringe ausgedehnt werden kann. — Besonders bemerkenswert ist es schließlich, daß in einem nichtspeziellen Bewertungsring ein Hauptideal mit mindestens zwei Primoberidealen auf keine Weise als Durchschnitt von Primäridealen darstellbar ist.

Die bei den O-Ringen erfolgreichen Methoden sind also bei den allgemeinen Bewertungsringen überhaupt nicht anwendbar, während man, wie oben gezeigt, mit Hilfe der Wertgruppe einen völlig befriedigenden Überblick über die Menge der Ideale gewinnt.

Noch deutlicher zeigt sich das, wenn nicht ein einziger, sondern der Durchschnitt von endlich vielen Bewertungsringen untersucht werden soll. Es seien $B_1, \ldots B_n$ Bewertungen von $\Re$ mit den Bewertungsringen $\mathfrak{B}_i$ und den Wertgruppen Γ_i, α_i bedeute stets ein Element von Γ_i, $w_i(a)$ den Wert von a in B_i. Dann lautet die Hauptfrage: Wann existiert zu gegebenem $\alpha_1, \ldots \alpha_n$ ein $a \subset \Re$, das den Gleichungen $w_i(a) = \alpha_i$ $(i = 1, \ldots n)$ genügt? — Zur Beantwortung muß der Zusammenhang zwischen je zweien der $\mathfrak{B}_i$ genauer untersucht werden.

Ist $\mathfrak{p}_i$ ein Primideal aus $\mathfrak{B}_i$, so wird für $i \neq k$ im allgemeinen nicht $\mathfrak{p}_i \subset \mathfrak{B}_k$ sein. Ist aber $\mathfrak{p}_i \subset \mathfrak{B}_k$, so ist $\mathfrak{p}_i = \mathfrak{p}_k$ auch in $\mathfrak{B}_k$ Primideal, und es wird $\mathfrak{C}_{ik} = (\mathfrak{B}_i)_{\mathfrak{p}_i} = (\mathfrak{B}_k)_{\mathfrak{p}_k}$ gemeinsamer Quotientenring von $\mathfrak{B}_i$ und $\mathfrak{B}_k$. Bedeutet dann $\varDelta_i$ bzw. $\varDelta_k$ die $\mathfrak{p}_i = \mathfrak{p}_k$ zugeordnete isolierte Untergruppe aus Γ_i bzw. Γ_k, so kann man sowohl $\Gamma_i/\varDelta_i$ als auch $\Gamma_k/\varDelta_k$ als Wertgruppe der durch $\mathfrak{C}_{ik}$ definierten Bewertung von $\Re$ auffassen und so $\Gamma_i/\varDelta_i$ und $\Gamma_k/\varDelta_k$ in eindeutig bestimmter Weise isomorph aufeinander abbilden. Soll nun $\alpha_i = w_i(a)$, $\alpha_k = w_k(a)$ sein, so müssen die durch α_i und α_k in $\Gamma_i/\varDelta_i$ und $\Gamma_k/\varDelta_k$ erzeugten Restklassen bei diesem Isomorphismus einander entsprechen. — Es soll diese Bedingung, die bei gegebenen $\alpha_1, \ldots \alpha_n$ für jede Indexkombination i, k und für jedes gemeinsame Primideal von $\mathfrak{B}_i$ und $\mathfrak{B}_k$ erfüllt sein muß, kurz als die „triviale Wertbedingung" bezeichnet werden. Dann gilt der Hauptsatz:

Zu gegebenen $\alpha_1, \ldots \alpha_n$ gibt es in $\Re$ dann und nur dann ein den Gleichungen $w_i(a) = \alpha_i$ $(i = 1, \ldots n)$ genügendes a, wenn die triviale Wertbedingung erfüllt ist.

Der Beweis wird durch Induktionsschluß nach der Anzahl der Bewertungsringe mit Hilfe einer grundsätzlich nicht schwierigen, aber auch in den einfachsten Spezialfällen ziemlich umständlichen Rechnung geführt. Auf Einzelheiten gehen wir nicht ein. — Der Hauptsatz liefert sofort einen Überblick über die Menge der Ideale von $\mathfrak{D} = \mathfrak{B}_1 \cap \cdots \cap \mathfrak{B}_n$, über ihre Multiplikationsgesetze und über die Menge der Primideale. Insbesondere ergibt sich, daß in $\mathfrak{D}$ jedes endliche Ideal Hauptideal, daß also $\mathfrak{D}$ Multiplikationsring ist.

Besonders einfach gestalten sich die Verhältnisse, wenn kein Paar $\mathfrak{B}_i$, $\mathfrak{B}_k$ ein gemeinsames Primideal besitzt, wenn $\mathfrak{B}_1, \ldots \mathfrak{B}_n$ „paarweise völlig verschieden" sind. Die trivialen Wertbedingungen fallen dann weg, und es ist der Idealbereich von $\mathfrak{D}$ sozusagen das direkte Produkt der Idealbereiche von $\mathfrak{B}_1, \ldots \mathfrak{B}_n$. — Im allgemeinen Fall sind noch folgende beiden Sätze wichtig: Sind $\mathfrak{p}_1, \ldots \mathfrak{p}_n$ die maximalen Primideale, $a_1, \ldots a_n$ beliebige Elemente aus $\mathfrak{B}_1, \ldots \mathfrak{B}_n$, und ist niemals $\mathfrak{B}_i \supseteq \mathfrak{B}_k$ $(i \neq k)$, so ist in $\mathfrak{D}$ das Kongruenzensystem $x \equiv a_i(\mathfrak{p}_i)$ $(i = 1, \ldots n)$ stets lösbar. — Ist der Bewertungsring $\mathfrak{B}$ Obermenge von $\mathfrak{D}$, so ist auch $\mathfrak{B} \supseteq \mathfrak{B}_i$ für mindestens ein i.

Im übrigen wird die Formulierung von genaueren Idealzerlegungssätzen für $\mathfrak{D}$ durch den Hauptsatz überflüssig gemacht.

Literatur: KRULL [19] § 3 und vor allem KRULL [25].

42. Bewertungen endlicher Erweiterungskörper eines „Grundkörpers". Es sei der Körper $\mathfrak{K}$ endliche Erweiterung des „Grundkörpers" $\mathfrak{K}_0$ vom Transzendenzgrad n. Gefragt ist nach den Bewertungen von $\mathfrak{K}$, in denen alle Elemente aus $\mathfrak{K}_0$ den Wert 0 haben, d. h. nach den in $\mathfrak{K}$ liegenden Bewertungsoberringen von $\mathfrak{K}_0$. Nach 16. enthält jeder der gesuchten Bewertungsringe höchstens n Primideale, die zugehörige Bewertung hat also einen endlichen Rang $m \leqq n$ und läßt sich nach 41. aus m speziellen Bewertungen zusammensetzen. Man hat also im wesentlichen nur die speziellen Bewertungen von $\mathfrak{K}$ zu bestimmen. — Ist zunächst $n = 1$, sind also alle Bewertungen von $\mathfrak{K}$ speziell, so ergibt sich sofort:

Ist α ein beliebiges, über $\mathfrak{K}_0$ transzendentes Element aus $\mathfrak{K}$, so gibt es stets mindestens einen, immer aber nur endlich viele, und zwar diskrete Bewertungsringe $\mathfrak{B}_1, \ldots \mathfrak{B}_s$, in denen α Nichteinheit ist. Um sie zu erhalten, hat man zum Z.P.I.-Ring $\mathfrak{J}^{\alpha}$ aller von $\mathfrak{K}_0[\alpha]$ ganz abhängigen Elemente aus $\mathfrak{K}$ die Quotientenringe derjenigen Primideale zu bilden, die das Element α enthalten.

Für $n > 1$ schreiben wir einem (speziellen oder allgemeinen) Bewertungsring $\mathfrak{B}$ und seiner zugehörigen Bewertung B die Dimension m zu, wenn das maximale Primideal $\mathfrak{p}_m$ von $\mathfrak{B}$ diese Dimension besitzt. Erzeugen die Elemente $\alpha_1, \ldots \alpha_m$ aus $\mathfrak{K}$ im Körper $\mathfrak{B}/\mathfrak{p}_m$ (über $\mathfrak{K}_0$) algebraisch unabhängige Restklassen, so sagen wir kurz, sie seien „in $\mathfrak{B}$" oder „in B" algebraisch unabhängig. Man erhält dann als naheliegende Verallgemeinerung des oben für $n = 1$ aufgestellten Satzes:

Sind $\alpha_1, \ldots \alpha_n$ irgendwelche algebraisch unabhängige Elemente aus $\mathfrak{K}$, so gibt es stets mindestens einen, immer aber nur endlich viele, und zwar diskrete, m-dimensionale, $(n-m)$-rangige Bewertungsringe, in denen $\alpha_1, \ldots \alpha_m$ algebraisch unabhängig sind, während für $i = m + 1, \ldots n$ jeweils α_i durch α_{i-1}, aber keine einzige Potenz von α_{i-1} durch α_i teilbar ist. (Für $m = 0$ setze man $\alpha_0 = 1$.)

Der wichtigste Fall $m = n - 1$, $n - m = 1$ kann sofort dadurch erledigt werden, daß man $\alpha_1, \ldots \alpha_{n-1}$ zum Grundkörper nimmt und den für den Transzendenzgrad 1 bereits bewiesenen Satz anwendet. Von $m = n - 1$ schließt man dann unter Heranziehung der Zusammensetzungsprinzipien von 41. mühelos weiter auf $m = n - 2$, $n - 3$, $\ldots 0$. — Unser Satz liefert einen Überblick über die sämtlichen m-dimensionalen, $(n-m)$-rangigen Bewertungen von $\mathfrak{K}$; besonders bemerkenswert ist das Ergebnis, daß diese alle diskret sind. — Auf weitere wichtige hierher gehörige Fragen werden wir (unter Beschränkung auf den Fall $m = n - 1$, $n - m = 1$) erst in 50. genauer eingehen.

Was diejenigen Bewertungen angeht, die der für das Bisherige wesentlichen Bedingung „Rangzahl plus Dimension gleich n" nicht mehr genügen, so überzeugt man sich leicht, daß es vor allem darauf ankommt, in einem Körper vom beliebigen Transzendenzgrad $n \geq 2$ einen Überblick über die Menge aller nulldimensionalen speziellen Bewertungen zu gewinnen. Für die Theorie dieser letzteren wiederum ist am wichtigsten die Behandlung des Spezialfalles, daß $\Re = \Re_0(u_1, \ldots u_n)$ n-fache rein transzendente Erweiterung von $\Re_0$ ist, und daß gefordert wird, daß $u_1, \ldots u_n$ sämtlich in der gesuchten Bewertung B positive Werte haben sollen.

Hier liegt es nahe, so vorzugehen: Man setzt $u_i = P_i(t) = \alpha_{i1} t^{a_{i1}} + \alpha_{i2} t^{a_{i2}} + \cdots$, wobei die Exponenten der Potenzreihen P_i monoton ins Unendliche wachsende reelle Zahlen sind, während die Koeffizienten in dem zu $\Re_0$ gehörigen algebraisch abgeschlossenen Körper liegen; außerdem richtet man es so ein, daß die P_i algebraisch unabhängig sind, daß also kein Polynom $p(u_1, \ldots u_n)$ durch die Substitution $u_i = P_i(t)$ $(i = 1, \ldots n)$ identisch verschwindet. Man erhält dann für jedes $r \subset \Re$ eine bestimmte Darstellung $r = \alpha_1 t^{a_1} + \alpha_2 t^{a_2} + \cdots$ $(\alpha_1 \neq 0, a_1 \gtreqless 0)$, und die gesuchte Bewertung ergibt sich dadurch, daß man durchweg $w(r) = a_1$ setzt.

Aus der Art dieser Konstruktion ersieht man leicht: Die gestellte Aufgabe hat unendlich viele Lösungen, selbst wenn man sich auf diskrete Bewertungen beschränkt, bei denen in den $P_i(t)$ nur ganzzahlige Exponenten a_{ik} auftreten. Ein einfaches Prinzip zur Festlegung von endlich vielen ausgezeichneten Lösungen dürfte es nicht geben. Verlangt man andererseits die Angabe von allen überhaupt vorhandenen Lösungen, so kommt man im nichtdiskreten Fall mit den oben benutzten einfachen Reihenentwicklungen nicht aus, man muß, vgl. OSTROWSKI [6], auch solche heranziehen, bei denen die Exponentenmenge Häufungspunkte im Endlichen besitzt. Auf Einzelheiten näher einzugehen, dürfte hier nicht angebracht sein. Es handelte sich nur darum, in aller Kürze an dem nächstliegenden Beispiel zu zeigen, daß man bereits bei den speziellen Bewertungen von niedrigerer als $(n - 1)$-ter Dimension auf recht schwierige Probleme stößt. Im übrigen haben bis jetzt in der arithmetischen Theorie der algebraischen Funktionen mehrerer Veränderlicher und der mehrdimensionalen algebraischen Geometrie nur die zuerst behandelten einfachsten Bewertungstypen praktische Bedeutung erlangt.

Zweirangige Bewertungen eines Körpers vom Transzendenzgrad 2 treten bei JUNG [1] (Kap. I, § 8) auf. Bei OSTROWSKI [6] ist die konstruktive Bestimmung aller möglichen (allgemeinen und speziellen) Bewertungen eines beliebigen Körpers $\Re$ durchgeführt. Für unsere arithmetischen Untersuchungen hat das Konstruktionsproblem keine wesentliche Bedeutung. Handelt es sich nämlich um die Untersuchung eines vorgegebenen ganz abgeschlossenen Integritätsbereichs $\Im$, so wird man wohl immer die zur

Beherrschung von $\mathfrak{J}$ nötigen Bewertungen mit Hilfe der speziellen Eigenschaften von $\mathfrak{J}$ und nicht auf Grund der allgemeinsten Konstruktionsmethoden aufstellen. (Vgl. z. B. oben die Behandlung der endlichen diskreten Hauptordnungen und der Multiplikationsringe.)

§ 6. *V*-Ideale und *A*-Ideale. Verhalten der Primideale bei Ringerweiterungen.

43. *V*-Ideale. In § 5 wurde gezeigt, daß die Bewertungstheorie zur Entwicklung einer Teilbarkeitslehre in den endlichen diskreten Hauptordnungen, ja sogar in beliebigen ganz abgeschlossenen Integritätsbereichen dienen kann. Die DEDEKINDsche Idealtheorie dagegen war, wie wir bereits in 5. sahen, nur zur Behandlung der Z.P.I.-Ringe geeignet. Will man in allgemeineren Ringen nach klassischem Vorbild multiplikative Idealtheorie treiben, so muß man zuerst den DEDEKINDschen Idealbegriff, dessen gruppentheoretische Natur schon in § 1 dargelegt wurde, fürs Arithmetische passend umformen. — Das geschieht immer nach dem gleichen abstrakten Schema: Jedem ganzen oder nichtganzen DEDEKINDschen Ideal $\mathfrak{a}$ eines ganz abgeschlossenen Integritätsbereiches $\mathfrak{J}$ wird durch eine bestimmte Rechenvorschrift ('-Operation) ein Oberideal $\mathfrak{a}'$ so zugeordnet, daß fünf formale Bedingungen erfüllt sind:

1. $(\mathfrak{a}')' = \mathfrak{a}'$.   2. Aus $\mathfrak{a}_1 \supseteq \mathfrak{a}_2$ folgt $\mathfrak{a}'_1 \supseteq \mathfrak{a}'_2$.

3. $(\mathfrak{a}'_1 + \mathfrak{a}'_2)' = (\mathfrak{a}_1 + \mathfrak{a}_2)'$.   4. $(\mathfrak{a}'_1 \cdot \mathfrak{a}'_2)' = (\mathfrak{a}_1 \cdot \mathfrak{a}_2)'$.

5. $(a)' = (a)$; $((a) \cdot \mathfrak{a})' = (a) \cdot \mathfrak{a}'$.

Ist die '-Operation festgelegt, so kann man entweder — nach VAN DER WAERDEN und ARTIN — bei den gewöhnlichen Idealen einen neuen Gleichheitsbegriff einführen, indem man $\mathfrak{a}_1$ und $\mathfrak{a}_2$ als nicht verschieden ansieht, wenn $\mathfrak{a}'_1 = \mathfrak{a}'_2$ ist. Man kann sich aber auch — nach PRÜFER — auf die Betrachtung des Bereiches der durch die Gleichung $\mathfrak{a} = \mathfrak{a}'$ gekennzeichneten '-Ideale beschränken. Allerdings muß man dann, damit Summen- und Produktbildung nicht aus dem Bereich der '-Ideale herausführen, festsetzen, daß unter $\mathfrak{a}'_1 + \mathfrak{a}'_2$ bzw. $\mathfrak{a}'_1 \cdot \mathfrak{a}'_2$ nicht die gewöhnliche Summe bzw. das gewöhnliche Produkt, sondern $(\mathfrak{a}'_1 + \mathfrak{a}'_2)'$ bzw. $(\mathfrak{a}'_1 \cdot \mathfrak{a}'_2)'$ verstanden werden soll. — Der VAN DER WAERDEN-ARTINsche und der PRÜFERsche Standpunkt sind nur formell verschieden. Wir stellen uns auf den PRÜFERschen, weil dadurch die Ausdrucksweise etwas vereinfacht wird.

Der zuerst zu besprechende v-Prozeß besteht in der Bildung von $\mathfrak{a}' = \mathfrak{a}_v = (\mathfrak{a}^{-1})^{-1}$, *d. h. man setzt* $\mathfrak{a}_v$ *gleich dem Ideal aller der Elemente des Quotientenkörpers* $\mathfrak{K}$, *die durch alle gemeinsamen Teiler der sämtlichen Elemente von* $\mathfrak{a}$ *teilbar sind.* (Teilbarkeit bedeutet dabei immer „Teilbarkeit hinsichtlich $\mathfrak{J}$".) — Wir untersuchen die Tragweite des *v*-Idealbegriffs zunächst an drei Beispielen:

1. *Es sei $\Im$ eine endliche diskrete Hauptordnung* mit der minimalen Normaldarstellung $\Im = \varDelta_{\tau} \mathfrak{B}_{\tau}$, und es seien die Bewertungen B_{τ} alle so normiert, daß ihre Wertgruppen gerade aus allen ganzen rationalen Zahlen bestehen. Wir wollen nun dem Ideal $\mathfrak{a}$ aus $\Im$ das Zahlsystem $\{\lambda_1, \ldots \lambda_{\tau}, \ldots\} = \{\lambda_{\tau}\}$ zugeordnet nennen, wenn zu jeder Bewertung B_{τ} in $\mathfrak{a}$ ein Element a_{τ} vom Werte λ_{τ}, aber kein Element vom Werte $\lambda_{\tau} - 1$ existiert. Gehört zu $\mathfrak{a}_1$ das System $\{\lambda_{1\,\tau}\}$, zu $\mathfrak{a}_2$ das System $\{\lambda_{2\,\tau}\}$, so gehört zu $\mathfrak{a}_1 \cdot \mathfrak{a}_2$ das System $\{\lambda_{1\,\tau} + \lambda_{2\,\tau}\}$. — Ein beliebig gegebenes System $\{\lambda_{\tau}\}$ ist dann und nur dann einem Ideal $\mathfrak{a}$ zugeordnet, wenn fast alle λ_{τ} gleich 0 sind. („Endlichkeitsbedingung.")

Die Bedeutung dieses Zuordnungssatzes wird dadurch beeinträchtigt, daß im allgemeinen mehrere (gewöhnliche) Ideale dasselbe zugeordnete Zahlsystem besitzen. Geht man aber von gewöhnlichen zu *v*-Idealen über, so ergibt sich leicht:

Zu jedem Zahlsystem $\{\lambda_{\tau}\}$ mit Endlichkeitsbedingung gibt es ein einziges maximales zugehöriges Ideal $\mathfrak{a}^*$. *Für jedes zu $\{\lambda_{\tau}\}$ gehörige $\mathfrak{a}$ ist* $\mathfrak{a}_v = \mathfrak{a}^*$. Die *v*-Ideale von $\Im$ entsprechen also eindeutig umkehrbar den der Endlichkeitsbedingung genügenden Systemen $\{\lambda_{\tau}\}$.

Aus dieser Eindeutigkeit und den Betrachtungen von 37. schließt man mühelos der Reihe nach: Ein ganzes Ideal $\mathfrak{a}$ aus $\Im$ ist dann und nur dann *v*-Ideal, wenn es als Durchschnitt von symbolischen Potenzen in $\Im$ minimaler Primideale darstellbar ist. Ist $\mathfrak{a} = \mathfrak{p}_1^{(\varrho_1)} \cap \cdots \cap \mathfrak{p}_m^{(\varrho_m)}$ im Sinne der gewöhnlichen, so ist $\mathfrak{a} = \mathfrak{p}_1^{\varrho_1} \cdot \ldots \cdot \mathfrak{p}_m^{\varrho_m}$ im Sinne der *v*-Ideale. Auch jedes nichtganze Ideal $\mathfrak{a}$ besitzt im *v*-Idealsinn eine Produktdarstellung $\mathfrak{a} = \mathfrak{p}_1^{\sigma_1} \cdot \ldots \cdot \mathfrak{p}_m^{\sigma_m}$. — In $\Im$ gilt also der „Z. P. I. für *v*-Ideale", wobei als *v*-Primideale die gewöhnlichen minimalen Primideale von $\Im$ auftreten.

Bedenkt man noch, daß sich das gewonnene Ergebnis offenbar umkehren läßt, so erhält man schließlich als Ergänzung von 37.:

4. **Kriterium für endliche diskrete Hauptordnungen:** $\Im$ *ist dann und nur dann endliche diskrete Hauptordnung, wenn in $\Im$ der Z.P.I. für v-Ideale gilt.*

In der arithmetischen Theorie der endlichen diskreten Hauptordnungen ist also der *v*-Idealbegriff dem gewöhnlichen weit überlegen.

2. *Es sei $\Im = \mathfrak{B}$ ein spezieller, aber nichtdiskreter Bewertungsring mit der Wertgruppe $\varGamma$.* — Nach 41. entsprechen die gewöhnlichen Ideale von $\mathfrak{B}$ eindeutig umkehrbar den Oberklassen aus $\varGamma$. Diese ihrerseits lassen sich den reellen Zahlen zuordnen, und zwar gehört zu jeder reellen Zahl eine Oberklasse ohne kleinstes Element („*u*-Klasse"), zu jeder in $\varGamma$ liegenden reellen Zahl α außerdem noch eine Oberklasse mit dem kleinsten Element α („*e*-Klasse"). Den *u*-Klassen entsprechen die Ideale ohne endliche Basis, den *e*-Klassen die Hauptideale. — Beim Übergang zu den *v*-Idealen fallen zwei gewöhnliche Ideale immer dann zusammen, wenn ihre zugeordneten Oberklassen zu derselben reellen

Zahl gehören; die Beziehung zwischen dem Körper aller reellen Zahlen und der Menge aller *v*-Ideale ist also umkehrbar eindeutig, und man erhält den Satz: *In jedem speziellen, nichtdiskreten Bewertungsring bildet die Menge aller v-Ideale eine zur Additionsgruppe aller reellen Zahlen isomorphe multiplikative Gruppe.*

Es sind also hier alle *v*-Ideale *v*-umkehrbar, obwohl im allgemeinen unter ihnen solche auftreten, die weder selbst endlich noch aus einem gewöhnlichen endlichen Ideal durch den *v*-Prozeß ableitbar sind. — Wichtiger Unterschied zwischen gewöhnlichen und *v*-Idealen!

Bei den allgemeinen Bewertungsringen liegen die Dinge ähnlich wie bei den speziellen; doch braucht man zu ihrer Behandlung die abgeschlossene Hülle einer beliebigen geordneten Gruppe, auf deren Definition wir hier nicht näher eingehen können. — Im übrigen hat der Übergang von den gewöhnlichen zu den *v*-Idealen bei den Bewertungsringen den Nachteil, daß er zwar zu einem formell eleganten Ergebnis führt, aber den wichtigen Unterschied zwischen nichtendlichen und Hauptidealen und damit die Bedeutung der Wertgruppe völlig verwischt.

3. Gruppensatz der *v*-Ideale: *Ist $\mathfrak{J}$ vollständig ganz abgeschlossen, so bildet die Menge aller v-Ideale eine multiplikative Gruppe.*

Zum Beweis ist nur zu zeigen: Ist $\mathfrak{a}$ gewöhnliches Ideal von $\mathfrak{J}$, so wird $(\mathfrak{a} \cdot \mathfrak{a}^{-1})^{-1}$ und damit auch das *v*-Produkt $\mathfrak{a}_v \cdot (\mathfrak{a}^{-1})_v$ gleich $\mathfrak{J}$. — Ist nun $a \subset (\mathfrak{a} \cdot \mathfrak{a}^{-1})^{-1}$, also $(a) \cdot \mathfrak{a} \cdot \mathfrak{a}^{-1} \subseteq \mathfrak{J}$, so ist $(a) \cdot \mathfrak{a}^{-1} \subseteq \mathfrak{a}^{-1}$, d. h. $(a^2) \cdot \mathfrak{a} \cdot \mathfrak{a}^{-1} \subseteq \mathfrak{J}$, und es ergibt sich schrittweise $(a^\nu) \cdot (\mathfrak{a} \cdot \mathfrak{a}^{-1}) \subseteq \mathfrak{J}$ $(\nu = 3, 4, \ldots)$, d. h. $a \subset \mathfrak{J}$, weil $\mathfrak{J}$ vollständig ganz abgeschlossen. (Eleganteste Anwendung der Methode von 36., Kriterium 3.)

Verknüpft man den Gruppensatz mit den Ergebnissen von 37. und 39., so erhält man als wichtige Anwendung:

Ist $\mathfrak{J}$ spezielle Hauptordnung — etwa der zu einem *O*-Ring gehörige ganz abgeschlossene Ring —, so gilt in $\mathfrak{J}$ der Gruppensatz der *v*-Ideale. — Aus dem Gruppensatz ergibt sich für die ganzen *v*-Ideale der sog. „ARTINsche Verfeinerungssatz":

Sind in $\mathfrak{J}$ zwei Zerlegungen $\mathfrak{a} = \mathfrak{b}_1 \cdot \ldots \cdot \mathfrak{b}_m = \mathfrak{c}_1 \cdot \ldots \cdot \mathfrak{c}_n$ des ganzen v-Ideals $\mathfrak{a}$ in ganze v-Faktoren gegeben, so kann man immer die $\mathfrak{b}_\lambda$ und $\mathfrak{c}_\mu$ in ganze v-Faktoren so weiter zerlegen — $\mathfrak{b}_\lambda = \prod_\varrho \mathfrak{b}_{\lambda\varrho}$, $\mathfrak{c}_\mu = \prod_\sigma \mathfrak{c}_{\mu\sigma}$ —, daß die entstehenden v-Zerlegungen $\mathfrak{a} = \prod_{\lambda,\varrho} \mathfrak{b}_{\lambda\varrho} = \prod_{\mu,\sigma} \mathfrak{c}_{\mu\sigma}$ bis auf die Reihenfolge der Faktoren übereinstimmen.

Die einfache Konstruktion der Verfeinerungszerlegungen findet sich bei VAN DER WAERDEN [**15**] § 103. Sie ist vor allem dadurch bemerkenswert, daß man bei ihr nur die Tatsache benutzt, daß alle auftretenden Ideale einschließlich ihrer endlichen Summen umkehrbar sind. Daraus ergibt sich z. B., wie nebenher bemerkt werden möge:

Der ARTINsche Verfeinerungssatz gilt auch dann, wenn $\mathfrak{J} = \mathfrak{M}$ Multiplikationsring ist und wenn man in $\mathfrak{J}$ die gewöhnlichen ganzen endlichen

Ideale und ihre Zerlegungen in endlich viele gewöhnliche ganze endliche Faktoren betrachtet.

Bei dem Gruppensatz der v-Ideale muß noch auf zwei Mängel hingewiesen werden, die seinen übrigen Vorzügen gegenüberstehen: Einerseits kann, wie bereits in 41. erwähnt wurde, der Gruppensatz nicht von den vollständig-ganz auf beliebige ganz abgeschlossene Integritätsbereiche ausgedehnt werden. Andererseits ist es bei einem allgemeinen vollständig ganz abgeschlossenen Integritätsbereich $\mathfrak{I}$ nicht möglich, aus dem v-Gruppensatz irgendwelche Schlüsse über die Primidealstruktur zu ziehen, etwa so, wie es in 40. bei den Multiplikationsringen möglich war. Der auf multiplikative Anwendungen zugeschnittene v-Idealbegriff verwischt eben die gruppentheoretischen Feinheiten im Bereich der ganzen Ideale.

Literatur: VAN DER WAERDEN [9] (v-Ideale im Spezialfall); [15] § 103 (Abstrakte v-Idealdefinition, vollständig ganz abgeschlossene Ringe); PRÜFER [2] (Systematische Theorie der $'$-Operationen, Gegenüberstellung von v- und a-Idealen); ARNOLD [1] (v-Ideale in „Halbgruppen").

Im Anschluß an den formalen „Verfeinerungssatz" sei kurz auf eine Reihe von Arbeiten hingewiesen, bei denen die Ideale nicht als Untermengen eines Ringes definiert werden, sondern ohne inhaltliche Erklärung allein durch ihre axiomatisch festgelegten Verknüpfungsgesetze gekennzeichnet werden. Es seien genannt: DEDEKIND [9], [10]; GRELL [1]; KRULL [7], [13]. — Bei DEDEKIND erscheint der Idealbereich als eine multiplikative Gruppe, in dem ein „Ganzheitsbegriff" erklärt und eine „Summenbildung" unbeschränkt ausführbar ist. (Gruppe der umkehrbaren Ideale in einem Multiplikationsring beliebiger Art.) Der ARTINsche Verfeinerungssatz läßt sich zwanglos in den DEDEKINDschen Gedankenkreis einordnen. Bei GRELL [1], wo übrigens teilweise auch Idealtheorie im üblichen Sinne getrieben wird — siehe vor allem § 6 und § 7 —, stehen gruppentheoretische Gesichtspunkte (direkte Summe, direkter Durchschnitt) und Zuordnungsprobleme von gewissen ausgezeichneten Idealmengen („Idealkörpern") im Vordergrund. Bei KRULL handelt es sich um eine axiomatische Herleitung der additiven Sätze von 6. über den Zusammenhang zwischen zugehörigen Primidealen und i.K.I., die in [7] für den kommutativen Fall durchgeführt und in [13] soweit als möglich aufs Nichtkommutative ausgedehnt wird.

44. Unendliche algebraische Zahlkörper. Ein lehrreicher Vergleich zwischen gewöhnlichen und v-Idealen ist bei den unendlichen algebraischen Zahlkörpern möglich, doch sind dazu einige Vorbetrachtungen erforderlich. Zunächst zeigt man leicht:

Der Ring $\mathfrak{I}$ aller ganzen Zahlen eines unendlichen algebraischen Zahlkörpers $\mathfrak{K}$ ist einerseits ein vollständig ganz abgeschlossener Multiplikationsring, andererseits eine rationale, aber (von Spezialfällen abgesehen) nichtendliche und nichtdiskrete Hauptordnung.

In der Tat, $\mathfrak{K}$ ist Summe von unendlich vielen endlichen algebraischen Zahlkörpern, $\mathfrak{K} = \sum_{\tau} \mathfrak{K}_{\tau}$; setzt man für $\mathfrak{I}$ bzw. für ein Ideal $\mathfrak{a}$ von $\mathfrak{I}$:

$$\mathfrak{I}_{\tau} = \mathfrak{I} \cap \mathfrak{K}_{\tau}, \quad \mathfrak{a}_{\tau} = \mathfrak{a} \cap \mathfrak{K}_{\tau}, \quad \text{so wird } \mathfrak{I} = \sum \mathfrak{I}_{\tau}, \quad \mathfrak{a} = \sum \mathfrak{a}_{\tau}. \text{ — Daraus}$$

schließt man der Reihe nach: $\mathfrak{I}$ ist vollständig ganz abgeschlossen, weil es alle $\mathfrak{J}_\tau$ sind. $\mathfrak{a} = \mathfrak{p}$ ist dann und nur dann Primideal in $\mathfrak{J}$, wenn jedes $\mathfrak{a}_\tau$ in $\mathfrak{J}_\tau$ Primideal ist; $\mathfrak{J}$ muß also ebenso wie die $\mathfrak{J}_\tau$ einartig sein. — Ist $\mathfrak{a}$ ein endliches Ideal aus $\mathfrak{J}$, so ist $\mathfrak{a} = \mathfrak{a}_\tau \cdot \mathfrak{J}$ für geeignetes τ, und aus der Umkehrbarkeit von $\mathfrak{a}_\tau$ in $\mathfrak{J}_\tau$ folgt die von $\mathfrak{a}$ in $\mathfrak{J}$. — Durchläuft $\mathfrak{p}^{(\sigma)}$ alle Primideale von $\mathfrak{J}$, so wird $\mathfrak{J} = \underset{\sigma}{\varDelta}\, \mathfrak{J}_{\mathfrak{p}^{(\sigma)}}$. Für ein einzelnes $\mathfrak{p}^{(\sigma)}$ gilt $\mathfrak{J}_{\mathfrak{p}^{(\sigma)}} = \sum_\tau (\mathfrak{J}_\tau)_{\mathfrak{p}_\tau^{(\sigma)}}$, und daraus schließt man leicht, daß $\mathfrak{J}_{\mathfrak{p}^{(\sigma)}}$ diskreter oder zum mindesten rationaler Bewertungsring sein muß, weil die $(\mathfrak{J}_\tau)_{\mathfrak{p}_\tau^{(\sigma)}}$ alle diskrete Bewertungsringe sind. — Wählt man für $\mathfrak{K}$ den Körper aller algebraischen Zahlen, so ergibt sich aus ganz einfachen Existenzsätzen, daß kein $\mathfrak{J}_{\mathfrak{p}^{(\sigma)}}$ diskret ist, und daß jedes Element von $\mathfrak{J}$ in nichtabzählbar vielen $\mathfrak{J}_{\mathfrak{p}^{(\sigma)}}$ Nichteinheit ist. Damit ist alles bewiesen.

Zur bewertungstheoretischen Charakterisierung der gewöhnlichen Ideale von $\mathfrak{J}$ dient die (für ganzes und nichtganzes $\mathfrak{a}$ gültige) Gleichung $\mathfrak{a} = \varDelta\,(\mathfrak{a} \cdot \mathfrak{J}_{\mathfrak{p}^{(\sigma)}}) = \varDelta\,\mathfrak{a}^{(\sigma)}$. Wir setzen $\mathfrak{J}_{\mathfrak{p}^{(\sigma)}} = \mathfrak{B}^{(\sigma)}$ und bezeichnen mit $B^{(\sigma)}$ die durch $\mathfrak{B}^{(\sigma)}$ definierte Bewertung von $\mathfrak{K}$, mit $\varGamma^{(\sigma)}$ ihre Wertgruppe. Dabei sollen die $B^{(\sigma)}$ gleich für das Folgende passend normiert werden: Zu jedem $\mathfrak{B}^{(\sigma)}$ gibt es eine einzige rationale Primzahl $p^{(\sigma)}$, die in $\mathfrak{B}^{(\sigma)}$ Nichteinheit ist, während alle anderen Primzahlen Einheiten sind. Wir können und wollen nun verlangen, daß $p^{(\sigma)}$ in $B^{(\sigma)}$ jeweils den Wert 1 haben soll. — Unter dem „Wert" $\alpha^{(\sigma)}$ eines Ideals $\mathfrak{a}^{(\sigma)}$ aus $\mathfrak{B}^{(\sigma)}$ verstehen wir die untere Grenze der Zahlen, die in der zu $\mathfrak{a}^{(\sigma)}$ (nach 41.) gehörigen Oberklasse von $\varGamma^{(\sigma)}$ vorkommen, außerdem ordnen wir $\mathfrak{a}^{(\sigma)}$ das „Symbol" e oder u zu, je nachdem, ob $\mathfrak{a}^{(\sigma)}$ in $\mathfrak{B}^{(\sigma)}$ endlich ist oder nicht. Nach 43., Beispiel 2, ist dann $\mathfrak{a}^{(\sigma)}$ durch Wert und Symbol zusammen eindeutig bestimmt.

Wir fassen nun die Ringe $\mathfrak{B}^{(\sigma)}$ als Punkte eines (später zu „topologisierenden") Raumes P auf und ordnen jedem Ideal $\mathfrak{a}$ aus $\mathfrak{J}$ in P eine „Zahlfunktion" $f(\mathfrak{B})$ und eine „Symbolfunktion" $\varphi(\mathfrak{B})$ zu durch die Festsetzung, daß $f(\mathfrak{B}^{(\sigma)})$ bzw. $\varphi(\mathfrak{B}^{(\sigma)})$ stets gleich dem Wert bzw. dem Symbol des Ideals $\mathfrak{a}^{(\sigma)} = \mathfrak{a} \cdot \mathfrak{B}^{(\sigma)}$ sein soll. — *Wegen $\mathfrak{a} = \varDelta\,\mathfrak{a}^{(\sigma)}$ ist $\mathfrak{a}$ durch Zahl- und Symbolfunktion zusammen eindeutig bestimmt. Die Zahlfunktion eines Produktes ist gleich der Summe der Zahlfunktionen der Faktoren, und das gleiche gilt für die Symbolfunktion*, wenn man die Addition der Symbole e und u durch $e + e = e$, $e + u = u + u = u$ definiert.

Es bleibt nur noch festzustellen, wann zu einem willkürlich in P definierten Funktionenpaar $f(\mathfrak{B})$, $\varphi(\mathfrak{B})$ ein Ideal $\mathfrak{a}$ existiert, das gerade $f(\mathfrak{B})$ als Zahl- und $\varphi(\mathfrak{B})$ als Symbolfunktion besitzt. Dazu dient als neue Methode die Topologisierung des Bewertungsringraumes P. — Ist $\mathfrak{K}_\tau$ irgendein endlicher Unterkörper von $\mathfrak{K}$, so sollen $\mathfrak{B}^{(\sigma_1)}$ und $\mathfrak{B}^{(\sigma_2)}$ in dieselbe „τ-Umgebung" gerechnet werden, wenn $\mathfrak{B}^{(\sigma_1)} \cap \mathfrak{K}_\tau = \mathfrak{B}^{(\sigma_2)} \cap \mathfrak{K}_\tau$ ist. — Man verifiziert leicht, daß die Menge der τ-Umgebungen den HAUSDORFFschen Umgebungsaxiomen A, B, C sowie dem Trennungsaxiom genügt, so daß in P die Begriffe des Häufungspunktes und der abgeschlossenen Punktmenge in üblicher Weise eingeführt werden können. Außerdem folgt aus der Art der Normierung der $B^{(\sigma)}$, daß ein Element aus $\mathfrak{K}_\tau$ in zwei in derselben τ-Umgebung liegenden Bewertungen $B^{(\sigma_1)}$ und $B^{(\sigma_2)}$ stets den gleichen Wert hat.

Dieser Zusammenhang zwischen Werten und Umgebungen gestattet es, die wichtigste Bedingung für die Zahlfunktion eines Ideals auf die suggestive Form einer Stetigkeits- oder vielmehr Halbstetigkeitsbedingung zu bringen. Zur exakten Formulierung benutzt man am besten Abkürzungen der LEBESGUEschen Maßtheorie wie $\Lambda\,(f(\mathfrak{B}) \geqq \alpha)$[1].

Hauptsatz der gewöhnlichen Ideale: *In $\mathfrak{J}$ gibt es ein Ideal $\mathfrak{a}$, das $f(\mathfrak{B})$ als Zahl- und $\varphi(\mathfrak{B})$ als Symbolfunktion besitzt, dann und nur dann, wenn $f(\mathfrak{B})$ und $\varphi(\mathfrak{B})$ den folgenden Bedingungen genügen:*

1. Triviale Bedingungen: $\varphi(\mathfrak{B}^{(\sigma)})$ *ist gleich u, wenn $f(\mathfrak{B}^{(\sigma)})$ nicht zur Wertgruppe $\Gamma^{(\sigma)}$ gehört. $\varphi(\mathfrak{B}^{(\sigma)})$ ist gleich e, wenn der Bewertungsring $\mathfrak{B}^{(\sigma)}$ diskret ist.*

2. Beschränktheitsbedingungen: *Die Punkte der Mengen $\Lambda\,(f(\mathfrak{B}) \neq 0)$ und $\Lambda\,(f(\mathfrak{B}) = 0,\ \varphi(\mathfrak{B}) = u)$ liegen hinsichtlich des Körpers $\mathfrak{K}_0$ der rationalen Zahlen in endlich vielen verschiedenen 0-Umgebungen. — $f(\mathfrak{B})$ ist nach oben und unten beschränkt.*

3. Stetigkeitsbedingungen: *Ist $f(\mathfrak{B}^{(\sigma)}) = \alpha$, so ist $\mathfrak{B}^{(\sigma)}$ kein Häufungspunkt der Mengen $\Lambda\,(f(\mathfrak{B}) \geqq \alpha + \varepsilon)$ $(\varepsilon > 0)$ und, falls $\varphi(\mathfrak{B}^{(\sigma)}) = e$, auch kein Häufungspunkt der Mengen $\Lambda\,(f(\mathfrak{B}) > \alpha)$ und $\Lambda\,(f(\mathfrak{B}) = \alpha,\ \varphi(\mathfrak{B}) = u)$.*

Eine genaue Analyse der einschlägigen Definitionen zeigt sofort die Notwendigkeit aller Bedingungen; sind diese umgekehrt für $f(\mathfrak{B})$ und $\varphi(\mathfrak{B})$ erfüllt und ist $\mathfrak{a}$ das Ideal aller der Elemente aus $\mathfrak{K}$, bei denen der Wert $\alpha^{(\sigma)}$ in $B^{(\sigma)}$ jeweils den Ungleichungen „$f(\mathfrak{B}^{(\sigma)}) \geqq \alpha^{(\sigma)}$, falls $\varphi(\mathfrak{B}^{(\sigma)}) = e$; $f(\mathfrak{B}^{(\sigma)}) > \alpha^{(\sigma)}$, falls $\varphi(\mathfrak{B}^{(\sigma)}) = u$", genügt, so zeigt man leicht, daß $\mathfrak{a}$ gerade $f(\mathfrak{B})$ als Zahl- und $\varphi(\mathfrak{B})$ als Symbolfunktion besitzt. — Der Hauptsatz liefert nicht nur einen genauen Überblick über die Menge aller Ideale von $\mathfrak{J}$. Er gestattet auch die Beantwortung der Frage, wann und wievieldeutig die Gleichung $\mathfrak{a} \cdot \mathfrak{x} = \mathfrak{b}$ bei gegebenem $\mathfrak{a}$ und $\mathfrak{b}$ lösbar ist; doch wird die Antwort wegen des Hereinspielens der Symbolfunktion recht schwerfällig.

Wenden wir uns nun zu den v-Idealen, so ergibt sich aus deren Definition ohne besonderen Kunstgriff der Reihe nach:

Hat $\mathfrak{a}$ die Zahlfunktion $f(\mathfrak{B}) \equiv 0$, so ist $\mathfrak{a}_v = \mathfrak{J}$; zwei v-Ideale mit derselben Zahlfunktion sind identisch; *die Symbolfunktion kann also in der Theorie der v-Ideale beiseite gelassen werden.* Zu einer gegebenen Zahlfunktion $f(\mathfrak{B})$ gehört dann und nur dann ein v-Ideal $\mathfrak{a} = \mathfrak{a}_v$, wenn $f(\mathfrak{B})$ außer den auf die Zahlfunktion bezüglichen Bedingungen des Hauptsatzes noch der folgenden Zusatzbedingung genügt:

---

[1] $\Lambda\,(f(\mathfrak{B}) \geqq \alpha)$ bedeutet die Menge aller durch die Ungleichung $f(\mathfrak{B}) \geqq \alpha$ gekennzeichneten Urbildpunkte $\mathfrak{B}$.

Ist $f(\mathfrak{B}^{(\sigma)}) = \alpha$, so gibt es für jedes $\varepsilon > 0$ in jeder Umgebung $\mathfrak{U}$ von $\mathfrak{B}^{(\sigma)}$ eine ($\mathfrak{B}^{(\sigma)}$ selbst nicht notwendig enthaltende) Teilumgebung $\mathfrak{U}'$ derart, daß $f(\mathfrak{B}) > \alpha - \varepsilon$ in ganz $\mathfrak{U}'$.

Die Zusatzbedingung ist sicher erfüllt, wenn $f(\mathfrak{B})$ in P stetig ist. Daraus folgt: Die multiplikative Gruppe G, die die v-Ideale von $\mathfrak{J}$ nach 43., Beispiel 3. bilden, enthält eine Untergruppe H, die zur Additionsgruppe aller in P beschränkten und stetigen Funktionen isomorph ist. Aber H ist im allgemeinen echte Untergruppe von G, denn man kann Zahlfunktionen konstruieren, die allen nötigen Bedingungen einschließlich der Zusatzbedingung genügen, ohne stetig zu sein. Man steht also vor der — vorerst unerledigten — Aufgabe, die Gesamtgruppe G genauer zu untersuchen und womöglich die etwas umständliche Zusatzbedingung auf eine suggestivere Form zu bringen.

Die soeben entwickelte Theorie kann mühelos auf den Fall übertragen werden, daß $\mathfrak{K}$ unendliche algebraische Erweiterung eines beliebigen Grundkörpers $\mathfrak{K}_0$ ist, sofern nur der Durchschnitt $\mathfrak{J} \cap \mathfrak{K}_0 = \mathfrak{J}_0$ einen Z.P.I.-Ring darstellt. Z. B. kann man ohne weiteres an Stelle des unendlichen Zahlkörpers $\mathfrak{K}$ einen unendlichen Körper von algebraischen Funktionen einer Veränderlichen setzen. Die dabei entstehenden Modifikationen sind so nebensächlicher Art, daß sie übergangen werden können.

Interessanter und schwieriger ist dagegen der Fall, daß $\mathfrak{J}_0$ in $\mathfrak{K}_0$ keinen Z.P.I.-Ring, sondern nur eine allgemeine endliche diskrete Hauptordnung darstellt. Wir begnügen uns damit, auf die Hauptpunkte kurz hinzuweisen, ohne auf die Einzelheiten der nicht immer trivialen Beweise einzugehen. — Ist, wie früher $\mathfrak{K}_\tau$ ein endlicher Oberkörper von $\mathfrak{K}_0$ und $\mathfrak{J}_\tau = \mathfrak{J} \cap \mathfrak{K}_\tau$, so ist $\mathfrak{J}_\tau$ stets eine endliche diskrete Hauptordnung mit einer minimalen Normaldarstellung $\mathfrak{J}_\tau = \underset{\sigma}{\varDelta} \mathfrak{B}_{\tau\sigma}$. Die $\mathfrak{B}_{\tau\sigma}$ werden „ausgezeichnete Bewertungsringe" von $\mathfrak{K}_\tau$ genannt, und ein Bewertungsring $\mathfrak{B}$ heißt ausgezeichneter Bewertungsring von $\mathfrak{K}$, wenn stets $\mathfrak{B} \cap \mathfrak{J}_\tau$ ausgezeichneter Bewertungsring von $\mathfrak{K}_\tau$ ist. — Man kann dann zeigen: Durchläuft $\mathfrak{B}^{(\sigma)}$ alle ausgezeichneten Bewertungsringe von $\mathfrak{K}$, so ist $\mathfrak{J} = \varDelta \mathfrak{B}^{(\sigma)}$ und $\mathfrak{a} = \varDelta(\mathfrak{a} \cdot \mathfrak{B}^{(\sigma)})$ für jedes v-Ideal $\mathfrak{a}$ von $\mathfrak{J}$. Definiert man wie früher im Raume P der $\mathfrak{B}^{(\sigma)}$ die Zahlfunktionen der Ideale, so ist jedes v-Ideal durch seine Zahlfunktion eindeutig bestimmt, und die Existenzbedingungen für ein v-Ideal zu gegebener Zahlfunktion lauten genau so wie früher. — Damit ist alles mögliche erreicht, denn daß man sich diesmal auf v-Ideale beschränken muß, zeigt das Vorbild der endlichen diskreten Hauptordnungen.

Literatur: STIEMKE [1], KRULL [14], [19]. Dort allerdings nur einartige Integritätsbereiche und keine v-Ideale. Vgl. ferner CHEVALLEY [1] und die Anwendungen der Theorie in den Untersuchungen von HERBRAND [1], [2]. — Eine systematische Theorie der „topologischen Algebra" wurde von VAN DANTZIG entwickelt ([1], [2], [3]).

45. Polynomringsätze und Permanenzsätze. Die folgenden Sätze zeigen die Bedeutung der v-Ideale unter ganz neuen Gesichtspunkten:

KRONECKERscher Satz: *Es seien* $f(x)$, $g(x)$ *und* $h(x) = f(x) \cdot g(x)$ *Polynome in* x *mit Koeffizienten* a_i, b_i, c_i *aus dem ganz abgeschlossenen*

Integritätsbereich $\mathfrak{J}$. *Sind ·dann in* $\mathfrak{J}$ *alle Koeffizienten* c_i *von* $h(x)$ *durch ein Element* a *teilbar, so sind es auch alle Einzelprodukte* $a_i \cdot b_k$.

Ist $\mathfrak{J} = \mathfrak{B}$ Bewertungsring, so rechnet man die Richtigkeit des Satzes mühelos nach. Von einem einzelnen Bewertungsring schließt man dann durch Durchschnittsbildung nach dem Hauptsatz von 40. sofort auf beliebige ganz abgeschlossene Integritätsbereiche.

GAUSSscher Satz: *Haben* a_i, b_i, c_i *dieselbe Bedeutung wie im* KRONECKER*schen Satz, so ist* $(a_0, \ldots)_v \cdot (b_0, \ldots)_v = (c_0, \ldots)_v$.

Beweis ganz leicht auf Grund der Definition des v-Ideals und des KRONECKERSchen Satzes. Für gewöhnliche Ideale gilt der GAUSSsche Satz bekanntlich nur bei den Z.P.I.-Ringen, bei denen gewöhnliche und v-Ideale zusammenfallen, aber bereits nicht mehr bei den Polynomringen in mehreren Veränderlichen. — Sind $\mathfrak{a}_v$ und $\mathfrak{b}_v$ zwei v-Ideale aus der endlichen diskreten Hauptordnung $\mathfrak{J}$, so möge $\dfrac{\mathfrak{a}_v}{\mathfrak{b}_v}$ das durch die Gleichung $\mathfrak{a}_v = \mathfrak{b}_v \cdot \mathfrak{c}_v$ eindeutig bestimmte v-Ideal $\mathfrak{c}_v$ vorstellen. Dann gilt:

Ergänzung des KRONECKERSchen Satzes: Es sei $\mathfrak{J}$ endliche diskrete Hauptordnung, $f(x) = \sum_0^m a_i x^{m-i}$ bzw. $g(x) = \sum_0^n \alpha_i x^{n-i}$ sei ein Polynom mit Koeffizienten aus $\mathfrak{J}$ bzw. aus dem Quotientenkörper $\mathfrak{K}$, $\mathfrak{b}$ bedeute die gewöhnliche Summe der v-Ideale $\dfrac{(a_i)}{(a_0, \ldots a_m)_v}$ $(i=0, \ldots m)$. Hat dann $f(x) \cdot g(x) = h(x)$ Koeffizienten aus $\mathfrak{J}$, so liegen sogar alle Einzelprodukte $a_i \cdot \alpha_k$ (also auch alle Koeffizienten von $h(x)$) in $\mathfrak{b}$.

Soll nämlich $h(x)$ in $\mathfrak{J}[x]$ liegen, so muß aus elementaren bewertungstheoretischen Gründen $(a_0, \ldots a_m)_v \cdot (\alpha_0, \ldots \alpha_n)$ ganz sein; daraus folgt aber, daß für $k=0, \ldots n$ stets $a_i \cdot \alpha_k$ in $\dfrac{(a_i)}{(a_0, \ldots a_m)_v}$ und damit erst recht in $\mathfrak{b}$ liegt. (Anwendung des Ergänzungssatzes in 49.)

Ein v-Ideal, das aus einem gewöhnlichen endlichen Ideal durch den v-Prozeß entsteht, $\mathfrak{a}_v = (a_1, \ldots a_n)_v$, soll selbst **endlich** heißen. Ist in $\mathfrak{J}$ jedes **endliche** v-Ideal Hauptideal bzw. v-umkehrbar, so nennen wir $\mathfrak{J}$ einen v-**Hauptidealring** bzw. v-**Multiplikationsring**. Ein v-Multiplikationsring ist stets ganz abgeschlossen. Genügt nämlich ξ aus dem Quotientenkörper $\mathfrak{K}$ einer Gleichung $\xi^n + a_1 \xi^{n-1} + \cdots + a_n = 0$ $(a_1, \ldots a_n \subset \mathfrak{J})$, und setzt man $\mathfrak{a}_v = (1, \ldots \xi^{n-1})$, so wird $\mathfrak{a}_v = (\xi)_v \cdot \mathfrak{a}_v + \mathfrak{a}_v$, $\mathfrak{a}_v \cdot \mathfrak{a}_v^{-1} = \mathfrak{J} = (1) + (\xi)$, $\xi \subset \mathfrak{J}$. Nach 43. sind alle vollständig ganz abgeschlossenen Integritätsbereiche ausgezeichnete v-Multiplikationsringe, weil in ihnen sämtliche (endliche und nichtendliche) v-Ideale umkehrbar sind.

1. Permanenzsatz: *Ist* $\mathfrak{J}$ *ein* v-*Hauptidealring bzw.* v-*Multiplikationsring, so gilt das gleiche für* $\mathfrak{J}[x]$.

Beweis auf Grund der v-Idealdefinition und des GAUSSschen Satzes nach demselben Schema wie im Spezialfall des Polynomrings mit ganzen rationalen Zahlkoeffizienten. Nur der Beweis, daß $((\mathfrak{a}_v \cdot \mathfrak{J}[x])_v) \cap \mathfrak{J} = \mathfrak{a}_v$ für jedes $\mathfrak{a}_v$ aus $\mathfrak{J}$ gilt, erfordert eine kleine Sonderüberlegung. — Der erste Permanenzsatz kann durch Induktionsschluß sofort auf Polynomringe in endlich vielen Variablen ausgedehnt werden. Er gilt aber auch dann noch, wenn man zu $\mathfrak{J}$ eine unendliche Variablenmenge beliebiger Mächtigkeit adjungiert, weil man bei der Untersuchung jedes einzelnen v-Ideals immer in einen Polynomring mit endlich vielen Veränderlichen zurückgehen kann. — Es sei jetzt $\mathfrak{J}$ im Quotientenkörper $\mathfrak{K}$ ganz abgeschlossen, $\tilde{\mathfrak{K}}$ sei ein beliebiger algebraischer Oberkörper von $\mathfrak{K}$, $\tilde{\mathfrak{J}}$ der Ring aller von $\mathfrak{J}$ ganz abhängiger Elemente aus $\tilde{\mathfrak{K}}$. Dann gilt:

2. Permanenzsatz: *Ist $\mathfrak{J}$ ein gewöhnlicher oder ein v-Multiplikationsring, so gilt das gleiche für $\tilde{\mathfrak{J}}$.*

Beim Beweis muß man sich im v-Idealfall wieder die Gültigkeit der Gleichung $((\mathfrak{a}_v \cdot \tilde{\mathfrak{J}})_v) \cap \mathfrak{J} = \mathfrak{a}_v$ für beliebiges $\mathfrak{a}_v$ aus $\mathfrak{J}$ besonders überlegen, und zwar unter Benützung des KRONECKERschen Satzes. Mit dessen Hilfe beweist man im übrigen den ganzen zweiten Permanenzsatz sehr einfach nach der im Fall der endlichen algebraischen Zahlkörper zuerst in HURWITZ [1] benützten Methode. . Nur ein (letzten Endes auf DEDEKIND ([3] § 173) zurückgehender) Kunstgriff verdient besondere Erwähnung: Sind in $\tilde{\mathfrak{K}}$ alle (gewöhnlichen oder v-) Ideale der Form $(1, \omega)$ $(\omega \subset \mathfrak{K})$ umkehrbar, so sind es natürlich überhaupt alle Ideale mit zweigliedriger Basis, und man kann durch einen eleganten Induktionsschluß zeigen, daß gleiches für alle Ideale mit 3, 4, . . .-gliedriger Basis gelten muß. — Als Gegenstück zu dem zweiten Permanenzsatz werden wir einen „Permanenzsatz der Bewertungstheorie" in 48. kennenlernen.

Literatur: PRÜFER [2]. Zu den üblichen Beweisen des KRONECKERschen Satzes außerdem DEDEKIND [5], [7]; HURWITZ [1], [2].

46. Multiplikationsringe und *A*-Ideale. In 40. wurden die gewöhnlichen Multiplikationsringe bewertungstheoretisch untersucht; jetzt sollen sie idealtheoretisch genauer charakterisiert werden: Wie in 45. bemerkt, ist in $\mathfrak{J}$ jedes endliche Ideal umkehrbar, falls es nur jedes Ideal der Form $(1, \omega)$ ist. Daraus folgt: $\mathfrak{J}$ ist dann und nur dann Multiplikationsring, wenn zu jedem α aus dem Quotientenkörper $\mathfrak{K}$ zwei Elemente a und b aus $\mathfrak{J}$ existieren, für die $a \cdot \alpha \subset \mathfrak{J}$ und $a + \alpha \cdot b = 1$ wird. — Aus diesem Hilfssatz ergibt sich durch leichte Rechnungen:

Kriterium 1: $\mathfrak{J}$ ist dann und nur dann Multiplikationsring, wenn in $\mathfrak{J}$ ein endliches Kongruenzensystem $x \equiv a_i (b_i)$ $(i = 1, \ldots s)$ immer dann lösbar ist, falls jedes Paar der vorgeschriebenen Kongruenzen in $\mathfrak{J}$ eine Lösung besitzt.

Beim Beweis braucht man nur dreigliedrige Kongruenzensysteme der Form $x \equiv 0 (a)$; $x \equiv 0 (b)$; $x - a \equiv 0 (a - b)$ zu betrachten. Kriterium 1 bildete das wichtigste Hilfsmittel von PRÜFER bei der Konstruktion der perfekten Hülle eines endlichen algebraischen Zahlkörpers (vgl. 31.). Wichtige Umformungen von Kriterium 1 finden sich bei Prüfer [2]:

Kriterium 2: $\mathfrak{J}$ ist dann und nur dann Multiplikationsring, wenn $\mathfrak{J}$ ganz abgeschlossen ist und jedes endliche Ideal der Gleichung $\mathfrak{a} = \mathfrak{a}_v$ genügt.

Beweis: a) Ist $\mathfrak{a} \cdot \mathfrak{a}^{-1} = \mathfrak{J}$, so ist $(\mathfrak{a}^{-1})^{-1} = \mathfrak{a}_v = \mathfrak{a}$. — b) $(1, \omega)$ ist stets umkehrbar, falls $(1, \omega^2)_v = (1, \omega^2)$. Ist nämlich α gemeinsamer Teiler von 1 und ω^2, so ist $(\omega \cdot \alpha^{-1}) \cdot (1, \omega) \subseteqq (1, \omega)$, und daraus folgt eine Gleichung $(\alpha^{-1} \cdot \omega)^2 + a \cdot (\alpha^{-1} \cdot \omega) + b = 0$ $(a, b \subset \mathfrak{J})$, es gehört also $\omega \cdot \alpha^{-1}$ zu $\mathfrak{J}$, d. h. es ist ω durch jeden gemeinsamen Teiler von 1 und ω^2 teilbar: $\omega \subset (1, \omega^2)_v$. Wegen $(1, \omega^2)_v = (1, \omega^2)$ ist somit $\omega = c + d\omega^2$ $(c, d \subset \mathfrak{J})$, und es wird $c \cdot \omega^{-1} \cdot (1, \omega) = (c, 1 - d \cdot \omega) \subseteqq (1, \omega)$. Es muß daher $c \cdot \omega^{-1} \subset \mathfrak{J}$, $(1, \omega) \cdot (c \cdot \omega^{-1}, d) = (1)$ sein.

Kriterium 3: $\mathfrak{J}$ ist dann und nur dann Multiplikationsring, wenn $\mathfrak{J}$ ganz abgeschlossen ist, und wenn bei endlichem $\mathfrak{a}$ und $\mathfrak{b}$ aus $\mathfrak{a} \cdot \mathfrak{b} = \mathfrak{a} \cdot \mathfrak{b}'$ stets $\mathfrak{b} = \mathfrak{b}'$ folgt.

Beweis ganz ähnlich wie bei Kriterium 2. — In einem gewissen inneren Zusammenhang mit Kriterium 3 steht der hochwichtige

Einbettungssatz: *Zu jedem ganz abgeschlossenen Integritätsbereich $\mathfrak{J}$ gibt es in einer einfach transzendenten Erweiterung $\mathfrak{K}(x)$ des Quotientenkörpers $\mathfrak{K}$ stets einen der Gleichung $\mathfrak{J}_x \cap \mathfrak{K} = \mathfrak{J}$ genügenden Ring $\mathfrak{J}_x$, in dem jedes endliche Ideal Hauptideal ist.*

Ist zunächst $\mathfrak{J}$ Multiplikationsring, so gilt in $\mathfrak{J}[x]$ nach Kriterium 2 der Gaußsche Satz für gewöhnliche Ideale, und man weiß, daß aus $\mathfrak{a} \cdot \mathfrak{b} = \mathfrak{a} \cdot \mathfrak{b}_1$ bei endlichem $\mathfrak{a}$ stets $\mathfrak{b} = \mathfrak{b}_1$ folgt. Allein mit Hilfe dieser beiden Tatsachen zeigt man nun ohne Schwierigkeit: Man erhält einen eindeutig bestimmten, der Gleichung $\mathfrak{J}_x \cap \mathfrak{K} = \mathfrak{J}$ genügenden Unterring $\mathfrak{J}_x$ von $\mathfrak{K}(x)$ durch die Festsetzung, daß ein Polynomquotient $\dfrac{a(x)}{b(x)}$ dann und nur dann zu $\mathfrak{J}_x$ gehören soll, wenn das Ideal der Zählerkoeffizienten im Ideal der Nennerkoeffizienten enthalten ist. — In $\mathfrak{J}_x$ ist jedes endliche Ideal Hauptideal, denn für beliebiges $A, B \subset \mathfrak{J}_x$ wird angesichts der Definition von $\mathfrak{J}_x$ sicher $(A, B) = (A + x^n \cdot B)$ bei großem n. — Ist $\mathfrak{J}$ kein Multiplikationsring, so ist die soeben beschriebene Konstruktion von $\mathfrak{J}_x$ mit Hilfe der gewöhnlichen Ideale nicht mehr durchführbar, denn es wird (nach Kriterium 3) $\mathfrak{a} \cdot \mathfrak{b} = \mathfrak{a} \cdot \mathfrak{b}_1$ $(\mathfrak{b} \neq \mathfrak{b}_1)$ für mindestens ein $\mathfrak{a}$.

Dagegen ist zur Konstruktion von $\mathfrak{J}_x$ ohne weiteres brauchbar jede Klasse von $'$-Idealen, bei der bei ganz abgeschlossenem $\mathfrak{J}$ und endlichem $\mathfrak{a}$ aus $\mathfrak{a}' \cdot \mathfrak{b}' = \mathfrak{a}' \cdot \mathfrak{b}_1'$ stets $\mathfrak{b}' = \mathfrak{b}_1'$ folgt. Denn für alle derartigen $'$-Ideale ergibt sich die Gültigkeit des Gaußschen Satzes sofort aus dem folgenden, durch lexikographische Anordnung der Basiselemente von $\mathfrak{a}^{n+1} \cdot \mathfrak{b}$ und Induktionsschluß zu beweisenden

Hilfssatz von DEDEKIND-MERTENS: Sind $\mathfrak{a}$, $\mathfrak{b}$, $\mathfrak{c}$ die Koeffizientenideale der Polynome $f(x)$, $g(x)$, $h(x) = f(x) \cdot g(x)$ aus $\mathfrak{J}[x]$, so ist $\mathfrak{a}^n \cdot \mathfrak{c} = \mathfrak{a}^{n+1} \cdot \mathfrak{b}$, falls n den Grad von $h(x)$ bedeutet. (DEDEKIND [5], MERTENS [2].)

Was nun die gesuchte ′-Operation angeht, so hat PRÜFER durch ein Beispiel gezeigt, daß die v-Operation nicht immer die verlangte Eigenschaft besitzt. Dagegen führt folgende Überlegung zu einem brauchbaren Ansatz: Ist $(a_1, \ldots a_l) \cdot \mathfrak{b} = (a_1, \ldots a_l) \cdot \mathfrak{c}$, so genügt nach elementaren Determinantensätzen jedes ξ aus $\mathfrak{b}$ bzw. $\mathfrak{c}$ einer Gleichung $\xi^l + A_1 \xi^{l-1} + \cdots + A_l = 0$, wobei A_i jeweils eine homogene Funktion i-ten Grades in Elementen aus $\mathfrak{c}$ bzw. $\mathfrak{b}$ mit Koeffizienten aus $\mathfrak{J}$ darstellt. Wir wollen kurz sagen, es „hänge ξ von $\mathfrak{c}$ bzw. $\mathfrak{b}$ ganz ab". — Es liegt nun sehr nahe, eine „a-Operation" einzuführen durch die Festsetzung:

Unter $\mathfrak{a}_a$ soll das Ideal aller von $\mathfrak{a}$ ganz abhängigen Elemente verstanden werden.

Man verifiziert dann in der Tat leicht, daß die a-Operation den Bedingungen 1 bis 5 von 43. genügt, und daß bei endlichem $\mathfrak{a}$ aus $\mathfrak{a}_a \cdot \mathfrak{b}_a = \mathfrak{a}_a \cdot \mathfrak{c}_a$ stets $\mathfrak{b}_a = \mathfrak{c}_a$ folgt, so daß mit Hilfe der a-Operation der Ring $\mathfrak{J}_x$ des Einbettungssatzes konstruiert werden kann.

Bei den Beweisen muß man naturgemäß die Tatsache ausnützen, daß $\mathfrak{J}$ ganz abgeschlossen, also $\mathfrak{J}_a = \mathfrak{J}$ ist. — Hinsichtlich der Beweise kann — soweit es sich um die für uns allein wichtigen endlichen Ideale handelt — auf PRÜFER verwiesen werden.

Zu dem grundlegenden Einbettungssatz sei noch bemerkt: Bei allen vollständig ganz abgeschlossenen Integritätsbereichen kann man in Anbetracht des Gruppensatzes von 43. statt mit dem a- auch mit dem v-Prozeß arbeiten, und man erhält so in $\mathfrak{K}(x)$ zwei Ringe $\mathfrak{J}_x^{(a)}$ und $\mathfrak{J}_x^{(v)}$, die im allgemeinen verschieden sind, allerdings nicht bei den Multiplikationsringen, wohl aber z. B. bei all den endlichen diskreten Hauptordnungen, für die der Z.P.I. nicht gilt. In diesem letzteren Fall dürfte der Vergleich von $\mathfrak{J}_x^{(a)}$ und $\mathfrak{J}_x^{(v)}$ besonders interessant sein. $\mathfrak{J}_x^{(v)}$ wird ein Hauptidealring vom Typus der ganzen rationalen Zahlen (KRONECKERscher Funktionalring). $\mathfrak{J}_x^{(a)}$ dagegen wird eine nichtspezielle Hauptordnung, über deren Feinstruktur bis jetzt keine Untersuchungen vorliegen.

Literatur: PRÜFER [2], daneben (zu den Sätzen der ersten Hälfte) DEDEKIND [7]. — Das erste in der Literatur vorkommende Beispiel eines $\mathfrak{J}_x$-Ringes stellt der KRONECKERsche Funktionalring (KRONECKER [1]) dar.

47. Einordnung des A-Prozesses in die Bewertungstheorie. $\mathfrak{J}_x$ sei der zu $\mathfrak{J}$ in $\mathfrak{K}(x)$ mit Hilfe des a-Prozesses definierte Ring. Als Multiplikationsring besitzt $\mathfrak{J}_x$ nach 40. eine Normaldarstellung $\mathfrak{J}_x = \underset{\tau}{\varDelta} \mathfrak{B}_{x\tau}$, bei der die Bewertungsringe $\mathfrak{B}_{x\tau}$ die Quotientenringe der maximalen Primideale von $\mathfrak{J}_x$ sind. Setzt man $\mathfrak{B}_\tau = \mathfrak{B}_{x\tau} \cap \mathfrak{K}$, so sind die $\mathfrak{B}_\tau$ Bewertungsringe von $\mathfrak{K}$, und wegen $\mathfrak{J} = \mathfrak{J}_x \cap \mathfrak{K}$ wird $\mathfrak{J} = \underset{\tau}{\varDelta} \mathfrak{B}_\tau$. Diese Durchschnittsdarstellung, die nach Art ihrer Konstruktion durch $\mathfrak{J}$ eindeutig bestimmt ist, soll als „Normaldarstellung" von $\mathfrak{J}$ bezeichnet werden, und zwar als „allgemeine" Normaldarstellung, um einerseits zu betonen, daß sie bei jedem ganz abgeschlossenen $\mathfrak{J}$ existiert, und um andererseits eine Verwechslung mit der früher bei den endlichen diskreten Hauptordnungen eingeführten „minimalen" Normaldarstellung zu vermeiden. Die allgemeine Normaldarstellung kann zu einer bewertungstheoretischen Deutung des scheinbar rein algebraischen a-Prozesses benutzt werden. — Man führt dazu zunächst eine neue b-Operation ein:

Ist $\mathfrak{a}$ Ideal des ganz abgeschlossenen Integritätsbereiches $\mathfrak{J}$, so bilde man für jeden $\mathfrak{J}$ enthaltenden Bewertungsring $\mathfrak{B}_\tau$ das Erweiterungsideal $\mathfrak{a} \cdot \mathfrak{B}_\tau = \mathfrak{a}_\tau$ und setze $\mathfrak{a}_b = \underset{\tau}{\varDelta}\,\mathfrak{a}_\tau$.

Die b-Operation genügt, wie leicht zu sehen, den fünf Bedingungen von 44., und aus $\mathfrak{a}_b \cdot \mathfrak{b}_b = \mathfrak{a}_b \cdot \mathfrak{c}_b$ folgt bei endlichen $\mathfrak{a}$, $\mathfrak{b}$, $\mathfrak{c}$ stets $\mathfrak{b}_b = \mathfrak{c}_b$. — Ein Ideal $\mathfrak{a}$ möge „Wertideal" genannt werden, wenn $\mathfrak{a} = \mathfrak{a}_b$, es soll „ganz abgeschlossen" heißen, wenn $\mathfrak{a} = \mathfrak{a}_a$ ist. Dann gilt der

Fundamentalsatz der Wertideale: *Ein endliches Ideal ist dann und nur dann Wertideal, wenn es ganz abgeschlossen ist.*

Bei den endlichen Idealen sind also die a- und die b-Operation stets gleichwertig.

Hängt nämlich γ von $\mathfrak{a}$ ganz ab, so hat γ in keiner Bewertung B_τ einen kleineren Wert als alle Elemente von $\mathfrak{a}$, d. h. es ist $\mathfrak{a}_a \subseteqq \mathfrak{a}_b$. Andererseits gilt nach PRÜFER für jedes endliche $\mathfrak{a}$ die Gleichung $(\mathfrak{a}_a \cdot \mathfrak{J}_x) \cap \mathfrak{K} = \mathfrak{a}_a$, und da $\mathfrak{a}_a \cdot \mathfrak{J}_x$ in $\mathfrak{J}_x$ Hauptideal ist, muß $\mathfrak{a}_a \cdot \mathfrak{J}_x = \underset{\tau}{\varDelta}(\mathfrak{a}_a \cdot \mathfrak{B}_{x\tau})$ und damit auch $\mathfrak{a}_a = \underset{\tau}{\varDelta}(\mathfrak{a}_a \cdot \mathfrak{B}_\tau)$ sein, d. h. es ist $\mathfrak{a}_a \supseteqq \mathfrak{a}_b$ nach Definition von $\mathfrak{a}_b$.

Bei nichtendlichem $\mathfrak{a}$ ist nur die Gleichung $\mathfrak{a}_a \subseteqq \mathfrak{a}_b$ unmittelbar klar; ob aber stets auch $\mathfrak{a}_b \subseteqq \mathfrak{a}_a$ sein muß, vermag ich zur Zeit nicht zu entscheiden. Indessen scheint schon der oben bewiesene Fundamentalsatz darauf hinzuweisen, daß die a-Ideale für bewertungstheoretische Untersuchungen besonders geeignet sind. Dabei muß noch auf einen anderen Vorteil des a-Prozesses hingewiesen werden. Ist $\mathfrak{r}$ das Radikal eines ganzen Ideals $\mathfrak{a}$, so ist stets $\mathfrak{a}_a \subseteqq \mathfrak{r}$. Die Radikale selbst und insbesondere die Primideale sind daher stets ganz abgeschlossen. Der a-Idealprozeß verwischt also z. B. bei den O-Ringen im Gegensatz zu dem viel gröberen v-Idealprozeß nicht von vornherein alle die Feinheiten der Ringstruktur, die nur mit Hilfe der nichtminimalen Primideale erfaßt werden können.

48. Der Permanenzsatz der Primideale. Die folgenden Betrachtungen knüpfen in gewissem Umfang an den 2. Permanenzsatz von 45. an; ein Teilziel ist die Herleitung des dort angekündigten „Permanenzsatzes der Bewertungstheorie". In vieler Hinsicht sind allerdings die neuen Fragestellungen von wesentlich anderer Art als die in 45. behandelten; es wird nur mit gewöhnlichen Idealen gearbeitet, und es treten die rein multiplikativen Probleme völlig in den Hintergrund.

Wir betrachten einen ganz abgeschlossenen Integritätsbereich $\mathfrak{I}$ mit dem Quotientenkörper $\mathfrak{K}$ und in einem endlich oder unendlich algebraischen, separablen Oberkörper $\tilde{\mathfrak{K}}$ von $\mathfrak{K}$ den Ring $\tilde{\mathfrak{I}}$ aller von $\mathfrak{I}$ ganz abhängiger Elemente aus $\tilde{\mathfrak{K}}$. Von einem Primideal $\tilde{\mathfrak{p}}$ von $\tilde{\mathfrak{I}}$ sagen wir, es „liege über dem Primideal $\mathfrak{p}$ von $\mathfrak{I}$", wenn $\tilde{\mathfrak{p}} \cap \mathfrak{I} = \mathfrak{p}$ ist. — Bedeutet andererseits $\mathfrak{p}$ ein beliebiges Primideal aus $\mathfrak{I}$, so setzen wir $\tilde{\mathfrak{I}}_\mathfrak{p} = \mathfrak{I}_\mathfrak{p} \cdot \tilde{\mathfrak{I}}$, $\tilde{\mathfrak{a}}_\mathfrak{p} = \mathfrak{p} \cdot \tilde{\mathfrak{I}}_\mathfrak{p}$. Es gilt dann, wie mühelos einzusehen, der Satz: Die sämtlichen über $\mathfrak{p}$ liegenden Primideale $\tilde{\mathfrak{p}}$ entsprechen eindeutig umkehrbar den Primoberidealen von $\tilde{\mathfrak{a}}_\mathfrak{p}$ in $\tilde{\mathfrak{I}}_\mathfrak{p}$ und damit auch den sämtlichen Primidealen von $\tilde{\mathfrak{I}}_\mathfrak{p}/\tilde{\mathfrak{a}}_\mathfrak{p}$. $\tilde{\mathfrak{I}}_\mathfrak{p}/\tilde{\mathfrak{a}}_\mathfrak{p}$ läßt sich aber als algebraische Erweiterung des Körpers $\mathfrak{I}_\mathfrak{p}/(\mathfrak{p} \cdot \mathfrak{I}_\mathfrak{p}) = \mathfrak{K}_\mathfrak{p}$ auffassen, und ist daher ein einartiger Nullteilerring. Daraus ergibt sich:

Über jedem Primideal $\mathfrak{p}$ von $\mathfrak{I}$ liegt in $\tilde{\mathfrak{I}}$ mindestens ein $\tilde{\mathfrak{p}}$. Alle über $\mathfrak{p}$ liegenden $\tilde{\mathfrak{p}}$ sind gegenseitig prim.

Um einen noch genaueren Überblick über die Menge der $\tilde{\mathfrak{p}}$ zu gewinnen, bedienen wir uns eines Hilfsmittels, das bisher noch nirgends eine Rolle spielte, der GALOISschen Theorie. — Ist $\tilde{\mathfrak{K}}$ Normalkörper über $\mathfrak{K}$, so geht $\tilde{\mathfrak{I}}$ bei allen Automorphismen von $\tilde{\mathfrak{K}}$ in sich selbst und jedes über $\mathfrak{p}$ liegende Primideal $\tilde{\mathfrak{p}}$ in ein gleichfalls über $\mathfrak{p}$ liegendes Primideal $\tilde{\mathfrak{p}}'$ über. Nennt man nun, wie üblich, $\tilde{\mathfrak{p}}$ und $\tilde{\mathfrak{p}}'$, $\tilde{\mathfrak{I}}_{\tilde{\mathfrak{p}}}$ und $\tilde{\mathfrak{I}}_{\tilde{\mathfrak{p}}'}$ konjugiert, so gilt:

Konjugiertensatz: *Ist $\tilde{\mathfrak{K}}$ über $\mathfrak{K}$ normal, so sind alle über $\mathfrak{p}$ liegenden $\tilde{\mathfrak{p}}$ untereinander konjugiert.*

Beim Beweis darf man ohne weiteres $\mathfrak{I} = \mathfrak{I}_\mathfrak{p}$ annehmen. Dann zeigt man nach einer bisher in der Literatur nur bei den Bewertungsringen benützten Methode ganz allgemein ohne Schwierigkeit: Ist $\tilde{\mathfrak{p}}_1, \ldots \tilde{\mathfrak{p}}_\tau, \ldots$ eine volle Serie von über $\mathfrak{p}$ liegenden, untereinander konjugierten Primidealen, so ist $\tilde{\mathfrak{I}} = \underset{\tau}{\varDelta}\, \tilde{\mathfrak{I}}_{\tilde{\mathfrak{p}}_\tau}$. — Ist nun zunächst $\tilde{\mathfrak{K}}$ endlich über $\mathfrak{K}$, so ist auch die Zahl der $\tilde{\mathfrak{p}}_i$ endlich, etwa gleich n, und aus $\tilde{\mathfrak{I}} = \tilde{\mathfrak{I}}_{\tilde{\mathfrak{p}}_1} \cap \cdots \cap \tilde{\mathfrak{I}}_{\tilde{\mathfrak{p}}_n}$ schließt man leicht, daß $\tilde{\mathfrak{p}}_1, \ldots \tilde{\mathfrak{p}}_n$ die sämtlichen maximalen Primideale von $\tilde{\mathfrak{I}}$ und damit die sämtlichen über $\mathfrak{p}$ liegenden $\tilde{\mathfrak{p}}$ darstellen. — Die Ausdehnung dieses Resultates auf unendliche Normalkörper erfordert einen im allgemeinen transfiniten Induktionsbeweis, der formell recht schwerfällig ist, aber auch beim Limesschritt keine ernsthaften Schwierigkeiten macht. — Aus dem Konjugiertensatz ergibt sich, und zwar zunächst für einen Normalkörper, dann durch Durchschnittsbildung für seine Unterkörper, also für beliebige $\tilde{\mathfrak{K}}$:

Permanenzsatz der Primidealstruktur: *Ist $\mathfrak{p}_1 \subset \mathfrak{p}_2$ in $\mathfrak{I}$, so gibt es in $\tilde{\mathfrak{I}}$ zu jedem über $\mathfrak{p}_1$ liegenden $\tilde{\mathfrak{p}}_1$ ein $\tilde{\mathfrak{p}}_1$ enthaltendes, über $\mathfrak{p}_2$ liegendes $\tilde{\mathfrak{p}}_2$, und zu jedem über $\mathfrak{p}_2$ liegenden $\tilde{\mathfrak{p}}_2$ ein über $\mathfrak{p}_1$ liegendes, in $\tilde{\mathfrak{p}}_2$ enthaltenes $\tilde{\mathfrak{p}}_1$.*

Der Permanenzsatz zeigt, daß sich an den etwa für $\mathfrak{I}$ geltenden

„Primidealketten"- und „Dimensions"-Sätzen beim Übergang zu $\tilde{\mathfrak{J}}$ nichts ändert; insbesondere erweist sich ein Primideal $\tilde{\mathfrak{p}}$ in $\tilde{\mathfrak{J}}$ dann und nur dann als maximal bzw. minimal, wenn es über einem in $\mathfrak{J}$ maximalen bzw. minimalen Primideal $\mathfrak{p}$ liegt. Auch läßt sich mit Hilfe des Permanenzsatzes leicht zeigen, daß in jedem endlichen Integritätsbereich des Transzendenzgrades n jedes minimale Primideal die Dimension $n-1$ hat (vgl. 17.).

Permanenzsatz der Bewertungsringe: *Ist $\mathfrak{J} = \mathfrak{B}$ Bewertungsring und $\tilde{\mathfrak{K}}$ über $\mathfrak{K}$ normal, so gibt es in $\tilde{\mathfrak{K}}$ mindestens einen „über $\mathfrak{B}$ liegenden Bewertungsring $\tilde{\mathfrak{B}}$", für den $\tilde{\mathfrak{B}} \cap \mathfrak{K} = \mathfrak{B}$ ist. Alle über $\mathfrak{B}$ liegenden Bewertungsringe $\tilde{\mathfrak{B}}_\tau$ sind untereinander konjugiert, und es ist $\tilde{\mathfrak{D}} = \underset{\tau}{\varDelta}\,\tilde{\mathfrak{B}}_\tau = \tilde{\mathfrak{J}}$. — Ist $\mathfrak{B}$ speziell, so sind es auch die $\tilde{\mathfrak{B}}_\tau$. Ist $\mathfrak{B}$ diskret, so sind die $\tilde{\mathfrak{B}}_\tau$ mindestens rational und sicher diskret, falls $\tilde{\mathfrak{K}}$ über $\mathfrak{K}$ endlich ist.*

Der Beweis benutzt dieselben Überlegungen wie der Beweis des Konjugiertensatzes. Die Existenz von $\tilde{\mathfrak{B}}$ ergibt sich aus Kriterium 2 von 40. Zum Nachweis, daß alle $\tilde{\mathfrak{B}}_\tau$ konjugiert sind, braucht man die Schlußbemerkungen von 41. Beim Spezialfall der diskreten Bewertungsringe kann man auf die Betrachtungen von 44. zurückgreifen.

Auf den Permanenzsatz der Bewertungsringe stützt sich eine weitgehende Verallgemeinerung des DEDEKIND-HILBERTschen Aufbaus der normalen endlichen algebraischen Zahlkörper. — Wir nehmen zunächst der Einfachheit halber $\mathfrak{B}$ als speziell und $\tilde{\mathfrak{K}}$ als endliche normale, separable Erweiterung von $\mathfrak{K}$ an. Mit n bezeichnen wir den Grad, mit Θ die Automorphismengruppe von $\tilde{\mathfrak{K}}$ über $\mathfrak{K}$, mit $\tilde{\mathfrak{B}} = \tilde{\mathfrak{B}}_0, \tilde{\mathfrak{B}}_1, \ldots \tilde{\mathfrak{B}}_{m-1}$ die konjugierten, in $\tilde{\mathfrak{K}}$ über $\mathfrak{B}$ liegenden Bewertungsringe. Ist $\mathfrak{B}\ldots$ mit gewissen Indizes ein bestimmter Bewertungsring, so soll $B\ldots$ bzw. $\Gamma\ldots$ bzw. $\mathfrak{p}\ldots$ mit denselben Indizes stets die zu $\mathfrak{B}\ldots$ gehörige Bewertung bzw. Wertgruppe bzw. das einzige Primideal von $\mathfrak{B}\ldots$ bedeuten.

Die Zerlegungsgruppe Θ_z (von $\tilde{\mathfrak{B}}$ über $\mathfrak{K}$) ist die Gruppe aller der Automorphismen aus Θ, die $\tilde{\mathfrak{B}}$ in sich selbst überführen, der Zerlegungskörper $\mathfrak{K}_z$ ist der zu Θ_z gehörige Unterkörper von $\tilde{\mathfrak{K}}$, $\mathfrak{B}_z$ bedeutet den Bewertungsring $\tilde{\mathfrak{B}} \cap \mathfrak{K}_z$. — Es gilt dann:

Ist $\tilde{\mathfrak{B}}_i \neq \tilde{\mathfrak{B}} = \tilde{\mathfrak{B}}_0$, so ist auch $\tilde{\mathfrak{B}}_i \cap \mathfrak{K}_z \neq \mathfrak{B}_z$, d. h. $\tilde{\mathfrak{B}}$ ist in $\tilde{\mathfrak{K}}$ der einzige über $\mathfrak{B}_z$ liegende Bewertungsring. Es ist $\Gamma_z = \Gamma$, und es können die Restklassenkörper $\mathfrak{B}_z/\mathfrak{p}_z$ und $\mathfrak{B}/\mathfrak{p}$ identifiziert werden. Der Index von Θ_z in Θ ist gleich der Zahl m der über $\mathfrak{B}$ liegenden $\tilde{\mathfrak{B}}_i$. —

Von jetzt ab werde der Einfachheit halber $\tilde{\mathfrak{B}}/\tilde{\mathfrak{p}}$ als separable Erweiterung von $\mathfrak{B}/\mathfrak{p}$ angenommen (für den anderen Fall vgl. etwa KRULL [21] S. 231 Anm. 1!). Zwei über $\mathfrak{K}_z$ konjugierte Elemente α und α' aus $\tilde{\mathfrak{K}}$ haben in $\tilde{B} = \tilde{B}_0$ stets denselben Wert, $\varepsilon = \alpha \cdot \alpha^{-1}$ ist also Einheit in $\tilde{\mathfrak{B}}$. Ist insbesondere $\varepsilon \equiv 1\,(\tilde{\mathfrak{p}})$, so heißt α „halbinvariant" gegenüber den Automorphismen, die α in α' überführen. Die Untergruppe Θ_t aller der Automorphismen aus Θ_z, denen gegenüber sämtliche Einheiten von $\tilde{\mathfrak{B}}$ halbinvariant sind, ist die „Trägheitsgruppe", ihr zugehöriger Unterkörper $\mathfrak{K}_t$ der Trägheitskörper (von $\tilde{\mathfrak{B}}$ über $\mathfrak{K}$), $\mathfrak{B}_t$ bedeutet den Bewertungsring $\tilde{\mathfrak{B}} \cap \mathfrak{K}_t$.

$\mathfrak{K}_t$ besitzt (ebenso wie früher $\mathfrak{K}_z$) die von der Zahlentheorie her bekannten Eigenschaften: Es ist $\Gamma_t = \Gamma_z = \Gamma$, $\mathfrak{B}_t/\mathfrak{p}_t$ kann mit $\tilde{\mathfrak{B}}/\tilde{\mathfrak{p}}$ identifiziert werden; $\mathfrak{K}_t$ ist normal über $\mathfrak{K}_z$, seine Relativgruppe Θ_z/Θ_t ist isomorph zur Gruppe von $\tilde{\mathfrak{B}}/\tilde{\mathfrak{p}} = \mathfrak{B}_t/\mathfrak{p}_t$ über $\mathfrak{B}_z/\mathfrak{p}_z = \mathfrak{B}/\mathfrak{p}$.

Als (erste) Verzweigungsgruppe Θ_v (von $\tilde{\mathfrak{B}}$ über $\mathfrak{K}$) bezeichnet man die Menge der Automorphismen aus Θ_t, denen gegenüber alle Elemente von $\tilde{\mathfrak{B}}$ halbinvariant sind. Der zu Θ_v gehörige Körper $\mathfrak{K}_v$ ist der (erste) Verzweigungskörper, unter $\mathfrak{B}_v$ verstehen wir den Bewertungsring $\tilde{\mathfrak{B}} \cap \mathfrak{K}_v$. $\mathfrak{K}_v$ ist ABELSCHER, aber nicht immer zyklischer Normalkörper über $\mathfrak{K}_t$. Die Relativgruppe Θ_t/Θ_v ist isomorph zur Faktorgruppe $\Gamma_v/\Gamma_t = \Gamma_v/\Gamma$. — Die Gruppen Γ' zwischen Γ_v und Γ entsprechen eindeutig umkehrbar den Körpern zwischen $\mathfrak{K}_v$ und $\mathfrak{K}_t$. Γ' ist die Wertgruppe des im zugehörigen Körper $\mathfrak{K}'$ liegenden Bewertungsringes $\mathfrak{B}' = \tilde{\mathfrak{B}} \cap \mathfrak{K}'$, und es besteht die zu $\mathfrak{K}'$ gehörige Untergruppe Θ' von Θ aus allen und nur den Automorphismen, denen gegenüber alle die Elemente von $\tilde{\mathfrak{K}}$, deren Werte in Γ' liegen, halbinvariant sind.

Ist $\mathfrak{B}/\mathfrak{p}$ von Primzahlcharakteristik p, so ist der Grad von $\mathfrak{K}_v$ über $\mathfrak{K}_t$ zu p teilerfremd. — Ist $\tilde{\mathfrak{K}} \neq \mathfrak{K}_v$, so hat $\mathfrak{B}/\mathfrak{p}$ eine Charakteristik $p \neq 0$, es ist $\tilde{\mathfrak{K}}$ über $\mathfrak{K}_v$ auflösbar, und es stellt der Grad g von $\tilde{\mathfrak{K}}$ über $\mathfrak{K}_v$ eine Potenz von p und ein Vielfaches der Ordnung h der Faktorgruppe $\tilde{\Gamma}/\Gamma_v$ dar. — Ist $g = h$, ist $\tilde{\mathfrak{K}}$ in DEURINGscher Bezeichnungsweise „über $\mathfrak{K}_v$ vollverzweigt", so kann man nach DEURING zwischen $\tilde{\mathfrak{K}}$ und $\mathfrak{K}_v$ in engster Anlehnung an das Vorbild der algebraischen Zahlentheorie eine Reihe von „höheren Verzweigungskörpern" einschieben, während für $g \neq h$ der tiefere Zusammenhang mit der Zahlentheorie hier verlorengeht.

Zum Beweise der Sätze über $\mathfrak{K}_z$, $\mathfrak{K}_t$, $\mathfrak{K}_v$ braucht man die in 41. besprochenen Sätze über den Durchschnitt von endlich vielen (hier natürlich durchweg speziellen) Bewertungsringen, im übrigen hat man nur bekannte zahlentheoretische Überlegungen in einer den allgemeineren Verhältnissen angepaßten Art zu modifizieren. Dabei kann man rein bewertungstheoretisch oder auch nach DEURING im wesentlichen mit idealtheoretischen Begriffsbildungen arbeiten; der Unterschied ist im Grunde rein formaler Natur. Dagegen ist die Ausdrucksweise der Bewertungstheorie allein zweckmäßig, wenn die bisherigen, auf spezielle

Bewertungsringe bezüglichen Sätze auf allgemeine Bewertungsringe ausgedehnt werden sollen. Wir gehen auf diese Übertragung nur andeutungsweise ein.

Ist $\mathfrak{B}$ allgemeiner Bewertungsring, und sind die über $\mathfrak{B}$ liegenden Bewertungsringe $\widetilde{\mathfrak{B}}_0, \ldots \widetilde{\mathfrak{B}}_{m-1}$ „völlig verschieden" im Sinne von 41., so kann man die Sätze des speziellen Falles mitsamt ihren Beweisen im wesentlichen unverändert übernehmen. Treten dagegen bei den $\widetilde{\mathfrak{B}}_i$ gemeinsame Primideale auf, so werden die Verhältnisse verwickelter, und man erhält bei passender Modifikation der früheren Überlegungen zwar wieder nur einen Zerlegungs- und einen Trägheitskörper, aber mehrere Reihen von (ersten und höheren) Verzweigungskörpern.

Wenden wir uns jetzt wieder zu beliebigen ganz abgeschlossenen Integritätsbereichen, so erhalten wir aus dem Permanenzsatz der Bewertungsringe sofort das schon lange angekündigte bewertungstheoretische Gegenstück zum 2. Permanenzsatz von 45.:

Permanenzsatz der Hauptordnungen: *Ist* $\mathfrak{J} = \underset{\tau}{\Delta}\,\mathfrak{B}_\tau$ *eine Darstellung von* $\mathfrak{J}$ *durch Bewertungsringe, und sind* $\widetilde{\mathfrak{B}}_{\tau 1}, \ldots \widetilde{\mathfrak{B}}_{\tau\sigma}, \ldots$ *jeweils die Bewertungsringe, die in* $\widetilde{\mathfrak{R}}$ *über* $\mathfrak{B}_\tau$ *liegen, so wird* $\widetilde{\mathfrak{J}} = \underset{\tau,\,\sigma}{\Delta}\,\widetilde{\mathfrak{B}}_{\tau\sigma}$. *Gleichzeitig mit* $\mathfrak{J}$ *ist auch* $\widetilde{\mathfrak{J}}$ *spezielle bzw. rationale Hauptordnung. Ist ferner* $\widetilde{\mathfrak{R}}$ *über* $\mathfrak{R}$ *endlich, so liegen über jedem* $\mathfrak{B}_\tau$ *nur endlich viele* $\widetilde{\mathfrak{B}}_{\tau\sigma}$ ($\sigma = 1, \ldots n_\tau$), *und es muß* $\widetilde{\mathfrak{J}}$ *als Hauptordnung speziell, endlich, diskret, rational sein, falls* $\mathfrak{J}$ *eine dieser Eigenschaften besitzt.*

Über den Permanenzsatz der Hauptordnungen hinaus kann man bei beliebigem ganz abgeschlossenem $\mathfrak{J}$ und normalem $\widetilde{\mathfrak{R}}$ in ganz analoger Weise wie oben im Sonderfall $\widetilde{\mathfrak{J}} = \widetilde{\mathfrak{B}}$ zu jedem Primideal $\widetilde{\mathfrak{p}}$ von $\widetilde{\mathfrak{J}}$ einen „Zerlegungskörper $\mathfrak{R}_z$" und einen „Trägheitskörper $\mathfrak{R}_t$" definieren, und es gelten dann für $\mathfrak{R}_z$ und $\mathfrak{R}_t$ dieselben Sätze wie bei den Bewertungsringen, nur daß der auf die Wertgruppe bezügliche Teil der Behauptung wegfällt. Dieses Ergebnis führt zwangsläufig auf die wichtige, aber schwierige Frage, was man bei zwei Primidealen $\widetilde{\mathfrak{p}}_1$ und $\widetilde{\mathfrak{p}}_2$, von denen das eine im anderen enthalten ist, über den Zusammenhang zwischen ihren Zerlegungs- und Trägheitskörpern aussagen kann. — Man stößt so auf Probleme, bei denen die Kombination von GALOISscher Theorie und Idealtheorie meines Erachtens noch eine große Rolle spielen wird.

Von der bisher geübten Beschränkung auf separable Erweiterungen kann man sich leicht befreien. Man hat nur zu bedenken: a) Jede beliebige algebraische Erweiterung des Körpers $\mathfrak{R}$ von der Charakteristik p läßt sich spalten in eine größte separable Erweiterung und eine darauffolgende Kette von Adjunktionen p-ter Wurzeln. b) Ist $\widetilde{\mathfrak{R}}$ p-ter Wurzelkörper über $\mathfrak{R}$, so besteht das einzige Primideal $\widetilde{\mathfrak{p}}$, das im Integritätsbereich $\widetilde{\mathfrak{J}}$ über dem Primideal $\mathfrak{p}$ von $\mathfrak{J}$ liegt, aus der Menge aller der $\tilde{a} \subset \widetilde{\mathfrak{R}}$, für die $\tilde{a}^p \subset \mathfrak{p}$; ebenso bildet die Menge aller der $\tilde{a} \subset \widetilde{\mathfrak{R}}$, für die $\tilde{a}^p \subset \mathfrak{B}$, den einzigen Bewertungsring $\widetilde{\mathfrak{B}}$, der in $\widetilde{\mathfrak{R}}$ zu dem Bewertungsring $\mathfrak{B}$ von $\mathfrak{R}$ gehört.

Literatur: KRULL [21], DEURING [1] (spezielle Bewertungen); KRULL [25] § 11 (allgemeine Bewertungen); RYCHLIK [1], KRULL [25] § 9 (perfekt be-

wertete Körper, Wegfallen des Zerlegungskörpers). OSTROWSKI [6] bringt
eine neuartige Behandlungsweise der algebraischen Erweiterungen speziell
bewerteter Körper, die auf die Heranziehung der Gruppentheorie verzichtet
und dementsprechend von vornherein keinen Unterschied zwischen normalen
und nichtnormalen, separablen und nichtseparablen Erweiterungen zu
machen braucht. Besonderes Gewicht ist auf die Behandlung der im DEU-
RINGschen Sinne nichtvollverzweigten Körper gelegt („Defektsatz").
In den Endergebnissen führen, soweit ich sehe, die Methoden OSTROWSKIS
nirgends weiter als die Methoden des Textes. — Hinsichtlich der tiefer
eindringenden algebraischen Theorie perfekt bewerteter Körper, für die im
Rahmen dieses Berichtes leider kein Platz ist, sei vor allem auf SCHMIDT [1]
und [2] verwiesen. — Die Verzweigungstheorie der algebraischen Zahlkörper geht auf DEDEKIND [6] und HILBERT [3] zurück; vgl. auch als klassische Darstellung HILBERT [4] (Zahlbericht) S. 247—263.

**49. Zusammenhang zwischen den Primidealen verschiedener Ringe
mit gleichem Quotientenkörper.** Während wir in 48. das Verhalten
der Primideale von $\mathfrak{J}$ bei algebraischer Erweiterung des Quotientenkörpers untersuchten, betrachten wir jetzt zwei — nicht notwendig ganz
abgeschlossene — Integritätsbereiche $\mathfrak{J}$ und $\tilde{\mathfrak{J}}$ mit demselben Quotientenkörper $\mathfrak{K}$; der Einfachheit halber nehmen wir von vornherein an, daß
$\mathfrak{J}$ und $\tilde{\mathfrak{J}}$ über einem festen Grundkörper $\mathfrak{K}_0$ einen endlichen Transzendenzgrad n haben, so daß jedes ihrer Primideale eine bestimmte Dimension
besitzt, außerdem setzen wir $\tilde{\mathfrak{J}}$ als endliche Erweiterung von $\mathfrak{J}$ voraus,
$\tilde{\mathfrak{J}} = \mathfrak{J}[\alpha_1, \ldots \alpha_m]$. Es handelt sich wieder darum, einen Überblick
über die Menge der Primideale $\tilde{\mathfrak{p}}$ zu gewinnen, die in $\tilde{\mathfrak{J}}$ über einem
festen Primideal $\mathfrak{p}$ aus $\mathfrak{J}$ liegen.

Ist zunächst $((\mathfrak{p} \cdot \tilde{\mathfrak{J}}) \cap \mathfrak{J}) \supset \mathfrak{p}$, so gibt es offenbar überhaupt kein
über $\mathfrak{p}$ liegendes $\tilde{\mathfrak{p}}$, es geht, wie wir sagen wollen, $\mathfrak{p}$ in $\tilde{\mathfrak{J}}$ verloren. Ist
aber $(\mathfrak{p} \cdot \tilde{\mathfrak{J}}) \cap \mathfrak{J} = \mathfrak{p}$, so ergibt sich genau so wie in 48.: Die über $\mathfrak{p}$
liegenden Primideale $\tilde{\mathfrak{p}}$ aus $\tilde{\mathfrak{J}}$ entsprechen eindeutig umkehrbar den
sämtlichen Primidealen von $\tilde{\mathfrak{L}}_\mathfrak{p} = \tilde{\mathfrak{J}}_\mathfrak{p}/\tilde{\mathfrak{a}}_\mathfrak{p}$ $(\tilde{\mathfrak{J}}_\mathfrak{p} = \tilde{\mathfrak{J}} \cdot \mathfrak{J}_\mathfrak{p}, \; \tilde{\mathfrak{a}}_\mathfrak{p} = \mathfrak{p} \cdot \tilde{\mathfrak{J}}_\mathfrak{p})$:
$\tilde{\mathfrak{L}}_\mathfrak{p}$ ist aber eine endliche, allerdings im allgemeinen nicht nullteilerfreie
Erweiterung des Körpers $\mathfrak{K}_\mathfrak{p} = \mathfrak{J}_\mathfrak{p}/(\mathfrak{p} \cdot \mathfrak{J}_\mathfrak{p})$. Man kann daher auf $\tilde{\mathfrak{L}}_\mathfrak{p}$ die
Dimensionstheorie in der am Schlusse von 17. skizzierten Form an-
wenden und hat dann für den Übergang von den Primidealen $\tilde{\mathfrak{p}}'$ von $\tilde{\mathfrak{L}}_\mathfrak{p}$
zu den über $\mathfrak{p}$ liegenden Primidealen $\tilde{\mathfrak{p}}$ von $\tilde{\mathfrak{J}}$ nur zu beachten, daß ein
bestimmtes $\tilde{\mathfrak{p}}$ über $\mathfrak{K}_0$ die Dimension $\mu + s$ besitzt, falls s die Dimen-
sion des zugeordneten $\tilde{\mathfrak{p}}'$ über $\mathfrak{K}_\mathfrak{p}$, μ die Dimension von $\mathfrak{p}$ über $\mathfrak{K}_0$ bedeutet. — Um die Ergebnisse bequemer formulieren zu können, schreiben
wir dem System $\alpha_1, \ldots \alpha_m$ „modulo $\mathfrak{p}$ den Rang r" zu, wenn es
unter $\alpha_1, \ldots \alpha_m$ genau r Elemente gibt, zwischen denen keine algebraische Relation mit nicht durchweg in $\mathfrak{p}$ liegenden Koeffizienten
aus $\mathfrak{J}$ besteht oder, anders ausgedrückt, wenn sich unter den Rest-
klassen $\bar{\alpha}_1, \ldots \bar{\alpha}_m$, deren Adjunktion von $\mathfrak{K}_\mathfrak{p}$ zu $\tilde{\mathfrak{L}}_\mathfrak{p}$ führt, genau r
über $\mathfrak{K}_\mathfrak{p}$ algebraisch unabhängige befinden. Man erhält so die Sätze:

Hat $\alpha_1, \ldots \alpha_m$ modulo $\mathfrak{p}$ den Rang 0, ist also jedes einzelne α_i „modulo $\mathfrak{p}$ algebraisch", so gibt es nur endlich viele über $\mathfrak{p}$ liegende $\tilde{\mathfrak{p}}$, die alle die gleiche Dimension μ besitzen wie $\mathfrak{p}$ selbst. Die Restklassenkörper der $\tilde{\mathfrak{p}}$ sind alle endliche algebraische Erweiterungen von $\mathfrak{K}_\mathfrak{p}$. Ist dagegen der Rang r des Systems $\alpha_1, \ldots \alpha_m$ positiv, so liegen über $\mathfrak{p}$ unendlich viele $\tilde{\mathfrak{p}}$, unter denen sich aber nur endlich viele minimale befinden. Die Dimensionen der $\tilde{\mathfrak{p}}$ bewegen sich zwischen den Grenzen μ und $\mu+r$; für endlich viele $\tilde{\mathfrak{p}}$ wird die Maximaldimension $\mu+r$ wirklich erreicht. Hat ein bestimmtes $\tilde{\mathfrak{p}}_0$ die Dimension $\mu+s$ $(s>0)$, so gibt es in der Menge aller $\tilde{\mathfrak{p}}$ unendlich viele Oberideale von $\tilde{\mathfrak{p}}_0$ von der Dimension $\mu+s-1$. — Ist der Rang gleich m, sind also alle α_i modulo $\mathfrak{p}$ algebraisch unabhängig, so ist nicht nur $\tilde{\mathfrak{Q}}_\mathfrak{p}$ ein Körper, sondern sogar $\tilde{\mathfrak{J}}/(\mathfrak{p} \cdot \tilde{\mathfrak{J}})$ ein Polynomring über $\mathfrak{J}/\mathfrak{p}$. Es gibt daher in diesem Extremfall sicher nur ein einziges über $\mathfrak{p}$ liegendes $\tilde{\mathfrak{p}}^*$ von der Maximaldimension $\mu+m$, und zwar ist $\tilde{\mathfrak{p}}^* = \mathfrak{p} \cdot \tilde{\mathfrak{J}}$. — Wir wollen bei positivem Rang r stets sagen, es „erfahre $\mathfrak{p}$ in $\tilde{\mathfrak{J}}$ eine **Dimensionserhöhung** um r Einheiten", während im Fall des Ranges 0 von einem „**normalen Zerfallen** von $\mathfrak{p}$ in $\tilde{\mathfrak{J}}$" gesprochen werden soll. — Bei der praktischen Anwendung dieser Sätze kommt es darauf an, zu dem fest gegebenen System $\alpha_1, \ldots \alpha_m$ den Rang modulo jedes Primideals von $\mathfrak{J}$ zu bestimmen. Hier kommt man wenigstens in einem Fall zu einem befriedigenden Ergebnis, nämlich dann, *wenn $\mathfrak{J}$ endliche diskrete Hauptordnung und $\tilde{\mathfrak{J}} = \mathfrak{J}[\alpha]$ einfache Erweiterung von $\mathfrak{J}$ ist.*

Wir zerlegen das Hauptideal (α) hinsichtlich $\mathfrak{J}$ in ein v-Produkt von positiven und negativen v-Primidealpotenzen und fassen die positiven Potenzen zum Idealzähler $\mathfrak{z}$, die negativen zum Idealnenner $\mathfrak{n}$ von (α) zusammen. Dann gilt der Satz:

1. *Ist das Primideal $\mathfrak{p}$ kein Oberideal von $\mathfrak{n}$, so ist $\tilde{\mathfrak{p}} = \mathfrak{p} \cdot \tilde{\mathfrak{J}}$ das einzige in $\tilde{\mathfrak{J}} = \mathfrak{J}[\alpha]$ über $\mathfrak{p}$ liegende Primideal, und es wird $\mathfrak{J}_\mathfrak{p} = \tilde{\mathfrak{J}}_{\tilde{\mathfrak{p}}}$. 2. Ist $\mathfrak{p}$ Oberideal von $\mathfrak{n}$, aber nicht von $\mathfrak{z}$, so geht $\mathfrak{p}$ in $\tilde{\mathfrak{J}}$ verloren. 3. Ist $\mathfrak{p}$ gemeinsames Oberideal von $\mathfrak{n}$ und $\mathfrak{z}$, so ist $\mathfrak{p} \cdot \tilde{\mathfrak{J}} = \tilde{\mathfrak{p}}$ in $\tilde{\mathfrak{J}}$ Primideal, und es erfährt $\mathfrak{p}$ beim Übergang zu $\tilde{\mathfrak{J}}$ eine Dimensionserhöhung um eine Einheit.*

In der Tat, im Falle 1 ist α Element von $\mathfrak{J}_\mathfrak{p}$, im Falle 2 ist α^{-1} Nichteinheit in $\mathfrak{J}_\mathfrak{p}$, und die Richtigkeit der Behauptungen im Falle 3 ergibt sich leicht aus der in 45. besprochenen „Ergänzung zum KRONECKERschen Satz". — Ist $\tilde{\mathfrak{J}}$ nicht ein-, sondern m-fache Erweiterung der Hauptordnung $\mathfrak{J}$, also $\tilde{\mathfrak{J}} = \mathfrak{J}[\alpha_1, \ldots \alpha_m]$, so kann man für die Elemente α_i analog wie früher einen gemeinsamen v-Idealnenner $\mathfrak{n}$ und m Einzel-v-Idealzähler $\mathfrak{z}_1, \ldots \mathfrak{z}_m$ definieren, und es ergibt sich dann wieder:

1. Ist $\mathfrak{p}$ kein Oberideal von $\mathfrak{n}$, so ist $\tilde{\mathfrak{p}} = \mathfrak{p} \cdot \tilde{\mathfrak{J}}$ das einzige über $\mathfrak{p}$ liegende Primideal, und es wird $\mathfrak{J}_\mathfrak{p} = \tilde{\mathfrak{J}}_{\tilde{\mathfrak{p}}}$. 2. Ist $\mathfrak{p}$ Oberideal von $\mathfrak{n}$, aber nicht von allen $\mathfrak{z}_i$, so geht $\mathfrak{p}$ in $\tilde{\mathfrak{J}}$ verloren. — Dagegen kann man

in dem interessantesten Fall, daß $\mathfrak{p}$ gemeinsames Oberideal von $\mathfrak{n}$, $\mathfrak{z}_1, \ldots \mathfrak{z}_m$ ist, diesmal nicht ohne weiteres genauere Aussagen über das Verhalten von $\mathfrak{p}$ in $\tilde{\mathfrak{J}}$ machen.

Unter diesen Umständen ist ein ganz andersartiges Kriterium bemerkenswert, bei dem $\mathfrak{J}$ nicht als endliche diskrete Hauptordnung, sondern als beliebiger endlicher Integritätsbereich angenommen wird:

Ist $\tilde{\mathfrak{J}} = \mathfrak{J}[\alpha_1, \ldots \alpha_m]$, *und ist* $\dfrac{a_i}{a_0} = \alpha_i$ ($i = 1, \ldots m$) *jeweils eine Quotientendarstellung von* α_i *durch Elemente aus* $\mathfrak{J}$, *so sind* $\alpha_1, \ldots \alpha_m$ *sicher modulo* $\mathfrak{p}$ *algebraisch unabhängig, wenn* $\mathfrak{p}$ *genau* $n - m - 1$-*dimensional ist und das Ideal* $\mathfrak{a} = (a_0, \ldots a_m)$ *eine zu* $\mathfrak{p}$ *gehörige isolierte Primärkomponente hat.*

Beim Beweis braucht man die Primidealkettensätze von 15. Nach diesen besitzt zunächst $\mathfrak{a}' = (a_1, \ldots a_m)$ in $\mathfrak{J}$ ein in $\mathfrak{p}$ enthaltenes minimales Primoberideal $\mathfrak{p}'$ von mindestens $n - m$-ter Dimension. Daraus folgt aber, daß $\mathfrak{p}$ in $\tilde{\mathfrak{J}}$ nicht verschwinden kann, weil sonst, wie leicht nachzurechnen, $\mathfrak{p}'$ entgegen der über $a_0, \ldots a_m$ gemachten Voraussetzung auch a_0 enthalten müßte. $\mathfrak{a} \cdot \tilde{\mathfrak{J}} = (a_0)$ ist somit in $\tilde{\mathfrak{J}}$ ein von $\tilde{\mathfrak{J}}$ selbst verschiedenes Hauptideal, und nach 15. bzw. 17. müssen alle minimalen Primoberideale $\tilde{\mathfrak{p}}$ von $\mathfrak{a} \cdot \tilde{\mathfrak{J}}$ die Dimension $n - 1$ besitzen. Von diesen $\tilde{\mathfrak{p}}$ liegt aber unter unseren Voraussetzungen (mindestens) eines über $\mathfrak{p}$, $\mathfrak{p}$ gewinnt also beim Übergang zu $\tilde{\mathfrak{J}}$ um m Einheiten an Dimension. Fertig!

Sind $\mathfrak{J} = \mathfrak{J}_0$ und $\mathfrak{J}[\alpha_1, \ldots \alpha_m] = \tilde{\mathfrak{J}} = \mathfrak{J}_m$ endliche ganz abgeschlossene Integritätsbereiche über dem vollkommenen Grundkörper $\mathfrak{K}_0$, so kann man den Übergang von $\mathfrak{J}$ zu $\tilde{\mathfrak{J}}$ so vollziehen, daß man zuerst $\mathfrak{J}_0[\alpha_1]$ bildet und zu einem endlichen Integritätsbereich $\mathfrak{J}_1$ ganz abschließt, dann von $\mathfrak{J}_1$ zu $\mathfrak{J}_1[\alpha_2]$ und dem zugehörigen ganz abgeschlossenen endlichen Integritätsbereich $\mathfrak{J}_2$ übergeht usw. Für $\nu = 1, \ldots m$ übersieht man dann vollständig das Verhalten der Primideale von $\mathfrak{J}_{\nu-1}$ in $\mathfrak{J}_{\nu-1}[\alpha_\nu]$, und man weiß außerdem, daß alle Primideale von $\mathfrak{J}_{\nu-1}[\alpha_\nu]$ in $\mathfrak{J}_\nu$ normal zerfallen, daß also beim Übergang von $\mathfrak{J}_{\nu-1}[\alpha_\nu]$ zu $\mathfrak{J}_\nu$ weder Primidealverluste noch Dimensionserhöhungen eintreten. Dagegen muß man sich hüten, auf den Zusammenhang zwischen $\mathfrak{J}_{\nu-1}[\alpha_\nu] = \mathfrak{J}'$ und $\mathfrak{J}_\nu = \tilde{\mathfrak{J}}'$ den in 48. unter ganz anderen Voraussetzungen abgeleiteten „Primidealstruktursatz" anzuwenden. Sind $\mathfrak{p}'$ und $\mathfrak{q}' \supset \mathfrak{p}'$ zwei Primideale aus $\mathfrak{J}'$, die in $\tilde{\mathfrak{J}}'$ in die Primideale $\tilde{\mathfrak{p}}'_1, \ldots \tilde{\mathfrak{p}}'_\varrho$ bzw. $\tilde{\mathfrak{q}}'_1, \ldots \tilde{\mathfrak{q}}'_\sigma$ normal zerfallen, so ist zwar stets jedes $\tilde{\mathfrak{p}}'_i$ Unterideal mindestens eines $\tilde{\mathfrak{q}}'_k$, aber keineswegs immer jedes $\tilde{\mathfrak{q}}'_k$ Oberideal eines $\tilde{\mathfrak{p}}'_i$. Dieses „Abrutschen" einzelner Primideale in dem zu $\mathfrak{J}'$ gehörigen ganz abgeschlossenen Ring $\tilde{\mathfrak{J}}'$ macht es unmöglich, aus der bekannten Idealstruktur von $\mathfrak{J}'$ allzu weitgehende Schlüsse auf die Idealstruktur von $\tilde{\mathfrak{J}}'$ zu ziehen, und stellt so den Wert des oben beschriebenen Aufbaus von $\tilde{\mathfrak{J}}$ über $\mathfrak{J}$ einigermaßen in Frage.

50. Divisoren zweiter Art. Wie in 42. betrachten wir die Bewertungen eines Körpers $\mathfrak{K}$ über einem Grundkörper $\mathfrak{K}_0$ unter der Voraussetzung, daß $\mathfrak{K}$ endliche Erweiterung von $\mathfrak{K}_0$ vom Transzendenzgrad n ist; der Einfachheit halber nehmen wir $\mathfrak{K}_0$ algebraisch abgeschlossen an. Wir beschränken uns durchweg auf $n - 1$-dimensionale (spezielle) Bewertungen, die wir ebenso wie ihre zugehörigen Bewertungsringe kurz als „Divisoren" bezeichnen. Bereits in 42. wurde ein gewisser Überblick über die Menge aller Divisoren von $\mathfrak{K}$ gewonnen, doch fehlte es noch an einer Methode, die es gestattete, alle Divisoren aus endlich vielen in $\mathfrak{K}$ passend ausgewählten Integritätsbereichen durch einfache Operationen zu berechnen. In der Tat ist eine solche Berechnung nur für $n = 1$ in völlig befriedigender Weise möglich:

Hat $\mathfrak{K}$ den Transzendenzgrad 1, so bilde man zu einem beliebigen nicht zu $\mathfrak{K}_0$ gehörigen und damit über $\mathfrak{K}_0$ transzendenten Elemente x die Ringe $\mathfrak{J}$ und $\mathfrak{J}^{(-1)}$ aller von x bzw. x^{-1} ganz abhängigen Elemente aus $\mathfrak{K}$. Dann stellen die Quotientenringe sämtlicher Primideale von $\mathfrak{J}$ zusammen mit den endlich vielen Quotientenringen der das Element x^{-1} enthaltenden Primideale von $\mathfrak{J}^{(-1)}$ alle Divisoren von $\mathfrak{K}$, und zwar jeden genau einmal dar.

Zum Beweis ist nur zu bedenken: Jeder Divisor $\mathfrak{B}$ enthält entweder $\mathfrak{J}$ oder $\mathfrak{J}^{(-1)}$, etwa $\mathfrak{J}$. Bedeutet dann $\mathfrak{p}$ das Durchschnittsprimideal des Primideals von $\mathfrak{B}$ mit $\mathfrak{J}$, so ist $\mathfrak{J}_\mathfrak{p} \subseteq \mathfrak{B}$ ein diskreter Bewertungsring, es muß also $\mathfrak{B} = \mathfrak{J}_\mathfrak{p}$ sein. — Will man nach dem Vorbild des Falles $n = 1$ den Fall eines beliebigen Transzendenzgrades $n \geqq 2$ behandeln, so wird man folgendermaßen vorgehen:

Man bildet, ausgehend von irgendwelchen n über $\mathfrak{K}_0$ algebraisch unabhängigen Elementen $\alpha_1, \ldots \alpha_n$, die 2^n Polynomringe $\mathfrak{K}_0[\alpha_1^{\pm 1}, \ldots \alpha_n^{\pm 1}]$ und die zugehörigen ganz abgeschlossenen Integritätsbereiche $\mathfrak{J}^{(1)}, \ldots \mathfrak{J}^{(2^n)}$ aus $\mathfrak{K}$. Es ist dann sofort klar, daß jeder Divisor von $\mathfrak{K}$ mindestens einen der endlich vielen Integritätsbereiche $\mathfrak{J}^{(\nu)}$ enthält, und es stellt für jedes minimale Primideal $\mathfrak{p}$ aus $\mathfrak{J}^{(\nu)}$ der Ring $\mathfrak{J}_\mathfrak{p}^{(\nu)}$ einen Divisor von $\mathfrak{K}$ dar. Die Menge aller Divisoren von $\mathfrak{K}$, die man so aus den Ringen $\mathfrak{J}^{(\nu)}$ ($\nu = 1, \ldots 2^n$) durch Quotientenbildung ableiten kann, möge mit M bezeichnet werden; das Divisorensystem M besitzt dann eine gewisse Vollständigkeitseigenschaft, es gilt nämlich der Satz:

Ein Element α aus $\mathfrak{K}$ gehört stets zum Grundkörper $\mathfrak{K}_0$, wenn es in allen Divisoren von M Einheit ist.

In der Tat, gehört β nicht zu $\mathfrak{K}_0$, so gibt es nach 42. mindestens einen Divisor $\mathfrak{B}$ von $\mathfrak{K}$, in dem β Nichteinheit ist; es ist dann β auch in $\mathfrak{J}^{(\nu)}$ Nichteinheit, falls $\mathfrak{J}^{(\nu)}$ einen der in $\mathfrak{B}$ enthaltenen Ringe aus der Reihe $\mathfrak{J}^{(1)}, \ldots \mathfrak{J}^{(2^n)}$ bedeutet. Daraus folgt weiter, daß β in mindestens einem minimalen Primideal $\mathfrak{p}$ von $\mathfrak{J}^{(\nu)}$ liegen und somit in dem zu M gehörigen Divisor $\mathfrak{J}_\mathfrak{p}^{(\nu)}$ Nichteinheit sein muß.

Trotz der Vollständigkeitseigenschaft umfaßt die Menge M keineswegs alle Divisoren von $\mathfrak{K}$. Ist nämlich $\mathfrak{B}$ ein beliebiger Divisor mit dem Primideal $\mathfrak{p}$, sind $\mathfrak{J}^{(\nu_1)}, \ldots \mathfrak{J}^{(\nu_k)}$ die in $\mathfrak{B}$ enthaltenen Ringe aus der Reihe $\mathfrak{J}^{(1)}, \ldots \mathfrak{J}^{(2^n)}$, und setzt man $\mathfrak{p}_{\nu_i} = \mathfrak{p} \cap \mathfrak{J}^{(\nu_i)}$ ($i = 1, \ldots k$), so gibt es zwei Möglichkeiten: Entweder hat $\mathfrak{p}_{\nu_i}$ für mindestens ein i (und damit, wie leicht zu sehen, für alle i) ebenso wie $\mathfrak{p}$ selbst die Dimension $n-1$, es ist $\mathfrak{B}$ „von **erster Art**" hinsichtlich $\mathfrak{J}^{(\nu_i)}$; dann gehört $\mathfrak{B} = \mathfrak{J}^{(\nu_i)}_{\mathfrak{p}_{\nu_i}}$ zu M. Oder es haben alle $\mathfrak{p}_{\nu_i}$ kleinere Dimensionen als $\mathfrak{p}$, es ist $\mathfrak{B}$ in bezug auf alle $\mathfrak{J}^{(\nu_i)}$ „von **zweiter Art**"; dann liegt $\mathfrak{B}$ nicht in M, und es sind alle $\mathfrak{J}^{(\nu_i)}_{\mathfrak{p}_{\nu_i}}$ echte Unterringe von $\mathfrak{B}$, durch die $\mathfrak{B}$ in keiner Weise eindeutig bestimmt ist.

Aus dem Auftreten und der Definition der Divisoren zweiter Art schließt man leicht: *Es gibt in $\mathfrak{K}$ unendlich viel verschiedene Divisorenmengen* M, *die alle die Vollständigkeitseigenschaft besitzen* und von denen jede aus einem endlichen System $\mathfrak{J}^{(1)}, \ldots \mathfrak{J}^{(\omega)}$ von ganz abgeschlossenen endlichen Integritätsbereichen durch Quotientenringbildung abgeleitet ist. Kein M umfaßt alle Divisoren von $\mathfrak{K}$; sind endlich viele Divisoren $\mathfrak{B}_1, \ldots \mathfrak{B}_l$ vorgegeben, so kann man das Ringsystem $\mathfrak{J}^{(1)}, \ldots \mathfrak{J}^{(\omega)}$ stets so wählen, daß kein $\mathfrak{B}_i$ der zugehörigen Divisorenmenge M angehört. — Andererseits ergibt sich aus den Untersuchungen von 49. der wichtige Satz:

Die zu zwei verschiedenen Ringsystemen $\mathfrak{J}^{(1)}, \ldots \mathfrak{J}^{(\omega)}$ und $\mathfrak{J}^{(1)'}, \ldots \mathfrak{J}^{(\omega)'}$ gehörigen Divisorenmengen M *und* M' *unterscheiden sich stets nur in endlich vielen Individuen.*

In der Tat, beim Beweis darf offenbar $\omega = \omega' = 1$, $\mathfrak{J}^{(1)} \subset \mathfrak{J}^{(1)'}$ vorausgesetzt werden. Man kann dann $\mathfrak{J}^{(1)'}$ über $\mathfrak{J}^{(1)}$ nach dem am Schlusse von 49. beschriebenen Schema aufbauen und hat nur zu beachten, daß nach den gleichfalls in 49. aufgestellten Kriterien bei einer einfachen Erweiterung eines ganz abgeschlossenen endlichen Integritätsbereiches immer nur endlich viele Primideale der Dimension $n-1$ verlorengehen und endlich viele Primideale der Dimension $n-2$ eine Dimensionserhöhung erfahren.

Was die Konstruktion von geeigneten „vollständigen" Ringsystemen $\mathfrak{J}^{(1)}, \ldots \mathfrak{J}^{(\omega)}$ angeht, so gibt es vor allem zwei Methoden, die oben von uns benutzte „funktionentheoretische" und eine „projektive", bei der man aus $\mathfrak{J}^{(1)} = \mathfrak{K}_0[a_1, \ldots a_r]$ die übrigen $\mathfrak{J}^{(\nu)}$ durch linear gebrochene Transformationen der Elemente $a_1, \ldots a_r$ gewinnt. Ein ausführlicher Vergleich der beiden Methoden und eine Würdigung ihrer Bedeutung für die arithmetische Theorie der algebraischen Funktionen mehrerer Variabler bzw. für die mehrdimensionale algebraische Geometrie würde den Rahmen unseres Berichtes weit überschreiten. — Wir beschränken uns auf die Behandlung von rein idealtheoretischen Problemen, bei denen die Divisoren zweiter Art in den Vordergrund treten.

Ist $\mathfrak{J}$ ein fester ganz abgeschlossener endlicher Integritätsbereich, $\mathfrak{B}$ ein $\mathfrak{J}$ enthaltender Divisor mit dem Primideal $\mathfrak{p}_b$, so ordnen wir $\mathfrak{B}$ dem Primideal $\mathfrak{p} = \mathfrak{p}_b \cap \mathfrak{J}$ aus $\mathfrak{J}$ zu. Die Ergebnisse von 49. liefern dann einen gewissen Überblick über die Menge aller der Divisoren zweiter Art, die einem festen Primideal $\mathfrak{p}$ aus $\mathfrak{J}$ von der Dimension $m \leqq n-2$ zugeordnet sind: *Es seien $a_1, \ldots a_m$ feste Elemente aus $\mathfrak{J}$, die* *in* $\mathfrak{J}_\mathfrak{p}/(\mathfrak{p} \cdot \mathfrak{J}_\mathfrak{p})$ *algebraisch unabhängige Restklassen erzeugen; ist dann* $(b_1, \ldots b_{n-m})$ *irgendein Ideal aus* $\mathfrak{J}$ *mit dem minimalen Primoberideal* $\mathfrak{p}$, *so gibt es immer endlich viele* $\mathfrak{p}$ *zugeordnete Divisoren* $\mathfrak{B}^{(1)}, \ldots \mathfrak{B}^{(s)}$ *mit der*

Eigenschaft, daß die Elemente $a_1, \ldots a_m$, $a_{m+1} = \dfrac{b_1}{b_{n-m}}, \ldots a_{n-1} = \dfrac{b_{n-m-1}}{b_{n-m}}$

in den Körpern $\mathfrak{B}^{(i)}/\mathfrak{p}_b^{(i)}$ $(i = 1, \ldots s)$ *algebraisch unabhängige Restklassen definieren. — Umgekehrt kann man zu jedem zu* $\mathfrak{p}$ *gehörigen Divisor* $\mathfrak{B}$ *die Elemente* $b_1, \ldots b_{n-m}$ *in* $\mathfrak{J}$ *so bestimmen, daß* $(b_1, \ldots b_{n-m})$ *das minimale*

Primoberideal $\mathfrak{p}$ *besitzt, und daß* $a_1, \ldots a_m$, $a_{m+1} = \dfrac{b_1}{b_{n-m}}, \ldots a_{n-1} = \dfrac{b_{n-m-1}}{b_{n-m}}$

in $\mathfrak{B}/\mathfrak{p}_b$ *in algebraisch unabhängigen Restklassen liegen.*

Zum Beweis der „Umkehrung" hat man nur zu beachten: Zu $a, b \subset \mathfrak{J}$, $\dfrac{a}{b} \subset \mathfrak{B}$ existiert stets ein Exponent ϱ derart, daß für $c \subset \mathfrak{p}^\varrho$ immer $\dfrac{a}{b}$ und $\dfrac{a+c}{b}$ derselben Restklasse von $\mathfrak{B}/\mathfrak{p}_b$ angehören. — Sind andererseits $a_{m+1} = \dfrac{b_1}{b_{n-m}}, \ldots$ vorgegeben, so muß $\mathfrak{p}_1 = \mathfrak{p} \cdot \mathfrak{J}_1$ nach 49. in $\mathfrak{J}_1 = \mathfrak{J}[a_{m+1}, \ldots a_{n-1}]$ ein $n-1$-dimensionales Primideal sein; versteht man dann unter $\tilde{\mathfrak{p}}_1, \ldots \tilde{\mathfrak{p}}_r$ die endlich vielen Primideale, die in dem zu $\mathfrak{J}_1$ gehörigen ganz abgeschlossenen Ring $\tilde{\mathfrak{J}}$ über $\mathfrak{p}_1$ liegen, so sind $\tilde{\mathfrak{J}}_{\tilde{\mathfrak{p}}_1}, \ldots \tilde{\mathfrak{J}}_{\tilde{\mathfrak{p}}_r}$ die gesuchten Divisoren $\mathfrak{B}_1, \ldots \mathfrak{B}_r$.

Die Ideale $(b_1, \ldots b_{n-m})$ mit dem minimalen Primoberideal $\mathfrak{p}$ bilden also in der Tat das geeignete Hilfsmittel zur endlich vieldeutigen Festlegung der zu $\mathfrak{p}$ gehörigen Divisoren zweiter Art. Durch passende Konstruktion solcher Ideale zeigt man leicht: Gehört für $\alpha \subset \mathfrak{K}$ weder α noch α^{-1} zu $\mathfrak{J}_\mathfrak{p}$, so gibt es unter den $\mathfrak{p}$ zugeordneten Divisoren zweiter Art immer solche, in denen α, und solche, in denen α^{-1} Nichteinheit ist. Die Anzahl aller zu $\mathfrak{p}$ gehörigen Divisoren zweiter Art ist also stets unendlich groß.

Während bisher die Divisoren zweiter Art als solche betrachtet wurden, dienen sie bei den folgenden, von SCHMEIDLER herrührenden Untersuchungen als Hilfsmittel zu einer Verallgemeinerung der in 34. und 35. entwickelten „Verzweigungstheorie". Es sei $\mathfrak{P} = \mathfrak{K}_0[x_1, \ldots x_n]$ ein Polynomring mit dem Quotientenkörper $\mathfrak{K}$, $\tilde{\mathfrak{K}}$ bedeute einen algebraischen Oberkörper von $\mathfrak{K}$ vom Grade m, $\tilde{\mathfrak{P}}$ den Ring aller von $\mathfrak{P}$ ganz abhängigen Elemente aus $\tilde{\mathfrak{K}}$. Ist dann $\mathfrak{p}$ irgendein Primideal aus $\mathfrak{P}$ von der Dimension m, so besitzen, wie man nach SCHMEIDLER leicht zeigen kann, auch die isolierten Primärkomponenten $\tilde{\mathfrak{q}}_1, \ldots \tilde{\mathfrak{q}}_r$ von $\tilde{\mathfrak{a}} = \mathfrak{p} \cdot \tilde{\mathfrak{P}}$ alle die Dimension m, und es gilt für $m = n - 1$ nach 35. der Satz: Unter den $\mathfrak{q}_i$ befindet sich dann und nur dann ein echtes Primärideal, d. h. $\mathfrak{p}$ ist dann und nur dann „verzweigt", wenn alle aus m beliebigen Elementen $\omega_1, \ldots \omega_m$ von $\tilde{\mathfrak{P}}$ gebildeten „Einzeldiskriminanten" $\varDelta(\omega)$ in $\mathfrak{p}$ enthalten sind.

Für $m \leqq n - 2$ dagegen versagen die Methoden von 34. und 35. SCHMEIDLERS *neuer Gedanke besteht nun darin, jedem Primideal* $\mathfrak{p}$ *der*

Dimension m einen bestimmten Divisor zweiter Art $\mathfrak{B}(\mathfrak{p})$ *zuzuordnen, und aus der Verzweigung des Primideals* $\mathfrak{p}_b$ *von* $\mathfrak{B}(\mathfrak{p})$, *die ihrerseits mit Hilfe der klassischen Diskriminantentheorie erfaßt werden kann, Rückschlüsse auf die Verzweigung von* $\mathfrak{p}$ *zu ziehen.* — Bei der Durchführung darf man sich im wesentlichen auf die Betrachtung von nulldimensionalen Primidealen $\mathfrak{p}$ beschränken (vgl. 17.). Wie in 21. erweitert SCHMEIDLER den (hier i. a. nicht algebraisch abgeschlossenen) Grundkörper $\mathfrak{K}_0$ stillschweigend durch Unbestimmte u_{ik}, führt neue Variable

$$y_i = \sum_{k=1}^{n} u_{ik} x_k \ (i = 1, \ldots n)$$ ein und beschränkt sich auf „transformierte"

Ideale. Jedes nulldimensionale Primideal $\mathfrak{p}$ besitzt dann eine Normalbasis $(y_1 - P_2, \ldots, y_{n-1} - P_n, E)$, bei der das Polynom P_i jeweils nur von $y_i, \ldots y_n$ abhängt und E, die „Elementarteilerform" von $\mathfrak{p}$, ein irreduzibles Polynom in y_n allein darstellt. Setzt man nun $z_i = \dfrac{y_i - P_{i+1}}{E}$

$(i = 1, \ldots n - 1)$, so sind $z_1, \ldots z_{n-1}$ offenbar modulo $\mathfrak{p}$ algebraisch unabhängig. In $\mathfrak{P}' = \mathfrak{P}[z_1, \ldots z_{n-1}] = \mathfrak{K}_0[z_1, \ldots z_{n-1}, y_n]$ wird also $\mathfrak{p}' = \mathfrak{p} \cdot \mathfrak{P}'$ ein Primideal der Maximaldimension $n - 1$, und da $\mathfrak{P}'$ als Polynomring ganz abgeschlossen ist, stellt $\mathfrak{P}'_{\mathfrak{p}'}$ einen durch $\mathfrak{p}$ eindeutig bestimmten Divisor, den SCHMEIDLERschen Divisor $\mathfrak{B}(\mathfrak{p})$, dar.

Um nun zunächst den Verzweigungscharakter von $\mathfrak{p}'$ (und damit auch den des Primideals von $\mathfrak{B}(\mathfrak{p})$) hinsichtlich $\tilde{\mathfrak{K}}$ zu bestimmen, erweitert SCHMEIDLER $\mathfrak{K}_0$ durch Adjunktion von $z_1, \ldots z_{n-1}$ zum Körper $\mathfrak{K}_1$ und untersucht den Polynomring $\mathfrak{K}_1 \cdot \mathfrak{P}' = \mathfrak{P}'_1 = \mathfrak{K}_1[y_n]$ und den Ring $\tilde{\mathfrak{P}}'_1$ aller von $\mathfrak{P}'_1$ ganz abhängigen Elemente aus $\tilde{\mathfrak{K}}$. Er kommt dann zu folgenden Ergebnissen:

Ist $\Delta(\omega)$ irgendeine Einzeldiskriminante von $\tilde{\mathfrak{P}}$, so ist der Wert μ, den $\Delta(\omega)$ in der zu $\mathfrak{B}(\mathfrak{p})$ gehörigen ganzzahligen Bewertung $B(\mathfrak{p})$ besitzt, gleich dem Exponenten der höchsten Potenz von $\mathfrak{p}$, die $\Delta(\omega)$ gerade noch enthält. Der Minimalwert μ^*, den eine Einzeldiskriminante $\Delta(\omega)$ in $B(\mathfrak{p})$ annimmt, hat die Gestalt: $\mu^* = 2r + \delta$ $(r \geq 0, \delta \geq 0)$; dabei läßt sich die ganze Zahl r unmittelbar aus einer Normalbasis des Restklassenrings $\tilde{\mathfrak{P}}'_1/((E) \cdot \tilde{\mathfrak{P}}'_1)$ ablesen, während dann und nur dann $\delta \neq 0$ wird, wenn $\mathfrak{p}'$ in $\tilde{\mathfrak{P}}$ verzweigt ist. Ist $r \neq 0$, so kann man, wie Beispiele zeigen, im allgemeinen aus dem Verzweigungscharakter von $\mathfrak{p}'$ den von $\mathfrak{p}$ nicht erkennen; ist aber $r = 0$, so hat man nochmals zwei Fälle zu unterscheiden:

Für $\omega \subset \tilde{\mathfrak{P}}$ verstehen wir unter dem „Einzelführer $f(\omega)$ von $\tilde{\mathfrak{P}}$" den Führer von $\mathfrak{P}[\omega]$ hinsichtlich $\tilde{\mathfrak{P}}$ (vgl. 32.). Enthält nun $\mathfrak{p}$ alle Einzelführer $f(\omega)$, so bleibt es dahingestellt, ob immer ein Zusammenhang zwischen dem Verzweigungscharakter von $\mathfrak{p}'$ und dem von $\mathfrak{p}$ besteht oder nicht. Gibt es aber einen nicht zu $\mathfrak{p}$ gehörigen Einzelführer, so kann SCHMEIDLER den grundlegenden Satz beweisen, daß nicht nur $\mathfrak{p}$

stets gleichzeitig mit $\mathfrak{p}'$ verzweigt oder unverzweigt ist, sondern daß man auch aus der Zerlegung von $(E) \cdot \tilde{\mathfrak{P}}_1'$ in $\tilde{\mathfrak{P}}_1'$ unmittelbar die isolierten Primärkomponenten $\tilde{q}_i$ von $\mathfrak{p} \cdot \tilde{\mathfrak{P}}$ in $\tilde{\mathfrak{P}}$ ablesen kann; *es läßt sich sogar jedes $\tilde{q}_i$ allein durch das zugehörige Primideal $\tilde{\mathfrak{p}}_i$ und einen einzigen Zahlexponenten charakterisieren.* Die Ergebnisse sind also in diesem Falle denkbar einfach und abschließend.

Daß man nicht immer das Verhalten von $\mathfrak{p}$ mit Hilfe eines einzigen Divisors $\mathfrak{B}(\mathfrak{p})$ beherrschen kann, ist nicht verwunderlich; man wird vermutlich im allgemeinen noch weitere zugeordnete Divisoren zweiter Art heranziehen müssen. Die SCHMEIDLERschen Untersuchungen stellen eben nur den ersten (allerdings damit auch den wichtigsten) Schritt auf einem meines Erachtens sehr aussichtsreichen Anwendungsgebiet der Divisoren zweiter Art dar.

Zum Divisorbegriff vgl. VAN DER WAERDEN [9], [10], SCHMEIDLER [15]. VAN DER WAERDEN und SCHMEIDLER bedienen sich nicht der Terminologie der Bewertungstheorie, sondern der von DEDEKIND-WEBER [1], was aber nur einen formalen, keinen inhaltlichen Unterschied bedeutet. Bei VAN DER WAERDEN kommen nur Divisoren erster Art vor, bei SCHMEIDLER treten auch solche zweiter Art auf, aber ohne daß eine systematische Theorie von ihnen entwickelt wurde. Die (bei SCHMEIDLER nicht zu findende) Bezeichnung „Divisor zweiter Art" habe ich von JUNG [1] (Kap. I, § 5) übernommen, obwohl JUNG nicht idealtheoretisch, sondern mit Potenzreihenentwicklungen arbeitet. — Die am Schlusse von 50. besprochene Verzweigungstheorie findet sich in SCHMEIDLER [16]. — In keiner näheren Beziehung zu 50. stehen. offenbar die Untersuchungen zum RIEMANNschen Problem von OSTROWSKI [6]. Denn der Standpunkt, die Konstruktion der „absoluten RIEMANNschen Fläche" eines beliebigen Körpers $\mathfrak{K}$ bestehe im wesentlichen in der konstruktiven Erfassung aller möglichen Bewertungen von $\mathfrak{K}$, weicht von der Auffassung des Textes weit ab. — (OSTROWSKI stellt allerdings nicht die Bewertungen selbst, sondern — DEDEKIND-WEBERsches Vorbild! — die „Restisomorphien" in den Vordergrund. Aber diese werden offenbar einfach durch die Restklassenkörper der Bewertungsringe vermittelt, wobei ihre Verschachtelung der Zusammensetzung und Aufspaltung der Bewertungen entspricht.)

Literaturverzeichnis.

AKIZUKI, Y. [1]: Bemerkungen über den Aufbau des Nullideals. Proc. Phys.-Math. Soc. Jap. III. s. Bd. 14 (1932) S. 253—262; [2]: Über die Konstruktion der Zahlringe vom endlichen Grad und ihre Diskriminantenteiler. Tôhoku Math. J. Bd. 37 (1933) S. 1—16.

ARNOLD, J. [1]: Ideale in kommutativen Halbgruppen. Rec. Math. Soc. Math. Moscou Bd. 36 (1929) S. 401—407.

ARTIN, E. [1]: Zur Arithmetik hyperkomplexer Zahlen. Abh. math. Semin. Hamburg. Univ. Bd. 5 (1927) S. 261—289; [2]: Über die Bewertungen algebraischer Zahlkörper. J. reine angew. Math. Bd. 167 (1932) S. 157—159.

ARTIN, E., u. O. SCHREIER [1]: Algebraische Konstruktion reeller Körper. Abh. math. Semin. Hamburg. Univ. Bd. 5 (1926) S. 85—99.

ARTIN, E., u. B. L. VAN DER WAERDEN [1]: Die Erhaltung der Kettensätze der Idealtheorie bei beliebigen endlichen Körpererweiterungen. Nachr. Ges. Wiss. Göttingen 1926 S. 23—27.

BAER, R. [1]: Über nichtarchimedisch geordnete Körper. S.-B. Heidelberg. Akad. Wiss. 1927 8. Abhandl. S. 1—13.

BERTINI, E. [1]: Zum Fundamentalsatz aus der Theorie der algebraischen Funktionen. Math. Ann. Bd. 34 (1889) S. 447—449.

CHEVALLEY, M. [1]: Sur la théorie des idéaux dans les corps infinis. C. R. Acad. Sci., Paris Bd. 189 (1929) S. 616—618; [2]: Sur l'arithmétique dans les algèbres de matrices. Collection éditée en mémoire de J. Herbrand. Paris: Hermann 1935.

VAN DANTZIG, D. [1]: Studien over topologische algebra. Diss. Amsterdam: H. J. Paris 1931; [2]: Zur topologischen Algebra. I. Komplettierungstheorie. Math. Ann. Bd. 107 (1932) S. 587—626; [3]: Einige Sätze über topologische Algebra. Jber. Deutsch. Math.-Vereinig. Bd. 41 (1932) S. 42—44 kursiv.

DEDEKIND, R. [1]: Supplement X zur 2. Auflage von Dirichlets Vorlesungen über Zahlentheorie (1871) S. 423—462. Ges. Werke XLVII, Bd. 3; [2]: Supplement XI zur 3. Auflage von Dirichlets Vorlesungen über Zahlentheorie (1879). (Auszug, S. 515—530, Ges. Werke XLIX, Bd. 3); [3]: Supplement XI zur 4. Auflage von Dirichlets Vorlesungen über Zahlentheorie (1894) S. 434—657. Ges. Werke XLVI, Bd. 3; [4]: Über die Diskriminanten endlicher Körper. Nachr. Ges. Wiss. Göttingen 1882 S. 1—56. Ges. Werke XIX, Bd. 1; [5]: Über einen arithmetischen Satz von Gauss. Mitt. Deutsch. Math. Ges. Prag 1892 S. 1—11. Ges. Werke XXII, Bd. 2; [6]: Zur Theorie der Ideale. Nachr. Ges. Wiss. Göttingen 1894 S. 272—277. Ges. Werke XXIV, Bd. 2; [7]: Über die Begründung der Idealtheorie. Nachr. Ges. Wiss. Göttingen 1895 S. 106—113. Ges. Werke XXV, Bd. 2; [8]: Über eine Erweiterung des Symbols $(\mathfrak{a}, \mathfrak{b})$ in der Theorie der Moduln. Nachr. Ges. Wiss. Göttingen 1895 S. 163—188. Ges. Werke XXVI, Bd. 2; [9]: Über Zerlegungen von Zahlen durch ihre größten gemeinschaftlichen Teiler. Festschr. T. H. Braunschweig z. 60. Versamml. Deutsch. Naturforscher u. Ärzte 1897 S. 1—40. Ges. Werke XXVIII, Bd. 2; [10]: Über die von drei Moduln erzeugte Dualgruppe. Math. Ann. Bd. 53 (1900) S. 371—403. Ges. Werke XXX, Bd. 2; [11]: Charakteristische Eigenschaften einklassiger Körper. Aus d. Nachlaß, Ges. Werke XXXVIII, Bd. 2.

DEDEKIND, R., u. H. WEBER [1]: Theorie der algebraischen Funktionen einer Veränderlichen. J. reine angew. Math. Bd. 92 (1882) S. 181—290 (DEDEKIND, Ges. Werke XVIII, Bd. 1).

DEURING, M. [1]: Verzweigungstheorie bewerteter Körper. Math. Ann. Bd. 105 (1931) S. 277—307.

DICKSON, E. [1]: Algebras and their arithmetics. Chicago: University Press 1923; [2]: Algebren und ihre Zahlentheorie. Zürich: Orell-Füssli 1927.

DUBREIL, P. [1]: Sur quelques propriétés de la fonction caractéristique de Hilbert. C. R. Acad. Sci., Paris Bd. 196 (1932) S. 1270—1272; [2]: Sur quelques propriétés des variétés algébriques. C. R. Acad. Sci., Paris Bd. 196 (1932) S. 1637 bis 1639; [3]: Recherches sur la valeur des exposants des composants primaires des idéaux de polynomes. J. Math. pures appl. (9) Bd. 9 (1930) S. 231—309; [4]: Sur quelques propriétés des systèmes de points dans le plan et des courbes gauches algébriques. Bull. Soc. Math. France 1934 S. 1—26; [5]: Quelques propriétés des variétés algébriques se rattachant aux théories de l'Algèbre moderne. Collection éditée en mémoire de J. Herbrand. Paris: Hermann 1935.

ENGSTRÖM, H. T. [1]: The theorem of Dedekind in the ideal theory of Zolotarev. Trans. Amer. Math. Soc. Bd. 32 (1930) S. 879—887.

FISCHER, E. [1]: Über die Cayleysche Eliminationsmethode. Jber. Deutsch. Math.-Vereinig. Bd. 36 (1927) S. 137—145; [2]: Über die Cayleysche Eliminationsmethode. Math. Z. Bd. 26 (1927) S. 497—550.

FRÄNKEL, A. [1]: Über die Teiler der Null und die Zerlegung von Ringen. J. reine angew. Math. Bd. 145 (1914) S. 139—176; [2]: Über gewisse Teilbereiche und

Erweiterungen von Ringen. Leipzig: Teubner 1916; [3]: Über einfache Erweiterungen zerlegbarer Ringe. J. reine angew. Math. Bd. 151 (1921) S. 121 bis 166.

FRANZ, W. [1]: Elementarteilertheorie in algebraischen Zahlkörpern. J. reine angew. Math. Bd. 171 (1934) S. 149—161.

GRAVÉ, D. [1]: Über die Grundlagen der Theorie der Idealzahlen. Rec. Math. Soc. Math. Moscou Bd. 32 (1924) S. 135—151 (Russisch, franz. Referat); [2]: Über die Zerlegung der Zahlen in ideale Faktoren. Rec. Math. Soc. Math. Moscou Bd. 32 (1925) S. 542—561 (Russisch, franz. Referat).

GRELL, H. [1]: Beziehungen zwischen den Idealen verschiedener Ringe. Math. Ann. Bd. 97 (1927) S. 490—523; [2]: Zur Theorie der Ordnungen in algebraischen Zahl- und Funktionenkörpern. Math. Ann. Bd. 97 (1927) S. 524—558; [3] Beweis einer Normenrelation. S.-B. Physik.-Med. Soz. Erlangen Bd. 60 (1928) S. 161—168; [4]: Zur Verzweigungstheorie in maximalen Ordnungen Dedekindscher hyperkomplexer Systeme und in allgemeinen Ordnungen algebraischer Zahl- und Funktionenkörper. Jber. Deutsch. Math.-Vereinig. Bd. 39 (1930) S. 17—18 kursiv; [5]: Verzweigungstheorie in allgemeinen Ordnungen algebraischer Zahlkörper. Math. Z. 1935; [6]: Über die Gültigkeit der gewöhnlichen Idealtheorie in algebraischen Erweiterungen 1. und 2. Art. Math. Z. 1935.

GRÖBNER, W. [1]: Über irreduzible Ideale in kommutativen Ringen. Math. Ann. Bd. 110 (1934) S. 197—222.

HASSE, H. [1]: Zwei Existenztheoreme für algebraische Zahlkörper. Math. Ann. Bd. 95 (1926) S. 229—238; [2]: Über eindeutige Zerlegung in Primelemente oder in Primhauptideale in Integritätsbereichen. J. reine angew. Math. Bd. 159 (1928) S. 3—12; [3]: Die moderne algebraische Methode. Jber. Deutsch. Math.-Vereinig. Bd. 39 (1930) S. 22—34.

HASSE, H., u. F. K. SCHMIDT [1]: Die Struktur diskret bewerteter Körper. J. reine angew. Math. Bd. 170 (1933) S. 4—63.

HAUPT, O. [1]: Lehrbuch der Algebra. 2 Bde. Math. in Monograph. u. Lehrb. V 1, 2. Leipzig: Akademische Verlagsgesellschaft M. B. H. 1929.

HELMS, A. [1]: Ein Beitrag zur algebraischen Geometrie. Math. Ann. 1935.

HENSEL, K. [1]: Theorie der algebraischen Zahlen. Leipzig: Teubner 1908; [2]: Über eindeutige Zerlegung in Primelemente. J. reine angew. Math. Bd. 158 (1927) S. 195—198.

HENTZELT, K. [1]: Zur Theorie der Polynomideale und Resultanten. Math. Ann. Bd. 88 (1922) S. 53—79. (Bearbeitet von E. NOETHER.)

HERBRAND, J. [1]: Sur la théorie des corps de nombres de degré infini. C. R. Acad. Sci., Paris Bd. 193 (1931) S. 504—506; [2]: Théorie arithmétique des corps de nombres de degré infini. I. Extensions algébriques finies de corps infinis. Math. Ann. Bd. 106 (1932) S. 473—501; [3]: Théorie arithmétique des corps de nombres de degré infini. II. Extensions algébriques de degré infini. Math. Ann. Bd. 108 (1933) S. 699—717.

HERMANN, G. [1]: Die Frage der endlich vielen Schritte in der Theorie der Polynomideale. Math. Ann. Bd. 95 (1926) S. 736—788.

HILBERT, D. [1]: Über die Theorie der algebraischen Formen. Math. Ann. Bd. 36 (1890) S. 473—534; [2]: Über die vollen Invariantensysteme. Math. Ann. Bd. 42 (1893) S. 313—373; [3]: Grundzüge einer Theorie des Galoisschen Zahlkörpers. Nachr. Ges. Wiss. Göttingen 1894 S. 224—236; [4]: Zahlbericht. Jber. Deutsch. Math.-Vereinig. Bd. 4 (1897) S. 175—546.

HOLZER, L. [1]: Über nichtprimäre Ideale zwischen den Potenzen eines teilerlosen Ideals und dem Ideal selbst in Integritätsbereichen ohne Einselement. Jber. Deutsch. Math.-Vereinig. Bd. 41 (1932) S. 73 kursiv.

HÖLZER, R. [1]: Zur Theorie der primären Ringe. Math. Ann. Bd. 96 (1927) S. 719 bis 735.

HURWITZ, A. [**1**]: Über die Theorie der Ideale. Nachr. Ges. Wiss. Göttingen 1894 S. 291—298; [**2**]: Über einen Fundamentalsatz der arithmetischen Theorie der algebraischen Größen. Nachr. Ges. Wiss. Göttingen 1895 S. 230—240; [**3**]: Über die Trägheitsformen eines algebraischen Moduls. Ann. Mat. pura appl. (3a) Bd. 20 (1913).

JUNG, H. [**1**]: Algebraische Flächen. Hannover: Helwingsche Verlagsbuchh. 1925.

KAPFERER, H. [**1**]: Über die Multiplizität der Schnittpunkte von zwei algebraischen Kurven. Jber. Deutsche Math.-Vereinig. Bd. 32 (1923) S. 32—42; [**2**]: Axiomatische Begründung des Bézoutschen Satzes. S.-B. Heidelberg. Akad. Wiss. 1927 8. Abhandl. S. 33—59; [**3**]: Notwendige und hinreichende Bedingungen zum Noetherschen Multiplizitätssatz. S.-B. Heidelberg. Akad. Wiss. 1927 8. Abhandl. S. 61—82; [**4**]: Notwendige und hinreichende Bedingungen zum Noetherschen Multiplizitätssatz (Zusatz gemeinsam mit E. NOETHER). Math. Ann. Bd. 97 (1927) S. 559—567; [**5**]: Über Resultanten und Resultantensysteme. S.-B. Bayer. Akad. Wiss. 1929 S. 179—200; [**6**]: Über Schnittpunktssysteme mit vorgeschriebenen Multiplizitätszahlen. S.-B. Heidelberg. Akad. Wiss. 1930 3. Abhandl. S. 1—17; [**7**]: Eine idealtheoretische Lösung des Cramerschen Paradoxons, die jeden singulären Fall umfaßt. S.-B. Heidelberg. Akad. Wiss. 1930 3. Abhandl. S. 19—30.

KÖNIG, J. [**1**]: Einleitung in die allgemeine Theorie der algebraischen Größen. Leipzig: Teubner 1903.

KÖTHE, G. [**1**]: Abstrakte Theorie nichtkommutativer Ringe mit einer Anwendung auf die Darstellungstheorie kontinuierlicher Gruppen. Math. Ann. Bd. 103 (1930) S. 545—572; [**2**]: Ein Beitrag zur Theorie der kommutativen Ringe ohne Endlichkeitsbedingung. Nachr. Ges. Wiss. Göttingen 1930 S. 195—207; [**3**]: Verallgemeinerte Abelsche Gruppen mit hyperkomplexem Operatorenring. Math. Z. Bd. 39 (1934) S. 31—44.

KRONECKER, L. [**1**]: Grundzüge einer arithmetischen Theorie der algebraischen Größen. J. reine angew. Math. Bd. 92 (1882) S. 1—122.

KRULL, W. [**1**]: Algebraische Theorie der Ringe. I. Math. Ann. Bd. 88 (1922) S. 80—122; [**2**]: Algebraische Theorie der Ringe. II. Math. Ann. Bd. 91 (1924) S. 1—46; [**3**]: Algebraische Theorie der zerlegbaren Ringe. (Algebraische Theorie der Ringe. III.) Math. Ann. Bd. 92 (1924) S. 183—213; [**4**]: Ein neuer Beweis für die Hauptsätze der allgemeinen Idealtheorie. Math. Ann. Bd. 90 (1923) S. 55—64; [**5**]: Die verschiedenen Arten der Hauptidealringe. S.-B. Heidelberg. Akad. Wiss. 1924 6. Abhandl.; [**6**]: Über Multiplikationsringe. S.-B. Heidelberg. Akad. Wiss. 1925 5. Abhandl. S. 13—18; [**7**]: Axiomatische Begründung der allgemeinen Idealtheorie. S.-B. Physik.-Med. Soz. Erlangen Bd. 56 (1925) S. 47—63; [**8**]: Theorie und Anwendung der verallgemeinerten Abelschen Gruppen. S.-B. Heidelberg. Akad. Wiss. 1926 1. Abhandl.; [**9**]: Algebraische Erweiterungen kommutativer hyperkomplexer Systeme. Math. Ann. Bd. 97 (1927) S. 473—489; [**10**]: Idealtheorie der Potenzreihen einer Variablen mit ganzen algebraischen Zahlkoeffizienten. S.-B. Heidelberg. Akad. Wiss. 1927 8. Abhandl. S. 83—90; [**11**]: Zur Theorie der allgemeinen Zahlringe. Math. Ann. Bd. 98 (1928) S. 51—70; [**12**]: Primidealketten in allgemeinen Ringbereichen. S.-B. Heidelberg. Akad. Wiss. 1928 7. Abhandl.; [**13**]: Zur Theorie der zweiseitigen Ideale in nichtkommutativen Bereichen. Math. Z. Bd. 28 (1928) S. 481—503; [**14**]: Idealtheorie in unendlichen algebraischen Zahlkörpern. Math. Z. Bd. 29 (1928) S. 42—54; [**15**]: Idealtheorie in Ringen ohne Endlichkeitsbedingung. Math. Ann. Bd. 101 (1929) S. 729 bis 744; [**16**]: Über den Aufbau des Nullideals in ganz abgeschlossenen Ringen mit Teilerkettensatz. Math. Ann. Bd. 102 (1929) S. 363—369; [**17**]: Über einen Hauptsatz der allgemeinen Idealtheorie. S.-B. Heidelberg. Akad. Wiss. 1929 2. Abhandl. S. 11—16; [**18**]: Ein Satz über primäre Integritätsbereiche.

Math. Ann. Bd. 103 (1930) S. 540—565; [19]: Idealtheorie in unendlichen algebraischen Zahlkörpern. II. Math. Z. Bd. 31 (1930) S. 527—557; [20]: Ein Hauptsatz über umkehrbare Ideale. Math. Z. Bd. 31 (1930) S. 558; [21]: Galoissche Theorie bewerteter Körper. S.-B. Münch. Akad. Wiss. 1930 S. 225 bis 238; [22]: Über die Zerlegung der Hauptideale in allgemeinen Ringen. Math. Ann. Bd. 105 (1931) S. 1—14; [23]: Zur Arithmetik der ganzzahligen Potenzreihen. J. reine angew. Math. Bd. 164 (1931) S. 12—22; [24]: Eine Bemerkung über rationalzahlige Potenzreihen. J. reine angew. Math. Bd. 164 (1931) S. 23—26; [25]: Allgemeine Bewertungstheorie. J. reine angew. Math. Bd. 167 (1931) S. 160—196; [26]: Matrizen, Moduln und verallgemeinerte Abelsche Gruppen im Bereich der ganzen algebraischen Zahlen. S.-B. Heidelberg. Akad. Wiss. 1932 2. Abhandl. S. 1—38; [27]: Bemerkungen zur algebraischen Geometrie. S.-B. Heidelberg. Akad. Wiss. 1933, 2. Abhandl. S. 22 bis 28.

KÜRSCHÁK, J. [1]: Über Limesbildung und allgemeine Körpertheorie. J. reine angew. Math. Bd. 142 (1913) S. 211—253.

LASKER, E. [1]: Zur Theorie der Moduln und Ideale. Math. Ann. Bd. 60 (1905) S. 20—116.

LOEWY, A. [1]: Über Matrizen- und Differentialkomplexe. I. Math. Ann. Bd. 78 (1917) S. 1—51; [2]: Über Matrizen- und Differentialkomplexe. II., III. Math. Ann. Bd. 78 (1917) S. 343—368.

MACAULAY, F. S. [1]: The theorem of residuation. Proc. London Math. Soc. (1) Bd. 31 (1900) S. 381—423; [2]: On the resolution of a given modular system into primary systems including some properties of Hilbert numbers. Math. Ann. Bd. 74 (1913) S. 66—121; [3]: Algebraic theory of modular systems. Cambridge Tracts in Mathematics Bd. 19, Cambridge 1916; [4]: Some properties of enumeration in theory of modular systems. Proc. London Math. Soc. (2) Bd. 26 (1926) S. 531—555; [5]: Modern algebra and polynomial ideals. Proc. Cambridge Philos. Soc. (1) Bd. 30 (1934) S. 27—64.

MERTENS, F. [1]: Über die bestimmenden Eigenschaften der Resultante von n Formen mit n Veränderlichen. S.-B. Akad. Wiss. Wien (2a) Bd. 93 (1886) S. 527—566; [2]: Über einen algebraischen Satz. S.-B. Akad. Wiss. Wien (2a) Bd. 101 (1892) S. 1560—1566; [3]: Zur Theorie der Elimination. I. S.-B. Akad. Wiss. Wien (2a) Bd. 108 (1899) S. 1173—1228; [4]: Zur Theorie der Elimination. II. S.-B. Akad. Wiss. Wien (2a) Bd. 108 (1899) S. 1344 bis 1386.

MITTELSTEN SCHEID, F.: Die Zerlegung irreduzibler integrabler Gruppen hyperkomplexer Größen in unzerlegbare Faktoren. Math. Z. Bd. 14 (1922) S. 263 bis 328.

MORI, SH. [1]: Zur Zerlegung der Ideale. Proc. Math. Soc. Jap., III. s. Bd. 13 (1931) S. 302—309; [2]: Über Ringe, in denen die größten Primärkomponenten jedes Ideals eindeutig bestimmt sind. J. Sci. Hiroshima Univ. A 1 (1931) S. 159—191; [3]: Über Produktzerlegung der Ideale. J. Sci. Hiroshima Univ. A 2 (1932) S. 1—19; [4]: Minimale Primärideale eines Ideals. J. Sci. Hiroshima Univ. A 2 (1932) S. 21—32; [5]: Über Teilerfremdheit von Idealen. J. Sci. Hiroshima Univ. A 2 (1932) S. 103—116; [6]: Struktur des Sonoschen Ringes. J. Sci. Hiroshima Univ. A 2 (1932) S. 181—194; [7]: Über Sonosche Reduktion von Idealen. J. Sci. Hiroshima Univ. A 2 (1932) S. 195—206; [8]: Axiomatische Begründung des Multiplikationsrings. J. Sci. Hiroshima Univ. A 3 (1932) S. 45—59; [9]: Über eindeutige Reduktion in Ringen ohne Teilerkettensatz. J. Sci. Hiroshima Univ. A 3 (1933) S. 275—318; [10]: Über ganz abgeschlossene Ringe. J. Sci. Hiroshima Univ. A 3 (1933) S. 165—175; [11]: Antworten auf die Fragen von Dr. W. Weber. J. Sci. Hiroshima Univ. A 3 (1933) S. 319—320; [12]: Über allgemeine Multiplikationsringe. I. J. Sci. Hiroshima

Univ. A 4 (1934) S. 1—26; [13]: Über allgemeine Multiplikationsringe. II.
J. Sci. Hiroshima Univ. A 4 (1934) S. 99—109.

v. Neumann, J. [1]: Zur Prüferschen Theorie der idealen Zahlen. Acta Litt. Sci.
Szeged Bd. 2 (1926) S. 193—227.

Noether, E. [1]: Körper und Systeme rationaler Funktionen. Math. Ann. Bd. 76
(1915) S. 161—196; [2]: Die allgemeinsten Bereiche aus ganzen transzendenten
Zahlen. Math. Ann. Bd. 77 (1915) S. 103—128; [3]: Die Endlichkeit des
Systems der ganzzahligen Invarianten binärer Formen. Nachr. Ges. Wiss.
Göttingen 1919 S. 138—156; [4]: Idealtheorie in Ringbereichen. Math. Ann.
Bd. 83 (1921) S. 24—66; [5]: Ein algebraisches Kriterium für absolute Irreduzibilität. Math. Ann. Bd. 85 (1922) S. 26—33; [6]: Eliminationstheorie und allgemeine Idealtheorie. Math. Ann. Bd. 90 (1923) S. 229—261; [7]: Elimina-
tionstheorie und Idealtheorie. Jber. Deutsch. Math.-Vereinig. Bd. 33 (1924)
S. 116—120; [8]: Abstrakter Aufbau der Idealtheorie in algebraischen Zahl-
und Funktionenkörpern. Math. Ann. Bd. 96 (1927) S. 26—61; [9]: Der End-
lichkeitssatz der Invarianten endlicher linearer Gruppen der Charakteristik p.
Nachr. Ges. Wiss. Göttingen 1926 S. 28—35; [10] Der Diskriminantensatz für
die Ordnungen algebraischer Zahl- und Funktionenkörper. J. reine angew.
Math. Bd. 157 (1926) S. 82—104; [11]: Über Hilbertsche Zahlen. Jber. Deutsch.
Math.-Vereinig. Bd. 34 (1925) S. 101 kursiv; [12]: Über Maximalbereiche von
ganzzahligen Funktionen. Rec. Math. Soc. Math. Moscou Bd. 36 (1929) S. 65
bis 72; [13]: Hyperkomplexe Größen und Darstellungstheorie. Math. Z. Bd. 30
(1929) S. 641—692; [14]: Idealdifferentiation und Differente. Jber. Deutsch.
Math.-Vereinig. Bd. 39 (1930) S. 17 kursiv; [15] Nichtkommutative Algebra.
Math. Z. Bd. 37 (1933) S. 514—541.

Noether, E., u. W. Schmeidler [1]: Moduln in nichtkommutativen Bereichen,
insbesondere aus Differential- und Differenzenausdrücken. Math. Z. Bd. 8
(1920) S. 1—35.

Noether, M. [1]: Über einen Satz aus der Theorie der algebraischen Funktionen.
Math. Ann. Bd. 6 (1873) S. 351—359.

Ore, O. [1]: Über den Zusammenhang zwischen den definierenden Gleichungen
und der Idealtheorie in algebraischen Körpern. I. Math. Ann. Bd. 96 (1926)
S. 313—352; [2]: Über den Zusammenhang zwischen den definierenden Gleichungen und der Idealtheorie in algebraischen Körpern. II. Math. Ann.
Bd. 97 (1927) S. 569—598; [3]: Abstract idealtheory. Bull. Amer. Math. Soc.
1933 S. 728—745.

Ostrowski, A. [1]: Über einige Lösungen der Funktionalgleichung $\varphi(x) \cdot \varphi(y)$
$= \varphi(x \cdot y)$. Acta math. Bd. 41 (1917) S. 271—284; [2]: Über die Existenz
einer endlichen Basis bei gewissen Funktionensystemen. Math. Ann. Bd. 78
(1917) S. 94—119; [3]: Über die Existenz einer endlichen Basis bei
Systemen von Potenzprodukten. Math. Ann. Bd. 81 (1920) S. 21—24; [4]: Zur
arithmetischen Theorie der algebraischen Größen. Nachr. Ges. Wiss. Göttingen
1919 S. 279—298; [5]: Über ein algebraisches Übertragungsprinzip. Abh.
math. Semin. Hamburg. Univ. Bd. 1 (1922) S. 281—326; [6]: Untersuchungen
zur arithmetischen Theorie der Körper. (Die Theorie der Teilbarkeit in allgemeinen Körpern.) Math. Z. Bd. 39 (1934) S. 269—404.

Prüfer, H. [1]: Neue Begründung der algebraischen Zahlentheorie. Math. Ann.
Bd. 94 (1925) S. 198—243; [2]: Untersuchungen über die Teilbarkeitseigen-
schaften in Körpern. J. reine angew. Math. Bd 168 (1932) S. 1—36.

Rabinowitsch, J. L. [1]: Zum Hilbertschen Nullstellensatz. Math. Ann. Bd. 102
(1929) S. 520.

Ritt, J. F. [1]: On a certain ring of functions of two variables. Trans. Amer. Math.
Soc. Bd. 32 (1930) S. 155—170; [2]: Differential equations. Amer. Math. Soc.
Colloq. Publ. 14. New York 1932.

Rückert, W. [1]: Zum Eliminationsproblem der Potenzreihenideale. Math. Ann. Bd. 107 (1932) S. 259—281; [2]: Über die Elimination bei Potenzreihen. S.-B. Heidelberg. Akad. Wiss. 1933 2. Abhandl. S. 29—32.

Rychlik, K. [1]: Zur Bewertungstheorie der algebraischen Körper. J. reine angew. Math. Bd. 153 (1923) S. 94—108; [2]: Theorie der Teilbarkeit algebraischer Zahlen. Rozpravy Bd. 29 (1920) Nr. 2.

Schmeidler, W. [1]: Über homogene kommutative Gruppen hyperkomplexer Größen und ihre Zerlegung in unzerlegbare Faktoren. Diss. Göttingen 1917; [2]: Zur Theorie der primären Punktmoduln. Math. Ann. Bd. 79 (1918) S. 56 bis 75; [3]: Über Moduln und Gruppen hyperkomplexer Größen. Math. Z. Bd. 3 (1919) S. 29—42; [4]: Über die Zerlegung der Gruppe der Restklassen eines endlichen Moduls. Math. Z. Bd. 5 (1919) S. 222—267; [5]: Bemerkungen zur Theorie der abzählbaren Abelschen Gruppen. Math. Z. Bd. 6 (1920) S. 274 bis 280; [6]: Über die Singularitäten algebraischer Gebilde. Math. Ann. Bd. 81 (1920) S. 223—234; [7]: Über die Singularitäten algebraischer Gebilde. II. Math. Ann. Bd. 84 (1921) S. 303—320; [8]: Der Restsatz in der algebraischen Geometrie. Jber. Deutsch. Math.-Vereinig. Bd. 30 (1921) S. 78—80 kursiv; [9]: Zur affin-rationalen Geometrie. J. reine angew. Math. Bd. 153 (1923) S. 215 bis 227; [10] Über die Zerlegung von Primgruppen. Math. Ann. Bd. 91 (1924) S. 47—59; [11]: Über Körper von algebraischen Funktionen mehrerer Veränderlicher. Nachr. Ges. Wiss. Göttingen 1924 S. 189—197; [12]: Übertragung der Galoisschen Aufgabe auf Gleichungssysteme in mehreren Variablen. Jber. Deutsch. Math.-Vereinig. Bd. 33 (1924) S. 112—116; [13]: Neuere Ergebnisse aus der Eliminationstheorie. Jber. Deutsch. Math.-Vereinig. Bd. 34 (1925) S. 185—196; [14]: Über adjungierte Polynome bei irreduziblen algebraischen Gebilden beliebiger Mannigfaltigkeit. J. reine angew. Math. Bd. 158 (1927) S. 19—32; [15]: Grundlagen einer Theorie der algebraischen Funktionen mehrerer Veränderlicher. Math. Z. Bd. 28 (1928) S. 116—141; [16]: Über Verzweigungspunkte bei Körpern von algebraischen Funktionen mehrerer Veränderlicher. J. reine angew. Math. Bd. 167 (1931) S. 248—263.

Schmidt, F. K. [1]: Mehrfach perfekte Körper. Math. Ann. Bd. 108 (1933) S. 1 bis 25; [2]: Körper, über denen jede Gleichung durch Radikale auflösbar ist. S.-B. Heidelberg. Akad. Wiss. 1933 2. Abhandl. S. 37—47.

Schur, J. [1]: Zur Arithmetik der Potenzreihen mit ganzzahligen Koeffizienten. Math. Z. Bd. 12 (1922) S. 95—113.

Severi, E. [1]: Über die Grundlagen der algebraischen Geometrie. Abh. math. Semin. Hamburg. Univ. Bd. 9 (1933) S. 335—364; [2]: Sulla comptabilità dei sistemi dei equazioni algebriche. Rend. Accad. dei Lincei (6) Bd. 17 (1933) S. 3—10.

Skolem, T. [1]: Integritätsbereiche in algebraischen Zahlkörpern. Skrifter Oslo 1923 Nr 21.

Sperner, E. [1]: Über einen kombinatorischen Satz von Macaulay. Abh. math. Semin. Hamburg. Univ. Bd. 7 (1930) S. 149—163.

Sono, M. [1]: On Congruences. Mem. Coll. Sci. Kyoto Bd. 2 (1917) S. 203—226; [2]: On Congruences. II. Mem. Coll. Sci. Kyoto Bd. 3 (1918) S. 113—149; [3]: On Congruences. III. Mem. Coll. Sci. Kyoto Bd. 3 (1918) S. 189—197; [4]: On Congruences. IV. Mem. Coll. Sci. Kyoto Bd. 3 (1919) S. 229—308; [5]: On the reduction of ideals. Mem. Coll. Sci. Kyoto (A) Bd. 7 (1924) S. 191—204.

Steinitz, E. [1]: Rechteckige Systeme und Moduln in algebraischen Zahlkörpern. I. Math. Ann. Bd. 71 (1912) S. 328—354; [2]: Rechteckige Systeme und Moduln in algebraischen Zahlkörpern. II. Math. Ann. Bd. 72 (1912) S. 297—345; [3]: Algebraische Theorie der Körper. J. reine angew. Math. Bd. 137 (1910) S. 167—308. Neudruck, herausgeg. v. R. Baer u. H. Hasse, Berlin: Walter de Gruyter u. Co. 1930.

STIEMKE, E. [1]: Über unendliche algebraische Zahlkörper. Math. Z. Bd. 25 (1926) S. 9—39.

TAZAWA, M. [1]: Über die Beziehung zwischen Idealen und ihren Restklassenringen. Tôhoku Math. J. Bd. 38 (1933) S. 324—331; [2]: Einige Bemerkungen über den Elementarteilersatz. Proc. Imp. Acad. Jap. Bd. 9 (1933) S. 468—471.

TSCHEBOTAREV, N. [1]: Neue Begründung der Idealtheorie (nach Zolotarev). Bull. Soc. Phys.-Math. Kasan Bd. 2 (1925) S. 1—14; [2]: The foundations of the ideal theorie of Zolotarev. Amer. Math. Monthly Bd. 37 (1930) S. 117—118.

VAN DER WAERDEN, B. L. [1]: De algebraische grondslagen der meetkunde van het aantal. Diss. Amsterdam 1926; [2]: Ein algebraisches Kriterium für die Auflösbarkeit eines homogenen Gleichungssystems. Proc. Kon. Acad. Amsterdam Bd. 29 (1926) S. 142—149 [urspr. holländisch: Verslag Amsterdam Bd. 31 (1925) S. 1123—1130]; [3]: Zur Nullstellentheorie der Polynomideale. Math. Ann. Bd. 96 (1926) S. 183—208; [4]: Der Multiplizitätsbegriff der algebraischen Geometrie. Math. Ann. Bd. 97 (1927) S. 756—774; [5]: On Hilberts function, series of composition of ideals and a generalisation of the theorem of Bézout. Proc. Kon. Acad. Amsterdam Bd. 31 (1928) S. 749—770; [urspr. holländisch: Verslag Amsterdam Bd. 36 (1928) S. 903—924); [6]: Eine Verallgemeinerung des Bézoutschen Theorems. Math. Ann. Bd. 99 (1928) S. 497 bis 541; [7]: Neue Begründung der Eliminations- und Resultantentheorie. Nieuw Arch. Wiskde Bd. 15 (1928) S. 301—320; [8]: Die Alternative bei nichtlinearen Gleichungen. Nachr. Ges. Wiss. Göttingen 1928 S. 1—11; [9]: Zur Produktzerlegung der Ideale in ganz abgeschlossenen Ringen. Math. Ann. Bd. 101 (1929) S. 293—308; [10]: Zur Idealtheorie der ganz abgeschlossenen Ringe. Math. Ann. Bd. 101 (1929) S. 309—312; [11]: Topologische Begründung des Kalküls der abzählenden Geometrie. Math. Ann. Bd. 102 (1929) S. 337—362; [12]: Eine Bemerkung über die Unzerlegbarkeit von Polynomen. Math. Ann. Bd. 102 (1929) S. 738—739; [13]: Zur Begründung des Restsatzes mit dem Noetherschen Fundamentalsatz. Math. Ann. Bd. 104 (1930) S. 472—475; [14]: Moderne Algebra. I. Grundl. Math. Wiss. in Einzeldarst. Bd. 33 (1931); [15]: Moderne Algebra. II. Grundl. Math. Wiss. in Einzeldarst. Bd. 34 (1931); [16]: Generalization of a theorem of Kronecker. Bull. Amer. Math. Soc. 1931 S. 427—428; [17]: Zur algebraischen Geometrie. I. Math. Ann. Bd. 108 (1933) S. 113—125; [18]: Zur algebraischen Geometrie. II. Math. Ann. Bd. 108 (1933) S. 253—259; [19]: Zur algebraischen Geometrie. III. Math. Ann. Bd. 108 (1933) S. 694—698; [20]: Zur algebraischen Geometrie. IV. Math. Ann. Bd. 109 (1933) S. 7—12; [21]: Zur algebraischen Geometrie. V. Math. Ann. Bd. 110 (1934) S. 128—133; [22]: Zur algebraischen Geometrie. VI. Math. Ann. Bd. 110 (1934) S. 134—160.

WARD, M. [1]: The arithmetical theory of linear recurrent series. Trans. Amer. Math. Soc. Bd. 35 (1933) S. 600—628; [2]: The cancellation law in the theory of congruences to a double modulus. Trans. Amer. Math. Soc. Bd. 35 (1933) S. 254—260.

WEBER, W. [1]: Umkehrbare Ideale. Math. Z. Bd. 34 (1931) S. 131—157.

WEDDERBURN, M. [1]: Hypercomplex numbers. Proc. London Math. Soc. (2) Bd. 6 (1907) S. 77—118.

ZOLOTAREV, G. [1]: Théorie des nombres entiers complexes avec une application au calcul intégral. Bull. Acad. Sci. Petersburg 1874; [2]: Sur la théorie des nombres complexes. J. Math. pures appl. (3) Bd. 6 (1880) S. 51—84, 129—166.

ZYGLINSKI, E. [1]: Zur Begründung der Idealtheorie. C. R. Acad. Sci. Varsovie Bd. 24 (1932) S. 87—92.

Anhang.

Bemerkungen zur Terminologie.

A. Idealtheorie. Wir stellen kurz die gebräuchlichsten Bezeichnungen einiger Grundbegriffe zusammen. S. . . . bedeutet die Einführungsseite im Text, „W."‚ bzw. „M." soviel wie „VAN DER WAERDEN [15]" bzw. „MACAULAY [3]"; im übrigen wird nach dem Literaturverzeichnis zitiert.

1) Gruppe mit Operatoren, Modul S. 1. — Bei W. Modul, Gruppe mit Multiplikatorenbereich; die fürs Nichtkommutative wesentliche Unterscheidung von „Links-" und „Rechtsmoduln" war im Text nicht nötig.

2) Ideal S. 1. — Bei M. „Modul" statt Ideal im Anschluß an KRONECKER; in MACAULAY [5] allerdings Übernahme des Wortes „Ideal" aus W. — LASKER [1] unterscheidet Polynommoduln und Polynomideale, je nachdem, ob der Koeffizientenbereich ein Körper oder der Ring der ganzen rationalen Zahlen ist. In der Theorie der hyperkomplexen Systeme heißt ein zweiseitiges Ideal bei WEDDERBURN und DICKSON „invariant sub-algebra" — Auffassung des Idealbegriffs als Verallgemeinerung des Begriffs der invarianten Untergruppe!

3) a ist Element von $\mathfrak{a}$, $a \subset \mathfrak{a}$, $a \equiv 0 (\mathfrak{a})$ S. 2. — In der auf DEDEKIND zurückgehenden Idealtheorie (auch bei W.) allgemein üblich: „a ist durch $\mathfrak{a}$ teilbar". W. schreibt außer $a \equiv 0 (\mathfrak{a})$ auch $a \in \mathfrak{a}$; mir scheint $a \subset \mathfrak{a}$ unbedenklich.

4) $\mathfrak{a}$ ist Unterideal (Oberideal) von $\mathfrak{b}$; $\mathfrak{a} \subset \mathfrak{b}$ ($\mathfrak{a} \supset \mathfrak{b}$) S. 2. — Bei W.: „$\mathfrak{a}$ ist Vielfaches (Teiler) von $\mathfrak{b}$" (klassische Bezeichnungsweise nach DEDEKIND), andererseits aber wie im Text $\mathfrak{a} \subset \mathfrak{b}$ ($\mathfrak{a} \supset \mathfrak{b}$). Bei M.: „$\mathfrak{a}$ contains (is contained in) $\mathfrak{b}$" (nur verständlich, wenn man bei Polynomidealen nicht an die Ideale selbst, sondern an die durch sie definierten Mannigfaltigkeiten denkt). Bei DEDEKIND und im Anschluß an ihn z. B. bei GRELL [1], KRULL [7], [13]: $\mathfrak{a} > \mathfrak{b}$ statt $\mathfrak{a} \subset \mathfrak{b}$, $\mathfrak{a} < \mathfrak{b}$ statt $\mathfrak{a} \supset \mathfrak{b}$ (historisch klar, aber mengentheoretisch unmöglich).

5) „Maximales" bzw. „minimales" Ideal S. 10 (Anm. 1!). — Bei W. gleicher Wortgebrauch; dagegen steckt die entgegengesetzte (DEDEKINDsche) Auffassung, daß das Vielfache (Unterideal) als größer anzusehen ist als der Teiler (das Oberideal) in der im Anschluß an NOETHER [4] auch bei W. benutzten Bezeichnung „größte Primärkomponente", — vgl. 15).

6) O-Satz (U-Satz) S. 8. — Klassische Bezeichnung (nach NOETHER [4]) „Teilerkettensatz" („Vielfachenkettensatz"). Im Nichtkommutativen nach ARTIN allgemein „Maximalbedingung" („Minimalbedingung"). (Letzteres wohl glücklichste Bezeichnung; Vorteil von „O-" bzw. „U-Satz" Kürze, vgl. auch „O-Ring").

7) Summe $\mathfrak{a} + \mathfrak{b}$ S. 2. — Bei W.: Summe, größter gemeinschaftlicher Teiler $(\mathfrak{a}, \mathfrak{b})$. Bei M.: „H.C.F." (highest common factor) $(\mathfrak{a}, \mathfrak{b})$. Auch bei NOETHER und in der japanischen Literatur $(\mathfrak{a}, \mathfrak{b})$; bei DEDEKIND $\mathfrak{a} + \mathfrak{b}$. (Vorteil von $(\mathfrak{a}, \mathfrak{b})$: Übereinstimmung mit der allgemein üblichen Basisbezeichnung $(a_1, \ldots a_n)$; Freihaltung des $+$-Zeichens für die direkte Summe. Vorteil von $\mathfrak{a} + \mathfrak{b}$: Anschluß an die mengentheoretisch gebotene Wortbezeichnung „Summe", suggestive Schreibung des wichtigen distributiven Gesetzes $\mathfrak{a} \cdot (\mathfrak{b} + \mathfrak{c}) = \mathfrak{a} \cdot \mathfrak{b} + \mathfrak{a} \cdot \mathfrak{c}$.)

8) Direkte Summe $\mathfrak{R} \dotplus \mathfrak{S}$ bei Ringen und Gruppen S. 21 bzw. 27. — Bei W. einfaches $+$-Zeichen: $\mathfrak{R} + \mathfrak{S}$.

9) Durchschnitt $\mathfrak{a} \cap \mathfrak{b}$ S. 2. — Bei W. Durchschnitt, kleinstes gemeinschaftliches Vielfaches $\mathfrak{a} \cap \mathfrak{b}$, $[\mathfrak{a}, \mathfrak{b}]$. Bei M. „L.C.M." (least common multiple) $[\mathfrak{a}, \mathfrak{b}]$. Auch bei NOETHER und in der japanischen Literatur $[\mathfrak{a}, \mathfrak{b}]$. Bei DEDEKIND (und im Anschluß an ihn z. B. bei GRELL [1]) $\mathfrak{a} - \mathfrak{b}$ (meines Erachtens bedenklich wegen der Unsymmetrie der gewöhnlichen Subtraktion).

10) Produkt $\mathfrak{a} \cdot \mathfrak{b}$ (allgemein übliche Bezeichnung) S. 4.

11) Quotient $\mathfrak{a} : \mathfrak{b}$ S. 3. — Bei M. (und entsprechend bei LASKER [1]) „residual module" $\mathfrak{a}/\mathfrak{b}$. Bei W. Sprachgebrauch wie im Text, Ausnahme § 102, wo $\mathfrak{a} : \mathfrak{b}$ im Sinne des DEDEKINDschen $\dfrac{\mathfrak{a}}{\mathfrak{b}}$ zu verstehen. In DEDEKIND [3] bedeutet $\dfrac{\mathfrak{a}}{\mathfrak{b}}$ (oder auch $\mathfrak{a} : \mathfrak{b}$) nicht den Idealquotienten des Textes, sondern für zwei ganze oder nichtganze Ideale $\mathfrak{a}$, $\mathfrak{b}$ eines Integritätsbereiches die Menge aller d e r a aus dem Quotientenkörper $\Re$, für die $a \cdot \mathfrak{b} \subseteqq \mathfrak{a}$.

12) $\mathfrak{a}^{-1}$, umkehrbares Ideal S. 13. — Bei W. gleicher Sprachgebrauch. Bei einem Z.P.I.-Ring ist $\mathfrak{u} \cdot \mathfrak{b}^{-1}$ gleich $\dfrac{\mathfrak{a}}{\mathfrak{b}}$ im Sinne DEDEKINDS.

13) Restklassenring $\Re/\mathfrak{a}$ S. 3. — Gleiche Bezeichnung bei W.; bei M. $\mathfrak{a}/\mathfrak{b}$ Symbol des Quotienten (vgl. 11)). Im Nichtkommutativen bezeichnen WEDDERBURN und DICKSON den Restklassenring von $\Re$ nach einem zweiseitigen Ideal $\mathfrak{a}$ als „difference-algebra $\Re - \mathfrak{a}$".

14) Isolierte Primärkomponente, isoliertes Komponentenideal (i.K.I.) S. 9 bzw. 16. — (Gleicher, auf NOETHER [4] zurückgehender Sprachgebrauch auch bei W.)

15) Normierte Primärkomponentenzerlegung S. 6. — Bei W. (nach NOETHER [4]) „unverkürzbare Darstellung durch größte Primärkomponenten".

16) Einartige Nullteilerringe bzw. Integritätsbereiche S. 22 bzw. 24. — Bei W. heißt (nach DEDEKIND) ein Primärideal einartig, wenn es nur ein einziges Primoberideal besitzt. Die einartigen Nullteilerringe bzw. Integritätsbereiche sind also dadurch ausgezeichnet, daß in ihnen alle bzw. alle von (0) verschiedenen Primärideale einartig sind.

17) O-Ring S. 8. — Im NOETHERschen Sinne „Ring mit Teilerkettensatz", im Sinne ARTINS „Ring mit Maximalbedingung".

18) Z.P.I. S. 12. Z.P.I.-Ring als Abkürzung für „Integritätsbereich mit Z.P.I." erstmalig auf S. 25. — Bezeichnung nach HASSE [2]. Bei W. keine besondere Abkürzung.

19) Multiplikationsring S. 27 bzw. 111. Erste Stelle: in der Literatur übliche Bedeutung, z. B. GRELL [2], KRULL [6], [16], MORI [8], [12], [13]; zweite Stelle: Verallgemeinerung des Begriffs.

B. Bewertungstheorie. Vergleich der Axiome der „speziellen" Bewertungen des Textes und der Axiome der „klassischen" Bewertungstheorie in der Fassung OSTROWSKIS: Die Wertmenge besteht jeweils aus reellen Zahlen, im Text ist stets $w(0)$ nicht definiert, $w(1) = 0$, bei OSTROWSKI dagegen $w(0) = 0$, $w(1) = 1$. Im übrigen lauten die Axiome:

Text	OSTROWSKI
1. $w(a \cdot b) = w(a) + w(b)$.	1. $w(a \cdot b) = w(a) \cdot w(b)$.
2. $w(a + b) \geqq \min(w(a), w(b))$.	2a. $w(a + b) \leqq w(a) + w(b)$ (allgemeiner Fall).
	2. $w(a + b) \leqq \max(w(a), w(b))$ („nichtarchimedischer" Fall).
3. $w(a) \neq 0$ für mindestens ein $a \neq 0$.	3. $w(a) \neq 1$ für mindestens ein $a \neq 0$.

Jeder speziellen Bewertung B_t des Textes entspricht eindeutig umkehrbar eine „nichtarchimedische" Bewertung B_0 im Sinne OSTROWSKIS; dabei sind die Werte von B_t mit denen von B_0 durch die Gleichungen $w_t(a) = -\ln w_0(a)$; $w_0(a) = e^{-w_t(a)}$ verknüpft; man kann daher anschaulich die Bewertungen des Textes als „Expo-

nentenbewertungen", die nichtarchimedischen Bewertungen OSTROWSKIS als
„Basisbewertungen" bezeichnen. — Die im OSTROWSKISchen Sinne „archimedischen" Bewertungen, die nur dem Axiom 2a, nicht aber dem schärferen Axiom 2
genügen, können als Bewertungen durch den absoluten Betrag im Bereich der
gewöhnlichen reellen oder komplexen Zahlen aufgefaßt werden (OSTROWSKI [1],
ARTIN [2]). Die Bewertungen durch den absoluten Betrag spielen bei den Untersuchungen des Textes keine Rolle; unter diesen Umständen sind aber die Expo-
nenten- den Basisbewertungen vorzuziehen, weil so die „diskreten" Bewertungen
gleichzeitig als „ganzzahlig" erscheinen und vor allem in den endlichen diskreten
Hauptordnungen die für die Teilbarkeitstheorie wichtigen Bewertungen unmittelbar
durch die Exponenten der in den Ringelementen steckenden Primidealpotenzen
erklärt werden können.

Ergänzungen zur 2. Auflage.

15a. Stellenringe. Ein nicht notwendig nullteilerfreier Ring $\Re$ soll Stellenring heißen, wenn in $\Re$ die Menge aller Nichteinheiten ein Ideal $\mathfrak{m}$ bildet, das dann das einzige maximale Primideal von $\Re$ ist. Dem Primideal $\mathfrak{p}$ aus dem beliebigen Ring $\Re$ schreiben wir die Dimension (den Dimensionsdefekt) μ zu, wenn es in $\Re$ mindestens eine $(\mu + 1)$-gliedrige, aber keine $(\mu + 2)$-gliedrige Primoberidealkette $\mathfrak{p} \subset \mathfrak{p}_1 \subset \mathfrak{p}_2 \subset \cdots$ (Primunteridealkette $\mathfrak{p} \supset \mathfrak{p}_1 \supset \mathfrak{p}_2 \supset \cdots$) gibt. Bei einem beliebigen Ideal $\mathfrak{a}$ sagen wir, es habe die Dimension μ, wenn unter den Primoberidealen von $\mathfrak{a}$ mindestens eines die Dimension μ, kein einziges aber eine Dimension $\nu > \mu$ oder überhaupt keine endliche Dimension besitzt. Für Stellenringe kann man aufgrund der in 15. besprochenen Sätze eine ähnliche Dimensionstheorie entwickeln, wie sie für endliche Integrietätsbereiche und Polynomringe gilt, wo man die Primidealdimension auch mit Hilfe des Transzendenzgrades definieren kann. (Vgl. § 3, insbesondere 17.) Zunächst folgt leicht aus dem Primidealkettensatz von 15.:

Hat das maximale Primideal $\mathfrak{m}$ des Stellenringes $\mathfrak{S}$ eine Basis von n Elementen, etwa $\mathfrak{m} = (\alpha_1, \ldots \alpha_n)$, so ist die Dimension des Nullideals von $\mathfrak{S}$ höchstens gleich n, und es besitzt also jedes Primideal aus $\mathfrak{S}$ eine endliche Dimension (einen endlichen Dimensionsdefekt) $\mu \leqslant n$. — Die Dimension des Nullideals von $\mathfrak{S}$ wird zweckmäßig kurz als Dimension von $\mathfrak{S}$ bezeichnet.

Mit den Schlüssen, die zum Beweis des Primäridealsatzes von 15. führen, zeigt man weiter:

Konvergenzsatz: *In $\mathfrak{S}$ ist der Durchschnitt aller Potenzen von $\mathfrak{m}$ stets gleich dem Nullideal.*

Es sei nun $(\alpha_1, \ldots \alpha_n)$ eine Minimalbasis von $\mathfrak{m}$, also eine solche von möglichst wenig Elementen. K' sei eine Untermenge von $\mathfrak{S}$, die aus jeder Klasse des Restklassenkörpers $K = \mathfrak{S}/\mathfrak{m}$ genau einen Repräsentanten enthält. Dann ergibt sich aus dem Konvergenzsatz fast unmittelbar: Zu jedem Element a aus $\mathfrak{S}$ gibt es mindestens eine formale Potenzreihenentwicklung $\varphi_0(a) + \varphi_1(a) + \cdots$ nach Formen steigenden Grades in $\alpha_1, \ldots \alpha_n$ mit Koeffizienten aus K', durch die a eindeutig bestimmt ist. Da man i. a. K' nicht so wählen kann, daß ein Körper entsteht, handelt es sich um Entwicklungen von der Art, wie sie in der Theorie der p-adischen Zahlen auftreten. Aber es läßt sich mit diesen Entwicklungen in ganz ähnlicher Weise rechnen wie mit gewöhnlichen Potenzreihen. Vor allem kann man mit Hilfe ihrer „Anfangsformen" jedem Ideal $\mathfrak{a}$ aus $\mathfrak{S}$ eindeutig ein bestimmtes Leitideal $\bar{\mathfrak{a}}$ aus dem Ring $K[x_1, \ldots x_n]$ aller Polynome in n Variabeln $x_1, \ldots x_n$ mit Koeffizienten aus $K = \mathfrak{S}/\mathfrak{m}$ zuordnen, und es gilt dann:

Dimensionssatz der Stellenringe: Im Stellenring $\mathfrak{S}$ besitzt jedes Ideal $\mathfrak{a}$ dieselbe Dimension wie sein Leitideal $\bar{\mathfrak{a}}$. (Dabei kann die Dimension von $\bar{\mathfrak{a}}$ entweder abstrakt im Sinne unserer Nummer oder mit Hilfe des Transzendenzgrades von $K[x_1, \ldots x_n]/\bar{\mathfrak{a}}$ über K im Sinne von 16. definiert werden.)

Der Beweis des Dimensionssatzes ist nicht ganz einfach: Zunächst folgt aus dem Konvergenzsatz fast unmittelbar, daß ein Ideal $\mathfrak{a}$ mit nulldimensionalem Leitideal $\bar{\mathfrak{a}}$ ein zu $\mathfrak{m}$ gehöriges Primärideal sein muß. Dann zeigt man, gleichfalls aufgrund des Konvergenzsatzes, durch eine längere Reihe von Zwischenüberlegungen, daß $\mathfrak{a}$ höchstens die Dimension μ besitzen kann, wenn $\mathfrak{a} + (a_1, \ldots a_\mu)$ ein zu $\mathfrak{m}$-gehöriges Primärideal wird. Schließlich ergibt sich durch Übertragung einer bei LASKER [1] für den Fall gewöhnlicher Potenzreihen zu findenden Rechnung, daß die Dimension des Leitideals $\bar{\mathfrak{c}}$ von $\mathfrak{c} = \mathfrak{a} + (a)$ genau gleich $\mu - 1$ wird.

Ein Stellenring $\mathfrak{S} = \mathfrak{P}$ soll ein p-Reihenring heißen, wenn jedes Element a nur eine einzige Anfangsform und damit auch nur eine einzige Reihenentwicklung $\varphi_0(a) + \varphi_1(a) + \cdots$ besitzt. Der Begriff des p-Reihenringes ist als die richtige abstrakte Verallgemeinerung eines Potenzreihenringes mit Körperkoeffizienten anzusehen, während die übrigen Stellenringe den Restklassenringen der Potenzreihenringe entsprechen. Für p-Reihenringe gelten die Sätze:

Jeder p-Reihenring ist ein ganz abgeschlossener Integritätsbereich. In einem p-Reihenring $\mathfrak{P}$ hat bei allen Primidealen die Summe von Dimension und Dimensionsdefekt denselben Wert, und zwar ist sie gleich der Gliederzahl einer Minimalbasis des maximalen Primideals $\mathfrak{m}$.

Der zweite dieser Sätze („Dimensionssatz der p-Reihenringe") ist offenbar ein Gegenstück zu dem Dimensionssatz von 17. Sein Beweis stützt sich auf einen LASKERschen Satz über „ungemischte" Polynomideale. Wieweit sich der Dimensionssatz der p-Reihenringe auf allgemeinere nullteilerfreie Stellenringe übertragen läßt, muß vorerst dahingestellt bleiben. Nach dem Vorbild der Theorie der p-adischen Zahlkörper wird man den Stellenring $\mathfrak{S} = \mathfrak{S}^*$ „perfekt" nennen, wenn zu jeder formal gebildeten Potenzreihe $\varphi_0(a) + \varphi_1(a) + \cdots$ in $\mathfrak{S}^*$ ein zugehöriges Element a existiert, das gerade diese Entwicklung besitzt. Zu jedem beliebigen Stellenring $\mathfrak{S}$ gibt es, wie man mühelos mit wohlbekannten Überlegungen zeigt, einen bis auf Isomorphie eindeutig bestimmten kleinsten umfassenden perfekten Stellenring, die zugehörige „perfekte Hülle $\mathfrak{S}^*$", und aus dem Konvergenzsatz folgt sofort: *Für jedes Ideal $\mathfrak{a}$ aus $\mathfrak{S}$ gilt die Gleichung* $\mathfrak{a} \cdot \mathfrak{S}^* \cap \mathfrak{S} = \mathfrak{a}$, d. h.: Ist die lineare inhomogene Gleichung $a_1 x_1 + \cdots + a_r x_r = a_0$ mit Koeffizienten a_i aus $\mathfrak{S}$ in $\mathfrak{S}^*$ lösbar, so ist sie stets auch in $\mathfrak{S}$ lösbar.

Man beachte zu diesem Satz die überraschende Anwendung, die sich ergibt, wenn man für $\mathfrak{S}$ den O-Ring aller konvergenten, für $\mathfrak{S}^*$ den Ring aller formalen Potenzreihen in $x_1, \ldots x_n$ mit beliebigen komplexen (oder auch reellen) Koeffizienten setzt!

Was das genauere Aussehen der perfekten Stellenringe und insbesondere der perfekten p-Reihenringe angeht, so zeigt man mühelos mit klassischen HENSELschen Überlegungen (vgl. etwa HENSEL [1]):

Ein perfekter p-Reihenring $\mathfrak{P}^*$, dessen Restklassenkörper $K = \mathfrak{P}^*/\mathfrak{m}^*$ die Charakteristik O besitzt, ist durch K und die Gliederzahl n einer Minimalbasis von $\mathfrak{m}^*$ bis auf Isomorphie eindeutig bestimmt. Er ist nämlich isomorph zum Ring aller formalen Potenzreihen in n Variabeln $x_1, \ldots x_n$ über K.

Darüber hinaus legen die in H. HASSE u. F. K. SCHMIDT [1] für einen perfekten diskreten Bewertungsring bewiesenen Struktursätze (vgl. 31.) die folgenden Vermutungen nahe: Der Satz von der eindeutigen Bestimmtheit von $\mathfrak{P}^*$ durch K und n gilt auch noch in den folgenden beiden Fällen: a) Wenn der Quotientenkörper $\mathfrak{K}^*$ von $\mathfrak{P}^*$ und der Restklassenkörper K dieselbe Primzahlcharakteristik p haben. b) Wenn $\mathfrak{K}^*$ die Charakteristik O und K die Primzahlcharakteristik p besitzt, und wenn p nur in der ersten, aber nicht in der zweiten Potenz des maximalen Primideals $\mathfrak{m}^*$ von $\mathfrak{P}^*$ vorkommt. — Allerdings würde der Beweis dieser Vermutungen sicher viel tiefergehende Überlegungen erfordern als die Erledigung des trivialen Falles, wo K Charakteristik O hat. Man müßte wohl nach einer passenden Verallgemeinerung derjenigen Methoden suchen, die in HASSE u. SCHMIDT [1] sowie in den Arbeiten von E. WITT und O. TEICHMÜLLER, J. reine angew. Math. Bd. 176 (1936) für diskret bewertete, perfekte Körper entwickelt wurden.

Die Brauchbarkeit der Begriffe Anfangsform und Leitideal ist nicht auf den Fall der Stellenringe beschränkt. Es sei z. B. P ein beliebiger nullteilerfreier O-Ring und $\mathfrak{R}$ der Ring aller formalen Potenzreihen in $x_1, \ldots x_n$ über P. Dann besitzt jede Reihe $A(x)$ aus $\mathfrak{R}$ eine eindeutig bestimmte Entwicklung $A(x) = \sum\limits_{i=m}^{\infty} \varphi_i(x)$ mit $\varphi_m(x) \neq 0$ nach homogenen Formen steigenden Grades in $x_1, \ldots x_n$ und man wird $\varphi_m(x)$ als „natürliche Anfangsform" von $A(x)$ ansehen. In der Tat gilt dann für die mit Hilfe dieser natürlichen Anfangsformen definierten Leitideale ebenso wie bei einem Stellenring $\mathfrak{S}$ der Hauptsatz:

Ein Ideal $\mathfrak{a}$ aus dem Potenzreihenring $\mathfrak{R}$ besitzt stets dieselbe Dimension wie sein Leitideal $\bar{\mathfrak{a}}$ im Polynomring $P[x_1, \ldots x_n]$.

Dabei ist allerdings zu beachten, daß sich leicht nullteilerfreie O-Ringe P konstruieren lassen, in denen Ideale $\bar{a}$ existieren, die keine endliche Dimension besitzen. Bei dem Hauptsatz für $\mathfrak{R}$ muß man also auch den

Fall der „Dimension unendlich" zulassen. — Andererseits folgt bei unserer Definition des Dimensionsdefektes schon aus dem Primidealkettensatz von 15.:

In einem beliebigen O-Ring $\Re$ haben alle Primideale endlichen Dimensionsdefekt, und zwar ist der Dimensionsdefekt eines Primideals mit m-gliedriger Basis höchstens gleich m.

Literatur: KRULL, W. Dimensionstheorie in Stellenringen. J. reine angew. Math. Bd. 179 (1938) S. 204—226.

17a. Primidealsätze und Dimensionstheorie für ganz abhängige Integritätsbereiche. Will man den in 17. bewiesenen Dimensionssatz für endliche Integritätsbereiche abstrakt verallgemeinern, so führt die Beobachtung, daß beim Beweise der Begriff „ganz abhängig" eine Hauptrolle spielte, auf den folgenden Ansatz: Es seien $\Im$ und $\tilde{\Im} \supset \Im$ Integritätsbereiche mit den Quotientenkörpern $\Re$, $\tilde{\Re}$, und es sei dabei $\tilde{\Im}$, d. h. jedes Element aus $\tilde{\Im}$, von $\Im$ **ganz abhängig**. Dimension und Dimensionsdefekt der Primideale aus $\Im$ und $\tilde{\Im}$ seien wie in 15a. durch die Gliederzahlen von Primidealketten definiert; dabei ist die Existenz von Primidealen von unendlicher Dimension bzw. von unendlichem Dimensionsdefekt nicht ausgeschlossen. Von einem $\tilde{\Im}$-Primideal $\tilde{\mathfrak{p}}$ sagen wir, es „liege über dem $\Im$-Primideal $\mathfrak{p}$", wenn $\tilde{\mathfrak{p}} \cap \Im = \mathfrak{p}$. — Wir fragen: Welche Aussagen gelten für Dimension bzw. Dimensionsdefekt derjenigen $\tilde{\Im}$-Primideale, die über einem $\Im$-Primideal $\mathfrak{p}$ von bekannter Dimension bzw. bekanntem Dimensionsdefekt liegen? — Grundlegend für die Antwort sind vier allgemeine Primidealsätze. Bei den drei ersten wird über $\Im$ und $\tilde{\Im}$ gar nichts vorausgesetzt; insbesondere darf $\Re = \tilde{\Re}$ sein.

a) *Zu jedem $\tilde{\Im}$-Primideal $\mathfrak{p}$ gibt es mindestens ein darüber liegendes $\tilde{\Im}$-Primideal $\tilde{\mathfrak{p}}$.*

b) *Zwei $\tilde{\Im}$-Primideale $\tilde{\mathfrak{p}}_1$, und $\tilde{\mathfrak{p}}_2$, die über demselben $\Im$-Primideal $\mathfrak{p}$ liegen, sind stets gegenseitig prim.*

c) *Ist in $\Im$ das Primideal $\mathfrak{p}$ Oberideal des Primideals $\mathfrak{q}$, so gibt es in $\tilde{\Im}$ zu jedem über $\mathfrak{q}$ liegenden Primideal $\tilde{\mathfrak{q}}$ mindestens ein über $\mathfrak{p}$ liegendes Primoberideal $\tilde{\mathfrak{p}}$.*

Zum Beweis von a) zeigt man durch eine einfache Rechnung, daß wegen der Ganz-Abhängigkeit von $\tilde{\Im}$ niemals $\mathfrak{p} \cdot \tilde{\Im} = \tilde{\Im}$ werden kann. Die Beweise von b) und c) ergeben sich dadurch, daß man durch Quotientenringbildung alles auf den Fall reduziert, wo $\Im$ ein Stellenring mit dem maximalen Primideal $\mathfrak{p} = \mathfrak{m}$ ist. — Überraschenderweise kommt man, wie leichte Gegenbeispiele zeigen, nicht ohne Zusatzvoraussetzungen zum Ziel, wenn man versucht, als Umkehrung von c) den Satz zu beweisen:

d) *Ist in $\Im$ das Primideal $\mathfrak{p}$ Unterideal des Primideals $\mathfrak{q}$, so gibt es in $\tilde{\Im}$ zu jedem über $\mathfrak{q}$ liegenden Primideal $\tilde{\mathfrak{q}}$ mindestens ein über $\mathfrak{p}$ liegendes Primunterideal $\tilde{\mathfrak{p}}$.*

Es zeigt sich: *Satz d) gilt nur dann allgemein, wenn $\mathfrak{J}$ ganz abgeschlossen (und damit $\tilde{\mathfrak{K}} \supset \mathfrak{K}$) ist.*

Den Beweis von d) bei ganz abgeschlossenem $\mathfrak{J}$ kann man leicht auf den Spezialfall zurückführen, daß $\tilde{\mathfrak{K}}$ über $\mathfrak{K}$ separabel normal und $\tilde{\mathfrak{J}}$ der Ring aller von $\mathfrak{J}$ ganz abhängigen Elemente aus $\tilde{\mathfrak{K}}$ ist. Im Spezialfall aber folgt die Behauptung sofort aus dem Konjugiertensatz von 48., nach dem alle über $\mathfrak{p}$ bzw. $\mathfrak{q}$ liegenden $\tilde{\mathfrak{p}}$ bzw. $\tilde{\mathfrak{q}}$ im Sinne der GALOISschen Theorie über $\mathfrak{K}$ konjugiert sind. — Aus den Sätzen a)—d) folgert man mühelos:

Ist $\mathfrak{p}_1 \subset \mathfrak{p}_2 \subset \cdots \subset \mathfrak{p}_m$ eine Primoberidealkette aus $\mathfrak{J}$ und $\tilde{\mathfrak{p}}_1^*$ bzw. $\tilde{\mathfrak{p}}_m^*$ ein vorgegebenes, über $\mathfrak{p}_1$ bzw. $\mathfrak{p}_m$ liegendes $\tilde{\mathfrak{J}}$-Primideal, so gibt es immer bzw. bei ganz abgeschlossenem $\mathfrak{J}$ immer in $\tilde{\mathfrak{J}}$ eine Primidealkette $\tilde{\mathfrak{p}}_1 \subset \tilde{\mathfrak{p}}_2 \subset \cdots \subset \tilde{\mathfrak{p}}_m$, bei der $\tilde{\mathfrak{p}}_i$ jeweils über $\mathfrak{p}_i$ liegt und außerdem $\tilde{\mathfrak{p}}_1 = \tilde{\mathfrak{p}}_1^*$ bzw. $\tilde{\mathfrak{p}}_m = \tilde{\mathfrak{p}}_m^*$ gilt. — *Hat $\mathfrak{p}$ in $\mathfrak{J}$ die Dimension bzw. den Dimensionsdefekt μ, so hat immer bzw. bei ganz abgeschlossenem $\mathfrak{J}$ immer auch jedes über $\mathfrak{p}$ liegende $\tilde{\mathfrak{J}}$-Primideal $\tilde{\mathfrak{p}}$ die Dimension bzw. den Dimensionsdefekt μ.*

Es sei jetzt $\mathfrak{K}_0$ ein beliebiger unendlicher Körper. $\mathfrak{P}^*$ bzw. Π^* sei der Ring aller Polynome bzw. aller formalen Potenzreihen in einer beliebigen Menge M von Variabeln $x_1, x_2, \ldots$ über $\mathfrak{K}_0$. Doch soll in jedem Fall jede einzelne Reihe aus $\mathfrak{P}^*$ bzw. Π^* immer nur endlich viele Variable wirklich enthalten. Der Integritätsbereich $\tilde{\mathfrak{J}}$ wird g. alg. (ganzer algebraischer) bzw. g. anal. (ganzer analytischer) Funktionenring über $\mathfrak{K}_0$ genannt, wenn $\mathfrak{K}_0 \subset \mathfrak{J} \subseteq \tilde{\mathfrak{J}}$ ist, wobei $\tilde{\mathfrak{J}}$ von $\mathfrak{J}$ ganz abhängt und $\mathfrak{J}$ über $\mathfrak{K}_0$ isomorph auf $\mathfrak{P}^*$ bzw. Π^* abgebildet werden kann. Ist die Menge M der Variabeln von der endlichen Mächtigkeit n, so sprechen wir vom „Fall n", sonst vom „Fall ∞". Für g. alg. und g. anal. Funktionenringe gelten die Sätze:

α) *Im Falle n bzw. ∞ haben alle maximalen $\tilde{\mathfrak{J}}$-Primideale den Dimensionsdefekt n bzw. ∞.*

β) *Hat das Primideal $\tilde{\mathfrak{p}}$ in $\tilde{\mathfrak{J}}$ einen endlichen Dimensionsdefekt μ, so besitzt jede geschlossene, also nicht durch Einschaltung eines Zwischengliedes verlängerbare, mit $\tilde{\mathfrak{p}} = \tilde{\mathfrak{p}}_1$ beginnende Primunteridealkette $\tilde{\mathfrak{p}}_1 \supset \tilde{\mathfrak{p}}_2 \supset \cdots \supset \{O\}$ in $\tilde{\mathfrak{J}}$ genau $\mu + 1$ Glieder.*

γ) *$\tilde{\mathfrak{p}}$ hat sicher endlichen Dimensionsdefekt, wenn eine geschlossene Primunteridealkette $\tilde{\mathfrak{p}} = \tilde{\mathfrak{p}}_1 \supset \tilde{\mathfrak{p}}_2 \supset \cdots \supset \tilde{\mathfrak{p}}_m = \{O\}$ in $\tilde{\mathfrak{J}}$ existiert.*

δ) *Hat $\tilde{\mathfrak{p}}$ in $\tilde{\mathfrak{J}}$ den endlichen Dimensionsdefekt μ, so ist auch $\tilde{\mathfrak{J}}/\tilde{\mathfrak{p}}$ ein g. alg. bzw. g. anal. Funktionenring über $\mathfrak{K}_0$, (genauer über $(\mathfrak{K}_0 + \tilde{\mathfrak{p}})/\tilde{\mathfrak{p}}$), und zwar liegt beim $\tilde{\mathfrak{J}}/\tilde{\mathfrak{p}}$ der Fall $n - \mu$ oder ∞ vor, je nachdem ob bei $\tilde{\mathfrak{J}}$ der Fall n oder ∞ vorliegt.*

Die Theoreme α) bis δ) ergeben sich ohne große Schwierigkeit aus dem folgenden Hilfssatz: Jedes Primideal $\tilde{\mathfrak{p}} \neq (O)$ aus $\tilde{\mathfrak{J}}$ enthält mindestens ein in $\tilde{\mathfrak{J}}$ minimales Primideal $\tilde{\mathfrak{p}}_0$. Für $\tilde{\mathfrak{J}}/\tilde{\mathfrak{p}}_0$ gilt (mit $\mu = 1$) das Theorem δ).

Beim Beweis des Hilfssatzes braucht man für die Behauptung über $\mathfrak{J}/\tilde{\mathfrak{p}}_0$ Überlegungen im Sinne des Normierungssatzes von 17. und den Primidealsatz d) bzw. die aus ihm gezogenen Folgerungen. Die Existenz von $\tilde{\mathfrak{p}}_0$ ergibt sich ebenfalls aus dem Primidealsatz d) sowie der Tatsache, daß $\mathfrak{P}^*$ und Π^* im Sinne von 38. Z.P.E.-Ringe sind, also Ringe, in denen jede Nichteinheit Produkt von endlich vielen Primelementen ist. Für $\mathfrak{P}^*$ ist das trivial; für Π^* beweist man die Z.P.E.-Eigenschaft dadurch, daß man die aus der Funktionentheorie geläufige WEIERSTRASS'sche Formel (vgl. 19.) ohne nennenswerte Änderung der üblichen Rechnungen auf Π^* überträgt.

Nach dem Normierungssatz von 17. ist jeder endliche Integritätsbereich $\mathfrak{E}_n$ ein g. alg. Funktionenring über $\mathfrak{K}_0$ (Fall n). Der Dimensionssatz von 17. erweist sich so als Spezialfall des Theorems β). Analog wie in 17. kann man sich bei den Sätzen α) bis δ) nachträglich von der einschränkenden Voraussetzung, es solle $\mathfrak{K}_0$ unendlich sein, leicht frei machen. Man geht zunächst vom endlichen Körper $\mathfrak{K}_0$ zur algebraisch abgeschlossenen Hülle $\mathfrak{K}_0^*$ und von $\mathfrak{F}$ zu $\mathfrak{F}^* = \mathfrak{K}_0^* \cdot \mathfrak{F}$ über. Um von $\mathfrak{F}^*$ auf $\mathfrak{F}$ zurückzuschließen, benutzt man wieder den Primidealsatz d).

Literatur: KRULL, W. Beiträge zur Arithmetik kommutativer Integritätsbereiche III. Math. Z. Bd. 42 (1937) S. 745—766.

35a. Der allgemeinste Diskriminantensatz. Bei dem allgemeinsten Diskriminantensatz ist $\mathfrak{F}_0^*$ wie in 35. ganz abgeschlossen, und es hat der Quotientenkörper $\mathfrak{K}$ des von $\mathfrak{F}_0^*$ ganz abhängigen Ringes $\mathfrak{F}$ über dem Quotientenkörper $\mathfrak{K}_0^*$ von $\mathfrak{F}_0^*$ einen endlichen Grad n, so daß das Diskriminantenideal $\mathfrak{d}_0^*$ von $\mathfrak{F}$ über $\mathfrak{F}_0^*$ wie in 34. und 35. definiert werden kann. Diesmal aber ist $\mathfrak{p}_0^*$ ein ganz beliebiges Primideal aus $\mathfrak{F}_0^*$. Aus den Ergebnissen von 17a., insbesondere aus dem dort benutzten K o n j u g i e r t e n s a t z folgt leicht, daß über $\mathfrak{p}_0^*$ in $\mathfrak{F}$ sicher nur endlich viele Primideale $\mathfrak{p}_1, \ldots \mathfrak{p}_s$ liegen. Wir setzen $\mathfrak{F}_{00}^* = (\mathfrak{F}_0^*)_{\mathfrak{p}_0^*}$ wie in 35. und weiter $K_0^* = \mathfrak{F}_{00}^*/\mathfrak{p}_0^* \cdot \mathfrak{F}_{00}^*$; $K_i = \mathfrak{F}_{\mathfrak{p}_i}/\mathfrak{p}_i \cdot \mathfrak{F}_{\mathfrak{p}_i}$. Ist K_i' der größte über K_0^* separable Unterkörper von K_i, so bezeichnen wir den Grad $n_i = [K_i' : K_0^*]$ von K_i' über K_0^* als den r e d u z i e r t e n G r a d von $\mathfrak{p}_i$ über $\mathfrak{p}_0^*$. Wir nennen $\mathfrak{F}$ hinsichtlich $\mathfrak{p}_0^*$ verzweigt bzw. unverzweigt, je nachdem ob $\mathfrak{p}_0^* \supseteq \mathfrak{d}_0^*$ oder nicht. Allgemeinster Diskriminantensatz: $\mathfrak{F}$ *ist hinsichtlich* $\mathfrak{p}_0^*$ *verzweigt bzw. unverzweigt, je nachdem ob für die Summe der reduzierten Grade der Primideale* $\mathfrak{p}_i$ *über* $\mathfrak{p}_0^*$ *die Ungleichung* $n_1 + \cdots + n_s < n$ *oder die Gleichung* $n_1 + \cdots + n_s = n$ *gilt.*

Ist $\mathfrak{F}$ *hinsichtlich* $\mathfrak{p}_0^*$ *unverzweigt, so sind die Primideale* $\mathfrak{p}_i$ *die isolierten Primärkomponenten von* $\mathfrak{p}_0^* \cdot \mathfrak{F}$, *und es sind die Körper* $K_i = K_i'$ *alle über* K_0^* *separabel.*

Beim Beweis darf man voraussetzen, daß $\mathfrak{p}_0^*$ in $\mathfrak{F}_0^*$ maximal, also $K_0^* = \mathfrak{F}_0^* / \mathfrak{p}_0^*$ ist. Hat $\mathfrak{F}$ über $\mathfrak{F}_0^*$ eine Modulbasis von n Elementen, so folgt der allgemeinste Diskriminantensatz ebenso wie der NOETHERsche Diskriminantensatz von 34. unmittelbar aus dem D i s k r i m i n a n t e n s a t z d e r k o m m u t a t i v e n h y p e r k o m p l e x e n S y s t e m e, der übrigens recht rasch bewiesen werden kann, wenn man K_0^* nicht erst algebraisch abschließt, und so die in 34. besprochene Kreuz-Produkt-Bildung vermeidet. — Neue Überlegungen werden erst nötig, wenn die gewünschte Modulbasis für $\mathfrak{J}$ über $\mathfrak{J}_0^*$ nicht existiert. Hier zeigt man zunächst, daß man mit Hilfe der Kronecker-Hilbertschen Unbestimmtenmethode, immer auf den Fall zurückkommen kann, in dem $K_0^* = \mathfrak{J}_0^* / \mathfrak{p}_0^*$ unendlich ist. Unter der Voraussetzung der Unendlichkeit von K_0^* untersucht man dann — letzten Endes nach Dedekindschem Vorbild —, für welche Gradzahlen m man in $\Lambda = \mathfrak{J}/\mathfrak{p}_0^* \cdot \mathfrak{J}$ die Existenz von Elementen beweisen kann, die über K_0^* keiner algebraischen Gleichung von niedrigerem als m-ten Grades genügen. So ergibt sich schließlich die gewünschte Bedingung für die Summe $n_1 + n_2 + \cdots + n_s$.

Daß sich der allgemeinste Diskriminantensatz im verzweigten Fall nicht weiter verschärfen läßt, zeigen die folgenden Bemerkungen: a) Man kann (bei über $\mathfrak{K}_0^*$ inseparabelm $\mathfrak{K}$) einen diskreten Bewertungsring $\mathfrak{J}_0^*$ so konstruieren, daß der Ring $\mathfrak{J}$ aller von $\mathfrak{J}_0^*$ ganz abhängigen Elemente aus $\mathfrak{K}$ selbst ein diskreter Bewertungsring wird, daß also über dem einzigen $\mathfrak{J}_0^*$-Primideal $\mathfrak{p}_0^*$ nur das einzige $\mathfrak{J}$-Primideal $\mathfrak{p}$ liegt, und daß dabei obendrein $K_0^* = \mathfrak{J}_0^*/\mathfrak{p}_0^* = K = \mathfrak{J}/\mathfrak{p}$ gilt (F. K. Schmidt). b) Es gibt Beispiele, wo der zu $\mathfrak{p}_1$ gehörige Körper K_1 über dem Körper K_0^* unendlich hohen Grad hat (Krull). Ist $\mathfrak{J}$ über *allen* Primidealen von $\mathfrak{J}_0^*$ unverzweigt, so nennt man $\mathfrak{J}$ kurz unverzweigt über $\mathfrak{J}_0^*$. Für einen über $\mathfrak{J}_0^*$ unverzweigten Integritätsbereich gelten die folgenden Sätze:

a) $\mathfrak{J}$ *ist stets ganz abgeschlossen.*

b) *Für jedes $\mathfrak{J}_0^*$-Ideal $\mathfrak{a}_0^*$ wird* $(\mathfrak{a}_0^* \cdot \mathfrak{J}) \cap \mathfrak{J}_0^* = \mathfrak{a}_0^*$.

c) *Es sei $\mathfrak{q}_0^*$ ein zum Primideal $\mathfrak{p}_0^*$ gehöriges Primärideal aus $\mathfrak{J}_0^*$. Ferner seien $\mathfrak{p}_1, \ldots \mathfrak{p}_s$ die über $\mathfrak{p}_0^*$ liegenden Primideale von $\mathfrak{J}$ und $\mathfrak{q}_i$ die zu $\mathfrak{p}_i$ gehörige isolierte Primärkomponente von $\mathfrak{q}_0^* \cdot \mathfrak{J}$. Dann ist stets $\mathfrak{p}_0^* = \mathfrak{p}_1 \cap \cdots \cap \mathfrak{p}_s$ und $\mathfrak{q}_0^* = \mathfrak{q}_1 \cap \cdots \cap \mathfrak{q}_s$.*

Die Theoreme a), b), c) werden zunächst für den Fall bewiesen, daß $\mathfrak{J}_0^*$ nur ein einziges maximales Primideal $\mathfrak{m}_0^*$ enthält. Dann gibt es in $\mathfrak{J}$ ein Elementsystem $\omega_1, \ldots \omega_n$, bei dem die Diskriminante, also die Spurendeterminante $|S(\omega_i \cdot \omega_k)|$ eine Einheit in $\mathfrak{J}_0^*$ wird, so daß die $\omega_1, \ldots \omega_n$ eine Modulbasis über $\mathfrak{J}_0^*$ bilden. Benützt man diese Basis, so werden die Rechnungen ganz einfach. — Ist nun im allgemeinen Fall $\mathfrak{m}_0^*$ ein beliebiges maximales Primideal von $\mathfrak{J}_0^*$, und setzt man $\mathfrak{J}_\mathfrak{m} = (\mathfrak{J}_0^*)_{\mathfrak{m}_0^*}$; $\mathfrak{J}_\mathfrak{m} = \mathfrak{J}_\mathfrak{m}^* \cdot \mathfrak{J}$, so weiß man, daß die Behauptungen a), b), c) bei jedem $\mathfrak{m}_0^*$ für $\mathfrak{J}_\mathfrak{m}$ über $\mathfrak{J}_\mathfrak{m}^*$ gelten, und daraus folgt fast unmittelbar, daß sie auch für $\mathfrak{J}$ über $\mathfrak{J}_0^*$ zutreffen.

Wir wollen (hier im Rahmen der Diskriminantentheorie) $\mathfrak{p}_0^*$ nicht singulär nennen, wenn $\mathfrak{J}_0^*/\mathfrak{p}_0^*$ ganz abgeschlossen ist. Ist $\mathfrak{q}_0^*$ ein Primoberideal von $\mathfrak{p}_0^*$, so soll $\mathfrak{p}_0^*$ hinsichtlich $\mathfrak{q}_0^*$ nicht singulär heißen, wenn $\mathfrak{p}_0^* \cdot (\mathfrak{J}_0^*)_{\mathfrak{q}_0^*}$ im Primidealquotientenring $(\mathfrak{J}_0^*)_{\mathfrak{q}_0^*}$ nicht singulär ist. dieser Terminologie gelten die Sätze:

d) *Ist $\mathfrak{J}$ unverzweigt über $\mathfrak{J}_0^*$, so sind bei jedem nicht singulären Primideal $\mathfrak{p}_0^*$ die über $\mathfrak{p}_0^*$ liegenden $\mathfrak{J}$-Primideale $\mathfrak{p}_1, \ldots \mathfrak{p}_s$ paarweise teilerfremd.*

e) *Ist $\mathfrak{J}$ unverzweigt hinsichtlich des Primideals $\mathfrak{q}_0^*$ und $\mathfrak{p}_0^*$ ein hinsichtlich $\mathfrak{q}_0^*$ nicht singuläres Primunterideal von $\mathfrak{q}_0^*$, so enthält jedes über $\mathfrak{q}_0^*$ liegende $\mathfrak{J}$-Primideal $\mathfrak{q}$ genau ein über $\mathfrak{p}_0^*$ liegendes $\mathfrak{J}$-Primideal $\mathfrak{p}$.*

Satz e) folgt aus d) in üblicher Weise durch Übergang von $\mathfrak{J}_0^*$ zu $(\mathfrak{J}_0^*)_{\mathfrak{q}_0^*}$. Das auf den ersten Blick überraschende Theorem d) ergibt sich leicht, wenn wir den Zusammenhang zwischen $\mathfrak{J}_0^*/\mathfrak{p}_0^*$ und $\mathfrak{J}/\mathfrak{p}_0^* \cdot \mathfrak{J}$ studieren, wobei wir $\mathfrak{J}_0^*/\mathfrak{p}_0^*$ in $\mathfrak{J}_{00}^*/\mathfrak{p}_0^* \cdot \mathfrak{J}_{00}^*$ und $\mathfrak{J}/\mathfrak{p}_0^* \cdot \mathfrak{J}$ in $\mathfrak{J} \cdot \mathfrak{J}_{00}^*/\mathfrak{p}_0^* \cdot \mathfrak{J} \cdot \mathfrak{J}_{00}^*$ einbetten. — Durch Beispiele kann man zeigen, daß nicht nur die Unverzweigtheit von $\mathfrak{J}$, sondern auch die Nichtsingularität von $\mathfrak{p}_0^*$ (schlechthin bzw. relativ $\mathfrak{q}_0^*$) für die Allgemeingültigkeit der Sätze d) und e) notwendig ist.

Literatur: KRULL, W. Beiträge zur Arithmetik kommutativer Integritätsbereiche VI. Math. Z. Bd. 45 (1939) S. 1—19. — Vgl. ferner (zu den Gegenbeispielen): SCHMIDT, F. K. Über die Erhaltung der Kettensätze bei beliebigen endlichen Körpererweiterungen. Math. Z. Bd. 41 (1936) S. 443—450. KRULL, W. Beiträge zur Arithmetik kommutativer Integritätsbereiche VII. Math. Z. Bd. 45 (1940) S. 319—334.

Sachverzeichnis.

Die bereits im ersten Teile des Anhangs behandelten Begriffe werden im folgenden nicht mehr aufgeführt; das gleiche gilt für solche Definitionen, die nur an einer einzelnen Textstelle benutzt werden.

Basis 8; Modul- 90.

Bewertung, —sring, Wertgruppe 101 (speziell, diskret, rational); 109 (allgemein).

Bewertungsring, diskreter 87.

Dimension 38, 43.

Divisor 137.

Doppeltprojektiv, —e Dimension, —e Nullstelle 76.

Eingebettet 5.

Elementarteiler 30; —form 53.

Führer 90.

Ganz, — abhängig, — abgeschlossen 15; fast — abhängig, vollständig — abgeschlossen 102.

Grad 64 (eines Polynimodeals); 71, 73 (einer Mannigfaltigkeit).

Gruppe, endliche 28; E. T.- 29; irreduzible 27; vollständig reduzible 28.

Hauptidealring 29; v- 125.

Hauptkomponente, Hauptdarstellung 16.

Hauptordnung 104 (spezielle, endliche, diskrete, rationale); 110 (allgemeine).

Hilbertsche (charakteristische) Funktion 63.

Hilbertsche Zahlen 32.

Integritätsbereich, einartiger 24; endlicher 41; primärer 24; — von endlichem Transzendenzgrad 38.

Ideal, a- 128; Erweiterungs-, Verengungs-, Zurückleitungs- 18; Grund- 52; H- 45, 59; H_2- 75; irreduzibles 32; perfektes 45; transformiertes 52; v- 118; Wert- 129.

Inverses System 66.

Isolierte Untergruppe 112.

Kompositionsreihe (Jordansche, Loewysche) 28.

Kreuzprodukt 83, 97.

Länge 28, 31; Teil- 35.
Loewysche Invariante 28, 31; vordere — 28, 32, 35.

Mannigfaltigkeit, irreduzible 5; Nullstellen- 5.
Multiplikativ abgeschlossen 9.

Nilpotent 4.
Norm 30 (E.T.-Gruppen); 53 (Polynomringe); 94 (einartige Integritätsbereiche).
Normaldarstellung 105, 111, 129.
Nullstelle, —nkörper 45.

Oberklasse 112.
O-Gruppe, *O*-Ring, *O*-Satz 8.

Perfekte Hülle 88.
Prim 16; Primelement 11.
Primideal 4; absolutes 55; zu $\mathfrak{a}$ gehöriges 7.
Primärideal 4; starkes, schwaches 30; Exponent eines —s 30.
Projektiv, —e Dimension, —e Mannigfaltigkeit, —e Nullstelle 59.

Quotientenring 18; Gesamt- 19.

Radikal 6.
Rang (einer Bewertung) 114.
Resultantensystem 47, 57 (Polynome); 58 (homogene Formen); *u*-Resultante 58.
Reziproke Quotienten 32, 67.
Ring, einartiger 22; primärer 22; zerlegbarer 86; primärer zerlegbarer 83; Z.P.E.- 107.

Symbolfunktion 122.
Symbolische Potenz 37.

Teiler 11; teilerfremd 20.
Trägheit, —sring 81, 91; —sgruppe, —skörper 132.

Ungemischt 43.
U-Gruppe, *U*-Ring, *U*-Satz 8; abgeschwächter *U*-Satz 14.

Verzweigung 82, 91; —sgruppe, —skörper 132.
Vielfachheit (Multiplizität) 60, 69.

Zahlfunktion 122.
Zerlegung, —sring 81, 91; —sgruppe, —skörper 131.

Repro und Druck: Werk- und Feindruckerei Dr. Alexander Krebs, Weinheim/Bergstr.,
Hemsbach/Bergstr. und Bad Homburg v. d. H.